新工科建设·电子信息类系列教材

嵌入式系统原理与开发教程

主　编　赖树明　宋　跃

副主编　陈志发　任　斌　牛乐乐　韩清涛

参　编　胡智元　温子祺　张小凤　侯周国

肖中俊　朱昌洪　神显豪

電子工業出版社

Publishing House of Electronics Industry

北京·BEIJING

内 容 简 介

本书从嵌入式基础知识入手，介绍嵌入式系统的定义、基本组成、嵌入式系统最小系统及其工程应用等基本开发技术。全书共 11 章，内容主要包括嵌入式基础知识、Keil 开发环境及调试方法、STM32F40x 外设原理及控制方法、μC/OS-III 实时操作系统原理及实践、FATFS 文件系统、Linux 系统开发环境、Linux 系统命令及 Vim 使用、Linux 系统应用程序开发基础、嵌入式 Linux RK3399 开发环境构建、嵌入式 Linux 系统驱动程序设计、嵌入式 Linux Qt 应用开发，每章都配有思考题及习题。

本书适合作为高等院校电气与电子信息类“嵌入式原理与应用”课程的教材，也可作为学习嵌入式应用基础的培训教材和自学参考书。

图书在版编目（CIP）数据

嵌入式系统原理与开发教程 / 赖树明，宋跃主编. —北京：电子工业出版社，2023.1
ISBN 978-7-121-45062-4

Ⅰ. ①嵌… Ⅱ. ①赖… ②宋… Ⅲ. ①微型计算机-系统开发-高等学校-教材 Ⅳ. ①TP360.21

中国国家版本馆 CIP 数据核字（2023）第 023881 号

责任编辑：凌 毅
印　　刷：北京七彩京通数码快印有限公司
装　　订：北京七彩京通数码快印有限公司
出版发行：电子工业出版社
　　　　　北京市海淀区万寿路 173 信箱　邮编　100036
开　　本：787×1 092　1/16　印张：20　字数：576 千字
版　　次：2023 年 1 月第 1 版
印　　次：2024 年 12 月第 4 次印刷
定　　价：59.90 元

凡所购买电子工业出版社图书有缺损问题，请向购买书店调换。若书店售缺，请与本社发行部联系，联系及邮购电话：（010）88254888，88258888。

质量投诉请发邮件至 zlts@phei.com.cn，盗版侵权举报请发邮件至 dbqq@phei.com.cn。

本书咨询联系方式：（010）88254528，lingyi@phei.com.cn。

前　言

随着技术的发展，计算机出现了两个独立的发展方向，一个是通用计算机系统，另一个则是嵌入式计算机系统。通用计算机系统按照通用、高速的技术方向发展，而嵌入式计算机系统则在工业控制专用细分领域方面发展。

嵌入式系统是以应用为中心，以电子与计算机技术为基础，通过软硬件裁剪，设计出适用于对功能、成本、体积、功耗、可靠性、稳定性有严格要求的专用系统。嵌入式系统开发与应用涉及的内容比较多，综合能力要求比较强，想要在短时间内掌握嵌入式系统设计的理论知识和应用的难度较大。因此，本书定位于有 MCS-51 单片机、C 语言基础的初学者，以工程应用能力培养为导向，在介绍嵌入式系统基本理论与原理的同时，通过工程案例重点讲述嵌入式理论与应用开发的结合，以案例化实训方式，使初学者在掌握嵌入式基本理论知识的同时，能快速上手嵌入式系统的开发与应用。

本书选材规范，通俗易懂，适合作为高等院校电气与电子信息类“嵌入式原理与应用”课程的教材，也可作为学习嵌入式应用基础的培训教材和自学参考书。建议上课总学时为 45 学时，其中授课 25 学时、实验 20 学时。同时，由于该课程的操作性较强，建议在计算机房采用广播式教学，理论与实验同步进行。另外，为了方便本课程的教学，本书配有**多媒体教学课件、实验指导书及程序源码**等资料，需要相关资料的读者可登录华信教育资源网 www.hxedu.com.cn 下载，也可与本书作者联系（E-mail：718754940@qq.com）。本书所有程序均在深圳信盈达科技有限公司 M4 开发板和 RK3399 开发板上验证通过。

本书为校企长期协同育人的合作成果，由东莞理工学院赖树明高级工程师、宋跃教授担任主编，陈志发、任斌、牛乐乐、韩清涛担任副主编，胡智元、温子祺、张小凤、侯周国、肖中俊、朱昌洪、神显豪参编。本书是东莞理工学院国家一流专业（电子信息工程）建设课程、国家首批一流课程（微机原理与单片机技术）建设子课程、广东省测控技术教学团队建设课程、广东省嵌入式测控技术课程群建设课程的配套教材。在本书编写过程中，得到了北京理工大学珠海学院信息学院、湖南人文科技学院信息学院、齐鲁工业大学、桂林航天工业学院、桂林理工大学等的大力支持，特表感谢；同时，对本书参考文献中被引用相关资料的所有作者深表谢意。

由于嵌入式技术的发展非常迅速，嵌入式应用的新技术、新成果不断涌现和更新，书中难免存在错误、疏漏和不妥之处，还希望广大读者批评指正，并能及时联系作者，以期在后续版本中加以完善。

编者

2022 年 12 月

目　　录

第 1 章　嵌入式基础知识 ······ 1
1.1　嵌入式系统简介 ······ 1
1.1.1　嵌入式系统的定义 ······ 1
1.1.2　嵌入式系统的组成 ······ 1
1.1.3　嵌入式系统的特点 ······ 2
1.1.4　嵌入式系统的应用领域 ······ 3
1.2　嵌入式处理器基础知识 ······ 3
1.2.1　嵌入式处理器分类 ······ 3
1.2.2　嵌入式处理器体系结构 ······ 4
1.2.3　嵌入式处理器发展方向 ······ 5
1.3　ARM 系列微处理器介绍 ······ 5
1.3.1　ARM 系列微处理器分类 ······ 5
1.3.2　ARM Cortex 系列微处理器 ······ 6
1.4　ST 公司系列微控制器介绍 ······ 6
1.4.1　STM32 微控制器简介 ······ 6
1.4.2　STM32F1xx 系列 ······ 7
1.4.3　STM32F2xx 系列 ······ 7
1.4.4　STM32F4xx 系列 ······ 7
1.4.5　STM32 微控制器芯片命名规则 ······ 7
1.4.6　STM32F407ZGT6 简介 ······ 8
1.5　STM32F40x 最小系统 ······ 9
思考题及习题 ······ 10
第 2 章　Keil 开发环境及调试方法 ······ 11
2.1　嵌入式系统开发环境概述 ······ 11
2.1.1　MDK5 简介 ······ 11
2.1.2　基于 CMSIS 应用程序的基本架构 ······ 12
2.2　嵌入式系统开发环境搭建 ······ 13
2.2.1　需要安装的软件 ······ 13
2.2.2　软件安装过程 ······ 14
2.3　嵌入式系统开发环境调试方法 ······ 16
2.3.1　创建工程 ······ 16
2.3.2　Keil 开发环境调试方法 ······ 20
思考题及习题 ······ 21
第 3 章　STM32F40x 外设原理及控制方法 ······ 22
3.1　时钟系统原理 ······ 22
3.1.1　STM32F40x 框架分析 ······ 22
3.1.2　STM32F40x 时钟系统分析 ······ 22
3.1.3　时钟系统相关寄存器 ······ 25
3.1.4　代码配置时钟系统 ······ 29
3.2　GPIO 模块原理 ······ 32
3.2.1　GPIO 框架分析 ······ 32
3.2.2　GPIO 核心寄存器分析 ······ 34
3.2.3　位带操作 ······ 38
3.2.4　STM32F407ZGT6 时钟使能寄存器 ······ 39
3.2.5　STM32F40x 模块控制寄存器表示 ······ 41
3.2.6　GPIO 驱动示例 ······ 42
3.3　中断模块原理 ······ 44
3.3.1　中断的相关概念 ······ 44
3.3.2　中断框架分析 ······ 45
3.3.3　ARM 公司通用的 NVIC 中断配置函数 ······ 46
3.3.4　STM32F40x 外部中断 ······ 48
3.3.5　STM32F40x 外部中断核心寄存器 ······ 49
3.3.6　STM32F40x 外部中断 GPIO 映射寄存器 ······ 51
3.3.7　STM32F40x 外部中断编程 ······ 52
3.3.8　按键中断示例 ······ 53
3.4　定时器模块原理 ······ 55
3.4.1　定时器框架分析 ······ 55
3.4.2　基本定时器的核心寄存器 ······ 56
3.4.3　基本定时器示例 ······ 58
3.5　UART 模块原理 ······ 60
3.5.1　通信概述 ······ 60

3.5.2 UART 通信接口 61
3.5.3 UART 模块框架分析 62
3.5.4 UART 核心寄存器 64
3.5.5 UART 模块编程示例 67
3.6 I²C 通信模块原理 70
3.6.1 I²C 总线概述 70
3.6.2 I²C 总线协议 71
3.6.3 I²C 总线编程实现 73
3.6.4 I²C 总线应用实例 77
3.7 SPI 通信模块原理 81
3.7.1 SPI 总线概述 81
3.7.2 SPI 通信模块框架分析 84
3.7.3 SPI 通信模块核心寄存器 85
3.7.4 SPI 通信模块示例 87
3.8 ADC 模块原理 93
3.8.1 ADC 模块介绍 93
3.8.2 ADC 模块框架分析 94
3.8.3 ADC 模块核心寄存器 95
3.8.4 ADC 模块应用示例 103
3.9 DMA 模块原理 106
3.9.1 DMA 概述 106
3.9.2 DMA 主要特点 106
3.9.3 DMA 模块框架分析 106
3.9.4 如何使用 DMA 107
3.9.5 DMA 模块核心寄存器 112
3.9.6 DMA 数据流配置流程 117
3.9.7 DMA 模块示例 117
思考题及习题 119
第 4 章 μC/OS-III 实时操作系统原理及实践 121
4.1 操作系统基础 121
4.1.1 常见嵌入式操作系统 122
4.1.2 操作系统的分类 123
4.1.3 裸机程序与操作系统的比较 123
4.2 初识 μC/OS-III 操作系统 124
4.2.1 系统简介 124
4.2.2 源码结构 124
4.2.3 μC/OS 系统裁剪 124
4.2.4 任务优先级 125
4.2.5 任务调度法则 126
4.2.6 程序模板 127
4.3 μC/OS-III 任务使用 129
4.3.1 任务的基本概念 129
4.3.2 定义任务栈 129
4.3.3 定义优先级 129
4.3.4 定义任务控制块 130
4.3.5 定义任务函数 130
4.3.6 创建任务 131
4.3.7 μC/OS-III 时间管理 132
4.3.8 μC/OS-III 任务通信 133
4.3.9 μC/OS-III 临界区、调度器上锁 160
思考题及习题 162
第 5 章 FATFS 文件系统 163
5.1 文件系统概述 163
5.2 FATFS 文件系统概述 163
5.3 FATFS 文件系统的移植 164
5.3.1 FATFS 文件系统的移植准备 164
5.3.2 FATFS 文件系统的资源包 164
5.3.3 FATFS 文件系统的源码文件介绍 165
5.3.4 FATFS 文件系统的移植 165
5.3.5 编写移植 FATFS 文件系统的主函数 173
5.3.6 测试 FATFS 文件系统 175
5.4 FATFS 文件系统的 API 函数 175
5.4.1 f_mount 函数 175
5.4.2 f_open 函数 176
5.4.3 f_close 函数 176
5.4.4 f_read 函数 176
5.4.5 f_write 函数 177
5.4.6 f_lseek 函数 177
5.4.7 f_sync 函数 177
5.4.8 f_mkdir 函数 177
5.4.9 f_opendir 函数 178
5.4.10 f_readdir 函数 178
5.5 FATFS 文件系统使用示例 178
思考题及习题 179
第 6 章 Linux 系统开发环境 180
6.1 Linux 系统简介 180
6.1.1 Linux 系统特点 180
6.1.2 Linux 系统安装 180

6.2 VMware 的安装 ······ 181
6.2.1 VMware 的下载 ······ 181
6.2.2 VMware 的安装 ······ 181
6.3 Ubuntu 安装到 VMware ······ 183
6.3.1 创建虚拟机 ······ 183
6.3.2 安装 Ubuntu 系统 ······ 186
6.3.3 安装 VMware Tools ······ 189
6.3.4 配置 Windows 共享目录 ······ 190
6.3.5 安装常用的软件 ······ 192
思考题及习题 ······ 192
第 7 章 Linux 系统命令及 Vim 使用 ······ 193
7.1 Linux 系统使用基础 ······ 193
7.1.1 Linux 系统基本使用方法 ······ 193
7.1.2 命令终端的快捷键 ······ 193
7.1.3 桌面/窗口的快捷键 ······ 193
7.1.4 gedit 文本编辑器的快捷键 ······ 194
7.1.5 Linux 系统使用注意事项 ······ 194
7.2 Linux 系统常用命令 ······ 195
7.2.1 Linux 系统命令使用基础 ······ 195
7.2.2 Linux 系统管理命令 ······ 195
7.2.3 Linux 文件管理命令 ······ 197
7.2.4 Linux 网络管理命令 ······ 202
7.3 Vim 文本编辑器 ······ 202
7.3.1 Vim 的安装 ······ 203
7.3.2 Vim 的启动 ······ 203
7.3.3 Vim 的工作模式 ······ 203
7.3.4 Vim 的配置 ······ 204
思考题及习题 ······ 207
第 8 章 Linux 系统应用程序开发基础 ······ 208
8.1 Linux 系统应用程序设计 ······ 208
8.1.1 Linux 系统中 C 程序标准 main 函数 ······ 208
8.1.2 GCC 编译器 ······ 209
8.1.3 GCC 编译应用程序 ······ 210
8.2 静态库和动态库 ······ 213
8.2.1 静态库和动态库相关选项 ······ 214
8.2.2 静态库的创建及使用 ······ 215
8.2.3 动态库的创建及使用 ······ 216
8.2.4 动态库与静态库的比较 ······ 218
8.3 make 工程管理器和 Makefile 文件 ······ 218
8.3.1 Makefile 文件的语法格式 ······ 218
8.3.2 Makefile 编译 C 程序示例 ······ 219
8.3.3 Makefile 文件的变量、规则与函数 ······ 221
8.3.4 Makefile 函数使用 ······ 225
8.4 Linux 系统文件 I/O 编程 ······ 226
8.4.1 Linux 系统文件分类 ······ 226
8.4.2 Linux 系统 I/O 分类 ······ 227
8.4.3 Linux 系统非缓冲 I/O 操作 ······ 228
8.4.4 Linux 系统缓冲 I/O 操作 ······ 232
8.4.5 Linux 系统文件信息获取 ······ 238
8.4.6 Linux 系统目录操作 ······ 240
8.4.7 Linux 系统时间和日期相关函数 ······ 244
思考题及习题 ······ 245
第 9 章 嵌入式 Linux RK3399 开发环境构建 ······ 246
9.1 RK3399 开发环境及系统烧写 ······ 246
9.1.1 RK3399 开发板平台介绍 ······ 246
9.1.2 USB 升级固件 ······ 246
9.1.3 启动模式说明 ······ 250
9.1.4 Parameter 参数设置文件说明 ······ 251
9.2 RK3399 U-Boot 裁剪和编译 ······ 252
9.2.1 Linux 系统组成 ······ 252
9.2.2 U-Boot 源码获得 ······ 252
9.2.3 U-Boot 目录介绍 ······ 253
9.2.4 ARM Linux GCC 交叉编译器安装 ······ 254
9.2.5 U-Boot 裁剪和编译过程 ······ 256
9.3 RK3399 Linux 内核裁剪和编译 ······ 259
9.3.1 Linux 内核源码获得 ······ 259
9.3.2 Linux 内核源码目录结构 ······ 260
9.3.3 Linux 内核使用帮助说明 ······ 260
9.3.4 Linux 内核裁剪 ······ 262
9.3.5 Linux 编译内核 ······ 265
9.3.6 烧写内核到开发板 ······ 267
思考题及习题 ······ 268
第 10 章 嵌入式 Linux 系统驱动程序设计 ······ 269
10.1 Linux 设备驱动基础 ······ 269
10.1.1 Linux 系统调用接口 ······ 269
10.1.2 Linux 系统设备分类 ······ 270

10.1.3 Linux 系统设备文件……270
10.1.4 Linux 系统内核框架……270
10.1.5 Linux 字符设备文件操作方法结构……271
10.2 Linux 系统内核模块编程……272
10.2.1 Linux 内核模块代码模板……273
10.2.2 Linux 内核模块编译……273
10.2.3 Linux 内核模块相关命令……274
10.3 Linux 杂项设备驱动模型……274
10.3.1 Linux 设备驱动基础知识……274
10.3.2 杂项设备的核心结构……275
10.3.3 杂项设备号……276
10.3.4 杂项设备驱动模型特征……277
10.3.5 杂项设备驱动注册/注销函数……277
10.3.6 杂项设备驱动代码模板……277
10.4 用户空间和内核空间的数据交换……280
10.4.1 从用户空间复制数据到内核空间……281
10.4.2 从内核空间复制数据到用户空间……281
10.5 Linux GPIO 内核 API 函数……281
10.6 Linux GPIO LED 驱动……282
10.6.1 硬件原理图分析……282
10.6.2 软件分析……282
10.6.3 LED 读写测试步骤……286
10.6.4 LED 读写测试结果……286
10.7 Linux 按键中断编程……286
10.7.1 中断驱动编程基础……286
10.7.2 Linux 内核中断 API 函数……287
10.7.3 RK3399 虚拟中断编号……288
10.8 Linux GPIO 按键中断驱动……288
10.8.1 硬件原理图分析……288
10.8.2 按键中断服务程序的实现……288
10.8.3 按键中断测试步骤……292
10.8.4 按键中断测试结果……292
思考题及习题……292
第 11 章 嵌入式 Linux Qt 应用开发……293
11.1 Linux 系统安装 Qt 软件……293
11.1.1 Qt 软件下载……293
11.1.2 安装 Qt Creator……293
11.1.3 安装格式化工具……296
11.2 移植 Qt 到 RK3399 开发板……298
11.2.1 制作精简的根文件系统……298
11.2.2 移植 tslib 库到 RK3399 开发板……300
11.2.3 移植 Qt5.12.0 到 RK3399 开发板……303
11.3 配置 RK3399 Qt 编译环境……305
11.3.1 增加 RK3399 Qt 配置……306
11.3.2 交叉编译 Qt 应用程序……308
11.3.3 测试编译 Qt 应用程序……310
思考题及习题……311
参考文献……312

第1章　嵌入式基础知识

1.1　嵌入式系统简介

1.1.1　嵌入式系统的定义

国际电气和电子工程师协会（IEEE）对嵌入式系统的定义的原英文：devices used to control，monitor，or assist the operation of equipment，machinery or plants。直译成中文为：用于控制、监视或者辅助操作机器和设备的装置。该定义是从应用上考虑的，嵌入式系统是软件和硬件的综合体，还可以涵盖机电等附属装置，因此，该定义本身是一个相对模糊的定义。只要是一个专用的工控系统，都可以认为是嵌入式系统。在国内，嵌入式系统的一般定义是：以应用为中心，通过软硬件裁减，适应对功能、可靠性、成本、体积、功耗等要求的专用计算机系统。这种系统具有软件专用、代码小、响应快等特点，特别适用于要求实时和多任务处理的专用场合。

与嵌入式系统不同，通用计算机系统有着完全不同的技术要求和技术发展方向，要求是高速、海量的数值计算，其技术发展方向是总线速度的无限提升、存储容量的无限扩大，而嵌入式系统则要求智能化控制，对性能、控制能力与可靠性的要求不断提高。表 1.1 是通用计算机系统与嵌入式系统的对比。

表 1.1　通用计算机系统与嵌入式系统的对比

序号	系统	系统类型	系统组成	开发方式
1	嵌入式系统	专用计算机系统	总线和外设集成在芯片内部	开发和运行平台不一样的交叉开发方式
2	通用计算机系统	通用的计算机系统	标准总线和外设	开发和运行平台一样的统一开发方式

1.1.2　嵌入式系统的组成

嵌入式系统一般由硬件系统和软件系统两大部分组成，其中嵌入式硬件包括嵌入式处理器、存储器、I/O 口及必要的外围接口部件，嵌入式软件包括管理软件和应用软件。嵌入式系统的软硬件结构图如图 1.1 所示。嵌入式处理器是嵌入式系统的核心，是控制、辅助系统运行的硬件单元，其范围极其广泛，从最初的 4 位处理器，到目前仍在大规模应用的 8 位处理器，再到最新并受到广泛青睐的 32 位、64 位处理器。目前，世界上具有嵌入式功能特点的处理器非常多，流行的体系结构主要是 MCU、MPU 等。

嵌入式系统主要包括硬件层、中间层、管理软件层和应用层。

硬件层指印制电路板上包含的各种实体设备，这些设备与软件结合共同实现特定功能。硬件层设备一般包括嵌入式处理器、存储器系统、通用接口、输入/输出设备（如显示器、数码管等）和扩展外设等。在高端嵌入式处理器的存储器系统中，由于处理器的速度远远高于主存（普通的 RAM）的读写速度，即 CPU 速度会受限于主存速度，影响处理器的性能发挥。为了解决这一问题，充分发挥 CPU 的高速性能，这类处理器的存储器系统通常采用缓存结构，通过增加一个小容量、可高速访问的 RAM（又称高速缓存、Cache，用于缓存主存），处理器在运行程序访问变量时会优先在高速缓存中查找，如果找到就不需要去访问低速的主存，从而大幅提升 CPU 的综合性能。CPU 与带缓存结构的存储器系统连接图如图 1.2 所示。

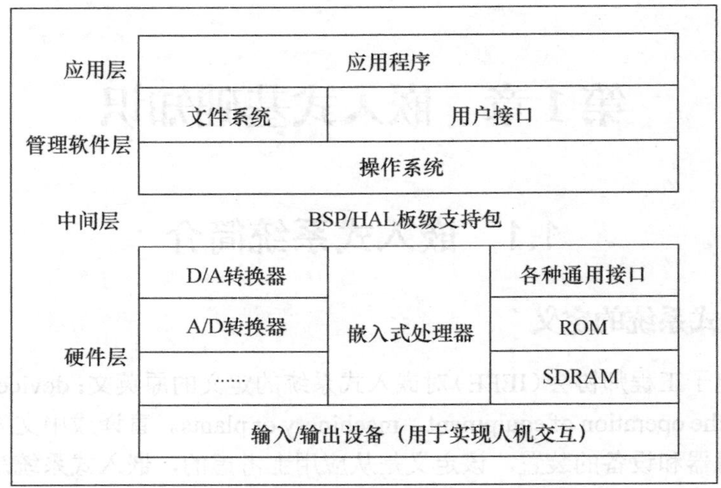

图 1.1 嵌入式系统的软硬件结构图

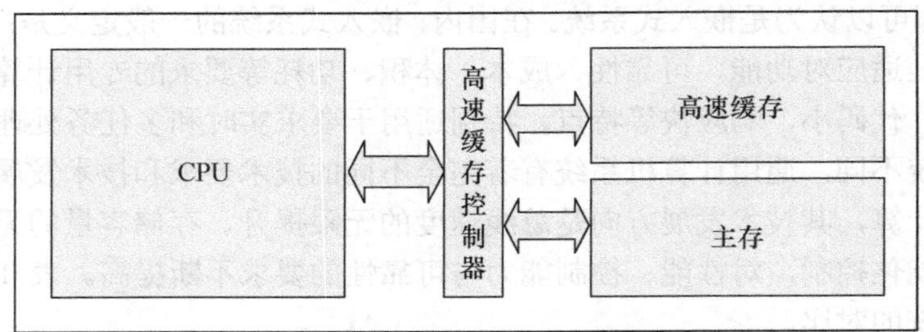

图 1.2 CPU 与带缓存结构的存储器系统连接图

中间层介于硬件层与管理软件层之间，主要是将硬件的细节进行屏蔽，便于上层软件调用，因此称为中间层，也称硬件抽象层（Hardware Abstract Layer，HAL）或板级支持包（Board Support Package，BSP），具有承上启下的特点。

管理软件层对于使用操作系统的嵌入式系统来说，包括操作系统、文件系统、用户接口，为上层应用程序提供支持；对于没有使用操作系统的裸机来说，可以不包括这一层。操作系统是嵌入式应用软件的基础和开发平台，文件系统是操作系统用于实现磁盘或分区上的文件的软件，而用户接口就是屏幕产品的视觉体验和互动操作部分。

应用层对于有操作系统的嵌入式软件来说，是在操作系统上运行应用程序，实现特定功能的一层，就像手机上的 QQ、微信等应用程序；对于没有操作系统的嵌入式软件，就是在这一层运行功能代码。

1.1.3 嵌入式系统的特点

嵌入式系统对系统的功能、可靠性、体积、功耗等都有严格的要求，因此，嵌入式系统具有以下特点：

① 嵌入式系统的功能可根据实际使用场景进行软硬件裁剪，并且具有很强的存储区保护功能。这是由于嵌入式系统的软件结构已模块化，为了避免在软件模块之间出现错误，需要设计强大的存储区保护功能，这样也有利于软件诊断。

② 嵌入式系统精简可靠。嵌入式系统一般没有系统软件和应用软件的严格明显区分，不要求其功能设计上复杂，不要求其具有通用性，这样一方面利于控制系统成本，另一方面利于实现系统安全。

③ 高实时性是嵌入式系统的基本要求，而且嵌入式软件要求固态存储，以提高速度。

④ 嵌入式系统具有低功耗功能。

1.1.4 嵌入式系统的应用领域

嵌入式系统几乎应用在生活中的所有电器设备中，如掌上 PDA、移动工控设备、电视机顶盒、手机、数字电视、汽车导航仪、微波炉、数码相机、电梯控制器、空调控制器、自动售货机、消费类电子设备、工业仪表与医疗仪器等。如图 1.3 所示为嵌入式系统的典型应用。另外，由于嵌入对象的体系结构、应用环境不同，各个嵌入式系统也由各种不同的结构组成。

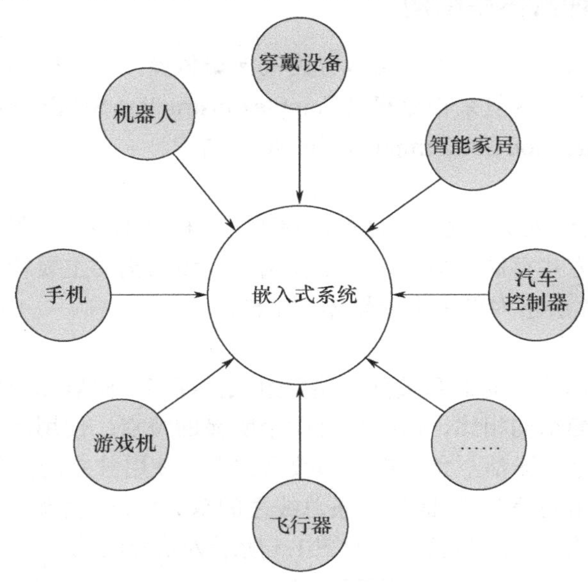

图 1.3　嵌入式系统的典型应用

1.2　嵌入式处理器基础知识

嵌入式处理器是嵌入式系统的核心，其品种繁多，结构各异，目前有非常多的嵌入式处理器供应商和指令体系结构。在这些指令体系结构中，最引人注目的还是 ARM 公司的 ARM 系列处理器。

1.2.1 嵌入式处理器分类

嵌入式处理器主要分为 4 类：嵌入式微控制器、嵌入式微处理器、嵌入式 DSP、嵌入式片上系统。

嵌入式微控制器（Micro Controller Unit，MCU）是目前嵌入式系统的主流，微控制器的片上外设资源一般比较丰富，特别适用于控制，因此称为微控制器，其芯片内部集成 ROM/EPROM、RAM、总线、总线逻辑、定时/计数器、看门狗、I/O 口、串口、脉宽调制输出、A/D 转换器、D/A 转换器、Flash、EEPROM 等。它的典型代表是单片机， 8 位、16 位、32 位的单片机目前在嵌入式设备中有着极其广泛的应用。

嵌入式微处理器（Micro Processor Unit，MPU）比嵌入式微控制器具有更强的处理功能，是一种专用的计算机系统，和工业控制计算机相比，嵌入式微处理器具有体积小、重量轻、成本低、可靠性高、功能丰富的优点，一般认为嵌入式微处理器能运行操作系统，目前主要的嵌入式微处理器类型有 ARM、MIPS、Power PC、68K 系列等。

嵌入式 DSP（Digital Signal Processor，DSP）是在嵌入式微处理器的基础上，增加专门用于信号处理方面的处理器，其在系统结构和指令算法方面进行了特殊设计，在需要用到数字滤波、FFT、频谱分析等的场景中应用广泛。

嵌入式片上系统（System on Chip，SoC）是在嵌入式微处理器或嵌入式 DSP 的基础上结合了许多功能区块，并将它们设计在一个芯片上构成的电路系统。

1.2.2 嵌入式处理器体系结构

嵌入式处理器从内部结构上分类，可以分为冯·诺依曼结构和哈佛结构两类；按指令集的复杂程度进行分类，可以分为复杂指令集（Complex Instruction Set Computer，CISC）结构和精简指令集（Reduced Instruction Set Computer，RISC）结构。

1. 冯·诺依曼结构

数学家冯·诺伊曼于 1946 年提出存储程序原理，把程序本身当作数据来对待，程序和该程序处理的数据用同样的方式存储，即冯·诺依曼结构。该结构的主要特点是：单一存储、统一编址、分时复用。图 1.4 所示为冯·诺依曼体系结构。

2. 哈佛结构

哈佛结构由 CPU、程序存储器和数据存储器组成，程序存储器和数据存储器采用不同的总线，因此，与冯·诺依曼结构相比，该结构有两个明显的特点：使用两个独立的存储器，分别存储指令和数据，每个存储器都不允许指令和数据并存；使用独立的两条总线，分别作为 CPU 与每个存储器之间的专用通信路径，而这两条总线之间毫无关联，也就是该结构具有分开存储、独立编址、两倍带宽、效率更高的优点。如图 1.5 所示为哈佛结构。

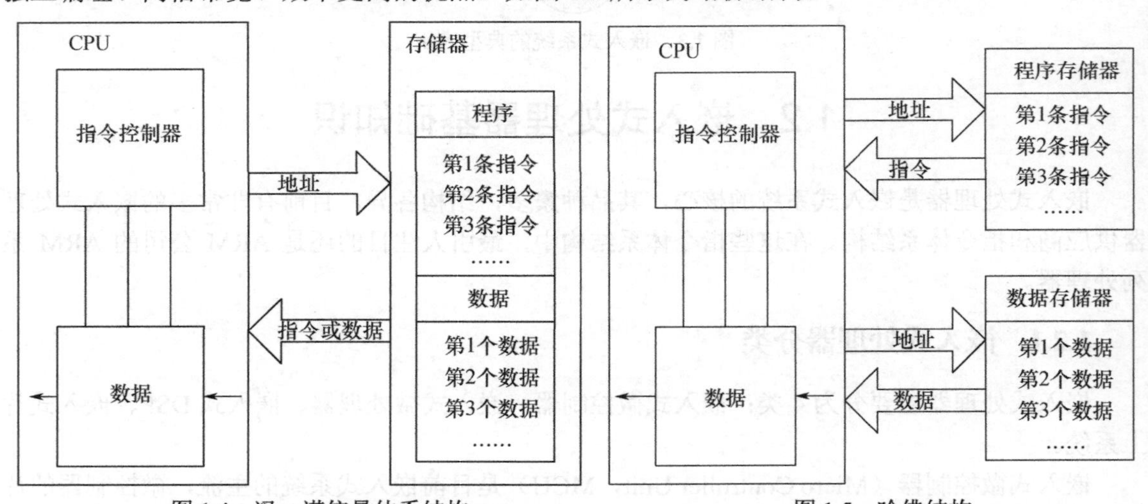

图 1.4 冯·诺依曼体系结构　　　图 1.5 哈佛结构

3. 指令集

嵌入式处理器的指令集有复杂指令集（CISC）和精简指令集（RISC）两类，其中复杂指令集为增强指令功能，设置一些功能复杂的指令，把一些原来由软件实现的、常用的功能改用硬件的（微程序）指令系统来实现，形成了拥有大量的指令和多种寻址方式，但使用效率不高的指令系统。该指令集的主要缺点是：指令数量很多，有些指令执行时间很长，编码长度可变，难以用优化编译器生成高效的目标代码程序；优点主要是：寻址方式多样，可以对存储器和寄存器进行算术和逻辑操作。而精简指令集的指令数量很少，没有较长执行时间的指令，编码长度固定，因此，采用优化编译技术，可以生成高效的目标代码程序；主要缺点是：只能简单寻址，只能对寄存器进行算术和逻辑操作。

4. 数据存储的字节顺序

在计算机内部，信息都是采用二进制形式进行存储、运算、处理和传输的，信息存储单位有位、字节和字等多种，而计算机内存中存储信息的基本单位是字节，即每一字节对应一个地址。数据存储的字节顺序在不同的嵌入式处理器架构里不一样，有的采用小端模式存储，有的采用大端模式存储。

小端模式是指低地址中存放低字节数据，高地址中存放高字节数据，如以下用小端模式存储数据 0x12345678：

地址	0x00002000	0x00002001	0x00002002	0x00002003
数据（十六进制数）	0x78	0x56	0x23	0x12
数据（二进制数）	0111 1000	0101 0110	0010 0011	0001 0010

大端模式是指低地址中存放高字节数据，高地址中存放低字节数据，如以下用大端模式存储数据 0x12345678：

地址	0x00002000	0x00002001	0x00002002	0x00002003
数据（十六进制数）	0x12	0x23	0x56	0x78
数据（二进制数）	0001 0010	0010 0011	0101 0110	0111 1000

1.2.3 嵌入式处理器发展方向

随着计算机技术、微电子技术的快速发展，嵌入式处理器将朝着高性能与专用性两个方向发展。

① 高性能：随着计算机技术、微电子技术的不断提高，处理器内部性能越来越高，同时由于市场定位问题，高低搭配处理器将在市场上长期共存，不同层次处理器的应用场景越来越细分，如深耕低端市场的 8 位 MCU，正在兴起的 32 位 MPU 和 SoC 以及代表着未来发展方向的 64 位 CPU。

② 专用性：为满足多内核与 SoC 设计的需要，越来越多的厂商会供应处理器内核（IP），ARM 公司就是一个非常成功的例子。同时，用户可以通过编程的方法，定制自己所需要的处理器。

1.3 ARM 系列微处理器介绍

1.3.1 ARM 系列微处理器分类

ARM 系列微处理器以英国 ARM（Advanced RISC Machines）公司的内核芯片作为 CPU。ARM 系列微处理器除具有 ARM 体系结构的共同特点外，每个系列的 ARM 微处理器都有各自的特点和应用领域。

ARM 旧版架构有 ARM7 系列、ARM9 系列、ARM9E 系列、ARM10E 系列、ARM11 系列、SecureCore 系列、Intel 的 StrongARM 和 Xscale 系列。

ARM 新版架构有 Cortex-A 系列、Cortex-R 系列、Cortex-M 系列。

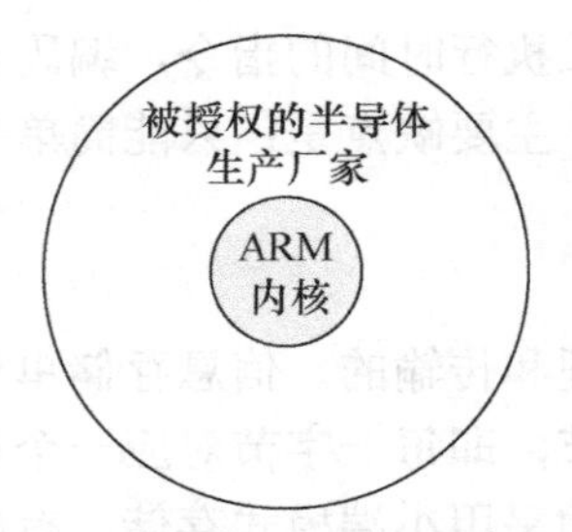

图 1.6　ARM 公司与半导体生产厂家的关系

不同架构采用的指令集可能不同，ARM 旧版架构使用的是 ARMv4、ARMv5、ARMv6 版本的指令集，而新版架构 Cortex-A 系列、Cortex-R 系列、Cortex-M 系列采用的是 ARMv7 版本的指令集，高端 Cortex-A 系列增加了 64 位处理器设计，采用 ARMv8 版本的指令集。2022 年 6 月，ARM 公司正式发布了 ARMv9 指令集架构的 CPU，对应的核心系列为 Cortex-X3、A715、A510 Refresh。

ARM 公司本身是不进行具体芯片设计的，它只负责设计处理器的架构，即处理器最核心的部件（ARM 内核），然后把这个核心部件技术授权给全球各大半导体生产厂家，各厂家在这个核心部件基础上增加外围设备从而设计成具有特定功能的处理器。图 1.6 是 ARM 公司与半导体生产厂家的关系。

1.3.2　ARM Cortex 系列微处理器

ARM Cortex 系列微处理器主要包括 Cortex-A 系列、Cortex-R 系列、Cortex-M 系列。

1．Cortex-A 系列

Cortex-A 系列主要包括 Cortex-A5、Cortex-A7、Cortex-A8、Cortex-A9、Cortex-A12、Cortex-A15、Cortex-A17、Cortex-A53、Cortex-A57、Cortex-A72、Cortex-A76、Cortex-A77 等，它是一款高性能应用程序处理器，可运行多种操作系统，采用多核技术，支持 32 位和 64 位技术，主要应用在移动计算，如上网本、平板电脑、电子书等；移动手持终端，如智能手机、功能手机、可穿戴设备等；汽车，如多媒体娱乐、导航等；企业，如工业打印机、路由器、无线基站、互联网协议电话和设备等。

2．Cortex-R 系列

Cortex-R 系列主要包括 Cortex-R4、Cortex-R5、Cortex-R7、Cortex-R8、Cortex-R52 等，它是一款实时处理器，其高时钟频率带来的快速处理能力能满足各种场合的高实时性能要求，主要应用在汽车，如安全气囊、制动系统、稳定系统、仪表、引擎管理等；存储，如硬盘驱动器控制器、固态硬盘控制器等；移动手持设备，如 4G、5G、LTE、WiMax 智能手机和基带调制解调器；嵌入式系统等。

3．Cortex-M 系列

Cortex-M 系列主要包括 Cortex-M0、Cortex-M0+、Cortex-M1、Cortex-M3、Cortex-M4、Cortex-M7、Cortex-M33 等，它是一款低功耗处理器，具有高能效、代码量小、易于使用等特点，常用于智能仪表、人机接口设备、汽车和工业控制系统、消费产品和医疗仪器等。

1.4　ST 公司系列微控制器介绍

1.4.1　STM32 微控制器简介

意法半导体（ST）公司从 2007 年开始陆续推出了基于 Cortex-M0、Cortex-M3、Cortex-M4 系列的微控制器，其中 STM32F 系列主要作为低端 8 位、16 位单片机的升级换代产品，主要应用于低功耗、高速度、简单图形及语音处理、控制功能强大、小型操作系统等产品中。该系列拥有完整的开发支持环境，包括软件库、评估板、开发套件及第三方的工具和软件，可使初学者快速上手。

1.4.2 STM32F1xx 系列

STM32F1xx 有 6 个系列：STM32F100 系列、STM32F101 系列、STM32F102 系列、STM32F103 系列、STM32F105/107 系列和 STM32L 系列。

根据市场定位，STM32F100 系列属于超值型微控制器，其主频最大为 24MHz；STM32F101 系列属于基本型微控制器，其主频最大为 36MHz；STM32F102 系列属于 USB 基本型微控制器，其主频最大为 48MHz；STM32F103 系列属于增强型微控制器，其主频最大为 72MHz；STM32F105/107 系列属于互连型微控制器，其主频最大为 72MHz；STM32L 系列属于超低功耗型微控制器，其主频最大为 72MHz。这 6 个系列的电压范围为 2.0～3.6V，I/O 口电压容限值为 5V。每一个系列中同型号的微控制器的资源都不一样。

1.4.3 STM32F2xx 系列

STM32F2xx 系列微控制器的内核为 Cortex-M3。与 STM32F1xx 系列相比，STM32F2xx 系列主要具有主频更高、存储器容量更大、功耗更低的特点。

同时，该系列增加了对视频影像、设备互连、安全加密、音频及控制的支持。STM32F2xx 系列包含 STM32F205/215 和 STM32F207/217。

STM32F205/215：120MHz CPU/150DMIPS，具有先进连接功能和加密功能的高达 1MB Flash 存储器，128KB SRAM，采用尺寸小至 4mm×4mm 的 64～144 个引脚封装。

STM32F207/217：在 STM32F205/215 基础上增加了以太网 MAC 和相机接口，采用尺寸小至 10mm×10mm 的 100～176 个引脚封装。

1.4.4 STM32F4xx 系列

STM32F4xx 系列微控制器的内核为 Cortex-M4。与 STM32F2xx 系列相比，STM32F4xx 系列主要有以下特点：增加了浮点单元、DSP 指令，因此具有较强的数字处理能力；采用 7 重 AHB 总线支持数据并行传输；采用多通道 DMA 控制器，数据传输速率极快；主频更高，最高可达 168MHz；SRAM 容量更大，为 192KB。

该系列主要用于高端电动机控制、医疗设备、安全系统等。

1.4.5 STM32 微控制器芯片命名规则

本书以 STM32F407ZGT6 为例介绍 ST 公司 STM32 微控制器芯片的命名规则，见表 1.2。

表 1.2 STM32 微控制器芯片的命名规则

STM32	F	407	Z	G	T	6
家族选项	产品类型选项	特定功能选项	引脚数量选项	Flash 容量选项	封装选项	工作温度范围选项
STM32 STM8 STM8A	F L P S T W	051 407 152 103 52 31	Y、F、E、G、K 或 6、L、T、D、H、J、S、C 或 8、N、U、R 或 9、M 或 A、O、V、W、Q、Z、I、B、X、P	0、1、2、3、4、5、6、7、8、9、A、B、Z、C、D、E、F、G、H、I	B、D、G、H、I、M、P、Q、T、U、Y	6 或 A 7 或 B 3 或 C D

选项含义如表 1.3 所示。

表 1.3　选项含义

家族选项	STM32：32 位 MCU；STM8：8 位 MCU；STM8A：8 位 Automotive
产品类型	F：Foundation；L：Ultra-low power；P：Pre-programmed；S：Standard；T：Touch sensing；W：Wireless
特定功能	051：Entry-level；407：High-performance and DSP with FPU；152：Ultra-low-power；103：Mainstream access line；52：Automotive CAN；31：automotive low-end
引脚数量	Y：16；F：20；E：24；G：28；K 或 6：32；L：34；T：36；D：38；H：40；J：42；S：44；C 或 8：48；N：56；U：63；R 或 9：64；M 或 A：80；O：90；V：100；W：128；Q：132；Z：144；I：176；B：208；X：336；P：420
Flash 容量	0：1KB；1：2KB；2：4KB；3：8KB；4：16KB；5：24KB；6：32KB；7：48KB；8：64KB；9：72KB；A：96KB 或 128KB（仅 STM8A）；B：128KB；Z：192KB；C：256KB；D：384KB；E：512KB；F：768KB；G：1024KB；H：1536KB；I：2048KB
封装	B：Plastic DIP；D：Ceramic DIP；G：Ceramic QFP；H：UFBGA or TFBGA；I：UFBGA；M：Plastic SO；P：TSSOP；Q：Plastic QFP；T：Plastic TQFP；U：UQFN；Y：CSP
工作温度范围	6 或 A：-40～+85℃；7 或 B：-40～105℃；3 或 C：-40～125℃；D：-40～150℃

1.4.6　STM32F407ZGT6 简介

（1）内核：

● 带浮点运算单元（FPU）的 ARM Cortex-M4 32 位内核；

● 最高主频可达 168MHz；

● 1.25 DMIPS/MHz（整数运算 2.1MIPS/MHz）；

● DSP 指令。

（2）存储器：

● 1MB Flash；

● 192KB+4KB 的 SRAM；

● 灵活的静态存储器控制器。

（3）LCD 并行接口，8080/6800 模式。

（4）时钟、复位和电源：

● 1.8～3.6V 电源供电；

● POR、PDR、PVD 和 BOR；

● 4～26MHz 晶振输入；

● 内置 16MHz 工厂微调 RC（1%准确度）振荡器；

● 内置 32kHz 振荡器。

（5）低功耗：

● 睡眠、停止和待机模式；

● RTC 的 VBAT 电源，20×32 位备份寄存器+可选 4KB 备份 SRAM。

（6）2 个 12 位 D/A 转换器，3 个 12 位 A/D 转换器。

（7）16 个通道 DMA（具有 FIFO 和突发支持）的控制器。

（8）最多 17 个计时器。

（9）调试模式：

● 串行调试（SWD）和 JTAG 接口；

● Cortex-M4 嵌入跟踪宏单元。

（10）I/O 口：

- 最多 140 个具有中断功能的 I/O 口；
- 高达 136 个高速 I/O 口，速度高达 84MHz；
- 高达 138 个 5V 容限 I/O 口。

（11）最多 15 个通信接口：

- 最多 3 个 I^2C 接口（SMBus/PMBus）；
- 最多 4 个 USART/2 个 UART；
- 最多 3 个 SPI；
- 2 个 CAN 接口；
- 1 个 SDIO 接口。

（12）高级连接：

- USB 2.0 全速设备/主机/OTG；
- USB 2.0 高速/全速；
- DMA、片上全速 PHY 和 ULPI。

（13）8～14 位并行摄像头接口。

（14）随机数发生器。

（15）CRC 计算单元。

（16）96 位唯一 ID。

（17）RTC（亚秒精度，硬件日历）。

1.5　STM32F40x 最小系统

最小系统分为硬件最小系统和软件最小系统，这里讲的是硬件最小系统，就是能够让 MCU 工作的最小组成单元，在结构上由片内/片上外设、板上外设构成，在电路上由芯片、电源电路、复位电路、振荡电路组成，如图 1.7 所示。

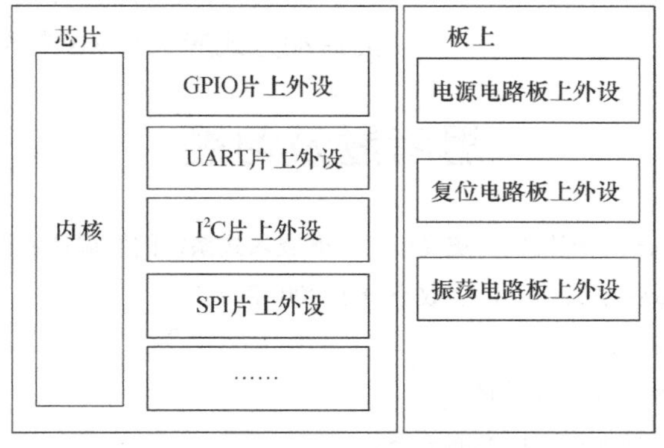

图 1.7　硬件最小系统

1．最小系统的电源部分

本书介绍的 STM32F40x 最小系统使用 STM32F407ZGT6 芯片，其采用 COMS 电平，由 3.3V 电源供电。

2．最小系统的振荡电路部分

振荡电路有很多种，如 RC 振荡器、晶振等。振荡电路为主控芯片提供系统时钟，所有外设和 CPU 的运行都基于该时钟。STM32F40x 最小系统可采用内置 RC 振荡电路，也可采用外置晶振电路。图 1.8 所示为外置晶振电路设计示例。

3．最小系统的复位电路

复位电路是让 MCU 从程序开头重新执行的电路，复位的方式有硬件复位、软件复位、看门狗复位。其中，硬件复位电路是板上设计能够让 MCU 复位的电路，而硬件复位有高电平复位与低电平复位之分。STM32F407ZGT6 的硬件复位方式为低电平复位，MCS-51 单片机的复位方式是高电平复位。STM32F40x 最小系统的复位电路如图 1.9 所示。

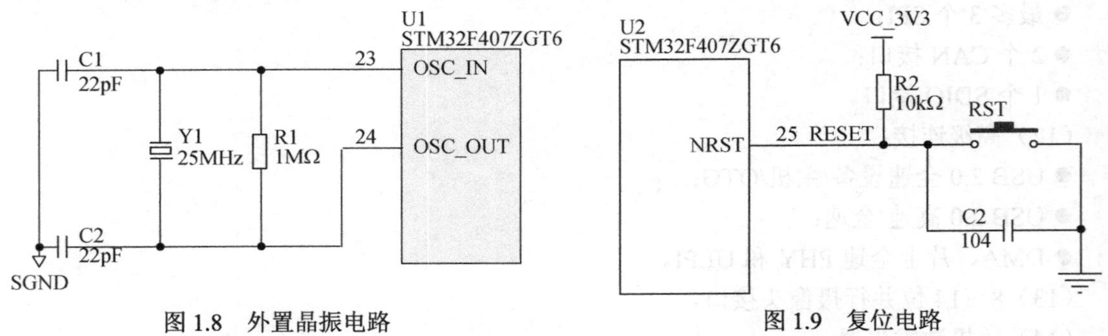

图 1.8　外置晶振电路　　　图 1.9　复位电路

4．最小系统的启动方式

STM32F40x 有 3 种启动模式可以选择，选择不同的启动模式，处理器具备的启动方式不相同。STM32F407ZGT6 的引脚 48 是 BOOT1，引脚 138 是 BOOT0，对应 BOOT0、BOOT1 引脚高低电平不同，会有 3 种启动方式，如表 1.4 所示。

表 1.4　启动方式

BOOT0	BOOT1	启动方式
x	0	从主 Flash 启动
0	1	从系统存储器启动
1	1	从 SRAM 启动

注：x 表示 0 或者 1。

BOOT1 BOOT0 选择 x0，MCU 从主 Flash 启动，能够正常工作；BOOT1 BOOT0 选择 01，MCU 从系统存储器启动，一般用于固件升级；BOOT1 BOOT0 选择 11，MCU 从 SRAM 启动，程序下载能够执行，但是如果按下复位按钮后，程序将不再执行，并且程序代码会丢失。STM32F407ZGT6 正常的启动方式应选择 x0 方式。

思考题及习题

1.1　思政作业：阅读嵌入式系统发展历史文献，了解嵌入式系统的发展历程及其对社会进步和科技发展的贡献，撰写一篇阅读报告，报告格式不限，字数不少于 800 字。

1.2　简述嵌入式系统的定义。

1.3　总结冯・诺依曼结构和哈佛结构的特点。

1.4　简述 ARM 公司与半导体生产厂家的关系。

1.5　简述 STM32F40x 最小系统包括哪几部分电路。

1.6　举例描述嵌入式系统的应用领域。

第 2 章　Keil 开发环境及调试方法

2.1　嵌入式系统开发环境概述

嵌入式系统的开发环境一般包括宿主机、目标机、调试器和开发软件，宿主机与目标机之间通过串口、并口或网络接口等的一种或者若干种进行开发。

由于嵌入式系统通常资源有限，用户难以在其硬件平台上直接编写、调试、下载。目前采用的办法是：首先在宿主机上编写源码程序，再将编写好的源码程序通过交叉编译生成目标机上可以运行的二进制程序，通过串口/以太网接口/JTAG 接口将交叉编译生成的二进制程序下载到目标机上运行。

嵌入式软件开发工具包括编译器、汇编器、链接器、调试器等，目前世界上有多家公司提供不同类型的产品，在 Windows 环境下，代表产品是德国 Keil 公司开发的 ARM 开发工具 MDK。MDK 是用来开发基于 ARM 内核的嵌入式应用程序，它适合不同层次的开发者使用，包括专业的应用程序开发工程师和嵌入式软件开发的入门者。MDK 包含工业标准的 C 编译器、宏汇编器、调试器、实时内核等组件，支持所有基于 ARM 内核的设备，而嵌入式 Linux 系统编程主要使用 GNU 开发工具。

2.1.1　MDK5 简介

MDK 是 RealView MDK 的简称。其中，MDK5 向后兼容 MDK4 和 MDK3 等，加强了对 Cortex-M 微控制器开发的支持，并且对传统的开发模式和界面进行升级。MDK5 由两部分组成：MDK 内核和软件包，如图 2.1 所示。

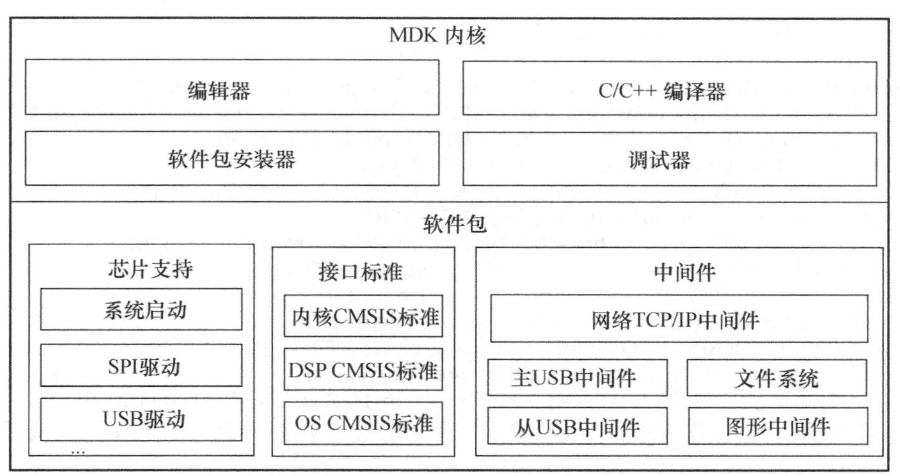

图 2.1　MDK5 组成

从图 2.1 中可以看出，MDK 内核包括 4 部分：编辑器、C/C++编译器、软件包安装器、调试器。从 MDK4.7 版本开始，加入了代码提示功能和语法动态检测等实用功能。MDK 内核是一个独立的安装包，它并不包含器件支持、设备驱动、CMSIS（Cortex Microcontroller Software Interface Standard，Cortex 微控制器软件接口标准）等组件。软件包包含芯片支持、Cortex 微控制器软件接口标准 CMSIS 和中间件 3 部分，通过软件包安装器，可以安装最新的组件，从而支持新的器件、提供新的设备驱动库及最新例程等。

在 MDK5 安装完成后，如果要让 MDK5 支持 STM32F407 的开发，还要安装 STM32F407 的器件支持包：Keil.STM32F4xx_DFP.2.7.0。

2.1.2 基于 CMSIS 应用程序的基本架构

ARM公司是一家做芯片标准的公司，它只负责芯片内核的架构设计而不生产芯片，而NXP、TI、ST、三星、华为等芯片生产公司则根据 ARM 公司提供的芯片内核标准设计自己的独特芯片。因此，对于任何公司的含有 Cortex-M4 内核的芯片，它们的内核是一样的，不同的是根据内核设计的片上外设。因此，不同公司设计的包含 Cortex-M4 内核的芯片，其引脚数量、控制方法等是有区别的，如 STM32F407 和 STM32F429。既然大家都使用相同的内核，核心功能是一样的，那么 ARM 公司为了让不同公司生产的 Cortex 芯片能在软件上相互兼容，以方便工程师移植，就和芯片生产公司共同提出了一套标准——CMSIS 标准，也就是说，CMSIS 标准就是强制规定内含 Cortex 微处理器的芯片公司必须遵守的软件标准。

固件库是芯片官方标准接口函数的集合，固件库函数的作用是向下直接操作芯片寄存器，向上提供用户函数调用的接口。在 89C51 单片机的开发中，经常直接操作寄存器，比如要控制 P0 口的状态，通过以下代码可直接操作寄存器，如：

```
P0=0x11;//8 位数据
```

而在 ARM 的 STM32F407ZGT6 开发中，同样可以操作寄存器：

```
GPIOA->BSRRL=0x0011; //16 位数据
```

在 89C51 单片机中，可以直接用位操作，同样，ARM 芯片中提供位带操作实现位操作功能。这种方法比较直接，但对初学者来说，使用这种方法需要掌握每个寄存器的用法，而这对于拥有数百个寄存器的 STM32 MCU 则比较困难。因此，芯片生产公司如 ST 公司，为了抢占市场，让开发者快速掌握芯片的使用，推出了官方固件库，对底层操作寄存器进行了封装，开发者只需要根据需要实现的功能，调用固件库实现的函数即可。例如在 ST 固件库中，有以下 14 个相关的 GPIO 函数可直接供开发者调用：

```
（1）void GPIO_DeInit(GPIO_TypeDef * GPIOx)
（2）void GPIO_Init(GPIO_TypeDef * GPIOx,GPIO_InitTypeDef * GPIO_InitStruct)
（3）void GPIO_PinAFConfig(GPIO_TypeDef * GPIOx, uint16_t GPIO_PinSource, uint8_t GPIO_AF)
（4）void GPIO_PinLockConfig(GPIO_TypeDef * GPIOx, uint16_t GPIO_Pin)
（5）uint16_t GPIO_ReadInputData(GPIO_TypeDef * GPIOx)
（6）uint8_t GPIO_ReadInputDataBit(GPIO_TypeDef * GPIOx, uint16_t GPIO_Pin)
（7）uint16_t GPIO_ReadOutputData(GPIO_TypeDef * GPIOx)
（8）uint8_t GPIO_ReadOutputDataBit(GPIO_TypeDef * GPIOx, uint16_t GPIO_Pin)
（9）void GPIO_ResetBits(GPIO_TypeDef * GPIOx, uint16_t GPIO_Pin)
（10）void GPIO_SetBits(GPIO_TypeDef * GPIOx, uint16_t GPIO_Pin)
（11）void GPIO_StructInit(GPIO_InitTypeDef * GPIO_InitStruct)
（12）void GPIO_ToggleBits(GPIO_TypeDef * GPIOx, uint16_t GPIO_Pin)
（13）void GPIO_Write(GPIO_TypeDef * GPIOx, uint16_t PortVal)
（14）void GPIO_WriteBit(GPIO_TypeDef * GPIOx, uint16_t GPIO_Pin, BitAction BitVal)
```

官方提供了固件库的函数查询手册，用户通过函数名和形参就可以得知该函数的功能，方便快捷。

对任何处理器的操作，归根结底都是对寄存器进行操作。虽然固件库比较方便，如果想要彻底掌握 ARM 芯片，只掌握 ARM 固件库是远远不够的，还要理解 ARM 芯片各个外设的运行机制。只有了解外设的工作原理，在进行固件库开发过程中才可能得心应手。

ARM 应用程序基本结构如图 2.2 所示。

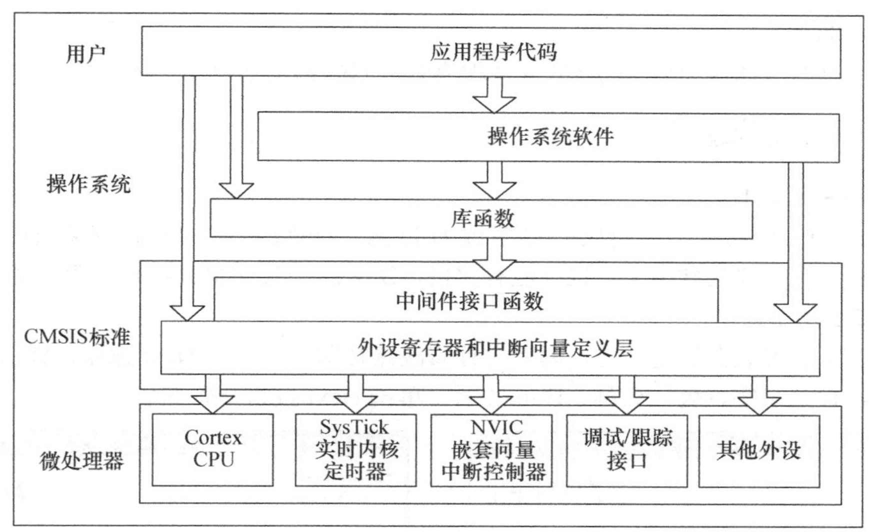

图 2.2　ARM 应用程序基本结构

图 2.2 中，CMSIS 标准具有承上启下的作用，对于 ARM 公司，它定义微处理器内部寄存器地址及功能函数，向上提供操作系统、用户程序调用的函数接口。例如，在使用 STM32 芯片时，首先要进行系统初始化，CMSIS 标准规定系统初始化函数名称必须为 SystemInit，还对各个外设驱动文件的文件名称及函数名称进行规范。

2.2　嵌入式系统开发环境搭建

2.2.1　需要安装的软件

下面以开发 STM32F407ZGT6 为例搭建开发环境。搭建开发环境，一般要安装好以下 4 个软件。

（1）ARM Keil 软件

该软件是用于 ARM 芯片编辑、编译程序的集成开发环境。

（2）ST-Link 驱动程序

ST-Link 是一个仿真调试工具，用于实现程序调试、下载，也就是连接宿主机和目标板。仿真调试工具有 J-Link、JTAG、U-Link 和 ST-Link，其中 JTAG 是一种国际标准测试协议，主要用于芯片内部测试，现在多数的高级器件都支持 JTAG 协议，如 DSP、FPGA 器件等。标准的 JTAG 接口有 4 根线：TMS、TCK、TDI、TDO，分别表示模式选择线、时钟线、数据输入线和数据输出线。J-Link 是针对 ARM 设计的一个小型 USB 到 JTAG 转换器，它通过 USB 连接到运行 Windows 系统的 PC 主机，即插即用。U-Link 是 ARM 公司最新推出的配套 MDK 使用的仿真器，支持串行调试（SWD）、返回时钟支持和实时代理等功能。ST-Link 是 ST 公司开发的一款仿真器，目前指定 SWIM 标准接口和 JTAG/SWD 标准接口。在实际开发中，工程师可根据实际情况选择不同的仿真调试工具。

（3）CH340 驱动程序

在进入嵌入式系统开发时，经常用到 UART 输出调试信息来辅助调试。目前国内使用得比较多的 USB 转串口芯片是 CH340，因此需要安装 CH340 驱动程序。

（4）串口助手

串口助手是与 STM32 使用 UART 调试程序时配套的调试助手，一般是免安装版本。

2.2.2　软件安装过程

（1）安装 Keil 软件

双击 Keil 软件进行安装。建议将 C 盘改为 D 盘，D:\Keil_v5 是软件安装路径，一般情况下，安装路径一定不要包含中文，也不能有空格，D:\Keil_v5\ARM\PACK 为默认路径，不需要修改，如图 2.3 所示。

当然，也可以安装在其他地方，读者自行修改路径即可。单击 Next 按钮，弹出如图 2.4 所示的对话框，设置名字、公司名称、E-mail 后，单击 Next 按钮开始安装。

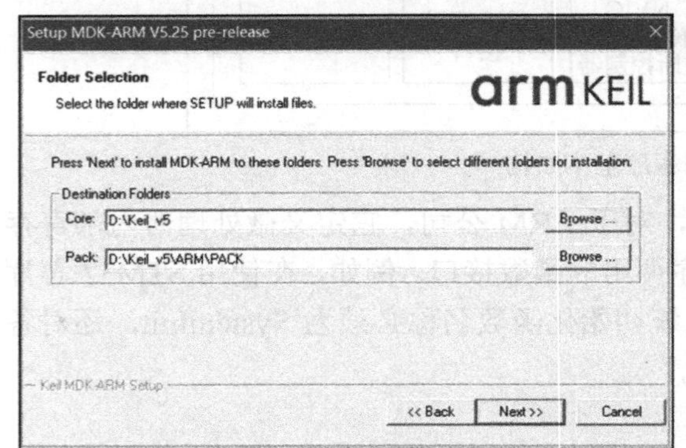

图 2.3　软件安装路径　　　　图 2.4　软件安装信息

最后单击 Finish 按钮即可完成安装。随后，自动弹出 Pack Installer 界面，单击 OK 按钮关闭该界面。Pack Installer 的作用是安装芯片支持包，由于自动安装的芯片支持包的版本比较低，需要联网安装更新。从图 2.5 和图 2.6 可以看出，安装软件后，CMSIS 和 MDK 软件包已经安装了。

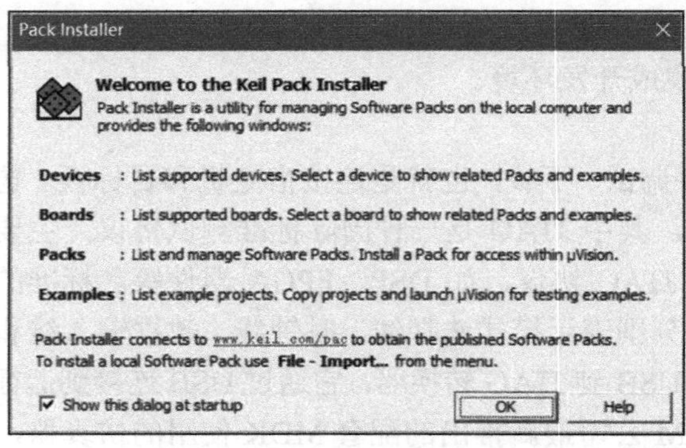

图 2.5　Pack Installer 安装信息界面

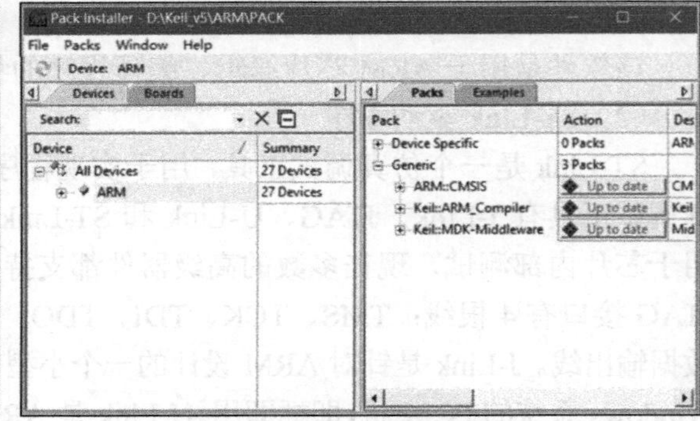

图 2.6　软件包安装器界面

至此，软件安装完成，在计算机的桌面上就会出现 Keil μVision5 的图标。接下来，右键单击 Keil μVision5 图标，以管理员身份打开软件，打开 License Management 界面，输入注册码，对软件进行注册。

（2）安装器件支持包

我们可以自行去官网下载器件支持包。这里以 STM32F407ZGT6 为例，只需要安装 STM32F407 的器件支持包即可，这个包的名称为 Keil.STM32F4xx_DFP.2.7.0.pack。双击这个器件支持包，如图 2.7 所示。

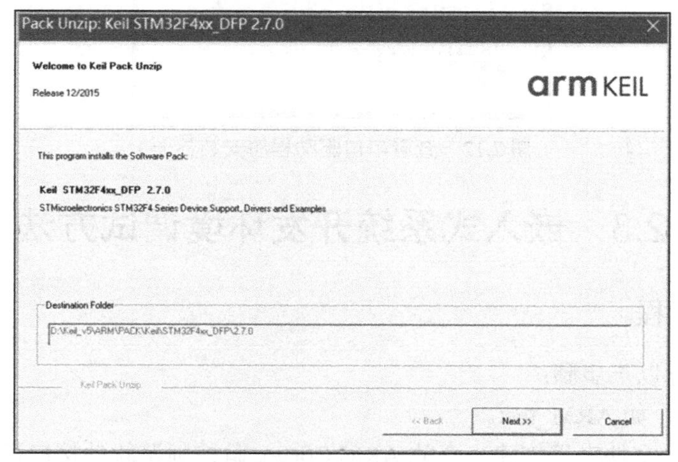

图 2.7　器件支持包安装界面

（3）安装下载调试器驱动程序

双击运行 ST-link_v2_usbdriver.exe，如图 2.8 所示。

查看是否安装成功，可以打开“设备管理器”，查看是否有 ST-Link，如图 2.9 所示。同时，如果 ST-Link 安装成功，硬件 ST-Link 仿真器上的 LED 固定为红色且不会闪烁。

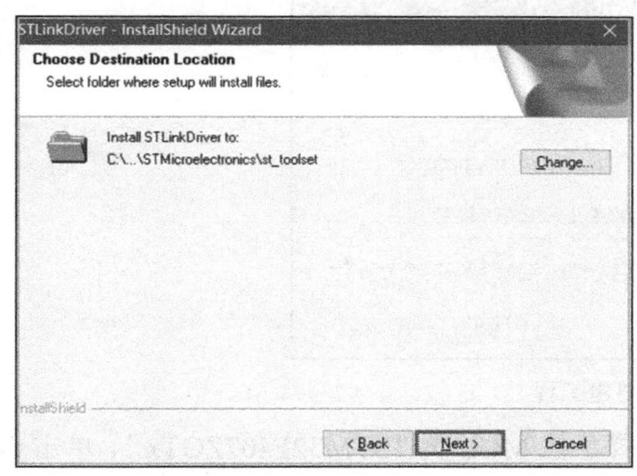

图 2.8　ST-Link 驱动程序安装界面

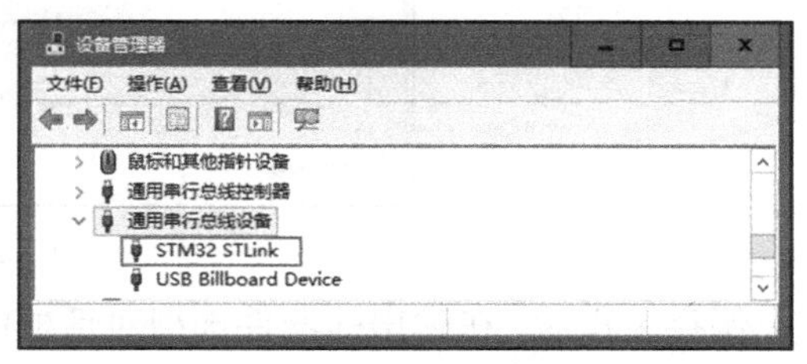

图 2.9　查看 ST-Link 驱动程序安装界面

（4）安装串口驱动程序

双击运行 CH340 驱动程序，单击“安装”按钮，如图 2.10 和图 2.11 所示。

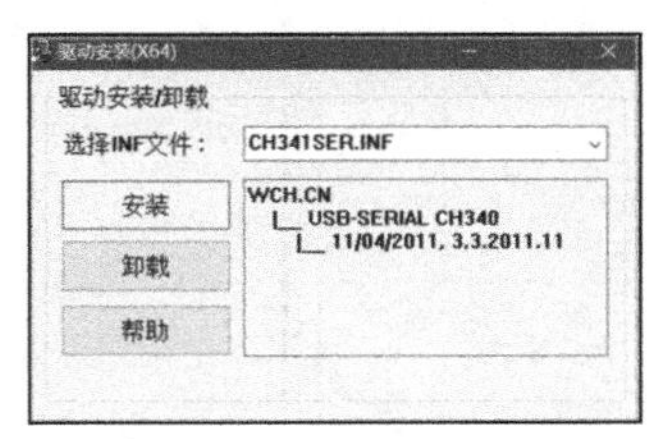

图 2.10　CH340 驱动程序安装界面

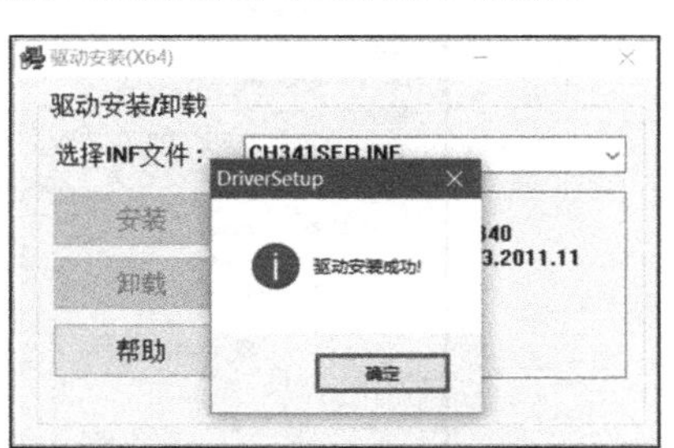

图 2.11　CH340 驱动程序安装成功界面

验证是否安装成功。连接计算机的 USB 口与开发板的 UART 口，打开开发板电源，打开计算机的“设备管理器”，可以看到串口已安装成功，如图 2.12 所示。

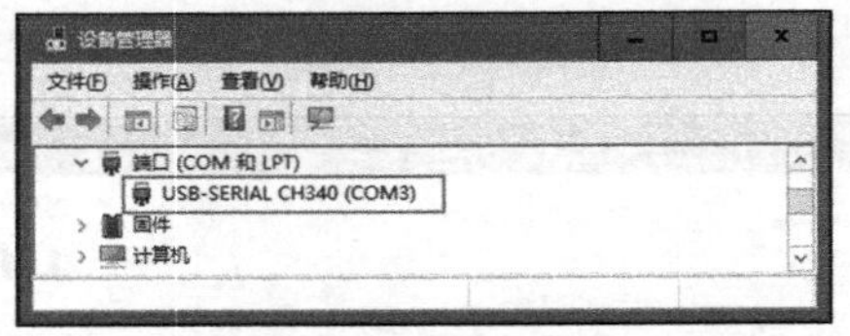

图 2.12　查看串口驱动程序安装界面

2.3　嵌入式系统开发环境调试方法

2.3.1　创建工程

创建工程可执行以下步骤：

① 新建文件夹，如 ARM_test。

② 在 ARM_test 文件夹里创建一个放 ARM Cortex 微控制器软件接口标准的文件夹 CMSIS 和一个用户自己编写代码的文件夹 USER，为分类方便，在 USER 下建议再多创建两个文件夹：inc 和 src，用于分别存放用户的头文件和源文件。

③ 到官方网站将 CMSIS 文件下载并保存在 CMSIS 文件夹中，用于调用。

④ 打开 Keil 软件，创建工程，如图 2.13 所示。

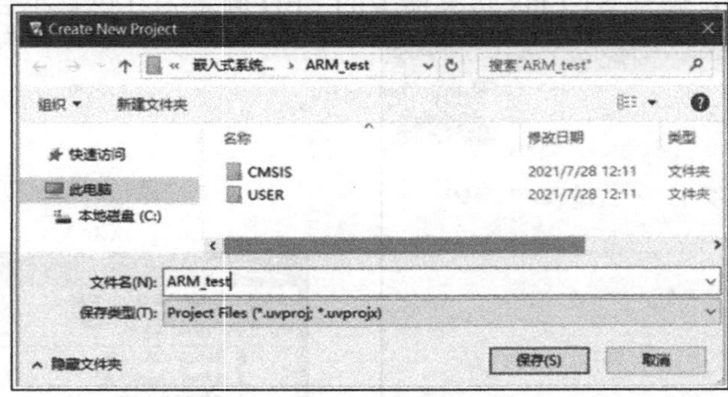

图 2.13　创建工程

保存工程后，在弹出的器件选型对话框中选择主控 MCU 为“STM32F407ZGTx”，单击 OK 按钮，如图 2.14 所示。

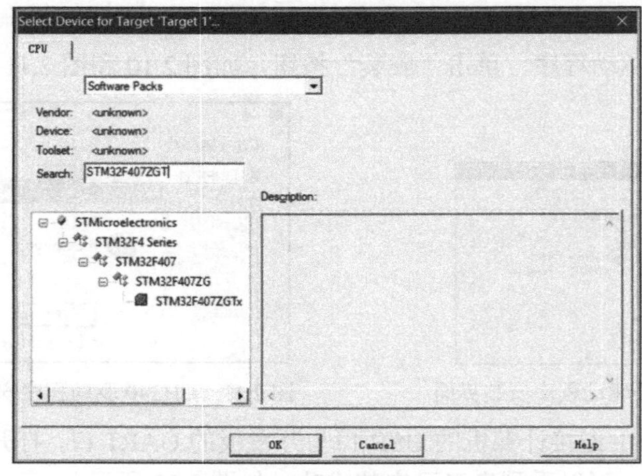

图 2.14　选择主控 MCU

⑤ 工程创建完后，需要根据自己使用的仿真器来配置仿真工具并编写、调试代码。

单击魔术棒图标，单击 Output 选项卡，选中 Create HEX File，如图 2.15 所示，这样就可以生成 Hex 文件，Hex 文件由对应机器语言编码和常量数据编码组成。可将 Hex 文件烧写到 ROM 或 EPROM 中。大多数 EPROM 编程器或模拟器使用 Hex 文件。

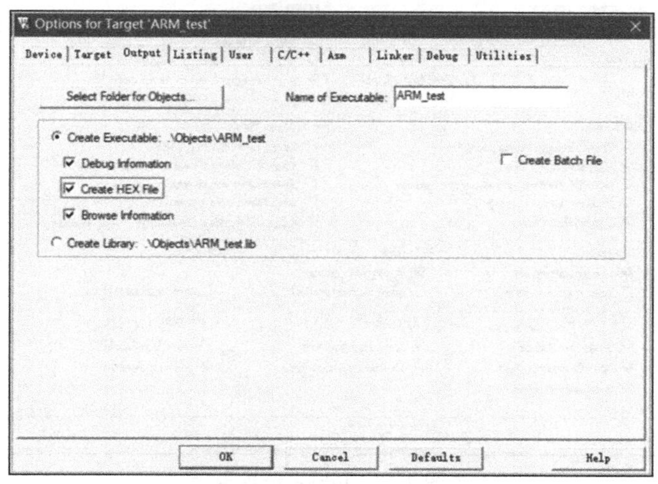

图 2.15　创建 Hex 文件

单击魔术棒图标，单击 C/C++选项卡，在 Preprocessor Symbols 的 Define 文本框中输入 STM32F40_41xxx。在 stm32f4xx.h 宏定义中，如果要用 STM32F407ZG，就要定义 STM32F40_41xxx，因为 stm32f4xx.h 中有对芯片系列名定义的要求。如下是 stm32f4xx.h 的代码片段：

```
#if !defined(STM32F40_41xxx)&& !defined(STM32F427_437xx)&& !defined(STM32F429_439xx)&& !defined(STM32F401xx)&& !defined(STM32F410xx)&& !defined(STM32F411xE)&& !defined(STM32F412xG)&& !defined(STM32F446xx)&& !defined(STM32F469_479xx)
/*#defineSTM32F40_41xxx*/
/*!<STM32F405RG,STM32F405VG,STM32F405ZG,STM32F415RG,STM32F415VG,STM32F415ZG,STM32F407VG,STM32F407VE,STM32F407ZG,STM32F407ZE,STM32F407IG,STM32F407IE,STM32F417VG,STM32F417VE,STM32F417ZG,STM32F417ZE,STM32F417IG and STM32F417IE Devices*/
```

单击魔术棒图标，单击 C/C++选项卡，在 Include Paths 添加头文件路径，告诉编译器去哪里找.h 文件，如图 2.16 所示。

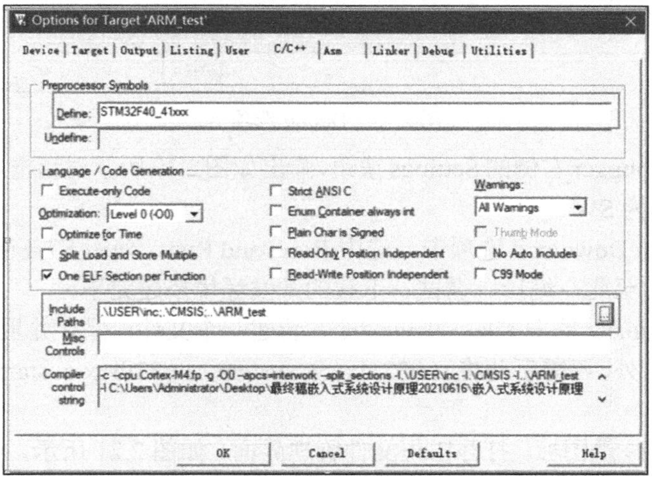

图 2.16　C/C++选项卡

为了更好地支持中文，单击 Keil 软件的菜单栏 Edit→Configuration，在弹出的 Editor 选项卡的 Encoding 下拉列表中选中 Chinese GB2312(Simplified)，如图 2.17 所示。

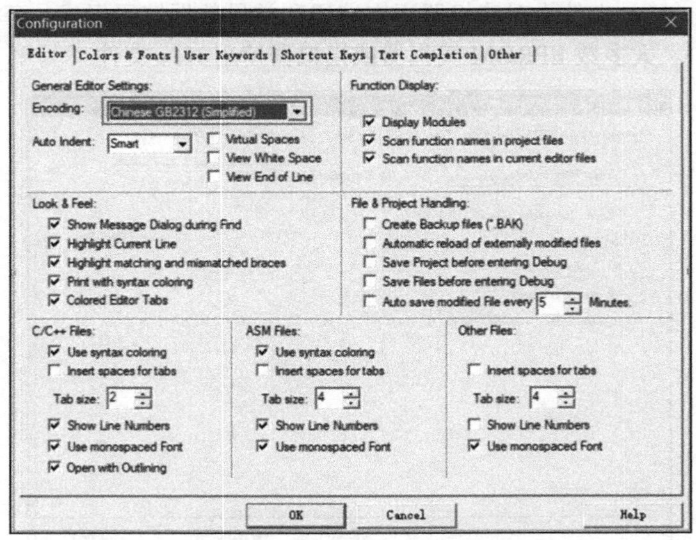

图 2.17　Editor 选项卡

单击魔术棒图标，单击 Debug 选项卡，选择 ST-Link Debugger，如图 2.18 所示。

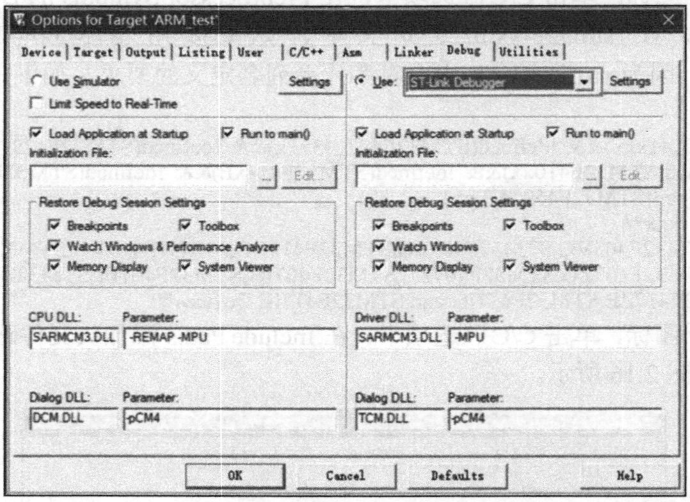

图 2.18　Debug 选项卡

单击 ST-Link Debugger 右侧的 Settings 按钮，弹出如图 2.19 所示对话框，对 ST-Link Debugger 进行设置，Port 选择为 SW。

最后，单击 Flash Download 选项卡，选中 Reset and Run，使用 ST-Link 时下载自动复位运行，如图 2.20 所示。至此，编译、调试、下载的开发环境搭建完毕。

⑥ 开始创建 main.c。单击 File→New 命令，新建一个文件，保存并重命名为 main.c，保存在文件夹 src 下面。另外，还需手动将 stm32f4xx.c、system_stm32f4xx.c、startup_stm32f40_41xxx.s 加载到工程中。

首先，单击品字形图标，打开工程文件管理界面，如图 2.21 所示，添加 Cortex 微处理器软件接口标准文件。

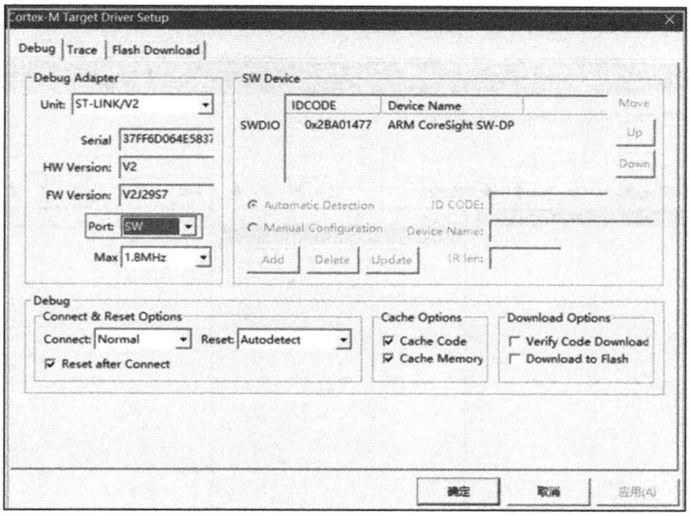

图 2.19　ST-Link Debugger 设置

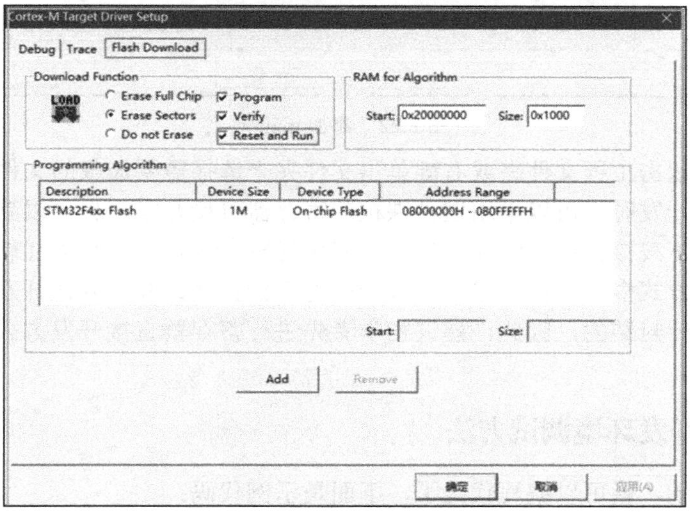

图 2.20　Flash Download 选项卡

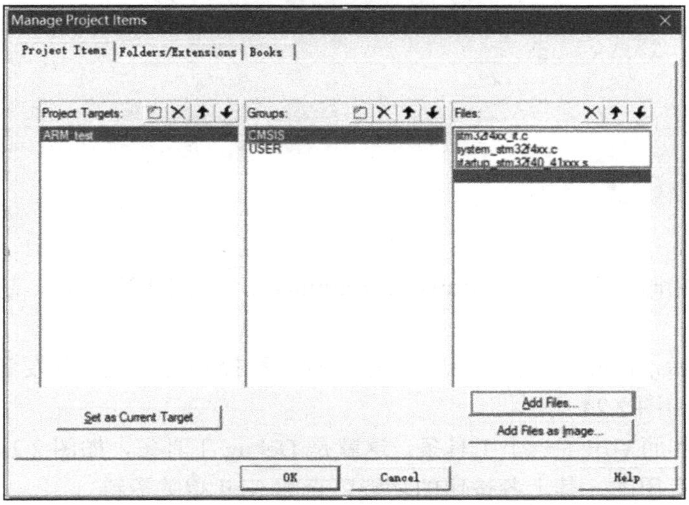

图 2.21　Cortex 微处理器软件接口标准文件

再添加 main.c 到 USER 文件夹，如图 2.22 所示。

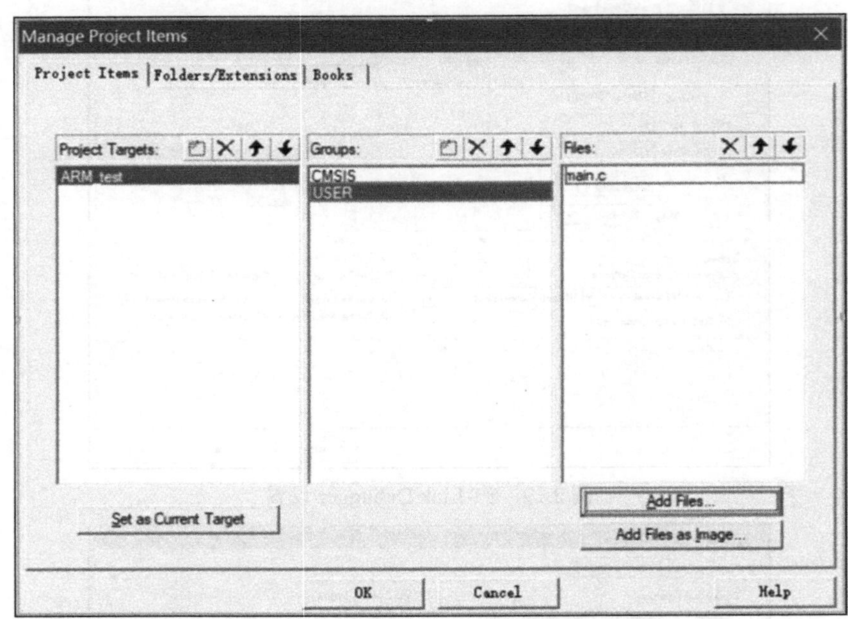

图 2.22　添加 main.c

当然，也可以双击工程文件夹或右键单击文件夹来选择需要加载的文件。

在进行嵌入式开发时，可以采用这种裸机的寄存器直接开发，也可以到芯片生产厂商官网（如 ST 公司官网）下载该公司的固件库来进行间接开发，还可以利用 Keil 软件自动生成库来进行间接开发。开发方式多种多样，但最根本的是寄存器直接开发，其他开发方式都是在寄存器直接开发方式上进行封装的，因此，建议初学者先进行寄存器直接开发方式的学习，熟悉后再用库函数进行开发。

2.3.2　Keil 开发环境调试方法

有了以上的基础，就可以编写代码了，下面是示例代码：

```
#include "stm32f4xx.h"//包含头文件
/*函数功能：主函数
函数形参：无
函数返回值：无
备注：主函数模板*/
int main(void)
{
	while(1)
	{
		;
	}
}
```

当编译没有出错时，会出现 0 Error(s),0 Warning(s)，如图 2.23 所示，这时，就可以进入程序的调试阶段。

进入调试阶段后，Keil 界面会出现对程序进行各种控制的按钮，开发者通过这些按钮可以对进程进行控制，如图 2.24 所示。

仿真时，Keil 界面多出了一个工具条，这就是 Debug 工具条，如图 2.24 所示。Debug 工具条在仿真时是非常有用的，其上各按钮的功能可查阅 Keil 相关资料。

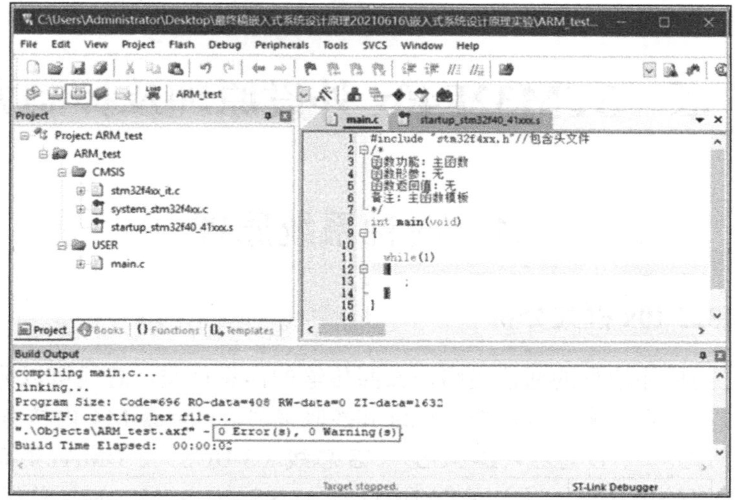

图 2.23　编译信息

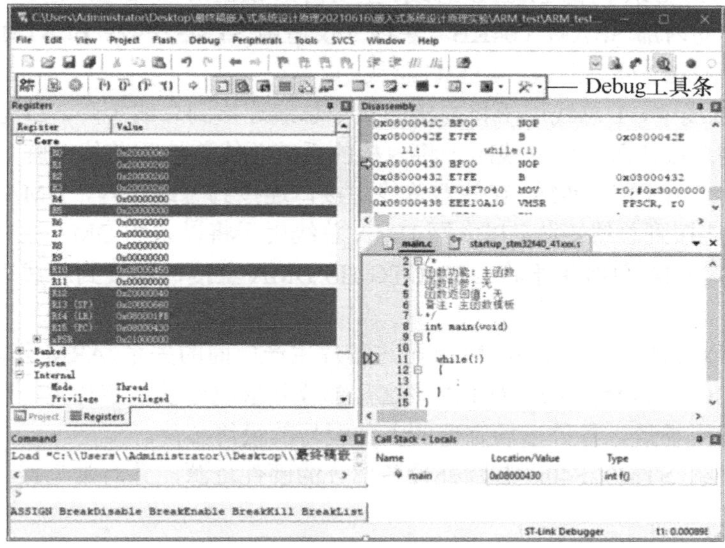

图 2.24　调试窗口

思考题及习题

2.1　完成 STM32F40x 的 Keil ARM MDK5 集成开发环境的安装。

2.2　使用 MDK5 创建一个 STM32F407 工程，并且编写一个基本的 main 函数。

2.3　扩展：自选查阅资料，理解 CMSIS 标准的含义及常用的规范说明。

第 3 章　STM32F40x 外设原理及控制方法

3.1　时钟系统原理

3.1.1　STM32F40x 框架分析

总线是器件之间传输信息的通信线路，按照传输的信息种类，总线可以分为数据总线、地址总线和控制总线，分别用来传输数据、地址和控制信号。Cortex-M4 内核有 8 条主控总线，分别是：I 总线（I-BUS）、D 总线（D-BUS）、S 总线（S-BUS）、DMA1 存储器总线、DMA2 存储器总线、DMA2 外设总线、以太网 DMA 总线、USB OTG HS DMA 总线；8 条被控总线，分别是：内部 Flash I 总线、内部 Flash D 总线、主要内部 SRAM（112KB）总线、辅助内部 SRAM（16KB）总线、辅助内部 SRAM（64KB）总线（仅适用 STM32F42x 和 STM32F43x 系列）、AHB1 外设总线、AHB2 外设总线、FSMC 总线。

在 8 条主控总线中，I 总线用于将内核的指令总线连接到总线矩阵，D 总线用于将数据总线和 RAM 连接到总线矩阵，S 总线用于将内核的系统总线连接到总线矩阵。DMA（DMA1、DMA2）存储器总线用于将 DMA 存储器总线主接口连接到总线矩阵，DMA 外设总线用于将 DMA 外设主接口连接到总线矩阵，以太网 DMA 总线用于将以太网 DMA 主接口连接到总线矩阵，USB OTG HS DMA 总线用于将 USB OTG HS DMA 主接口连接到总线矩阵。STM32F40x 框架如图 3.1 所示。

从图 3.1 中可以更清楚地看到 ARM 公司与芯片生产厂商的关系，ARM 公司只做 JTAG&SW、MPU、ETM、NVIC、ARM Cortex-M4 内核这几部分并形成标准，芯片生产厂商则根据标准制造出适用于各种应用场景、各种市场定位的多种型号的最终芯片。

本章将详细介绍 STM32F40x 芯片外设各部分的硬件资源，并对常见接口进行实验案例剖析。

3.1.2　STM32F40x 时钟系统分析

1．时钟系统概述

STM32F40x 的时钟系统比 MCS-51 单片机的复杂，它有多个时钟源，外设非常多，但并不是所有外设都需要系统时钟这么高的频率，并且同一个电路，时钟越快功耗越大，同时抗电磁干扰能力也会越弱，所以对于较为复杂的芯片，一般都采取对多个时钟源进行多种配置的方法来实现最优的系统解决方案。

时钟系统就是将芯片中所有相关的时钟结构全部结合在一起，有助于开发者理解整个嵌入式系统的运行原理，方便开发者对时钟进行设置。为了使芯片能够按照开发者的设计正常工作，开发者要清楚知道各个模块的时钟是多少、时钟的流向、时钟线的条数等时钟相关的信息，从整体宏观上通过分析时钟系统得到配置的方法。

2．时钟系统框架

在 STM32F40x 中，有 4 条时钟总线，分别为 LSI、LSE、HSI、HSE。按时钟频率可分为高速时钟总线和低速时钟总线，其中 HIS、HSE 是高速时钟总线，LSI 和 LSE 是低速时钟总线。

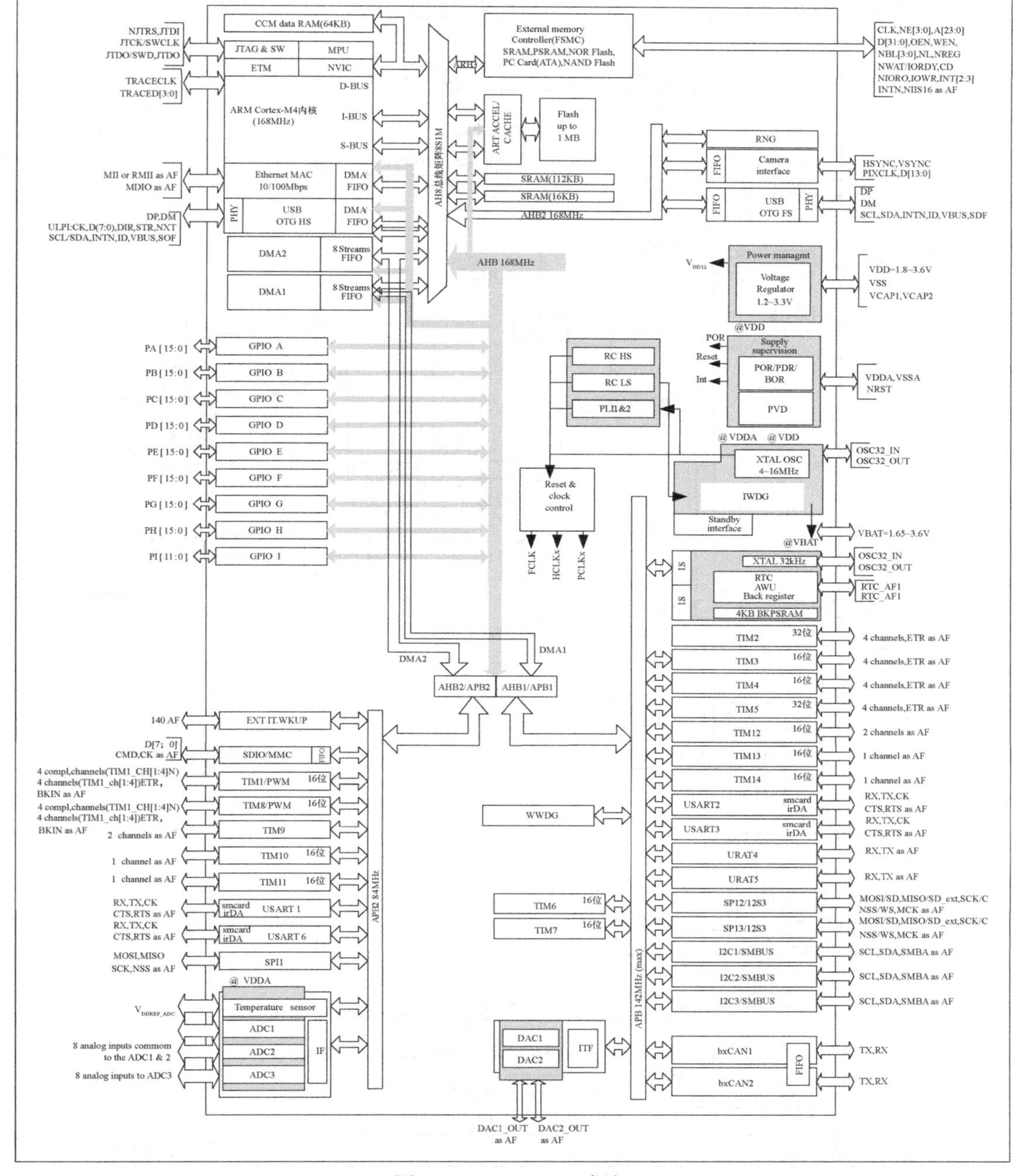

图 3.1　STM32F40x 框架

按来源可分为外部时钟总线和内部时钟总线，外部时钟总线从外部通过接晶振的方式获取时钟，其中 HSE 和 LSE 是外部时钟总线，HSI 和 LSI 是内部时钟总线，如图 3.2 所示。下面分别介绍系统内部的时钟。

LSI 是低速内部时钟，采用 RC 振荡器，频率为 32kHz 左右。它主要供独立看门狗和自动唤醒单元使用，精度不高，没有外部时钟稳定。

LSE 是低速外部时钟，接频率为 32.768kHz 的石英晶体。它主要作为 RTC 的时钟源使用，精度比较高，相对而言，比低速内部时钟稳定。

HSE 是高速外部时钟，可接石英/陶瓷谐振器，或者接外部时钟源，频率范围为 4～26MHz。

根据图 3.2 所示，HSE 也可以直接作为系统时钟或者 PLL 输入。

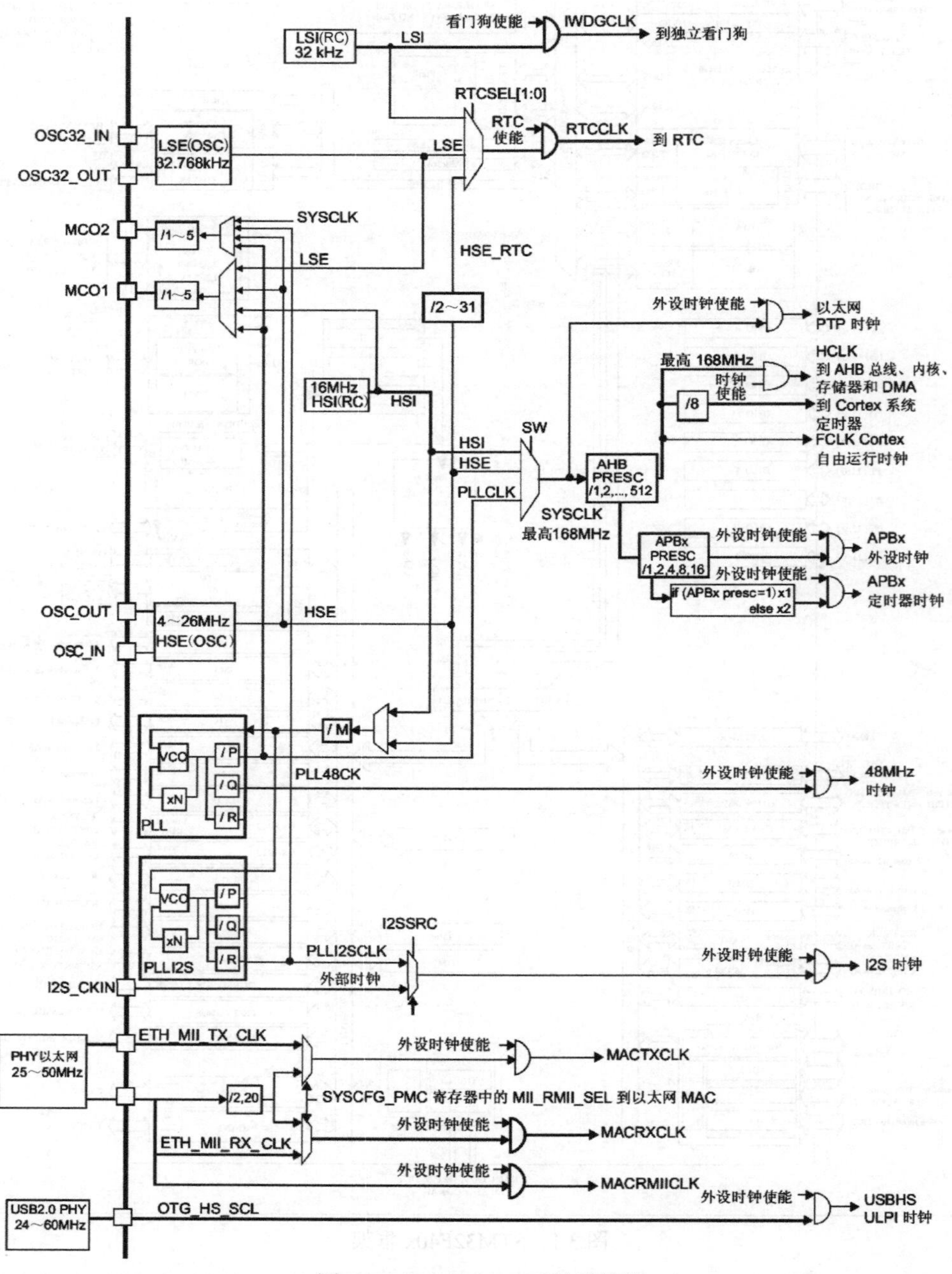

图 3.2　STM32F40x 时钟系统图

HSI 是高速内部时钟，采用 RC 振荡器，频率为 16MHz，根据图 3.2 所示它可以直接作为系统时钟或者 PLL 输入。

如图 3.2 所示，STM32F40x 有两个 PLL，一个是主 PLL（PLL），一个是专用 PLL（PLLI2S），其中主 PLL 由 HSE 或 HIS 总线提供时钟信号，并具有两个不同的输出时钟。第一个输出 PLLP 用于生成高速的系统时钟，最高频率为 168MHz；第二个输出 PLLQ 用于生成 USB OTG FS 的时钟（48MHz）、随机数发生器的时钟和 SDIO 时钟。PLLI2S 用于生成精确时钟，从而在 I2S 接口实现高品质音频性能。

每个时钟源在外设都有具体的应用，从图 3.2 可以看出，独立看门狗时钟源只能是低速的 LSI 时钟；RTC 的时钟源可以选择 LSI、LSE 及 HSE 2～31 分频后的时钟；MCO1 和 MCO2 是 STM32F40x 由内部向外部输出的时钟，MCO1 是向芯片引脚 PA8 输出的时钟，它有 4 个来源：HSI、LSE、HSE 和 PLLP 时钟，MCO2 是向芯片引脚 PC9 输出的时钟，它有 4 个时钟来源：HSE、PLLP、SYSCLK 和 PLLI2S；系统时钟 SYSCLK 来源有 3 个方面：HSI、HSE 和 PLLCLK，在实际应用中，一般情况下都采用 PLLCLK 作为 SYSCLK 时钟源；SYSCLK 系统时钟提供以太网 PTP 时钟、AHB 时钟、APB2 高速时钟、APB1 低速时钟。其中，以太网 PTP 时钟使用系统时钟，而 AHB、APB2 和 APB1 时钟是经过 SYSCLK 时钟分频得来的；I2S 的时钟源来源于 PLLI2S 或映射到 I2S_CKIN 引脚的外部时钟；PHY 以太网 25～50MHz 是 STM32F40x 内部以太网 MAC 时钟的来源。对于 MII 接口来说，必须向外部 PHY 芯片提供 25MHz 的时钟，这个时钟可以由 PHY 芯片外接晶振提供，也可以使用 STM32F40x 的 MCO 输出来提供，然后 PHY 芯片再给 STM32F40x 提供 ETH_MII_TX_CLK 和 ETH_MII_RX_CLK 时钟，而对于 RMII 接口来说，外部必须提供 50MHz 的时钟驱动 PHY 和 STM32F40x 的 ETH_RMII_REF_CLK，这个 50MHz 时钟可以来自 PHY、有源晶振或者 STM32F40x 的 MCO。最后一个是外部 PHY 芯片提供的 USBHSULPI 时钟。

3.1.3 时钟系统相关寄存器

在进行时钟配置的过程中，时钟系统相关寄存器有 31 个，一般情况下我们只关心其中的 3 个寄存器，分别为 RCC 时钟控制寄存器（RCC_CR）、RCCPLL 配置寄存器（RCC_LLCFGR）、RCC 时钟配置寄存器（RCC_CFGR），下面分别进行介绍。

1．RCC 时钟控制寄存器（RCC_CR）

31	30	29	28	27	26	25	24	23	22	21	20	19	18	17	16
保留				PLLI2S RDY	PLLI2S ON	PLLRDY	PLLON	保留				CSS ON	HSE BYP	HSE RDY	HSEON
				r	rw	r	rw					rw	rw	r	rw

15	14	13	12	11	10	9	8	7	6	5	4	3	2	1	0
HSICAL[7:0]								HSITRIM[4:0]					保留	HSIRDY	HSION
r	r	r	r	r	r	r	r	rw	rw	rw	rw	rw		r	rw

位 27—PLLI2SRDY：PLLI2S 时钟就绪标志。由硬件置 1，用以指示 PLLI2S 已锁定。

0：PLLI2S 未锁定　　1：PLLI2S 已锁定

位 26—PLLI2SON：PLLI2S 使能。由软件置 1 和清零，用于使能 PLLI2S。当进入停机或待机模式时由硬件清零。

0：PLLI2S 关闭　　1：PLLI2S 开启

位 25—PLLRDY：主 PLL(PLL)时钟就绪标志。由硬件置 1，用以指示 PLL 已锁定。

0：PLL 未锁定　　1：PLL 已锁定

位 24—PLLON：主 PLL(PLL)使能。由软件置 1 和清零，用于使能 PLL。当进入停机或待机模式时由硬件清零。如果 PLL 时钟用作系统时钟，则此位不可清零。

0：PLL 关闭　　1：PLL 开启

位 19—CSSON：时钟安全系统使能。由软件置 1 和清零，用于使能时钟安全系统。当 CSSON 置 1 时，时钟监测器将在 HSE 振荡器就绪时由硬件使能，并在检出振荡器故障时由硬件禁止。

0：时钟安全系统关闭（时钟监测器关闭）

1：时钟安全系统打开（若 HSE 振荡器稳定，则时钟监测器打开；若不稳定，则关闭）

位 18—HSEBYP：HSE 时钟旁路。由软件置 1 和清零，用于外部时钟旁路振荡器。外部时钟必须通过 HSEON 位使能才能被器件使用。HSEBYP 只有在 HSE 振荡器已禁止的情况下才可写入。

0：不旁路 HSE 振荡器　　1：外部时钟旁路 HSE 振荡器

位 17—HSERDY：HSE 时钟就绪标志。由硬件置 1，用以指示 HSE 振荡器已稳定。在将 HSEON 位清零后，HSERDY 会在 6 个 HSE 时钟周期后转为低电平。

0：HSE 振荡器未就绪　　1：HSE 振荡器已就绪

位 16—HSEON：HSE 时钟使能。由软件置 1 和清零。由硬件清零，用于在进入停机或待机模式时停止 HSE 振荡器。如果 HSE 振荡器直接或间接用作系统时钟，则此位不可复位。

0：HSE 振荡器关闭　　1：HSE 振荡器打开

位 15:8—HSICAL[7:0]：内部高速时钟校准。这些位在启动时自动初始化。

位 7:3—HSITRIM[4:0]：内部高速时钟微调。通过这些位，可在 HSICAL[7:0]的基础上实现由用户编程的微调值。可通过编程使其适应电压和温度的差异，使内部 HSIRC 的频率更为准确。

位 2—保留，必须保持复位值。

位 1—HSIRDY：内部高速时钟就绪标志。由硬件置 1，用以指示 HSI 振荡器已稳定。在将 HSION 位清零后，HSIRDY 会在 6 个 HSI 时钟周期后转为低电平。

0：HSI 振荡器未就绪　　1：HSI 振荡器已就绪

位 0—HSION：内部高速时钟使能。由软件置 1 和清零。由硬件置 1，用于在脱离停机或待机模式时或者在直接或间接用作系统时钟的 HSE 振荡器发生故障时强制 HSI 振荡器打开。如果 HSI 直接或间接用作系统时钟，则此位不可清零。

0：HSI 振荡器关闭　　1：HSI 振荡器打开

2．RCCPLL 配置寄存器（RCC_LLCFGR）

此寄存器用于根据公式配置 PLL 时钟输出：

$$f_{\text{VCO 时钟}}=f_{\text{PLL 时钟输入}}\times(\text{PLLN}/\text{PLLM})$$

$$f_{\text{PLL 常规时钟输出}}=f_{\text{VCO 时钟}}/\text{PLLP}$$

$$f_{\text{USB OTG FS, SDIO, RNG 时钟输出}}=f_{\text{VCO 时钟}}/\text{PLLQ}$$

31	30	29	28	27	26	25	24	23	22	21	20	19	18	17	16
保留				PLLQ3	PLLQ2	PLLQ1	PLLQ0	保留	PLLSRC	保留				PLLP1	PLLP0
				rw	rw	rw	rw		rw					rw	rw

15	14	13	12	11	10	9	8	7	6	5	4	3	2	1	0
保留	PLLN									PLLM5	PLLM4	PLLM3	PLLM2	PLLM1	PLLM0
	rw	rw	rw	rw	rw	rw	rw	rw	rw	rw	rw	rw	rw	rw	rw

位 27:24—PLLQ：主 PLL(PLL)分频系数。适用于 USB OTG FS、SDIO 和随机数发生器时钟，由软件置 1 或清零，用于控制 USB OTG FS 时钟、随机数发生器时钟和 SDIO 时钟的频率。这些位应仅在 PLL 已禁止时写入。

注意：为使 USB OTG FS 能够正常工作，需要 48MHz 的时钟。对于 SDIO 和随机数发生器，频率需要低于或等于 48MHz 才可正常工作。

USB OTG FS 时钟频率=VCO 频率/PLLQ　　（2≤PLLQ≤15）

0000：PLLQ = 0，错误配置

0001：PLLQ = 1，错误配置

0010：PLLQ = 2

⋮

1111：PLLQ = 15

位 22—PLLSRC：主 PLL(PLL)和 PLLI2S 输入时钟源。由软件置 1 和清零，用于选择 PLL 和 PLLI2S 时钟源。此位只有在 PLL 和 PLLI2S 已禁止时才可写入。

0：选择 HSI 时钟作为 PLL 和 PLLI2S 时钟输入

1：选择 HSE 振荡器时钟作为 PLL 和 PLLI2S 时钟输入

位 17:16—PLLP：系统时钟的主 PLL(PLL)分频系数。由软件置 1 和清零，用于控制 PLL 输出时钟的频率。这两位只能在 PLL 已禁止时写入。

注意：软件必须正确设置这两位，使 PLL 时钟源不超过 168MHz。

位 14:6—PLLN：VCO 的主 PLL(PLL)倍频系数。由软件置 1 和清零，用于控制 VCO 的倍频系数。这些位只能在 PLL 已禁止时写入，写入这些位时只允许使用半字和字访问。

注意：软件必须正确设置这些位，确保 VCO 输出频率介于 192～432MHz 之间。

VCO 输出频率=VCO 输入频率×PLLN　　（192≤PLLN≤432）

000000000：PLLN = 0，错误配置

000000001：PLLN = 1，错误配置

⋮

011000000：PLLN = 192

⋮

110110000：PLLN = 432

110110001：PLLN = 433，错误配置

⋮

111111111：PLLN = 511，错误配置

位 5:0—PLLM：主 PLL(PLL)和 PLLI2S 输入时钟的分频系数。由软件置 1 和清零，用于在 VCO 之前对 PLL 和 PLLI2S 输入时钟进行分频。这些位只有在 PLL 和 PLLI2S 已禁止时才可写入。

注意：软件必须正确设置这些位，确保 VCO 输入频率介于 1～2MHz 之间。建议选择 2MHz 的频率，以便限制 PLL 抖动。

VCO 输入频率=PLL 输入时钟频率/PLLM　　（2≤PLLM≤63）

3. RCC 时钟配置寄存器（RCC_CFGR）

31	30	29	28	27	26	25	24	23	22	21	20	19	18	17	16
MCO2		MCO2PRE[2:0]			MCO1PRE[2:0]			I2SSCR	MCO1		RTCPRE[4:0]				
rw		rw	rw	rw	rw	rw	rw	rw	rw		rw	rw	rw	rw	rw

15	14	13	12	11	10	9	8	7	6	5	4	3	2	1	0
PPRE2[2:0]			PPRE1[2:0]			保留		HPRE[3:0]				SWS1	SWS0	SW1	SW0
rw	rw	rw	rw	rw	rw			rw	rw	rw	rw	r	r	rw	rw

位 31:30—MCO2[1:0]：微处理器时钟输出 2。由软件置 1 和清零，时钟源选择可能会造成对 MCO2 的干扰。建议仅在复位后但在使能外部振荡器和 PLL 之前来配置这两位。

00：选择系统时钟（SYSCLK）输出到 MCO2 引脚　01：选择 PLLI2S 时钟输出到 MCO2 引脚

10：选择 HSE 振荡器时钟输出到 MCO2 引脚　　11：选择 PLL 时钟输出到 MCO2 引脚

位 29:27—MCO2PRE[2:0]：MCO2 预分频器。由软件置 1 和清零，用于配置 MCO2 的预分频器。对此预分频器进行修改可能会对 MCO2 造成干扰。建议仅在复位后且在使能外部振荡器

和 PLL 之前进行此分频器的更改。

0xx：无分频　　100：2 分频　　101：3 分频　　110：4 分频　　111：5 分频

位 26:24—MCO1PRE[2:0]：MCO1 预分频器。由软件置 1 和清零，用于配置 MCO1 的预分频器。对此预分频器进行修改，可能会对 MCO1 造成干扰。建议仅在复位后且在使能外部振荡器和 PLL 之前进行此分频器的更改。

0xx：无分频　　100：2 分频　　101：3 分频　　110：4 分频　　111：5 分频

位 23—I2SSRC：I2S 时钟选择。由软件置 1 和清零。通过此位可在 PLLI2S 时钟和外部时钟之间选择 I2S 时钟源。建议仅在复位之后且使能 I2S 模块之前对此位进行更改。

0：PLLI2S 时钟用作 I2S 时钟源

1：在 I2S_CKIN 引脚上映射的外部时钟用作 I2S 时钟源

位 22:21—MCO1：微处理器时钟输出 1。由软件置 1 和清零。时钟源选择可能会造成对 MCO1 的干扰。建议仅在复位后且在使能外部振荡器和 PLL 之前来配置这两位。

00：选择 HSI 时钟输出到 MCO1 引脚　01：选择 LSE 振荡器时钟输出到 MCO1 引脚

10：选择 HSE 振荡器时钟输出到 MCO1 引脚　　11：选择 PLL 时钟输出到 MCO1 引脚

位 20:16—RTCPRE[4:0]：RTC 时钟的 HSE 分频系数。由软件置 1 和清零，用于对 HSE 时钟输入进行分频，进而为 RTC 生成 1MHz 的时钟。注意：软件必须正确设置这些位，确保提供给 RTC 的时钟为 1MHz。在选择 RTC 时钟源之前必须配置这些位。

00000：无时钟　　　　　00100：HSEOSC/4

00001：无时钟　　　　　……

00010：HSEOSC/2　　　　11110：HSEOSC/30

00011：HSEOSC/3　　　　11111：HSEOSC/31

位 15:13—PPRE2[2:0]：APB 高速预分频器（APB2）。由软件置 1 和清零，用于控制 APB 高速时钟分频系数。注意：软件必须正确设置这些位，使 APB 时钟不超过 84MHz。在 PPRE2[2:0] 写入后，时钟将通过新预分频系数进行分频。

0xx：AHB 时钟不分频　　100：AHB 时钟 2 分频　　101：AHB 时钟 4 分频

110：AHB 时钟 8 分频　　111：AHB 时钟 16 分频

位 12:10—PPRE1[2:0]：APB 低速预分频器（APB1）。由软件置 1 和清零，用于控制 APB 低速时钟分频系数。注意：软件必须正确设置这些位，使 APB 时钟不超过 42MHz。在 PPRE1[2:0] 写入后，时钟将通过新预分频系数进行分频。

0xx：AHB 时钟不分频　　100：AHB 时钟 2 分频　　101：AHB 时钟 4 分频

110：AHB 时钟 8 分频　　111：AHB 时钟 16 分频

位 7:4—HPRE[3:0]：AHB 预分频器。由软件置 1 和清零，用于控制 AHB 时钟分频系数。

0xxx：系统时钟不分频　　1000：系统时钟 2 分频　　1001：系统时钟 4 分频

1010：系统时钟 8 分频　　1011：系统时钟 16 分频　　1100：系统时钟 64 分频

1101：系统时钟 128 分频　　1110：系统时钟 256 分频　　1111：系统时钟 512 分频

注意：当使用以太网时，AHB 时钟频率必须至少为 25MHz。在 HPRE[3:0]写入后，时钟将通过新预分频系数进行分频。

位 3:2—SWS：系统时钟切换状态。由硬件置 1 和清零，用于指示用作系统时钟的时钟源。

00：HSI 振荡器用作系统时钟　01：HSE 振荡器用作系统时钟

10：PLL 用作系统时钟　　　　11：不适用

位 1:0—SW：系统时钟切换。由软件置 1 和清零，用于选择系统时钟源。由硬件置 1，在退出停机或待机模式时或者在直接或间接用作系统时钟的HSE振荡器发生故障时用于强制HIS振荡器的选择。

00：选择HSI振荡器作为系统时钟　　01：选择HSE振荡器作为系统时钟

10：选择PLL作为系统时钟　　11：不允许

3.1.4 代码配置时钟系统

1．ST公司官方时钟配置代码分析

ST公司官方提供的启动代码文件已经对系统各外设模块时钟进行了配置。在startup_stm32f40_41xxx.s文件中，可以找到以下代码：

```
Reset_Handler       PROC
EXPORT    Reset_Handler                 [WEAK]
IMPORT    SystemInit
IMPORT    __main
                    LDR       R0, =SystemInit
                    BLX       R0
                    LDR       R0, =__main
                    BX        R0
                    ENDP
```

其中，SystemInit就是配置时钟的函数，这个函数是使用C语言编写的，在system_stm32f4xx.c文件中实现。SystemInit函数代码实现如下：

```
void SystemInit(void)
{
    …
    /*Reset the RCC clock configuration to the default reset state--------*/
    /*SetHSION bit*/
    RCC->CR |=(uint32_t)0x00000001;

    /*Reset CFGR register*/
    RCC->CFGR = 0x00000000;

    /*ResetHSEON, CSSON andPLLON bits*/
    RCC->CR &=(uint32_t)0xFEF6FFFF;

    /*ResetPLLCFGR register*/
    RCC->PLLCFGR = 0x24003010;

    /*ResetHSEBYP bit*/
    RCC->CR &=(uint32_t)0xFFFBFFFF;
    …
    /*Configure the System clock source,PLLMultiplier and Divider factors,
    AHB/APBxprEscalers and Flash settings -------------------------------*/
    SetSysClock();
    …
}
```

SystemInit函数配置了RCC_CR、RCC_CFGR、RCC_LLCFGR等系统时钟寄存器，调用SetSysClock函数，可实现对各外设模块的时钟进行配置。SetSysClock函数代码实现如下：

```
staticVoidSetSysClock(void)
{
    …
    /******************************************************************************/
    /*          PLL(clocked byHSE)used as System clock source                     */
    /******************************************************************************/
    __IO uint32_t StartUpCounter = 0,HSEStatus = 0;
    RCC->CR |=((uint32_t)RCC_CR_HSEON); /*使能HSE*/
    /*等待外部时钟源HSE稳定直到超时退出*/
    do
```

```
    {
        HSEStatus = RCC->CR & RCC_CR_HSERDY;
        StartUpCounter++;
    } while((HSEStatus == 0)&&(StartUpCounter !=HSE_STARTUP_TIMEOUT));
    /*如果外部时钟源稳定，则设置一个状态标志*/
    if((RCC->CR & RCC_CR_HSERDY)!= RESET)
    {
        HSEStatus =(uint32_t)0x01;
    }
    else{
        HSEStatus =(uint32_t)0x00;
    }

    if(HSEStatus ==(uint32_t)0x01)
    {
        /*Select regulatorVoltage output Scale 1 mode*/
        RCC->APB1ENR |= RCC_APB1ENR_PWREN;
        PWR->CR |= PWR_CR_VOS;
        /*配置 AHB 分频器：HCLK =SYSCLK / 1*/
        RCC->CFGR |= RCC_CFGR_HPRE_DIV1;
        …
        /*配置 APB2 分频器：PCLK2 = HCLK / 2*/
        RCC->CFGR |= RCC_CFGR_PPRE2_DIV2;
        /*配置 APB1 分频器：PCLK1 = HCLK / 4*/
        RCC->CFGR |= RCC_CFGR_PPRE1_DIV4;
        …
        /*配置主 PLL 分频系数*/
        RCC->PLLCFGR =PLL_M |(PLL_N << 6)|(((PLL_P >> 1)-1)<< 16)|
        (RCC_PLLCFGR_PLLSRC_HSE)|(PLL_Q << 24);
        …
        /*使能主 PLL*/
        RCC->CR |= RCC_CR_PLLON;
        /*等待主 PLL 就绪*/
        while((RCC->CR & RCC_CR_PLLRDY)== 0)
        {
        }
        …
        /*选择主 PLL 作为系统时钟*/
        RCC->CFGR &=(uint32_t)((uint32_t)~(RCC_CFGR_SW));
        RCC->CFGR |= RCC_CFGR_SW_PLL;

        /*等待主 PLL 成功切换为系统时钟*/
        while((RCC->CFGR &(uint32_t)RCC_CFGR_SWS )!= RCC_CFGR_SWS_PLL);
        {
        }
    }
    else
    { /*如果外部时钟源启动失败，会执行这里的代码，开发者可以在这里添加出错处理代码*/
    }
    …
}
```

2．根据需要修改时钟配置

前面已经分析了时钟相关寄存器及 ST 公司官方配置时钟的关键代码，开发者不需要自己去重新编写配置代码，只需要根据官方提供的代码修改时钟源选择，AHB、APB2、APB1 的分频值及主 PLL 分频系数宏定义即可。

（1）时钟源选择配置

当选择内部 RC 时钟源时，只需要添加全局的 USE_HSE_BYPASS 宏定义即可，如图 3.3 所示。

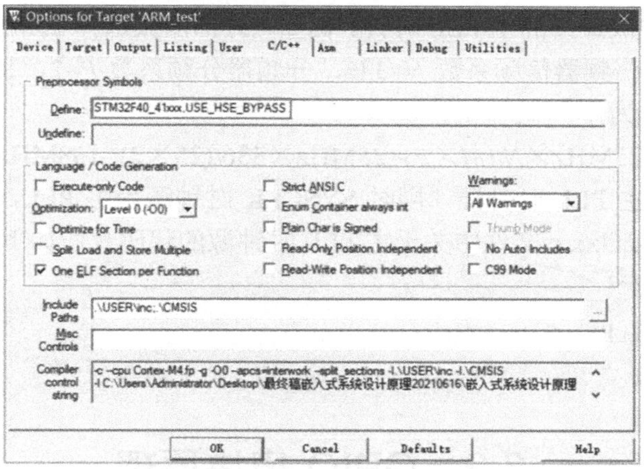

图 3.3　选择内部 RC 时钟源

当需要选择外部高速时钟源时，不需要任何操作，只要工程中没有定义 USE_HSE_BYPASS 宏，就默认使用外部高速时钟源作为系统时钟。

（2）修改 AHB、APB2、APB1 分频值配置代码

AHB、APB2、APB1 分频官方配置关键代码在 system_stm32f4xx.c 文件中，如下所示：

```
/*HCLK =SYSCLK / 1*/
RCC->CFGR |= RCC_CFGR_HPRE_DIV1;
/*PCLK2 = HCLK / 2*/
RCC->CFGR |= RCC_CFGR_PPRE2_DIV2;
/*PCLK1 = HCLK / 4*/
RCC->CFGR |= RCC_CFGR_PPRE1_DIV4;
```

在 stm32f4xx.h 文件中定义可选择分频值如下：

```
#define    RCC_CFGR_HPRE_DIV1     ((uint32_t)0x00000000)/*!<SYSCLK 不分频*/
#define    RCC_CFGR_HPRE_DIV2     ((uint32_t)0x00000080)/*!<SYSCLK 2 分频*/
…定义 4、8、16、32、64、128、256 分频
#define    RCC_CFGR_HPRE_DIV512 ((uint32_t)0x000000F0)/*!<SYSCLK 512 分频*/
```

（3）修改主 PLL 分频系数配置代码

在 system_stm32f4xx.c 中有关主 PLL 分频系数的官方配置关键代码如下：

```
RCC->PLLCFGR =PLL_M |(PLL_N << 6)|(((PLL_P >> 1)-1)<< 16)|
(RCC_PLLCFGR_PLLSRC_HSE)|(PLL_Q << 24);
```

PLL_M、PLL_N、PLL_P 宏工程已经定义好，只需要修改其宏定义值即可，如下所示：

```
#if defined(STM32F40_41xxx)||defined(STM32F427_437xx)|| defined(STM32F429_439xx)|| defined(STM32F401xx)||
defined(STM32F469_479xx)
#definePLL_M        25
#elif defined(STM32F412xG)||defined(STM32F446xx)
 #definePLL_M        8
#elif defined(STM32F410xx)||defined(STM32F411xE)
 #if defined(USE_HSE_BYPASS)
 #definePLL_M        8
#else /*!USE_HSE_BYPASS*/
 #definePLL_M        16
#endif /*USE_HSE_BYPASS*/
…
*/
```

当使用外设高速时钟源做系统时钟时，PLL_M 一般设置为和外部晶振相同的数值，单位为 MHz。例如外部晶振是 25MHz，则这个值设置为 25，如果外部晶振是 8MHz，则这个值设置为 8，以保证分频后的 VCO 值在 1～2MHz 范围中。

主 PLL 时钟的时钟源要先经过一个分频系数为 M 的分频器，然后经过倍频系数为 N 的倍频器，还需要经过一个分频系数为 P（第一个输出 PLLP）或者 Q（第二个输出 PLLQ）的分频

器分频之后，最后才生成最终的主 PLL 时钟。例如，外部晶振选择 25MHz，同时设置相应的分频器分频系数 M=25，倍频器倍频系数 N=336，分频器分频系数 P=2，那么主 PLL 生成的第一个输出高速时钟 PLLP 为：

$$25\text{MHz}\times N/(M\times P)=25\text{MHz}\times 336/(25\times 2)=168\text{MHz}$$

如果选择 HSE 为主 PLL 时钟源，同时 SYSCLK 时钟源为主 PLL，那么 SYSCLK 时钟为 168MHz。system_stm32f4xx.c 文件中关于主 PLL 时钟源的代码片段如下：

```
#if defined(STM32F40_41xxx)
#definePLL_N        336
/*SYSCLK =PLL_VCO/PLL_P*/
#definePLL_P        2
#endif /*STM32F40_41xxx*/
```

3.2 GPIO 模块原理

3.2.1 GPIO 框架分析

1. GPIO 的基本结构

GPIO 具有以下功能：输入浮空、输入上拉、输入下拉、模拟、具有上拉或下拉功能的开漏输出、具有上拉或下拉功能的推挽输出、具有上拉或下拉功能的复用功能推挽、具有上拉或下拉功能的复用功能开漏，如图 3.4 所示。

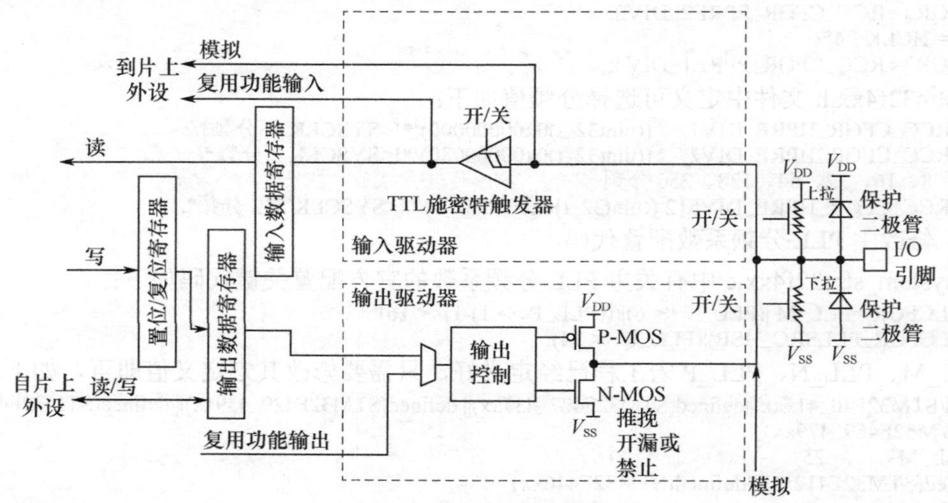

图 3.4　GPIO 的基本结构

STM32F40x 系列芯片的 GPIO 端口为 5V 电平兼容，可以直接和 5V 的外置器件相连接。功能实现主要靠 I/O 引脚的两个保护二极管，这两个保护二极管可以防止引脚外部过高或过低的电压输入，当引脚电压高于 V_{DD} 时，上方的保护二极管导通，当引脚电压低于 V_{SS} 时，下方的保护二极管导通，这样就可以防止将不正常电压引入芯片导致的芯片烧毁。

2. GPIO 的输入分析

当 GPIO 端口配置为输入功能时，硬件会自动把下面输出的模块屏蔽，也就是输入时，输出功能是断开的，否则 GPIO 端口的数据就会被输出部分强制地拉高或拉低。输入的数据通过上拉、下拉或浮空进入输入电路，上拉、下拉的开关在寄存器中可以根据实际需求配置，如果上拉和下拉都关闭，就会出现一种浮空输入状态。浮空输入状态主要用于模拟模式，因为模拟输入是不允许有上拉、下拉的。除模拟模式外，也可以使用上拉或下拉来处理相关输入数据，具体到底是用上拉还是下拉，取决于外围电路的设计。输入的数据进入输入功能部分后，经过TTL 施密特触发器（主要用于对数据的锁存）后进入输入数据寄存器，然后就可以读取输入数据寄存器的内容到 CPU 中，输入框图如图 3.5 所示。

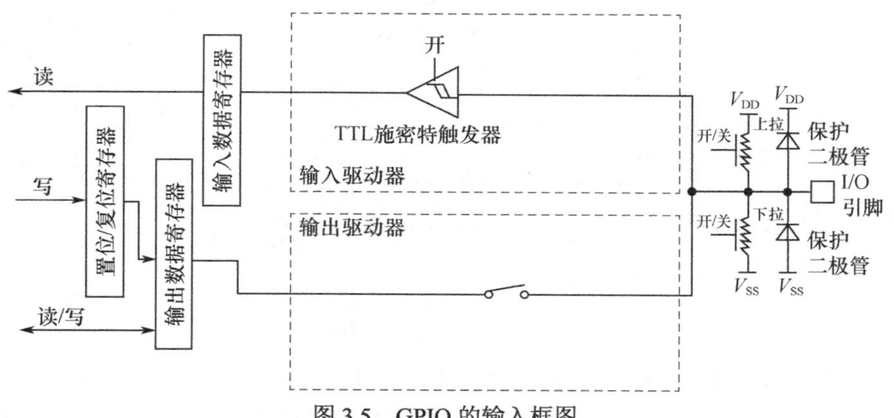

图 3.5　GPIO 的输入框图

3. GPIO 的输出分析

CPU 通过写操作把数据写入置位/复位寄存器，然后由置位/复位寄存器去改变输出数据寄存器，或者 CPU 直接对输出数据寄存器进行读/写操作。接着输出数据通过输出数据寄存器进入输出控制电路。输出控制电路由一个 D 触发器构成，输出的数据控制两个 CMOS 管输出高、低电平，数据通过内部数据线传输到 I/O 引脚并输出。当 GPIO 配置为开漏输出时，不能输出高电平，只能外接上拉模式。特别注意的是，当 GPIO 配置为输出功能时，输入功能并没有关闭，这时也可以读取外部电平。GPIO 的输出框图如图 3.6 所示。

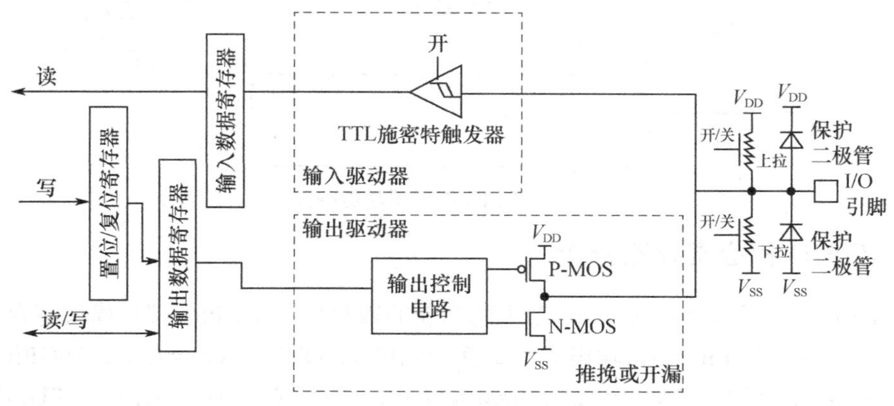

图 3.6　GPIO 的输出框图

4. GPIO 的复用功能分析

当 GPIO 配置为复用功能时，如果作为复用功能输入，则与普通输入功能一样，只不过到 TTL 施密特触发器后，连接到复用功能输入引脚；如果作为复用功能输出，则与普通输出功能一样，不过，这时数据不从输出数据寄存器里输出，而是从内部复用功能引脚输出到输出控制电路，并经过推挽或开漏输出。GPIO 的复用功能框图如图 3.7 所示。

5. GPIO 的模拟功能分析

当 GPIO 用于 A/D 转换输入通道，用作模拟输入时，此时信号不经过 TTL 施密特触发器。

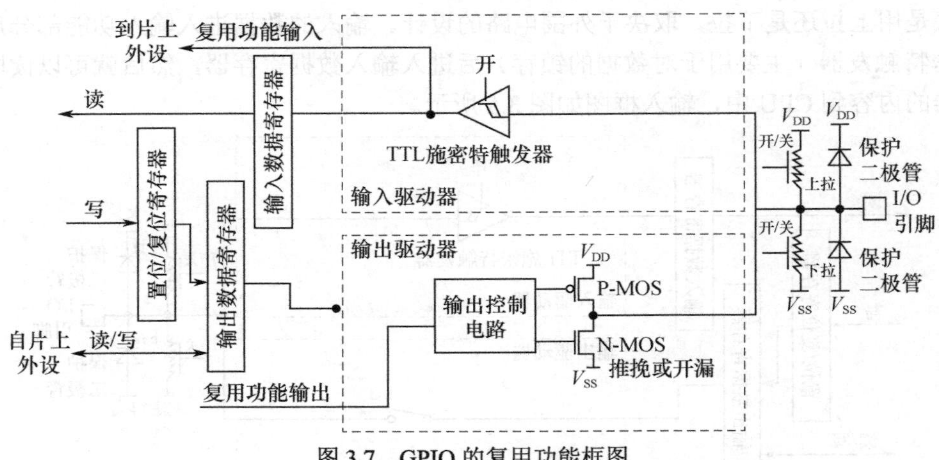

图 3.7　GPIO 的复用功能框图

当 GPIO 用于 D/A 转换通道，用作模拟输出时，DAC 的模拟信号输出不经过两个 CMOS 管，直接输出到引脚。同时，当 GPIO 用于模拟功能时，不配置寄存器的上拉或下拉模式。GPIO 的模拟功能框图如图 3.8 所示。

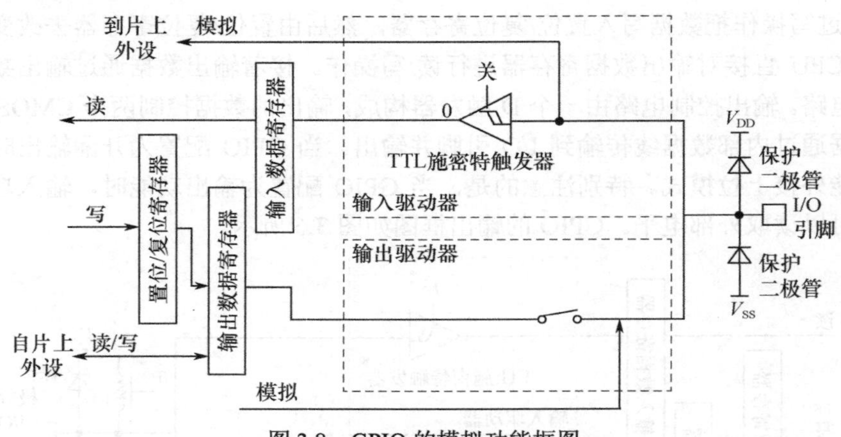

图 3.8　GPIO 的模拟功能框图

3.2.2　GPIO 核心寄存器分析

STM32F407 的每组 GPIO 都有 10 个不同功能的寄存器：①GPIO 端口模式寄存器(GPIOx_MODER)(x= A..I)；②GPIO 端口输出类型寄存器(GPIOx_OTYPER)(x=A..I)；③GPIO 端口输出速度寄存器(GPIOx_OSPEEDR)(x=A..I)；④GPIO 端口上拉/下拉寄存器(GPIOx_PUPDR)(x=A..I)；⑤GPIO 端口输入数据寄存器(GPIOx_IDR)(x=A..I)；⑥GPIO 端口输出数据寄存器(GPIOx_ODR)(x=A..I)；⑦GPIO 端口置位/复位寄存器(GPIOx_BSRR)(x=A..I)；⑧GPIO 端口配置锁定寄存器(GPIOx_LCKR)(x=A..I)；⑨GPIO 复用功能低位寄存器(GPIOx_AFRL)(x=A..I)；⑩GPIO 复用功能高位寄存器(GPIOx_AFRH)(x=A..I)。

GPIO 涉及的寄存器比较多，具体应用中并不需要每次都使用到全部的寄存器，比如，如果使用 GPIO 的输出功能来控制 LED 亮、灭，一般只需要配置 GPIOx_MODER、GPIOx_OTYPER、GPIOx_ODR 寄存器，其他的寄存器使用默认值。

（1）GPIO 端口模式寄存器(GPIOx_MODER)(x = A..I)

31	30	29	28	27	26	25	24	23	22	21	20	19	18	17	16
MODER15[1:0]		MODER14[1:0]		MODER13[1:0]		MODER12[1:0]		MODER11[1:0]		MODER10[1:0]		MODER9[1:0]		MODER8[1:0]	
rw	rw	rw	rw	rw	rw	rw	rw	rw	rw	rw	rw	rw	rw	rw	rw
15	14	13	12	11	10	9	8	7	6	5	4	3	2	1	0
MODER7[1:0]		MODER6[1:0]		MODER5[1:0]		MODER4[1:0]		MODER3[1:0]		MODER2[1:0]		MODER1[1:0]		MODER0[1:0]	
rw	rw	rw	rw	rw	rw	rw	rw	rw	rw	rw	rw	rw	rw	rw	rw

功能：用于配置 I/O 引脚的方向、模式。

其中，每一组 GPIO 都有 16 个引脚，取值是 0～15，对应上面的数组 MODER0～MODER15，每个 MODER 都用两位来表示，具体含义如下。

00：输入（复位状态）　　01：通用输出模式　　10：复用功能模式　　11：模拟模式

示例：设置 GPIOA 的第 4 个引脚为输出模式。

```
GPIOA_MODER &=~(0x3 << 2*4);//先清零
GPIOA_MODER |= (0x1 <<2*4);//再写入相对应的值
```

（2）GPIO 端口输出类型寄存器(GPIOx_OTYPER)(x = A..I)

31	30	29	28	27	26	25	24	23	22	21	20	19	18	17	16
保留															
15	14	13	12	11	10	9	8	7	6	5	4	3	2	1	0
OT15	OT14	OT13	OT12	OT11	OT10	OT9	OT8	OT7	OT6	OT5	OT4	OT3	OT2	OT1	OT0
rw	rw	rw	rw	rw	rw	rw	rw	rw	rw	rw	rw	rw	rw	rw	rw

功能：用于配置 I/O 引脚的输出类型，具体含义如下。

0：输出推挽（复位状态）　　1：输出开漏

示例：设置 GPIOA 的第 4 个引脚为推挽输出，第 5 个引脚为开漏输出。

```
GPIOA_ OTYPER &=~(0x1 << 4);//直接写 0
GPIOA_ OTYPER |= (0x1 <<5);//直接写 1
```

（3）GPIO 端口输出速度寄存器(GPIOx_OSPEEDR)(x = A..I)

31	30	29	28	27	26	25	24	23	22	21	20	19	18	17	16
OSPEEDR15[1:0]		OSPEEDR14[1:0]		OSPEEDR13[1:0]		OSPEEDR12[1:0]		OSPEEDR11[1:0]		OSPEEDR10[1:0]		OSPEEDR9[1:0]		OSPEEDR8[1:0]	
rw	rw	rw	rw	rw	rw	rw	rw	rw	rw	rw	rw	rw	rw	rw	rw
15	14	13	12	11	10	9	8	7	6	5	4	3	2	1	0
OSPEEDR7[1:0]		OSPEEDR6[1:0]		OSPEEDR5[1:0]		OSPEEDR4[1:0]		OSPEEDR3[1:0]		OSPEEDR2[1:0]		OSPEEDR1[1:0]		OSPEEDR0[1:0]	
rw	rw	rw	rw	rw	rw	rw	rw	rw	rw	rw	rw	rw	rw	rw	rw

功能：用于配置 I/O 引脚的最高输出速度，具体含义如下。

00：2MHz（低速）　　01：25MHz（中速）　　10：50MHz（快速）

11：30pF 时为 100MHz（高速）（15pF 时为 80MHz 输出（最大速度））

配置速度与驱动的目标器件需求有关，可根据驱动的目标器件配置合适的输出速度，软件配置方法与 GPIO 端口模式寄存器的配置方法一样。

（4）GPIO 端口上拉/下拉寄存器(GPIOx_PUPDR)(x = A..I)

31	30	29	28	27	26	25	24	23	22	21	20	19	18	17	16
PUPDR15[1:0]		PUPDR14[1:0]		PUPDR13[1:0]		PUPDR12[1:0]		PUPDR11[1:0]		PUPDR10[1:0]		PUPDR9[1:0]		PUPDR8[1:0]	
rw	rw	rw	rw	rw	rw	rw	rw	rw	rw	rw	rw	rw	rw	rw	rw
15	14	13	12	11	10	9	8	7	6	5	4	3	2	1	0
PUPDR7[1:0]		PUPDR6[1:0]		PUPDR5[1:0]		PUPDR4[1:0]		PUPDR3[1:0]		PUPDR2[1:0]		PUPDR1[1:0]		PUPDR0[1:0]	
rw	rw	rw	rw	rw	rw	rw	rw	rw	rw	rw	rw	rw	rw	rw	rw

功能：用于配置 I/O 引脚为上拉或下拉，具体含义如下。

00：无上拉或下拉（浮空）　　01：上拉　　10：下拉　　11：保留

配置有无上拉或下拉，应根据驱动的目标器件的实际情况，软件配置方法与 GPIO 端口模式寄存器的配置方法一样。

（5）GPIO 端口输入数据寄存器(GPIOx_IDR)(x = A..I)

31	30	29	28	27	26	25	24	23	22	21	20	19	18	17	16
保留															
15	14	13	12	11	10	9	8	7	6	5	4	3	2	1	0
IDR15	IDR14	IDR13	IDR12	IDR11	IDR10	IDR9	IDR8	IDR7	IDR6	IDR5	IDR4	IDR3	IDR2	IDR1	IDR0
r	r	r	r	r	r	r	r	r	r	r	r	r	r	r	r

这些位为只读形式，只能在只读模式下访问，它们包含相应 GPIO 端口的输入值。

示例：如果 GPIOA 的第 4 个引脚输入高电平，则执行相对应的代码。

```
if(GPIOA->IDR &(1<<4))
{
    //高电平，执行相对应的代码
}
```

（6）GPIO 端口输出数据寄存器(GPIOx_ODR)(x = A..I)

31	30	29	28	27	26	25	24	23	22	21	20	19	18	17	16
保留															
15	14	13	12	11	10	9	8	7	6	5	4	3	2	1	0
ODR15	ODR14	ODR13	ODR12	ODR11	ODR10	ODR9	ODR8	ODR7	ODR6	ODR5	ODR4	ODR3	ODR2	ODR1	ODR0
rw	rw	rw	rw	rw	rw	rw	rw	rw	rw	rw	rw	rw	rw	rw	rw

每组 GPIO 端口都可通过软件读取和写入，想要 I/O 引脚输出高电平还是低电平，通过往该寄存器写 0、1 即可。

示例：GPIOA 的第 4 个引脚输出低电平，GPIOA 的第 5 个引脚输出高电平。

```
GPIOA->ODR &=~(1<<4);        //PA4 输出低电平
GPIOA->ODR |=(1<<5);         //PA5 输出高电平
```

（7）GPIO 端口置位/复位寄存器(GPIOx_BSRR)(x = A..I)

31	30	29	28	27	26	25	24	23	22	21	20	19	18	17	16
BR15	BR14	BR13	BR12	BR11	BR10	BR9	BR8	BR7	BR6	BR5	BR4	BR3	BR2	BR1	BR0
w	w	w	w	w	w	w	w	w	w	w	w	w	w	w	w
15	14	13	12	11	10	9	8	7	6	5	4	3	2	1	0
BS15	BS14	BS13	BS12	BS11	BS10	BS9	BS8	BS7	BS6	BS5	BS4	BS3	BS2	BS1	BS0
w	w	w	w	w	w	w	w	w	w	w	w	w	w	w	w

高 16 位功能：位 31:16—BRy，端口 x 复位位 y(y = 0..15)，让 I/O 引脚输出低电平，每一位的具体含义如下。

0：不会对相应的 ODRx 位执行任何操作。

1：对相应的 ODRx 位进行复位，也就是输出低电平。

注意：如果同时对 BSx 和 BRx 置位，则 BSx 的优先级更高。

低 16 位功能：位 15:0—BSy。端口 x 置位位 y(y= 0..15)，让 I/O 引脚输出高电平，每一位的具体含义如下。

0：不会对相应的 ODRx 位执行任何操作。

1：对相应的 ODRx 位进行置位，也就是输出高电平。

示例：GPIOA 的第 4 个引脚输出低电平，GPIOA 的第 5 个引脚输出高电平。

```
GPIOA->BSRRH= 1 << 4;        //BSRRH 表示高 16 位，写 0 不敏感
GPIOA->BSRRL= 1 << 5;        //BSRRL 表示低 16 位，写 0 不敏感
```

（8）GPIO 端口配置锁定寄存器(GPIOx_LCKR)(x = A..I)

31	30	29	28	27	26	25	24	23	22	21	20	19	18	17	16
保留															LCKK
															rw
15	14	13	12	11	10	9	8	7	6	5	4	3	2	1	0
LCK15	LCK14	LCK13	LCK12	LCK11	LCK10	LCK9	LCK8	LCK7	LCK6	LCK5	LCK4	LCK3	LCK2	LCK1	LCK0
rw	rw	rw	rw	rw	rw	rw	rw	rw	rw	rw	rw	rw	rw	rw	rw

功能：锁定 I/O 引脚的模式，一旦锁定，程序中就不能修改 I/O 引脚的模式了，如果想修改，必须重新下载新的程序。

位 31:17—保留，必须保持复位值。

位 16—LCKK[16]：锁定键（Lock key），可随时读取此位，可使用锁定键写序列对其进行修改。含义如下。

0：端口配置锁定键未激活。

1：端口配置锁定键已激活。直到 MCU 复位时，才锁定 GPIOx_LCKR 寄存器。

锁定键写序列：

```
WR LCKR[16] = '1' + LCKR[15:0]
WR LCKR[16] = '0' + LCKR[15:0]
WR LCKR[16] = '1' + LCKR[15:0]
RD LCKR
RD LCKR[16] = '1'（此读操作为可选操作，但它可确认锁定键已激活）
```

位 15:0—LCKy：端口 x 锁定位 y(y= 0..15)，这些位都是可读可写位，但只能在 LCKK=0 时执行写操作。含义如下。

0：端口配置未锁定　　1：端口配置已锁定

（9）GPIO 复用功能低位寄存器(GPIOx_AFRL)(x = A..I)

31	30	29	28	27	26	25	24	23	22	21	20	19	18	17	16
AFRL7[3:0]				AFRL6[3:0]				AFRL5[3:0]				AFRL4[3:0]			
rw	rw	rw	rw	rw	rw	rw	rw	rw	rw	rw	rw	rw	rw	rw	rw
15	14	13	12	11	10	9	8	7	6	5	4	3	2	1	0
AFRL3[3:0]				AFRL2[3:0]				AFRL1[3:0]				AFRL0[3:0]			
rw	rw	rw	rw	rw	rw	rw	rw	rw	rw	rw	rw	rw	rw	rw	rw

功能：AFRLy 端口 x 位 y(y = 0..7)的复用功能选择，这些位通过软件写入，用于配置一组 GPIO 的第 0～7 个引脚对应的复用功能，如图 3.9 所示。

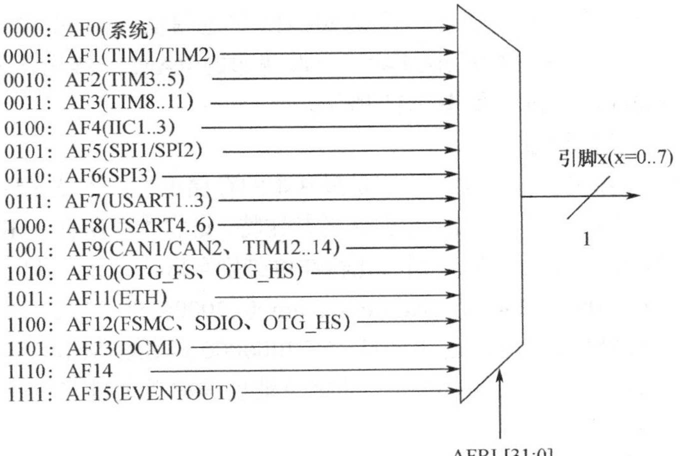

图 3.9　低 8 位引脚复用功能选择

（10）GPIO 复用功能高位寄存器(GPIOx_AFRH)(x = A..I)

31	30	29	28	27	26	25	24	23	22	21	20	19	18	17	16
AFRH15[3:0]				AFRH14[3:0]				AFRH13[3:0]				AFRH12[3:0]			
rw	rw	rw	rw	rw	rw	rw	rw	rw	rw	rw	rw	rw	rw	rw	rw
15	14	13	12	11	10	9	8	7	6	5	4	3	2	1	0
AFRH11[3:0]				AFRH10[3:0]				AFRH9[3:0]				AFRH8[3:0]			
rw	rw	rw	rw	rw	rw	rw	rw	rw	rw	rw	rw	rw	rw	rw	rw

功能：该寄存器和 GPIOx_AFRL 寄存器功能相似，不同之处在于它用来配置一组 GPIO 的第 8～15 个引脚对应的复位功能，如图 3.10 所示。

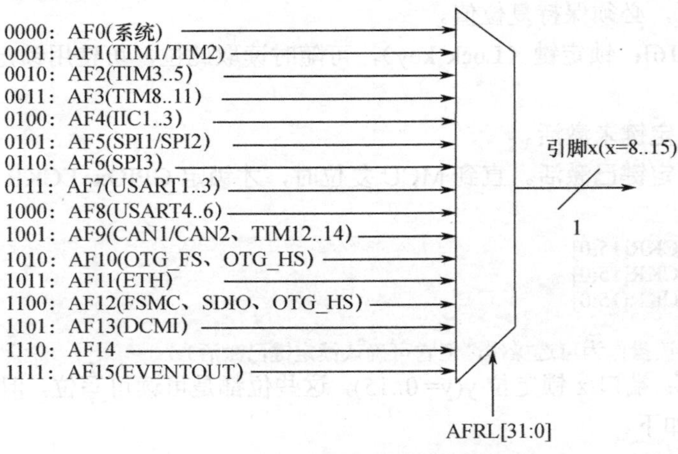

图 3.10 高 8 位引脚复用功能选择

ST 官方代码中把 GPIOx_AFRL 和 GPIOx_AFRH 寄存器定义为数组 AFR 的一个元素，AFR[0]表示 AFRL 寄存器，AFR[1]表示 AFRH 寄存器，这一点要注意。每一个引脚都有最多 16 种复用功能，具体可以复用什么功能，每个具体芯片都会有官方手册，开发者根据想要配置的功能，将复用功能值写入对应的寄存器即可。

3.2.3 位带操作

使用位带操作可以实现类似 MCS-51 单片机通过关键字“sbit”来实现 GPIO 端口位定义的功能。

STM32F40x 中有两个位带区，其中一个是 SRAM 区的最低 1MB 范围，第二个则是片内外设区的最低 1MB 范围。这两个区中的地址除可以像普通的 RAM 一样操作外，它们还有自己的 32MB 位带别名区。CPU 内存划分如图 3.11 所示。

（1）SRAM 位带别名区地址

对于计算机，位是最小的信息单位，字节是最基本的存储单位，也就是说，对于每 8 位数据，就会有一个地址与之相对应。对于 SRAM 位带区的某比特，记它本身所在 1MB 的地址为 Address_sram，在字节中位序号为 n（0≤n≤7），则该比特在位带别名区的地址 Address_sram_alias 为：

Address_sram_alias = 0x22000000 +(Address_sram−0x20000000)×32+n×4

其中，0x20000000 是 SRAM 位带区的起始地址，0x22000000 是 SRAM 位带别名区的起始地址，(Address_sram−0x20000000)×32+n×4 是所在的字节地址偏移首地址多少字节。

（2）外设位带别名区地址

对于片上外设位带区的某比特，记它所在字节的地址为 Address_peri，在字节中位序号为

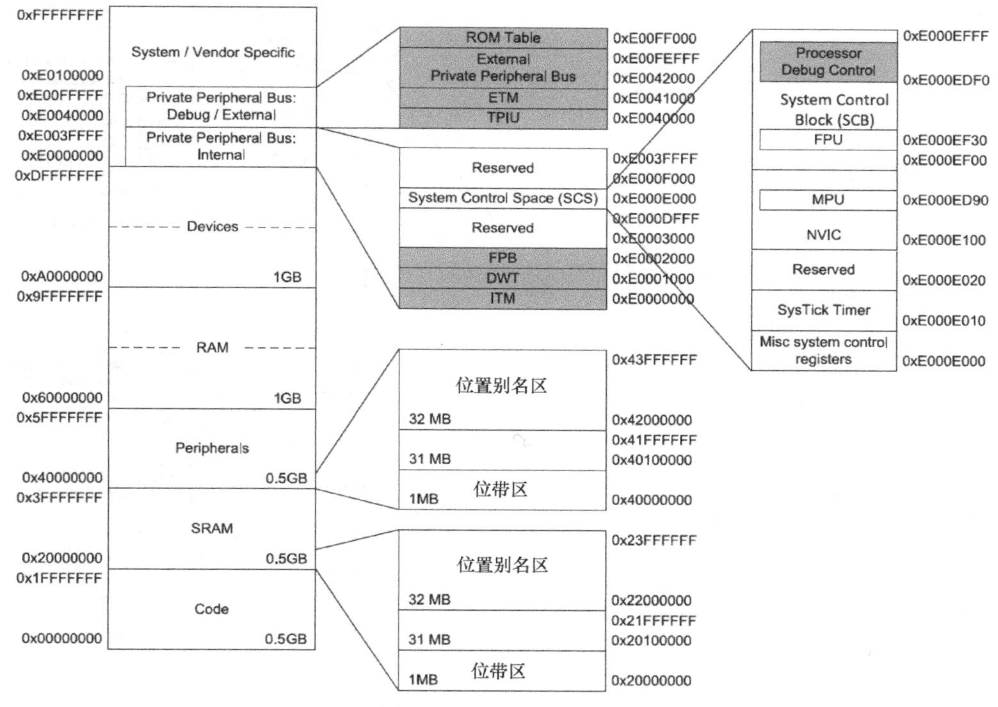

图 3.11　CPU 内存划分

n（0≤n≤7），则该比特在位带别名区的地址 Address_peri_alias 为：

Address_peri_alias = 0x42000000+(Address_peri−0x40000000)×32+n×4

其中，0x40000000 是外设位带区的起始地址，0x42000000 是外设位带别名区的起始地址，(Address_peri−0x40000000)×32+n×4 是所在的字节地址偏移首地址多少字节。如图 3.12 所示。根据以上的映射关系，就可以将代码封装成类似 MCS-51 单片机的按位直接操作。

3.2.4　STM32F407ZGT6 时钟使能寄存器

STM32F407ZGT6 的片上外设很多，用来设计特定产品，一般只使用到其中的部分功能。为了降低功耗，芯片内部给每个外设都设计了一个时钟控制开关，当不需要使用某个外设时，可以禁止它的时钟，相当于关掉了该外设的电源。时钟使能涉及的寄存器有 5 个：RCC_AHB1ENR、RCC_AHB2ENR、RCC_AHB3ENR、RCC_APB1ENR、RCC_APB2ENR。这些寄存器中每个位（有的位保留）都对应一个外设的时钟使能，对应位写 0 相当于禁用对应的外设，对应位写 1 则使能对应的外设。

（1）RCCAHB1 外设时钟使能寄存器(RCC_AHB1ENR)

31	30	29	28	27	26	25	24	23	22	21	20	19	18	17	16
保留	OTGHSULPIEN	OTGHSEN	ETHMACPTPEN	ETHMACRXEN	ETHMACTXEN	ETHMACEN	保留		DMA2EN	DMA1EN	CCMDATARAMEN	Res.	BKPSRAMEN	保留	
	rw	rw	rw	rw	rw	rw			rw	rw			rw		

15	14	13	12	11	10	9	8	7	6	5	4	3	2	1	0
保留			CRCEN	保留			GPIOIEN	GPIOHEN	GPIOGEN	GPIOFEN	GPIOEEN	GPIODEN	GPIOCEN	GPIOBEN	GPIOAEN
			rw				rw	rw	rw	rw	rw	rw	rw	rw	rw

作用：对 AHB1 外设总线上对应的模块时钟使能。

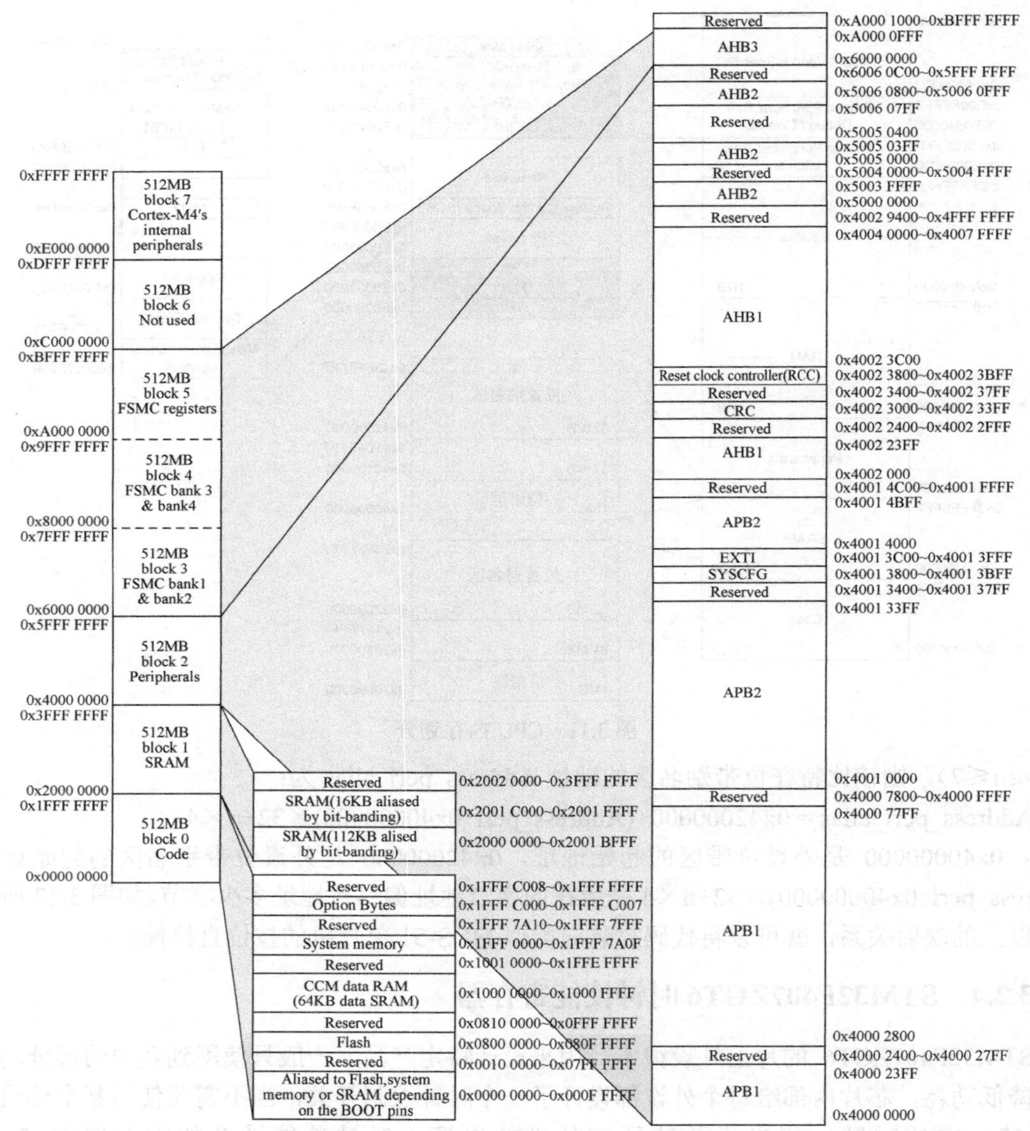

图 3.12　STM32F407ZGT6 内存映射图

（2）RCCAHB2 外设时钟使能寄存器(RCC_AHB2ENR)

31	30	29	28	27	26	25	24	23	22	21	20	19	18	17	16
保留															
15	**14**	**13**	**12**	**11**	**10**	**9**	**8**	**7**	**6**	**5**	**4**	**3**	**2**	**1**	**0**
保留								OTGFS EN	RNG EN	HASH EN	CRYP EN	保留			DCMI EN
								rw	rw	rw	rw				rw

作用：对 AHB2 外设总线上对应的模块时钟使能。

（3）RCCAHB3 外设时钟使能寄存器(RCC_AHB3ENR)

31	30	29	28	27	26	25	24	23	22	21	20	19	18	17	16
保留															
15	**14**	**13**	**12**	**11**	**10**	**9**	**8**	**7**	**6**	**5**	**4**	**3**	**2**	**1**	**0**
保留															FSMCEN
															rw

作用：对 AHB3 外设总线上对应的模块时钟使能。

（4）RCCAPB1 外设时钟使能寄存器(RCC_APB1ENR)

31	30	29	28	27	26	25	24	23	22	21	20	19	18	17	16
保留		DAC EN	PWR EN	保留	CAN2 EN	CAN1 EN	保留	I2C3 EN	I2C2 EN	I2C1 EN	UART5 EN	UART4 EN	USART3 EN	USART2 EN	保留
		rw	rw		rw	rw		rw	rw	rw	rw	rw	rw	rw	

15	14	13	12	11	10	9	8	7	6	5	4	3	2	1	0
SPI3 EN	SPI2 EN	保留		WWDG EN	保留		TIM14 EN	TIM13 EN	TIM12 EN	TIM7 EN	TIM6 EN	TIM5 EN	TIM4 EN	TIM3 EN	TIM2 EN
rw	rw			rw			rw	rw	rw	rw	rw	rw	rw	rw	rw

作用：对 APB1 外设总线上对应的模块时钟使能。

（5）RCCAPB2 外设时钟使能寄存器(RCC_APB2ENR)

31	30	29	28	27	26	25	24	23	22	21	20	19	18	17	16
保留													TIM11 EN	TIM10 EN	TIM9 EN
													rw	rw	rw

15	14	13	12	11	10	9	8	7	6	5	4	3	2	1	0
保留	SYSCFG EN	保留	SPI1 EN	SDIO EN	ADC3 EN	ADC2 EN	ADC1 EN	保留		USART6 EN	USART1 EN	保留		TIM8 EN	TIM1 EN
	rw		rw	rw	rw	rw	rw			rw	rw			rw	rw

作用：对 APB2 外设总线上对应的模块时钟使能。

3.2.5　STM32F40x 模块控制寄存器表示

STM32F40x 的每个外设在代码中都被定义为一个结构体，这个结构体包含所有的寄存器。该结构体在官方文件 stm32f4xx.h 中定义，开发者可以打开这个文件查看外设的寄存器结构定义细节。

（1）GPIO 寄存器结构体定义

```
typedef struct
{
  __IO uint32_t MODER;
  __IO uint32_t OTYPER;
  __IO uint32_t OSPEEDR;
  __IO uint32_t PUPDR;
  __IO uint32_t IDR;
  __IO uint32_t ODR;
  __IO uint16_t BSRRL;
  __IO uint16_t BSRRH;
  __IO uint32_t LCKR;
  __IO uint32_t AFR[2];
}GPIO_TypeDef;
```

（2）RCC 寄存器结构体定义

```
typedef struct
{
    ...
    __IO uint32_t AHB1ENR;
    __IO uint32_t AHB2ENR;
    __IO uint32_t AHB3ENR;
    uint32_t     RESERVED2;
    __IO uint32_t APB1ENR;
    __IO uint32_t APB2ENR;
    ...
} RCC_TypeDef;
```

一般来说，按照面向对象的思维，每个外设都会定义一个宏名，也就是说，宏名即模块名，而宏名又代表结构体指针，如 GPIO 端口 A 组使用 GPIOA 表示，B 组使用 GPIOB 表示，C 组使用 GPIOC 表示，等等。其中成员名则为寄存器名称，但也有少量例外，以 stm32f4xx.h 中定义的结构体为准，如下所示：

```
#define GPIOA_BASE          (AHB1PERIPH_BASE + 0x0000)
#define GPIOB_BASE          (AHB1PERIPH_BASE + 0x0400)
…
#define GPIOA               ((GPIO_TypeDef *)GPIOA_BASE)
#define GPIOB               ((GPIO_TypeDef *)GPIOB_BASE)
…
#define CRC                 ((CRC_TypeDef *)CRC_BASE)
```

3.2.6 GPIO 驱动示例

下面以 STM32F407ZGT6 开发板上的 2 个 LED 和 2 个按键为编程对象，如图 3.13 所示，分析其原理图并编写驱动程序，实现 LED 亮、灭控制和按键的控制，对应熟悉 GPIO 端口的输入与输出配置。

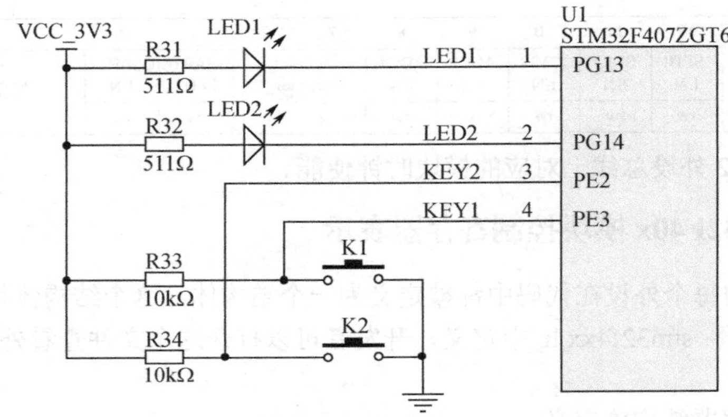

图 3.13　LED 与按键和 MCU 连接原理图

1．LED 分析

（1）硬件原理图分析

原理图中 2 个 LED 都是低电平点亮，使用的是 PG13、PG14 引脚。GPIO 端口配置为输出模式，推挽输出，输出速度默认即可，上拉或浮空都可以。

（2）软件设计思路

根据原理图的分析，要把 PG13、PG14 引脚配置成输出功能，然后通过 GPIOx_ODR 或 GPIOx_BSRR 来控制对应的引脚输出高、低电平即可。

① GPIO 端口的初始化：RCC_AHB1ENR 寄存器使能 GPIO G 端口时钟；MODER 寄存器配置 I/O 引脚为通用输出模式；OTYPER 寄存器配置 I/O 引脚为输出推挽类型；GPIOx_OSPEEDR 寄存器配置 I/O 引脚的输出速度，这里可以使用默认值；GPIOx_PUPDR 寄存器配置 I/O 引脚为上拉或浮空。

② 点亮或熄灭 LED：通过 GPIOx_ODR 或 GPIOx_BSRR 寄存器配置，选择其中之一。

（3）关键代码实现

初始化代码如下：

```
//开 GPIOG 端口时钟
RCC->AHB1ENR |= 1 <<6;
//配置 GPIOG13、GPIOG14 为 01，通用输出模式
GPIOG->MODER &=~(3 << 13*2 | 3 << 14*2); //对应的两位分别清零
GPIOG->MODER |= (1 << 13*2 | 1 << 14*2); //对应的两位分别设置为 01
```

点亮或熄灭 LED：以 PG13、PG14 引脚为例，代码如下。

方式一：输出数据寄存器

```
LED1 亮：GPIOG->ODR &= ~(1 << 13);          //输出低电平
LED1 灭：GPIOG->ODR |=(1 << 13);            //输出高电平
LED2 亮：GPIOG->ODR &= ~(1 <<14);           //输出低电平
LED2 灭：GPIOG->ODR |=(1 << 14);            //输出高电平
```

方式二：置位复位寄存器

```
LED1 亮：GPIOG->BSRRH   = (1 << 13);        //输出低电平
LED1 灭：GPIOG->BSRRL   = (1 << 13);        //输出高电平
LED2 亮：GPIOG->BSRRH   = (1 << 14);        //输出低电平
LED2 灭：GPIOG->BSRRL   = (1 << 14);        //输出高电平
```

led.h 中定义 LED 使用到的引脚及亮、灭电平定义：

```
#define LED1 PGout(13)    //使用位带操作，定义 LED1 指向 PG13 的 ODR 寄存器的第 13 位
#define LED2 PGout(14)    //使用位带操作，定义 LED2 指向 PG14 的 ODR 寄存器的第 14 位
#define LED_ON     0      //定义亮电平
#define LED_OFF    1      //定义灭电平
```

2．按键分析

（1）硬件原理图分析

原理图中 2 个按键的初始状态是高电平，需要判断 GPIO 端口的电平状态，如果是低电平，表示按键已被按下，如果是高电平，表示按键未被按下，2 个按键使用的是 GPIOE 引脚。

（2）软件设计思路

根据原理图的分析，要把 PE3、PE4 引脚配置成输入功能，然后通过 GPIOx_IDR 来检测对应的引脚输入高、低电平即可。为使程序直观，可采用宏名定义。GPIO 端口配置为输入模式、无上拉/下拉。

① 初始化 GPIO 端口：开时钟、输入模式、无上拉/下拉。

② 识别按键：获取输入数据寄存器的值。

（3）关键代码实现

```
/*函数功能：按键初始化
函数形参：无
函数返回值：无
备注：PE3->KEY1，PE2->KEY2*/
void Key_Init(void)
{
    RCC->AHB1ENR |= 1 << 4;                   //使能 PORTE 端口时钟
    GPIOE->MODER &= ~(3 << 2*3);          //PE3 通用输入
    GPIOE->PUPDR &= ~(3 <<2*3);           //PE3 无上拉/下拉
    GPIOE->MODER &= ~(3 << 2*2);          //PE2 通用输入
    GPIOE->PUPDR &= ~(3 << 2*2);          //PE2 无上拉/下拉
}
u8 Key_Scan(void)
{
    static u8 keyState = KEY_UP;          //按键按松开标志
    if(keyState&&(KEY1 == 0 || KEY2 == 0))
    {
        Delay_ms(10);//去抖动
        keyState = KEY_DOWM;
        if(KEY1 == 0)
            return KEY1_value;
        else if(KEY2 == 0)
            return KEY2_value;
    }
    else if(KEY1 == 1 && KEY2 == 1)
    {
        keyState = KEY_UP;
    }
```

```
	return 0;//无按键按下
}
/*函数功能：主函数
函数形参：无
函数返回值：无
备注：结合 LED，用按键来控制其亮、灭*/
int main(void)
{
	u8 key;
	LED_Init();
	Key_Init();
	Delay_Init(168);
	while(1)
	{
		key=Key_Scan();		//得到键值
		if(key)
		{
			switch(key)
			{
			case KEY1_PRES:	//控制 LED1 翻转
				LED1=!LED1;
				break;
			case KEY2_PRES:	//控制 LED2 翻转
				LED2=!LED2;
				break;
			}
		}
	}
}
```

3.3 中断模块原理

3.3.1 中断的相关概念

1．什么是中断

程序在运行过程中发生了外部或内部事件时，CPU 暂停正在执行的程序，转到外部或内部事件中去执行，这个过程称为中断。

2．中断的优先级

程序运行时，可能同时发生多个外部或内部事件，CPU 优先响应哪个中断，或当前运行在中断服务程序中，此时发生了新的中断事件，CPU 是否需要立刻处理新中断事件，就需要一个程序执行标准，在 ARM 处理器中通过给每个中断事件都分配一个优先级来决定中断事件的紧急程度。当多个中断事件同时发生时，CPU 优先响应最高优先级的中断事件；当前如果正在处理中断服务程序，发生了更高优先级的中断，CPU 会暂停当前中断转去执行高优先级的中断事件对应的中断服务程序。在 ARM 处理器中，优先级数字越小，中断级别越高。

3．中断的入口

在程序中，主程序在运行过程中发生中断事件，CPU 就会从当前主程序运行的地方跳转到中断入口，即跳转到中断的入口地址。在 Cortex-M4 中，中断入口地址是固定的，由 ARM 公司定义，并且规定了中断服务函数名，所以开发者在使用中断服务函数时需要在官方文件 startup_stm32f40_41xxx.s 中找到相关的中断服务函数名。

4．中断的嵌套

程序断点用来标记当前程序执行到哪里，并且在这个地方被打断。中断嵌套是主程序运行过程中发生了一个中断事件B，程序转到事件B中执行，在没有执行完的情况下，发生了事件C，由于事件C的优先级更高，程序必须转到事件C中执行，从而中断了事件B正在执行的程序，等到优先级高的C执行完了，再回到B中执行，B执行完了后，再回到主程序中执行，如图3.14所示。在程序中可以有多层中断嵌套，具体层级数由芯片内核和芯片厂商决定。

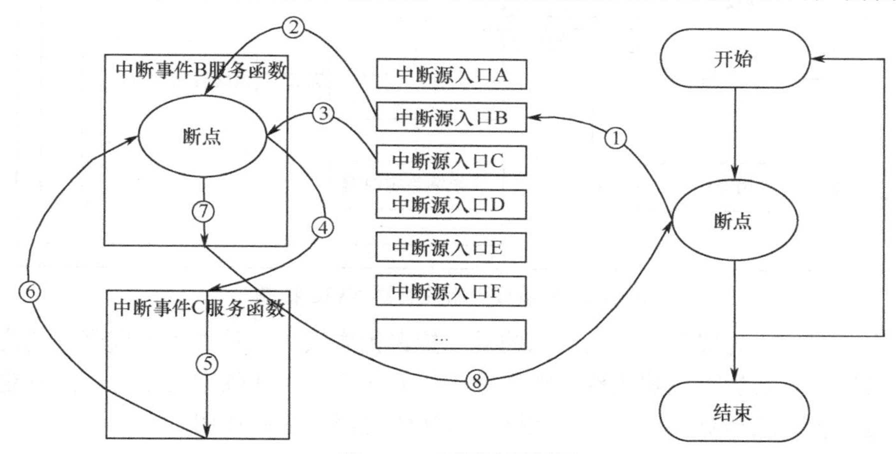

图3.14　中断过程框图

5. 中断的意义

在CPU执行代码的过程中，监测事件有两种方式：一是查询方式，CPU不断去查询状态；二是中断方式，利用中断硬件的方式检测状态。因此，查询方式中CPU要不断查询这个事件是否发生，一直占用CPU的资源，而中断方式不需要CPU去查询这个事件是否发生，只需要预先设置好硬件中断，当这个事件发生时，硬件中断会自动通知CPU某件事发生了，在这个过程中，不需要一直占用CPU的资源。因此，中断的实际意义就在于降低了CPU资源的占用率。

3.3.2　中断框架分析

1. Cortex-M4处理器的中断概述

Cortex-M4处理器的中断由两部分构成：内部中断（由嵌套矢量中断控制器控制）和外部中断（由外部中断控制器控制）。其中NVIC由ARM公司设计，内嵌在Cortex-M4处理器内核里，如图3.15所示，所以不管是哪个芯片厂家生产的Cortex-M4处理器芯片，其寄存器地址、配置方法都是一样的，都可以使用ARM公司提供的API函数直接配置NVIC的相关寄存器，同时由NVIC决定中断的优先级。Cortex-M4处理器的中断入口有256个，其中16个内部中断，240个外部中断，能够支持的中断嵌套为128级。

2. NVIC中断优先级

NVIC中断优先级共有三类，一类是抢占优先级，一类是响应优先级，还有一类是厂家规定的自然优先级。抢占优先级主要是可以抢占或打断别的中断源，不同等级之间的中断可以嵌套，高优先级可以中断低优先级，数字越小的中断源的抢占优先级越高。不同响应优先级的中断不能嵌套，当抢占优先级相同、响应优先级不同，且多个中断源同时发生时，响应优先级高的中断事件会优先响应，数字越小的中断源的响应优先级越高。自然优先级是NVIC的中断源编号，数字越小，优先级越高，其作用是抢占优先级和响应优先级都相同的中断源，如果同时发生了中断，CPU自动对自然优先级高的中断源优先响应，注意自然优先级也不存在嵌套行为。总体来说，抢占优先级大于响应优先级，响应优先级大于自然优先级，三个优先级比较完，就可以

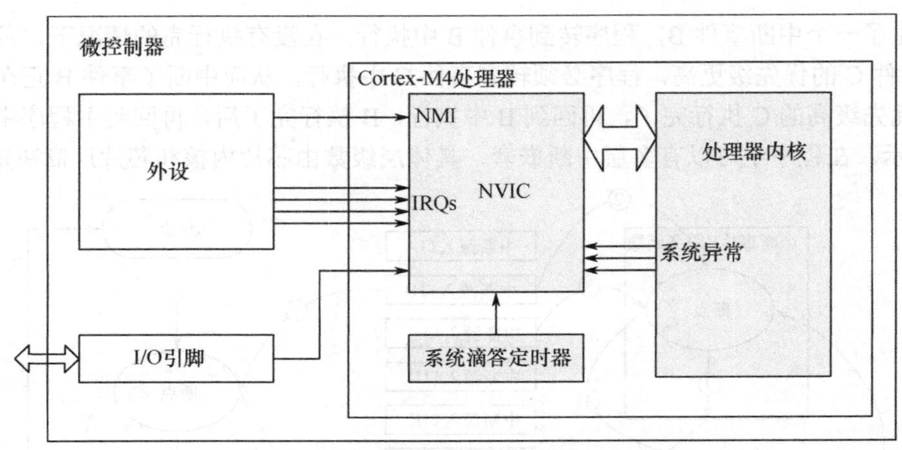

图 3.15　内核级中断控制器 NVIC 框图

比较出哪个中断源的优先级高。需要注意的是，抢占优先级决定是否可以嵌套，响应优先级和自然优先级决定同时发生时先响应谁，如果抢占优先级相同，才依据响应优先级决定谁的优先级高，如果抢占优先级和响应优先级都相同，自然优先级才会起作用。

3．NVIC 中断分组

在一个项目中，使用中断前必须先选择一个分组，因为只有先决定了分组，才能决定抢占优先级和响应优先级的取值范围。要设置分组，只需填充 AIRCR 寄存器的值即可。AIRCR 寄存器的值是 7-组编号，如表 3.1 所示。

表 3.1　Cortex-M4 处理器优先级分配表

组编号	AIRCR[10:8]取值	抢占位数	响应位数	抢占取值范围	响应取值范围
0	0x7-0	0	8	0	0～255
1	0x7-1	1	7	0～1	0～127
2	0x7-2	2	6	0～3	0～63
3	0x7-3	3	5	0～7	0～31
4	0x7-4	4	4	0～15	0～15
5	0x7-5	5	3	0～31	0～7
6	0x7-6	6	2	0～63	0～3
7	0x7-7	7	1	0～127	0～1

3.3.3　ARM 公司通用的 NVIC 中断配置函数

Cortex-M4 处理器在 core_cm4.h 中有 4 个 NVIC 中断配置函数，开发者只需要掌握函数的作用及使用方法，在实际开发中直接调用相关函数即可。

（1）NVIC 分组设置函数 void NVIC_SetPriorityGrouping(uint32_t PriorityGroup)

```
/*
函数功能：设置 NVIC 优先级分组
函数形参：优先级分组值(7-组编号)
函数返回值：无
备注：一个项目中，中断的分组方式只能有一种，不是每个中断源都可以配置为不同的分组方式。
*/
```

（2）NVIC 优先级编码函数 uint32_t　NVIC_EncodePriority(uint32_t　PriorityGroup,uint32_t PreemptPriority,uint32_t SubPriority)

```
/*
函数功能：根据组号，抢占优先级值、响应优先级数值编码成一个 32 位数字。
函数形参：PriorityGroup：分组方式对应的值，也就是 AIRCR[10:8]中的值；
         PreemptPriority：抢占优先级的值，比如分组 2，范围是 0～3 中的值；
         SubPriority：响应优先级的值，比如分组 2，范围是 0～3 中的值。
函数返回值：编码后的值，该值就是写入对应中断源中断寄存器中的值。
备注：这个函数并没有写入寄存器中。
*/
示例：Pri=NVIC_EncodePriority(7-2,2,1)
说明：分组 2，抢占优先级是 2，响应优先级是 1。
```

（3）NVIC 中断源优先级设置函数 void NVIC_SetPriority(IRQn_Type IRQn,uint32_t priority)

```
/*
函数功能：该函数用于设置指定中断源的中断优先级。
函数形参：IRQn：中断源编号；
         priority：中断优先级，即 NVIC_EncodePriority 函数编码的返回值。
函数返回值：无
备注：无
*/
示例：设置外设中断 3
NVIC_SetPriority(9,priority);
或者 NVIC_SetPriority(EXTI3_IRQn,priority)
```

IRQn 是中断源编号，其类型是 IRQn_Type，类型说明在 stm32f40x.h 中定义，如下所示：

```
typedef enumIRQn
{
    …
    /******  STM32 specific Interrupt Numbers    ******/
    WWDG_IRQn               =0, /*!< Window WatchDog Interrupt*/
    PVD_IRQn                =1, /*!< PVD through EXTI Line detection Interrupt*/
    TAMP_STAMP_IRQn         =2, /*!< Tamper and TimeStamp interrupts through the EXTI line*/
    RTC_WKUP_IRQn           =3, /*!< RTCWakeup interrupt through the EXTI line*/
    FLASH_IRQn              =4, /*!< FLASH global Interrupt*/
    RCC_IRQn                =5, /*!< RCC global Interrupt*/
    EXTI0_IRQn              =6, /*!< EXTI Line0 Interrupt*/
    EXTI1_IRQn              =7, /*!< EXTI Line1 Interrupt*/
    EXTI2_IRQn              =8, /*!< EXTI Line2 Interrupt*/
    EXTI3_IRQn              =9, /*!< EXTI Line3 Interrupt*/
    …
}
```

从 STM32F405xx/407xx 的向量表（见表 3.2）不难看出，类型名称就是在中断名称后面添加“_IRQn”后缀。⋮

表 3.2　STM32F405xx/407xx 的向量表

位置	优先级	优先级类型	中断名称	说明	地址
0	—	—	—	保留	0x00000000
1	-3	固定	Reset	复位	0x00000004
2	-2	固定	NMI	不可屏蔽中断	0x00000008
⋮	⋮	⋮	⋮	⋮	⋮
15	6	可设置	SysTick	系统嘀答定时器	0x0000003C
0	7	可设置	WWDG	窗口看门狗中断	0x0000 0040
1	8	可设置	PVD	连接到 EXTI 线的可编程电压检测	0x0000 0044
2	9	可设置	TAMP_STAMP	连接到 EXTI 线的入侵和时间戳中断	0x0000 0048
3	10	可设置	RTC_WKUP	连接到 EXTI 线的 RTC 唤醒中断	0x0000 004C
5	12	可设置	RCC	RCC 全局中断	0x0000 0054
6	13	可设置	EXTI0	EXTI 线 0 中断	0x0000 0058

续表

位置	优先级	优先级类型	中断名称	说明	地址
7	14	可设置	EXTI1	EXTI 线 1 中断	0x0000 005C
8	15	可设置	EXTI2	EXTI 线 2 中断	0x0000 0060
⋮	⋮	⋮	⋮	⋮	⋮

（4）NVIC 中断使能函数 void NVIC_EnableIRQ(IRQn_Type IRQn)

```
/*
函数功能：使能指定中断源
函数形参：IRQn：中断源编号
函数返回值：无
备注：无
*/
示例：要使能外部中断 3
NVIC_EnableIRQ(9);                          //不建议这样写，可读性不强
或者 NVIC_EnableIRQ(EXTI3_IRQn);           //建议这样写，可读性较强
```

至此，4 个 NVIC 中断配置函数已介绍完毕。NVIC 中断配置流程共有 4 个步骤：①设置中断分组方式；②确定中断源的抢占优先级和响应优先级；③把编码后的中断优先级数值使用函数写入优先级配置寄存器中；④使能对应中断源。

3.3.4 STM32F40x 外部中断

1．外部中断框架

STM32F4 外部中断模块的内部结构图如图 3.16 所示。

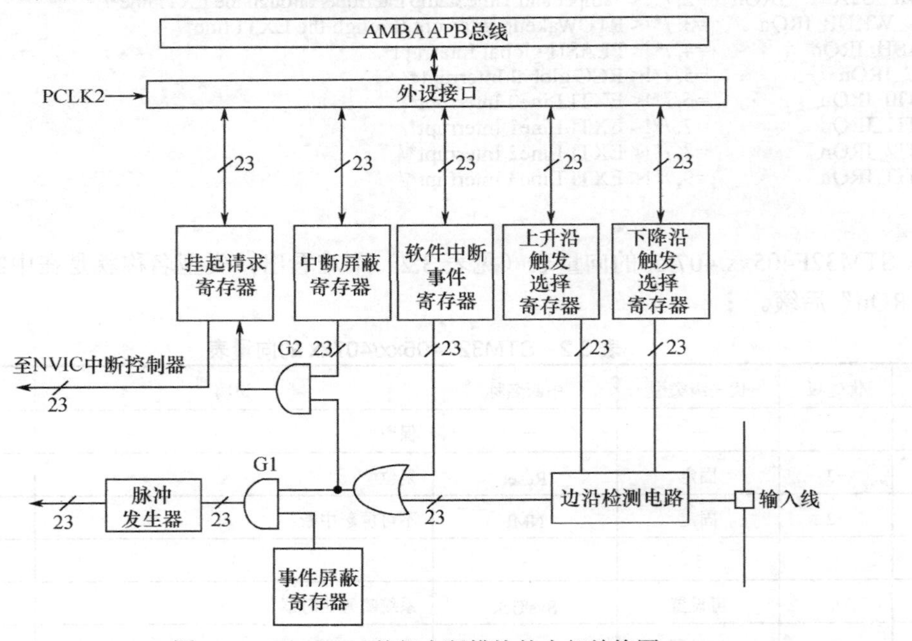

图 3.16 STM32F4 外部中断模块的内部结构图

从图 3.16 右侧输入线开始往左侧看，要产生中断，信号必须能送达 NVIC 中断控制器，才能产生中断。因此，外部中断源由 GPIO 端口产生的外部中断事件产生流程如下：①信号由边沿检测电路根据开发者配置的触发边沿寄存器送到或门；②信号到达或门后，根据或门特点，可以由外部触发，也可以由软件中断事件寄存器触发，如果开发者要外部触发，则屏蔽软件中断事件寄存器对应的位即可；③信号经过或门后，送到两个与门 G1 和 G2，G1 的输出送入脉

冲发生器，所以，可以将事件屏蔽寄存器的对应的位屏蔽即可。G2 有两个输入，如果想要该信号通过，则将中断屏蔽寄存器对应的位置为 1，允许系统产生中断；④信号经过与门后，挂起请求寄存器产生硬件状态标志位，并且将信号送到 NVIC 中断控制器中。

外部中断（EXTI）有两大功能：一是用于产生中断，二是用于产生事件。图 3.16 中，信号线上打一个斜杠并标注“23”字样，这表示在模块内部类似的信号线路有 23 根。这 23 根外部中断线，每组 GPIO 引脚都可以被设置为输入，占用 EXTI0～EXTI15，另外 7 根用于特定的外设事件。这 7 根 EXTI 线的连接方式如下：

- EXTI 16 连接到 PVD 输出事件；
- EXTI 17 连接到 RTC 闹钟事件；
- EXTI 18 连接到 USB OTG FS 唤醒事件；
- EXTI 19 连接到以太网唤醒事件；
- EXTI 20 连接到 USB OTG HS（在 FS 中配置）唤醒事件；
- EXTI 21 连接到 RTC 入侵和时间戳事件；
- EXTI 22 连接到 RTC 唤醒事件。

2．外部中断 GPIO 映射

STM32F40x 的 EXTI0～EXTI15 可以通过配置 SYSCFG_EXTICR 寄存器连接到任意一组的 GPIO 引脚上，如图 3.17 所示。

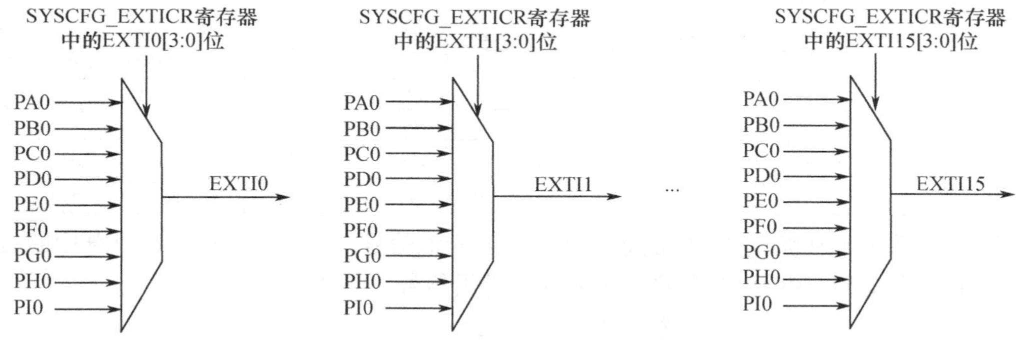

图 3.17　EXTI 中断引脚映射图

图 3.17 表示芯片内部一根外部中断线可以出现在任意一组 GPIO 引脚上，但是特别要注意的是，只能是和外部中断线编号相同的引脚上，如 EXTI3 可以出现在 PA3、PB3、PC3、…、PI3 上，不能出现在其他编号的引脚上。外部中断线同一时刻只能出现在一个引脚上，具体出现在哪个引脚上，由 STM32F40x 提供的 SYSCFG 模块的 SYSCFG_EXTICR1、SYSCFG_EXTICR2、SYSCFG_EXTICR3、SYSCFG_EXTICR4 这 4 个专用寄存器来配置，因此，要进行外部中断配置，还必须开启 SYSCFG 模块时钟，然后配置 SYSCFG 模块中的 4 个 SYSCFG_EXTICR 寄存器。

3.3.5　STM32F40x 外部中断核心寄存器

（1）中断屏蔽寄存器(EXTI_IMR)

31	30	29	28	27	26	25	24	23	22	21	20	19	18	17	16
保留									MR22	MR21	MR20	MR19	MR18	MR17	MR16
									rw	rw	rw	rw	rw	rw	rw
15	**14**	**13**	**12**	**11**	**10**	**9**	**8**	**7**	**6**	**5**	**4**	**3**	**2**	**1**	**0**
MR15	MR14	MR13	MR12	MR11	MR10	MR9	MR8	MR7	MR6	MR5	MR4	MR3	MR2	MR1	MR0
rw	rw	rw	rw	rw	rw	rw	rw	rw	rw	rw	rw	rw	rw	rw	rw

作用：外部中断线的中断使能。一个位对应一根外部中断线，往对应位写 1，则使能相应外部中断线的中断，具体含义如下：

位 31:23—保留，必须保持复位值。

位 22:0—MRx：x 线上的中断屏蔽。

0：屏蔽来自 x 线的中断请求；　　1：开放来自 x 线的中断请求。

（2）事件屏蔽寄存器(EXTI_EMR)

31	30	29	28	27	26	25	24	23	22	21	20	19	18	17	16
保留									MR22	MR21	MR20	MR19	MR18	MR17	MR16
									rw	rw	rw	rw	rw	rw	rw
15	**14**	**13**	**12**	**11**	**10**	**9**	**8**	**7**	**6**	**5**	**4**	**3**	**2**	**1**	**0**
MR15	MR14	MR13	MR12	MR11	MR10	MR9	MR8	MR7	MR6	MR5	MR4	MR3	MR2	MR1	MR0
rw	rw	rw	rw	rw	rw	rw	rw	rw	rw	rw	rw	rw	rw	rw	rw

作用：外部中断线的事件使能。一个位对应一根外部中断线，往对应位写 1，则使能相应外部中断线的事件，具体含义如下：

位 31:23—保留，必须保持复位值。

位 22:0—MRx：x 线上的事件屏蔽。

0：屏蔽来自 x 线的事件请求；　　1：开放来自 x 线的事件请求。

（3）上升沿触发选择寄存器(EXTI_RTSR)

31	30	29	28	27	26	25	24	23	22	21	20	19	18	17	16
保留									TR22	TR21	TR20	TR19	TR18	TR17	TR16
									rw	rw	rw	rw	rw	rw	rw
15	**14**	**13**	**12**	**11**	**10**	**9**	**8**	**7**	**6**	**5**	**4**	**3**	**2**	**1**	**0**
TR15	TR14	TR13	TR12	TR11	TR10	TR9	TR8	TR7	TR6	TR5	TR4	TR3	TR2	TR1	TR0
rw	rw	rw	rw	rw	rw	rw	rw	rw	rw	rw	rw	rw	rw	rw	rw

作用：设置外部中断产生中断的条件模式为上升沿信号，一个位对应一根外部中断线，往对应位写 1，则选择相应的中断线产生信号为上升沿信号，具体含义如下：

位 22:0—TRx：线 x 的上升沿触发事件配置位。

0：禁止输入线上升沿触发（事件和中断）；1：允许输入线上升沿触发（事件和中断）。

（4）下降沿触发选择寄存器(EXTI_FTSR)

31	30	29	28	27	26	25	24	23	22	21	20	19	18	17	16
保留									TR22	TR21	TR20	TR19	TR18	TR17	TR16
									rw	rw	rw	rw	rw	rw	rw
15	**14**	**13**	**12**	**11**	**10**	**9**	**8**	**7**	**6**	**5**	**4**	**3**	**2**	**1**	**0**
TR15	TR14	TR13	TR12	TR11	TR10	TR9	TR8	TR7	TR6	TR5	TR4	TR3	TR2	TR1	TR0
rw	rw	rw	rw	rw	rw	rw	rw	rw	rw	rw	rw	rw	rw	rw	rw

作用：设置外部中断产生中断的条件模式为下降沿信号，一个位对应一根外部中断线，往对应位写 1，则选择相应的中断线产生信号为下降沿信号，具体含义如下：

位 22:0—TRx：线 x 的下降沿触发事件配置位。

0：禁止输入线下降沿触发（事件和中断）；1：允许输入线下降沿触发（事件和中断）。

（5）软件中断事件寄存器(EXTI_SWIER)

作用：使用软件的方法请求模拟硬件中断。一个位相当于对应的一根外部中断线，往对应位写 1，则让相应的外部中断线在没有发送外部中断时模拟产生一个硬件中断。

位 31:23—保留，必须保持复位值。

31	30	29	28	27	26	25	24	23	22	21	20	19	18	17	16
保留									SWIER 22	SWIER 21	SWIER 20	SWIER 19	SWIER 18	SWIER 17	SWIER 16
									rw	rw	rw	rw	rw	rw	rw
15	14	13	12	11	10	9	8	7	6	5	4	3	2	1	0
SWIER 15	SWIER 14	SWIER 13	SWIER 12	SWIER 11	SWIER 10	SWIER 9	SWIER 8	SWIER 7	SWIER 6	SWIER 5	SWIER 4	SWIER 3	SWIER 2	SWIER 1	SWIER 0
rw	rw	rw	rw	rw	rw	rw	rw	rw	rw	rw	rw	rw	rw	rw	rw

位 22:0—SWIERx：线 x 上的软件中断。

当该位为 0 时，写 1 将设置 EXTI_PR 中相应的挂起位。如果在 EXTI_IMR 和 EXTI_EMR 中允许产生该中断，则产生中断请求。

通过清除 EXTI_PR 的对应位（写入 1），可以使该位为 0。

（6）挂起寄存器(EXTI_PR)

31	30	29	28	27	26	25	24	23	22	21	20	19	18	17	16
保留									PR22	PR21	PR20	PR19	PR18	PR17	PR16
									rc_w1	rc_w1	rc_w1	rc_w1	rc_w1	rc_w1	rc_w1
15	14	13	12	11	10	9	8	7	6	5	4	3	2	1	0
PR15	PR14	PR13	PR12	PR11	PR10	PR9	PR8	PR7	PR6	PR5	PR4	PR3	PR2	PR1	PR0
rc_w1	rc_w1	rc_w1	rc_w1	rc_w1	rc_w1	rc_w1	rc_w1	rc_w1	rc_w1	rc_w1	rc_w1	rc_w1	rc_w1	rc_w1	rc_w1

作用：当在外部中断线上发生了中断事件时，对应位则自动被硬件置 1，并产生一个用于申请中断的标志。

位 22:0—PRx：挂起位。

0：没有发生触发请求；　　　1：发生了选择的触发请求。

当在外部中断线上发生了选择的边沿事件时，该位被置 1。在此位中写入 1 可以清除它，也可以通过改变边沿检测的极性清除。

3.3.6 STM32F40x 外部中断 GPIO 映射寄存器

（1）SYSCFG 外部中断配置寄存器 1(SYSCFG_EXTICR1)

31	30	29	28	27	26	25	24	23	22	21	20	19	18	17	16
保留															
15	14	13	12	11	10	9	8	7	6	5	4	3	2	1	0
EXTI3[3:0]				EXTI2[3:0]				EXTI1[3:0]				EXTI0[3:0]			
rw	rw	rw	rw	rw	rw	rw	rw	rw	rw	rw	rw	rw	rw	rw	rw

作用：该寄存器用于配置 EXTI0～EXTI3 中断线映射。

示例：设置外部中断 2 的相应的 GPIOB 引脚

```
SYSCFG->EXTICR[0] |=1 <<(2 * 4);    / *设置 GPIOB 的引脚 2 作用于外部中断 2*/
```

（2）SYSCFG 外部中断配置寄存器 2(SYSCFG_EXTICR2)

31	30	29	28	27	26	25	24	23	22	21	20	19	18	17	16
保留															
15	14	13	12	11	10	9	8	7	6	5	4	3	2	1	0
EXTI7[3:0]				EXTI6[3:0]				EXTI5[3:0]				EXTI4[3:0]			
rw	rw	rw	rw	rw	rw	rw	rw	rw	rw	rw	rw	rw	rw	rw	rw

作用：该寄存器用于配置 EXTI4～EXTI7 中断线映射。

（3）SYSCFG 外部中断配置寄存器 3(SYSCFG_EXTICR3)

作用：该寄存器用于配置 EXTI8～EXTI11 中断线映射。

31	30	29	28	27	26	25	24	23	22	21	20	19	18	17	16
保留															
15	14	13	12	11	10	9	8	7	6	5	4	3	2	1	0
EXTI11[3:0]				EXTI10[3:0]				EXTI9[3:0]				EXTI8[3:0]			
rw	rw	rw	rw	rw	rw	rw	rw	rw	rw	rw	rw	rw	rw	rw	rw

（4）SYSCFG 外部中断配置寄存器 4(SYSCFG_EXTICR4)

31	30	29	28	27	26	25	24	23	22	21	20	19	18	17	16
保留															
15	14	13	12	11	10	9	8	7	6	5	4	3	2	1	0
EXTI15[3:0]				EXTI14[3:0]				EXTI13[3:0]				EXTI12[3:0]			
rw	rw	rw	rw	rw	rw	rw	rw	rw	rw	rw	rw	rw	rw	rw	rw

作用：该寄存器用于配置 EXTI12～EXTI15 中断线映射。

SYSCFG_EXTICR1～SYSCFG_EXTICR4 寄存器中位的作用如下。

位 15:0—EXTIx[3:0]：EXTI x 配置（x 为 0～15），这些位通过软件写入，以选择 EXTIx 与外部中断源连接。

0000：PA[x]引脚　　0001：PB[x]引脚　　0010：PC[x]引脚

0011：PD[x]引脚　　0100：PE[x]引脚　　0101：PF[C]引脚

0110：PG[x]引脚　　0111：PH[x]引脚　　1000：PI[x]引脚

3.3.7 STM32F40x 外部中断编程

本节以 STM32F407 为例详细讲述外部中断编程的相关知识及编程开发流程。

1．STM32F40x 中断表示

ARM 公司规定具体芯片的中断优先级实现不能少于 3 位，STM32 中每个中断源使用 4 位来设置中断源的优先级，这 4 位共有 5 种分配方式，如表 3.3 所示。

表 3.3　STM32 优先级分配表

组编号	AIRCR[10:8]取值	抢占位数	响应位数	抢占取值范围	响应取值范围
0	0x7-0	0	4	0	0～15
1	0x7-1	1	3	0～1	0～7
2	0x7-2	2	2	0～3	0～3
3	0x7-3	3	1	0～7	0～1
4	0x7-4	4	0	0～15	0

2．STM32F40x 的外部中断服务函数

STM32F40x 的外部中断服务函数名是固定的，开发者不可更改，在官方文件 startup_stm32f40_41xxx.s 中已经定义好，如下所示：

```
; External Interrupts
  DCD     WWDG_IRQHandler          ;Window WatchDog
  DCD     PVD_IRQHandler       ;PVD through EXTI Line detection
  DCD     TAMP_STAMP_IRQHandler;Tamper and TimeStamps through the EXTI line
  DCD     RTC_WKUP_IRQHandler ;RTCWakeup through the EXTI line
  DCD     FLASH_IRQHandler        ;FLASH
  DCD     RCC_IRQHandler                              ;RCC
  DCD     EXTI0_IRQHandler                            ;EXTI Line0
  DCD     EXTI1_IRQHandler                            ;EXTI Line1
  DCD     EXTI2_IRQHandler                            ;EXTI Line2
  DCD     EXTI3_IRQHandler                            ;EXTI Line3
  DCD     EXTI4_IRQHandler                            ;EXTI Line4
  DCD     DMA1_Stream0_IRQHandler                     ;DMA1 Stream 0
```

```
  DCD     DMA1_Stream1_IRQHandler                    ;DMA1 Stream 1
  DCD     DMA1_Stream2_IRQHandler                    ;DMA1 Stream 2
…
```

这些函数原型如下所示，如 EXTI3_IRQHandler，函数无返回值，无参数，即 void EXTI3_IRQHandler(void)：

```
void EXTI3_IRQHandler(void)
{
    //清除中断标志
    …
    //这里编写中断要处理的程序，但要注意不能够有死循环
}
```

综上所述，具体外部中断配置步骤为：①配置目标外部中断相关的寄存器；②设置好模块级别的使能和禁止；③编写中断服务函数。其中，编写中断服务函数时，首先在 startup_stm32f40_41xxx.s 中找到中断服务函数名，然后在.c 文件中的任意位置编写返回值为 void 类型、无参数的中断服务函数。

3.3.8 按键中断示例

1．硬件原理图

按键中断原理图如图 3.18 所示。

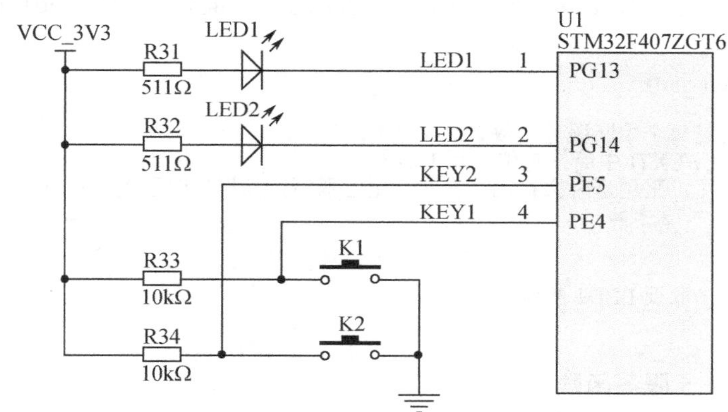

图 3.18　按键中断原理图

由图 3.18 可以看出，使用 PE 口的第 4、5 这两个引脚，即使用到外部中断 4、5，在按键没有按下时引脚呈高电平，按键按下时引脚呈低电平。GPIO 端口配置为通用输入模式，上拉或浮空都可以，建议使用上拉，增加抗干扰能力。

2．软件设计思路

① 配置按键的 GPIO 端口：通用输入模式，上拉或浮空。

② 配置外部中断线和 GPIO 引脚的映射关系。

③ 配置 NVIC 中断控制器的 4 个函数。

④ 配置外部中断模块的边沿触发模式，使能中断屏蔽寄存器对应的外部中断线。

⑤ 编写按键中断对应的中断服务程序。

3．核心代码实现

（1）按键使用的 GPIO 初始化函数

```
void key_init(void)
{
    RCC->AHB1ENR |= 1 << 4; //使能 PORTE 时钟
    GPIOE->MODER &= ~(3 << 2*5);//PE5，通用输入
```

```
    GPIOE->PUPDR &= ~(3 << 2*5);//PE5，无上下拉
    GPIOE->MODER &= ~(3 << 2*4);//PE4，通用输入
    GPIOE->PUPDR &= ~(3 << 2*4);//PE4，无上下拉
}
```

（2）外部中断及内核初始化函数

```
void exti_init(void)
{
    uint32_t pri;
    RCC->APB2ENR |= 1 << 14;                 //使能 SYSCFG 时钟
    SYSCFG->EXTICR[1] &= ~(0xFF <<0);        //清 EXTI4,EXTI5 中断映射控制位
    SYSCFG->EXTICR[1] |=(0x44 << 0);         //配置 EXTI4,EXTI5 出现在 PE4、PE5
    EXTI->FTSR |= 3 << 4;                    //EXTI4,EXTI5 允许下降沿触发
    EXTI->IMR |= 3 << 4;                     //使能 EXTI4,EXTI5 中断请求
//注意:一个项目只能有一个中断分组!
    NVIC_SetPriorityGrouping(7-2);           //第 2 组，抢占优先级范围为 0～3，响应优先级为 0～3
    pri=NVIC_EncodePriority(7-2, 1,3);       //设置组抢占优先级 1，响应优先级 3
    NVIC_SetPriority(EXTI4_IRQn,pri);        //设置优先级到寄存器
    NVIC_EnableIRQ(EXTI4_IRQn);              //使能 NVIC 对应的中断通道
    pri= NVIC_EncodePriority(7-2, 1,2);      //设置组抢占优先级 1，响应优先级 2
    NVIC_SetPriority(EXTI5_IRQn,pri);        //设置优先级到寄存器
    NVIC_EnableIRQ(EXTI5_IRQn);              //使能 NVIC 对应的中断通道
}
```

（3）外部中断 4 服务函数

当按下按键 K1 时，取反原理图中 LED1 的状态，下面代码中的 led1_reverse 函数为控制 LED1 亮、灭的函数。

```
void EXTI4_IRQHandler(void)
{
    //清中断标志，这是每个中断服务函数必须要做的
    EXTI->PR = 1 << 4; //EXTI 中断挂起位，写 1 清零
    //本示例为简单起见，采用延时去抖动，在学习定时器后，使用定时器消抖更好
    delay_ms(10);          //去抖动
    if(KEY1 == 0)
    {
        led1_reverse(); //取反 LED1 的状态
    }
}
```

（4）外部中断 9_5 服务函数

当按下按键 K2 时，取反原理图中 LED2 的状态，下面代码中的 led2_reverse 函数为控制 LED2 亮、灭的函数。因为 EXTI9_5_IRQHandler 是 EXTI9_5 公用的入口函数，因此必须提前判断外部中断 5～9 中哪一个产生了中断。

```
void EXTI9_5_IRQHandler(void)
{
    if(EXTI->PR & 1<< 5)
    {
        EXTI->PR = 1 << 5; //EXTI 中断挂起位，写 1 清零
        //本示例为简单起见，采用延时去抖动，在学习定时器后，使用定时器消抖更好
        delay_ms(10);          //去抖动
        if(KEY2 == 0)
        {
            led2_reverse(); //取反 LED2 的状态
        }
    }
}
```

（5）主函数

```
int main(void)
{
    delay_init(168);          //延时函数初始化
    led_init();               //LED 函数初始化
    key_init();               //按键 GPIO 端口配置初始化
```

```
    exti_init();          //按键中断配置
    while(1)
    {
        ;
    }
}
```

3.4 定时器模块原理

3.4.1 定时器框架分析

定时器是一种用于控制时间或间接控制开关的装置。

1. 定时器的分类

定时器可分成 3 类：基本定时器、通用定时器和高级定时器，其中，STM32F40x 中基本定时器有 TIM6、TIM7，它们只有基本的定时功能；通用定时器有 TIM2、TIM3、TIM4、TIM5、TIM9、TIM10、TIM11、TIM12、TIM13、TIM14，它们除包含基本定时器的所有功能外，还有输入捕获、输出比较、PWM 捕获、PWM 输出等功能；高级定时器有 TIM1、TIM8，它们除包含通用定时器的所有功能外，还有死区功能、互补输出功能。

2. 基本定时器介绍

基本定时器 TIM6 和 TIM7 包含一个 16 位的自动重载计数器，基本定时器不仅可用于生成时基，还可以专门用于驱动 D/A 转换器(DAC)。基本定时器之间彼此完全独立，不共享任何资源。

3. 基本定时器的特征

基本定时器的 16 位自动重载递增计数器由一个 16 位可编程预分频器驱动，该预分频器用于对计数器的时钟频率进行分频，分频系数介于 1～65536 之间。计数器上溢发生更新事件时，可以产生中断或 DMA 请求。

4. 基本定时器的框架

基本定时器的框架如图 3.19 所示。

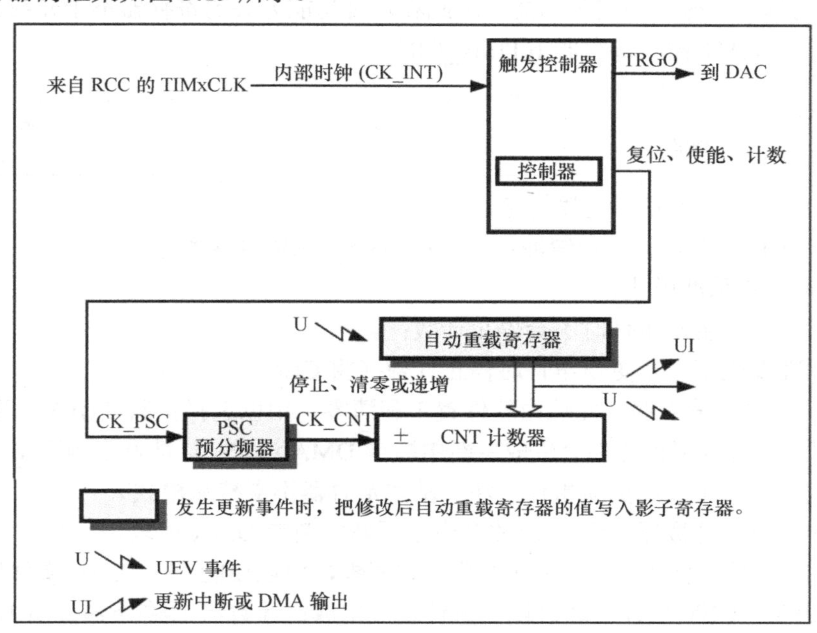

图 3.19 基本定时器的框架

STM43F407 默认时钟的 CK_INT 时钟频率为 84MHz，CK_INT 时钟驱动信号经过控制器输出到 CK_PSC 并作为输入给 PSC 预分频器，分频后得到 CK_CNT 频率，最后由 CK_INT 驱动 CNT 计数器进行递增计数。当 CNT 计数器递增到的值等于自动重载寄存器中的值时，表示定时时间到，这时会触发一个更新事件，如果使能更新中断，还会同步产生更新中断，开发者就可以根据定时时间编写中断服务程序。

注意：图 3.19 中自动重载寄存器后面有一个“影子”寄存器，开发者不能直接访问。计数值就是和该影子寄存器的值进行比较来确定定时时间是否到了，该影子寄存器的值来自自动重载寄存器，当使能影子寄存器时，只有当产生更新事件时才会将自动重载寄存器的值复制到影子寄存器中，如果没有使能影子寄存器，则可以看作自动重载寄存器和影子寄存器是重叠的，写入的自动重载寄存器的值就直接写到了影子寄存器中。

使能影子寄存器后，在定时器已经启动的情况下，若中途修改定时时间，即修改了自动重载寄存器的值，并不会影响原来的定时时间，需要等待人为产生更新事件或原来定时时间到了产生更新事件后，才会把修改后的自动重载寄存器的值写入影子寄存器中，此后新的定时时间将在下次生效。由此看出，CNT 计数器是和影子寄存器相连的，而不是与自动重载寄存器相连的。

经过图 3.19 的分析，不难得出基本定时器定时功能的使用流程：关闭定时器→设置预分频器→设置自动重载寄存器→设置是否使能影子寄存器，如果使能，则软件要生成更新事件并清状态标志位，如果不使能，则略过→清空计数器的值；如果要使用中断方式处理定时时间到后的事务，则增加定时器更新中断使能，以及配置 NVIC 中断控制器→最后开启定时器。

定时器处理定时时间的方法有两种：一种是查询方式，就是等待更新中断状态标志位被置 1；另一种是中断方式。需要注意的是，如果使能了影子寄存器，自动重载寄存器的值要写入影子寄存器，就必须经过更新事件。

3.4.2 基本定时器的核心寄存器

下面只使用基本定时器的定时功能，因此和定时功能无关的寄存器不予介绍。

（1）TIM6 和 TIM7 控制寄存器 1(TIMx_CR1)

15–8	7	6–4	3	2	1	0
保留	ARPE	保留	OPM	URS	UDIS	CEN
	rw		rw	rw	rw	rw

位 7—ARPE：自动重载预装载使能。

0：TIMx_ARR 寄存器不进行缓冲；　　1：TIMx_ARR 寄存器进行缓冲。

位 3—OPM：单脉冲模式。

0：计数器在发生更新事件时不会停止计数；

1：计数器在发生下一个更新事件时停止计数（将 CEN 位清零）。

位 2—URS：更新请求源。此位由软件置 1 和清零，用以选择更新（UEV）事件源。

0：使能时，所有以下事件都会生成更新中断或 DMA 请求：计数器上溢/下溢、将 UG 位置 1、通过从模式控制器生成的更新事件（注：基本定时器不支持从模式）。

1：使能时，只有计数器上溢/下溢才会生成更新中断或 DMA 请求。

位 1—UDIS：更新禁止。此位由软件置 1 和清零，用以使能/禁止 UEV 事件生成。

0：使能 UEV。UEV 事件可通过以下事件之一生成：计数器上溢/下溢；将 UG 位置 1；通过从模式控制器生成的更新事件，然后更新影子寄存器的值。

1：禁止 UEV。不会生成 UEV 事件，各影子寄存器的值（ARR 和 PSC）保持不变。但如果将 UG 位置 1，或者从模式控制器接收到硬件复位，则会重新初始化计数器和预分频器。

位 0—CEN：计数器使能。

0：禁止计数器；　1：使能计数器。

注意：只有事先通过软件将 CEN 位置 1，才可以使用门控模式。而触发模式可通过硬件自动将 CEN 位置 1。在单脉冲模式下，当发生更新事件时会自动将 CEN 位清零。

（2）TIM6 和 TIM7 DMA/中断使能寄存器(TIMx_DIER)

15	14	13	12	11	10	9	8	7	6	5	4	3	2	1	0
保留							UDE	保留							UIE
							rw								rw

位 8—UDE：更新 DMA 请求使能。

0：禁止更新 DMA 请求；　1：使能更新 DMA 请求。

位 0—UIE：更新中断使能。

0：禁止更新中断；　1：使能更新中断。

（3）TIM6 和 TIM7 状态寄存器(TIMx_SR)

15	14	13	12	11	10	9	8	7	6	5	4	3	2	1	0
保留															UIF
															rc_w0

位 0—UIF：更新中断标志。该位在发生更新事件时通过硬件置 1，但需要通过软件清零。

0：未发生更新；　1：更新中断挂起。

该位在以下情况下更新寄存器时由硬件置 1：

- 上溢/下溢并且当 TIMx_CR1 寄存器中 UDIS＝0 时；
- 当由于 TIMx_CR1 寄存器中 URS＝0 且 UDIS＝0 而通过软件使用 TIMx_EGR 寄存器中的 UG 位重新初始化计数器时。

（4）TIM6 和 TIM7 事件生成寄存器(TIMx_EGR)

15	14	13	12	11	10	9	8	7	6	5	4	3	2	1	0
保留															UG
															w

位 0—UG：UEV 事件产生，该位可通过软件置 1，并由硬件自动清零。

0：不执行任何操作。

1：重新初始化定时器并生成 UEV 事件。注意，预分频器 UEV 也将清零（但预分频系数不受影响）。

（5）TIM6 和 TIM7 计数器寄存器(TIMx_CNT)

15	14	13	12	11	10	9	8	7	6	5	4	3	2	1	0
CNT[15:0]															
rw	rw	rw	rw	rw	rw	rw	rw	rw	rw	rw	rw	rw	rw	rw	rw

位 15:0—CNT[15:0]：计数器值。

当定时器启动后，计数器数值会一直递增，当值增加到和自动重载寄存器的值相同时，则表示定时时间到。

（6）TIM6 和 TIM7 预分频器寄存器(TIMx_PSC)

位 15:0—PSC[15:0]：预分频器值。计数器时钟频率 CK_CNT 等于

$$f_{CK\_PSC}/(PSC[15:0]+1)$$

15	14	13	12	11	10	9	8	7	6	5	4	3	2	1	0
PSC[15:0]															
rw	rw	rw	rw	rw	rw	rw	rw	rw	rw	rw	rw	rw	rw	rw	rw

PSC 包含在每次发生 UEV 事件时要装载到实际预分频器寄存器的值。该位会自动加 1，设置预分频时需要减 1，例如 16 分频，只需要写入 15 即可。

（7）TIM6 和 TIM7 自动重载寄存器(TIMx_ARR)

15	14	13	12	11	10	9	8	7	6	5	4	3	2	1	0
ARR[15:0]															
rw	rw	rw	rw	rw	rw	rw	rw	rw	rw	rw	rw	rw	rw	rw	rw

位 15:0—ARR[15:0]：自动重载值。

注意：自动重载需要写 10000，真实写入的值只能是 9999。从图 3.20 可以看出，由于 0 也算一个计数值，所以重载值需要比原来的值减 1。

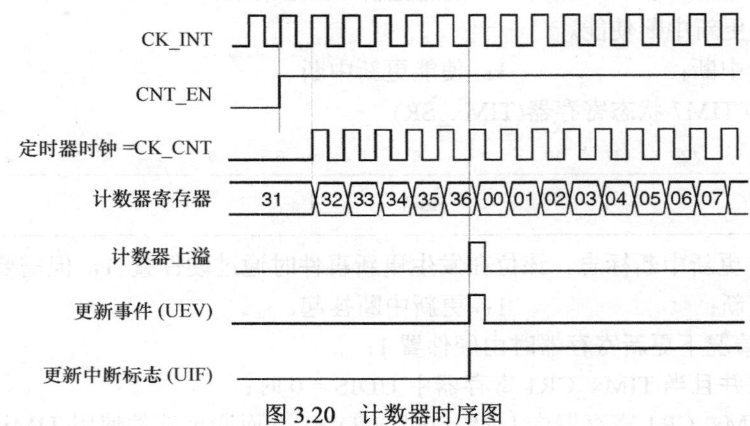

图 3.20　计数器时序图

3.4.3　基本定时器示例

本示例实现基本定时器的基本功能，利用基本定时器实现 LED 亮、灭控制，其中定时 1s 亮、1s 灭。

1．硬件原理图分析

基本定时器控制 LED 原理图如图 3.21 所示。

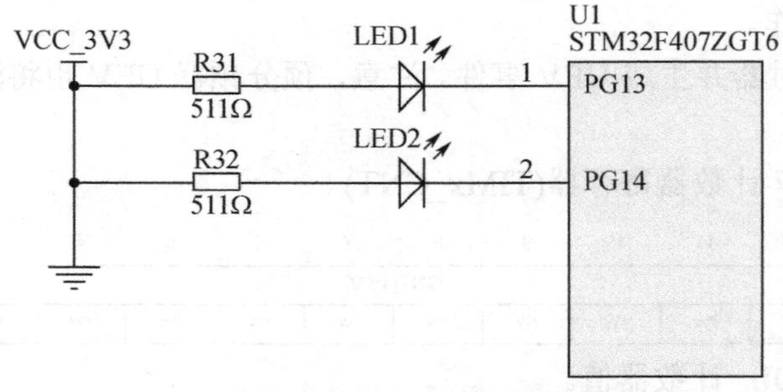

图 3.21　基本定时器控制 LED 原理图

原理图分析：两个 LED 都是低电平点亮，使用的是 PG13 和 PG14 引脚，其中 PG13 连接到 LED1，PG14 连接到 LED2。

2．软件设计思路分析

LED 控制方法在前面已经讲述过，本节只讲述基本定时器的编程方法。

① 定时器初始化：开 TIM6 的时钟；清零 TIMx_CNT 寄存器的计数值；配置 TIMx_CR1 寄存器（启用/禁用自动重载预装载使能，是否启用都可以）；禁用单脉冲模式（配置为循环定时模式）；配置更新请求源，仅当计数器上溢/下溢会生成更新中断或 DMA 请求时才产生中断更新事件；配置预分频器寄存器（TIMx_PSC），因为本示例中 TIM6 的计数时钟频率是 84MHz，要求定时 1s，所以设置为 8400 分频，即 TIM6->PSC=8400−1；根据定时时长和预分频值计算出定时需要的计数次数，然后写入自动重载寄存器中，本示例要求定时 1s，预分频值设置为 8400，则 TIM6->ARR=10000−1。

② 定时器中断配置：配置中断使能寄存器(TIMx_DIER)，使能其中的 UIE 位（更新中断使能），在 NVIC 中断控制器中对 TIM6 进行中断相关配置。

③ 使能 TIM6 定时器。

④ 写 TIM6 定时器的中断服务函数。需要注意的是，在 STM32F407 中，TIM6 和 DAC 模块公用一个中断入口，因此它们的中断服务函数也是公用的，函数名为 TIM6_DAC_IRQHandler，所以在编写 TIM6 中断服务程序时，在函数体内部需要先判断当前是否是 TIM6 产生的中断，即检测状态寄存器（TIMx_SR）的 UIF 位是否为 0。

3．核心代码的实现

① 初始化定时器 TIM6，实现定时 1s，如下所示：

```
void timer_6_init(void)
{
	uint32_t pri;
	RCC->APB1ENR |= 1 << 4;   //开定时器 TIM6 时钟
	TIM6->CNT = 0;             //清空计数器
	//设置预分频，时钟频率是 84MHz，因此进行 8400 分频，PSC 计算时会自动进行加 1 计算
	TIM6->PSC = 8400−1;
	//设置定时时长，当上面 8400 分频后，计数 10000 即为 1s
	TIM6->ARR = 10000−1;     //1s 定时对应的计数值

	//设置定时器：使能影子寄存器（可选）
	//设置只有计数器上溢/下溢生成更新中断
	TIM6->CR1 = 1<<7 | 1 <<2;

	//定时器 TIM6 配置中断
	TIM6->DIER |= 1 << 0; //使能定时器 TIM6 更新时中断

	//配置 NVIC 中断控制器的 4 个函数
	NVIC_SetPriorityGrouping(7-2);          //第 2 组，抢占优先级范围为 0～3，响应优先级为 0～3
	pri= NVIC_EncodePriority(7-2,2,1);      //设置组抢占优先级 1，响应优先级 3
	NVIC_SetPriority(TIM6_DAC_IRQn,pri); //设置优先级到寄存器
	NVIC_EnableIRQ(TIM6_DAC_IRQn); //使能 NVIC 对应的中断通道

	//使能后，计数器开始计数
	TIM6->CR1 |= 1 << 0;                     //计数器使能
}
```

②定时器 TIM6 中断服务函数如下所示：

```
void TIM6_DAC_IRQHandler(void)
{
	//因为定时器 TIM6 和 DAC 模块公用一个中断入口地址，因此也公用中断服务程序
	//这里先判断是否是定时器 TIM6 产生的中断，如果是，再取反 LED 状态
	if(TIM6->SR &(1 << 0)==1)
	{
		TIM6->SR &= ~(1 << 0);   //清标志
		led1_reverse();          //取反 LED1 状态
		led2_reverse();          //取反 LED2 状态
	}
}
```

③主函数如下所示：

```
int main(void)
{
    led_init();              //LED 函数初始化
    timer_6_init();          //初始化定时器 TIM6
    while(1)
    {
        ;
    }
}
```

3.5　UART 模块原理

3.5.1　通信概述

1．通信方式

CPU 之间的信息交互称为通信。通信有两种基本的方式，一种叫串行通信，一种叫并行通信，如图 3.22 所示。

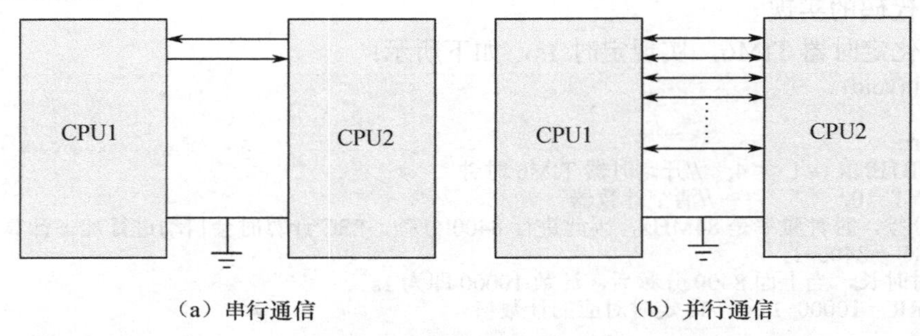

图 3.22　基本通信方式

其中，串行通信时，数据一位一位地进行发送或接收。典型的应用代表就是 UART（通用串行通信总线），该总线可全双工发送和接收。并行通信时，多条数据线可以同时发送或接收。这两种通信方式各有优缺点，在时钟相同的情况下，并行通信的速度更快，但是数据线多，容易出错，因此，只适合在近距离传输；串行通信只能一位一位地传输，传送数据的速度比较慢，但硬件结构比较简单，不容易出错，因此适合长距离传输。

2．同步通信与异步通信

在串行通信中，又可以分为同步通信和异步通信两种方式。对于串行同步通信，要有时钟线，使发送和接收能严格保持同步，对硬件要求比较高，一般走线要差分等长，其在 I^2C 总线、SPI 总线中得到应用；而对于串行异步通信，通信双方没有时钟线，时钟互相独立，通信双方只需按约定的帧格式来发送和接收数据，硬件结构比串行同步通信方式简单，具有错误检测功能，在单片机中应用广泛。

3．串行通信方式

在串行通信中，按照数据传送方向的不同，可以将串行通信分为单工、半双工和全双工 3 种方式，如图 3.23 所示。

（1）单工方式

特点：数据在 CPU1 和 CPU2 之间只允许单方向传送，两个 CPU 之间只需 1 根数据线。

（2）半双工方式

特点：数据在 CPU1 和 CPU2 之间允许双方向传送，但它们之间只有一个通信通道，不能同时发送和接收，只能分时发送和接收，因而两个 CPU 之间也只需 1 根数据线。

（3）全双工方式

特点：两个 CPU 之间数据的发送和接收可以同时进行，必须使用 2 根数据线。

需要注意的是，不管采用哪种形式的串行通信，在两个 CPU 之间均应有公共地线，才能稳定数据的传输。

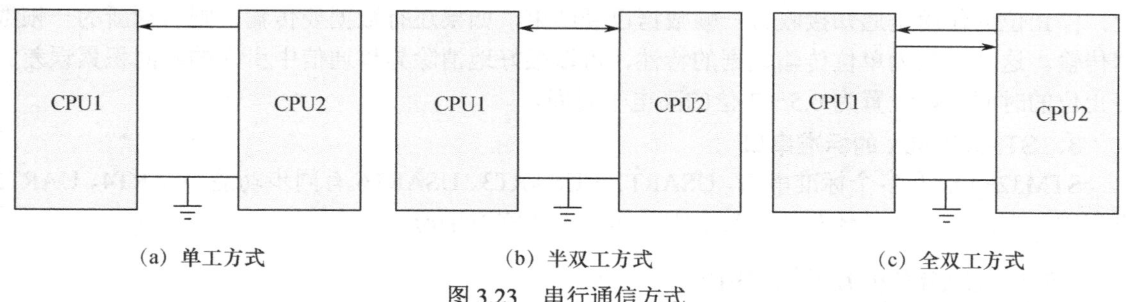

图 3.23 串行通信方式

3.5.2 UART 通信接口

本节讲的是标准串口，对普通单片机和 STM32 芯片都适用。STM32 芯片中的串口有两种，一种是 UART，另一种是 USART。USART 是在 UART 的基础之上增加了同步功能，因此下面只讲 UART。

1．UART 的四要素

UART 是一种标准的通信接口，不管什么型号的单片机，其内部集成的 UART 模块都会实现 UART 的标准功能。UART 必须具备的四要素：波特率、数据位长度、校验方式、停止位长度。其中，波特率用来控制通信的速度，控制每个位传输的时间长度；数据位长度决定每帧数据的有效长度，5～8 位可变，根据具体的芯片设置；校验方式用于对每一帧有效数据进行检查，分为奇校验、偶校验、无校验(不需要校验位)，可根据实际应用场景设置；停止位长度表示每帧数据停止的时间长短，长度可以是 0.5 位、1 位、1.5 位、2 位，可根据实际应用场景设置。

2．UART 的数据帧格式

例如，一帧 9 位字长、1 位停止位的数据帧格式如图 3.24 所示。

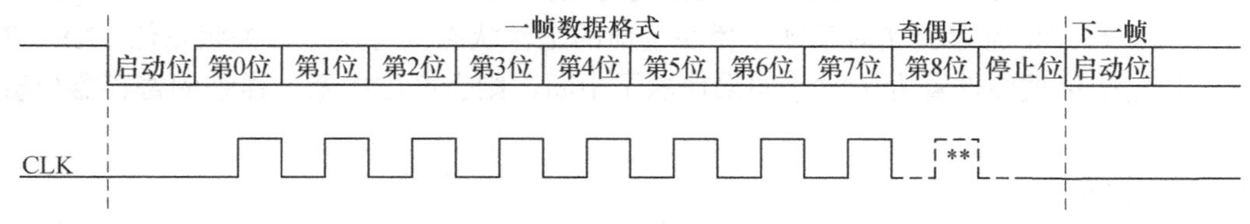

图 3.24 数据帧格式

在一帧数据中，用 1 个低电平位来表示通信的开始；接着是有效数据位，通常是 8 位；紧跟着是检验位，异步串行通信时容易出现数据传输错误，为了使接收方可以验证数据接收的正确性，发送方在发送数据后面会带上根据已发有效数据内容计算出来的校验数据，接收方把收到的数据按照校验数据进行比较，如果相同则表示正确，如果不相同，则表示错误。UART 标准的校验方式可以选择奇校验、偶校验、无校验这 3 种方式之一。其中，奇校验是保证前面发送的数据加上校验位数据，1 的个数为奇数，即数据的二进制位 1 的个数总和是奇数，表示为奇校验；偶校验是保证发送的数据加上校验位数据，1 的个数为偶数，即数据的二进制位 1 的个数总和是偶数，表示为偶校验，根据以上原则，则可以判断校验位上的是 0 或者 1。发送方的校验位数据不需要开发者编写代码计算，仅需配置 UART 模块寄存器中的校验功能位即可，发送数据时，UART 硬件自动计算并发送校验位。同理，接收方也不需要开发者编写代码计算接收到数据的校验位，只需要配置 UART 的校验功能，接收完一帧数据后，硬件会自动校验数据的正确性，并通过 UART 状态寄存器中的校验状态位指示是否发生了校验错误。最后是停止位，停止位的作用是通知接收方一帧数据已经结束，如果还有数据要传输，则启动新的一帧数据传输。这种以帧为单位传输数据的特性，可以很好地消除异步通信中引入的时间积累误差。停止位的时间可以设置为 0.5～2 位的高电平时间。

3．STM32F40x 的标准串口

STM32F40x 有多个标准串口，USART1～USART3、USART6 有同步功能，UART4、UART5 没有同步功能，针对具体芯片，其引脚分布可参考官方手册。

3.5.3 UART 模块框架分析

STM32F407 中 UART 模块集成的功能很复杂，除具备标准 UART 功能外，还扩展了很多其他的附加功能，因此，由于篇幅所限，本节只按照前面说的 UART 四要素分析框架图，把与标准 UART 功能无关的电路信号过滤，详细介绍 UART 模块的工作原理。

1．数据发送

开发者将数据写入数据寄存器 USART_DR 中，数据会自动流入 TDR 寄存器，当发送移位寄存器为空时，数据自动流入发送移位寄存器，在发送时钟的作用下，自动逐位发送到 TXD 引脚上，如图 3.25 所示。

2．数据接收

RXD 引脚上的数据在接收时钟的作用下，逐位移入接收移位寄存器，当接收数据位达到指定的长度时，接收移位寄存器数据会自动流入 RDR 寄存器，读取 USART_DR 寄存器实质就相当于读取 RDR 寄存器的值。

3．发送控制

如图 3.25 所示，发送控制与接收控制寄存器 USART_CR1、USART_CR2 和状态寄存器 USART_SR 有关。其中，USART_CR1 寄存器的 TXEIE 位、TCIE 位等与发送控制有关；USART_CR2 寄存器的 STOP[1:0]位与发送控制有关；USART_SR 寄存器与 USART_CR1 寄存器有关，USART_SR 寄存器实时反映了模块当前的工作状态，与发送相关状态位 TXE、TC 的关系是：当这些位被硬件置为 1 时，如果使能了中断，则会产生中断。详细的寄存器分析请见 3.5.4 节。

4．接收控制

由图 3.25 所示，接收控制与控制寄存器 USART_CR1、USART_CR2 和状态寄存器 USART_SR 有关。其中，USART_CR1 寄存器的 RXNEIE 位、IDLEIE 位等与接收控制有关；USART_CR2 寄存器的 STOP[1:0]位与接收控制有关；USART_SR 寄存器与 USART_CR2 寄存器有关，SR 寄存器实时反映了模块当前的工作状态，与接收相关状态位 RXNE、IDLE、ORE、NF、FE、PE 的关系是：当这些位被硬件置为 1 时，如果使能了中断，则会产生中断。详细的寄存器分析请见 3.5.4 节。

5．波特率控制

波特率控制如图 3.25 所示，由发送器速率控制、接收器速率控制、DIV_Mantissa 和 DIV_Fraction 组成。其中，DIV_Mantissa 是分频整数部分，占 USART_BRR 寄存器 16 位的高

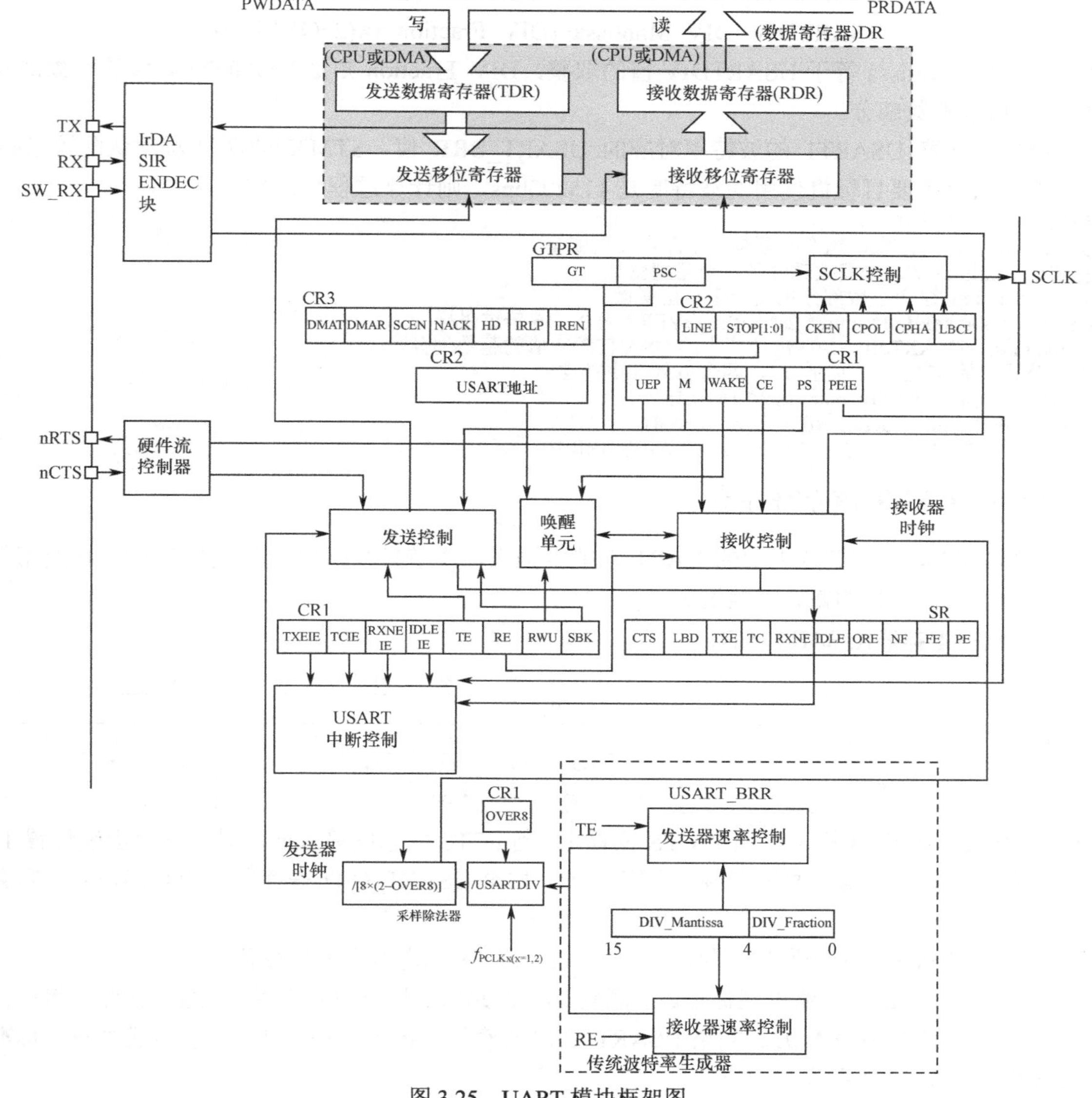

图 3.25 UART 模块框架图

12 位，DIV_Fraction 是分频小数部分乘以 16 的取整，占 USART_BRR 寄存器的低 4 位，具体 USART_BRR 寄存器的详细介绍请见 3.5.4 节。根据官方提供的资料，Tx/Rx 波特率的计算公式为

$$\text{Tx/Rx波特率} = \frac{f_{ck}}{8 \times (2 - \text{OVER8}) \times \text{USARTDIV}}$$

式中，f_{ck} 表示 USART 模块的工作时钟，有的为 84MHz，有的为 42MHz。Tx/Rx 波特率由开发者根据需求设置。OVER8 表示硬件过采样方式，可以设置为 16 倍过采样或 8 倍过采样，由开发者根据需求设置。因此，根据上述公式即可算出 USARTDIV 的值。但是，USARTDIV 值并不能直接填写到 USART_BRR 寄存器中，这个寄存器分为整数部分 DIV_Mantissa 与小数部分 DIV_Fraction，需要把计算出来的 USARTDIV 值进行拆分处理后分别合成 16 位数值，再写入寄存器中。

根据官方提供的资料，DIV_Mantissa 和 DIV_Fraction 之间的关系为

$$USARTDIV=DIV\_Mantissa+(DIV\_Fraction/8\times(2-OVER8))$$

式中，DIV_Mantissa 等于 USARTDIV 值的取整，DIV_Fraction 则是 USARTDIV 值的小数部分乘以 16 后取整数部分。

例如，计算 USART1 的波特率对应的 USART_BRR 值，STM32F407 工程默认配置 f_{CK}=84MHz，假设需要目标机使用的波特率是 115200bps，则计算过程代码如下：

```
#define bound 115200
float USARTdiv; //注意，这个必须是一个浮点类型变量
u32 div_mantissa; //这个整数部分是一个整型变量
u32 div_fraction//这个小数部分也是一个整型变量
usartdiv = 84000000L /(bound * 2 * 8.0); //OVER8 为 0，16 倍过采样
div_mantissa =USARTdiv;   //取出计算出的 USARTDIV 值的整数部分
//根据公式，放大 16 倍，加上 0.5，四舍五入，更精准
div_fraction=(usartdiv-div_mantissa)* 16+0.5;
USART_BRR = div_fraction+(div_mantissa<<4);
//把处理后的整数和小数合成 16 位写入 USART_BRR 中
```

3.5.4 UART 核心寄存器

STM32F40x 系列芯片内部的 UART 功能很强大，本节只介绍和实现标准 UART 功能相关的寄存器，其他无关的寄存器略过。

1．状态寄存器(USART_SR)

31	30	29	28	27	26	25	24	23	22	21	20	19	18	17	16
保留															
15	**14**	**13**	**12**	**11**	**10**	**9**	**8**	**7**	**6**	**5**	**4**	**3**	**2**	**1**	**0**
保留						CTS	LBD	TXE	TC	RXNE	IDLE	ORE	NF	FE	PE
						rc_w0	rc_w0	r	rc_w0	rc_w0	r	r	r	r	r

位 9—CTS：CTS 标志。如果 CTS 位置 1，当 nCTS 状态线输入变换时，此位由硬件置 1。通过软件可将该位清零（通过向该位中写入 0）。如果 USART_CR3 寄存器中的 CTSIE=1，则会生成中断。

0：nCTS 状态线上未发生变化；　　　　1：nCTS 状态线上发生变化。

位 8—LBD：LIN 断路检测标志。检测到 LIN 断路时，该位由硬件置 1。通过软件可将该位清零（通过向该位中写入 0）。如果 USART_CR2 寄存器中的 LBDIE = 1，则会生成中断。标准的 UART 功能没有使用到这一位。

0：未检测到 LIN 断路；　　　　1：检测到 LIN 断路。

位 7—TXE：发送数据（TDR）寄存器为空。当 TDR 寄存器的内容已传输到发送移位寄存器时，该位由硬件置 1。如果 USART_CR1 寄存器中的 TXEIE=1，则会生成中断。可通过对 USART_DR 寄存器执行写入操作将该位清零。

0：数据未传输到发送移位寄存器；　　　　1：数据传输到发送移位寄存器。

位 6—TC：发送完成。如果已完成对包含数据的帧的发送并且 TXE 位置 1，则该位由硬件置 1。如果 USART_CR1 寄存器中的 TCIE=1，则会生成中断。该位可由软件序列清零（读取 USART_SR 寄存器，然后写入 USART_DR 寄存器）。TC 位也可以通过向该位写入 0 来清零。

0：传送未完成；　　　　1：传送已完成。

位 5—RXNE：接收数据（RDR）寄存器不为空。

当 RDR 寄存器的内容已传输到 USART_DR 寄存器时，该位由硬件置 1。如果 USART_CR1 寄存器中的 RXNEIE = 1，则会生成中断。可通过对 USART_DR 寄存器执行读入操作将该位清

零。RXNE 位也可以通过向该位写入 0 来清零。

0：未接收到数据；　　　　　　　　1：已准备好读取接收到的数据。

位 4—IDLE：检测到空闲线路。检测到空闲线路时，该位由硬件置 1。如果 USART_CR1 寄存器中的 IDLEIE＝1，则会生成中断。该位可由软件序列清零（读入 USART_SR 寄存器，然后读入 USART_DR 寄存器）。

0：未检测到空闲线路；　　　　　　1：检测到空闲线路。

位 3—ORE：上溢错误。在 RXNE＝1 的情况下，当接收移位寄存器中当前正在接收的数据准备好要传输到 RDR 寄存器时，该位由硬件置 1。如果 USART_CR1 寄存器中的 RXNEIE＝1，则会生成中断。该位可由软件序列清零（读入 USART_SR 寄存器，然后读入 USART_DR 寄存器）。

0：无上溢错误；　　　　　　　　　1：检测到上溢错误。

位 2—NF：检测到噪声标志。当在接收的帧上检测到噪声时，该位由硬件置 1。该位可由软件序列清零（读入 USART_SR 寄存器，然后读入 USART_DR 寄存器）。

0：未检测到噪声；　　　　　　　　1：检测到噪声。

位 1—FE：帧错误。当检测到去同步化、过度的噪声或中断字符时，该位由硬件置 1。该位可由软件序列清零（读入 USART_SR 寄存器，然后读入 USART_DR 寄存器）。

0：未检测到帧错误；　　　　　　　1：检测到帧错误或中断字符。

位 0—PE：奇偶校验错误。当在接收器模式下发生奇偶校验错误时，该位由硬件置 1。该位可由软件序列清零（读取状态寄存器，然后对 USART_DR 寄存器执行读或写访问）。将 PE 位清零前软件必须等待 RXNE 位被置 1。如果 USART_CR1 寄存器中的 PEIE=1，则会生成中断。

0：无奇偶校验错误；　　　　　　　1：奇偶校验错误。

2. 数据寄存器(USART_DR)

数据寄存器的作用：用来存放要发送或已接收到的数据。

位 31:9—保留，必须保持复位值。

位 8:0—DR[8:0]：数据值，表示包含接收到数据字符或已发送的数据字符，具体取决于所执行的操作是“读取”操作还是“写入”操作。

数据寄存器包含两个寄存器，一个用于发送的 TDR，一个用于接收的 RDR，因此数据寄存器具有双重功能：读和写。TDR 寄存器在内部总线和发送移位寄存器之间提供了并行接口，RDR 寄存器在接收移位寄存器和内部总线之间提供了并行接口。

在使能奇偶校验位的情况下：发送时，由于 MSB 的写入值（位 7 或位 8，具体取决于数据长度）会被奇偶校验位所取代，因此该值不起任何作用；接收时，从 MSB 位中读取的值为接收到的奇偶校验位。

3. 波特率寄存器(USART_BRR)

31	30	29	28	27	26	25	24	23	22	21	20	19	18	17	16
保留															
15	**14**	**13**	**12**	**11**	**10**	**9**	**8**	**7**	**6**	**5**	**4**	**3**	**2**	**1**	**0**
DIV_Mantissa[11:0]												DIV_Fraction[3:0]			
rw	rw	rw	rw	rw	rw	rw	rw	rw	rw	rw	rw	rw	rw	rw	rw

波特率寄存器的作用：设置 UART 模块发送时钟的分频比。

位 31:16—保留，必须保持复位值。

位 15:4—DIV_Mantissa[11:0]：USARTDIV 的整数。这 12 位用于定义 USART 除数(USARTDIV)的整数。

位 3:0—DIV_Fraction[3:0]：USARTDIV 的小数。这 4 位用于定义 USART 除数(USARTDIV)的小数。当 OVER8 = 1 时，不考虑 DIV_Fraction3 位，且必须将该位保持清零。

4．发送控制寄存器(USART_CR1)

31	30	29	28	27	26	25	24	23	22	21	20	19	18	17	16
保留															
15	14	13	12	11	10	9	8	7	6	5	4	3	2	1	0
OVER8	保留	UE	M	WAKE	PCE	PS	PEIE	TXEIE	TCIE	RXNEIE	IDLEIE	TE	RE	RWU	SBK
rw	保留	rw	rw	rw	rw	rw	rw	rw	rw	rw	rw	rw	rw	rw	rw

位 15—OVER8：过采样模式。

0：16 倍过采样；　　　　1：8 倍过采样。

位 13—UE：USART 使能。

0：禁止 USART 预分频器和输出；　1：使能 USART。

位 12—M：字长。

0：1 个起始位，8 个数据位，*n* 个停止位；　1：1 个起始位，9 个数据位，*n* 个停止位。

位 10—PCE：奇偶校验控制使能。

0：禁止奇偶校验控制；1：使能奇偶校验控制。

位 9—PS：奇偶校验选择。

0：偶校验；　　　1：奇校验

位 8—PEIE：PE 中断使能。

0：禁止中断；　1：当 USART_SR 寄存器中的 PE=1 时，生成 USART 中断。

位 7—TXEIE：TXE 中断使能。

0：禁止中断；　　1：当 USART_SR 寄存器中的 TXE=1 时，生成 USART 中断。

位 6—TCIE：传送完成中断使能。

0：禁止中断；　　1：当 USART_SR 寄存器中的 TC=1 时，生成 USART 中断。

位 5—RXNEIE：RXNE 中断使能。

0：禁止中断；　　1：当 USART_SR 寄存器中的 ORE=1 或 RXNE=1 时，生成 USART 中断。

位 4—IDLEIE：IDLE 中断使能。

0：禁止中断；　　1：当 USART_SR 寄存器中的 IDLE=1 时，生成 USART 中断。

位 3—TE：发送器使能。

0：禁止发送器；　1：使能发送器。

位 2—RE：接收器使能。

0：禁止接收器；1：使能接收器并开始搜索起始位。

位 1—RWU：接收器唤醒。

0：接收器处于活动模式；　1：接收器处于静音模式。

位 0—SBK：发送断路。

0：不发送断路字符；　　　1：将发送断路字符。

5．接收控制寄存器(USART_CR2)

31	30	29	28	27	26	25	24	23	22	21	20	19	18	17	16
保留															
15	14	13	12	11	10	9	8	7	6	5	4	3	2	1	0
保留	LINEN	STOP[1:0]		CLKEN	CPOL	CPHA	LBCL	保留	LBDIE	LBDL	保留	ADD[3:0]			
	rw	rw	rw	rw	rw	rw	rw		rw	rw	rw	rw	rw	rw	rw

位 13:12—STOP：停止位。这些位用于编程停止位。

00：1 个停止位；　　01：0.5 个停止位；　　10：2 个停止位；　　11：1.5 个停止位。

注意：0.5 个停止位和 1.5 个停止位不适用于 USART4 和 USART5。

3.5.5　UART 模块编程示例

1．硬件原理图分析

UART 模块硬件原理图如图 3.26 所示。

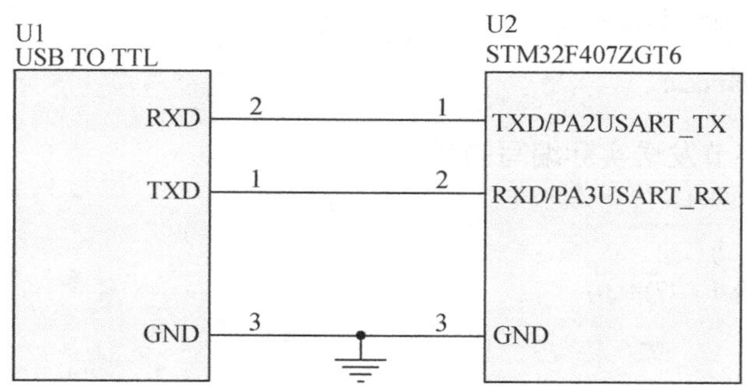

图 3.26　UART 模块硬件连接图

上位机 USB 与 USB TO TTL 模块相连接，再与 STM32F407ZGT6 的串口线相连接。

2．软件设计思路

① 初始化 GPIO 端口：开 GPIOA 时钟、复用类型 USART2（PA2-TXD2，PA3-RXD2）。

② 初始化 USART2 的四要素：波特率、数据位长度、奇偶校验、停止位长度。

③ 寄存器配置：发送控制寄存器 USART_CR1（CR1[15]：0，16 倍过采样；CR1[13]：1，使能 USART；CR1[12]：0，选择 8 位数据；CR1[3]：1，发送器使能；CR1[2]：1，接收器使能）；接收控制寄存器 USART_CR2（CR2[13:12]：00，选择 1 个停止位）；波特率寄存器 USART_BRR，配置速度，查表或按照计算公式计算；如果使用中断接收，则增加 UART 模块的中断配置（IDLE 中断使能、RXNE 中断使能、NVIC 模块配置）。

④ 编写单字节发送函数、单字节接收函数。

⑤ 编写字符串发送函数、接收函数（可选，一般使用中断接收）。

⑥ 如果使用中断接收，则增加中断服务函数，编写中断接收代码。

3．核心代码实现

① GPIOA 初始化核心代码如下：

```
//USART2 波特率配置
RCC->APB1ENR |= 1 << 17;                    //开 USART2 端口时钟
usartdiv=(float)pclk1/(bound*16);           //得到 USARTDIV，OVER8 设置为 0
mantissa=USARTdiv;                          //得到整数部分
fraction=(usartdiv-mantissa)*16+0.5;        //得到小数部分，OVER8 设置为 0
mantissa<<=4;                               //把整数部分移到高 12 位
mantissa   |=fraction;                      //把小数部分填充到低 4 位
USART2->BRR=mantissa;                       //设置计算好的分频值到波特率寄存器中
/*控制寄存器 USART_CR1：CR1[15]:0,16 倍过采样；CR1[13]：1，使能 USART；CR1[12]：0，选择 8 位数据；
CR1[ 3]：1，发送器使能；CR1[2]：1，接收器使能。*/
USART2->CR1 = 0 << 15 | 1 << 13 | 0 << 12 | 1 << 3 | 1 <<2;
//控制寄存器 USART_CR2，CR2[13:12]：00，选择 1 个停止位
USART2->CR2=0;
```

② 中断初始化核心代码如下：

```
//UART 模块中断配置
USART2->CR1   |= 1 << 4; //位 4 IDLEIE：IDLE 中断使能，实现非定长数据接收
```

```
USART2->CR1   |= 1 << 5; //位 5 RXNEIE：RXNE 中断使能，通知 CPU 取接收到的数据
//NVIC 中断控制器配置
NVIC_SetPriorityGrouping(7-group);            //选择分组策略：第二组
priority=NVIC_EncodePriority(7-group,1,2);    //编码优先级：抢占 1，响应 2
NVIC_SetPriority(USART2_IRQn,priority);       //设置中断源优先级
NVIC_EnableIRQ(USART2_IRQn);                  //使能中断源
```

③ 查询方式实现发送和接收。

查询方式实现单字节发送伪代码：

```
void uart2_sendbyte(uint8_t cha)
{
    while(上一个字节没有发送完成标志)
        ;      //空等
    UART 发送数据寄存器=cha;
}
```

查询方式实现单字节发送实际编写的代码：

```
void uart2_sendbyte(uint8_t cha)
{
    //等待上一字符发送完成
    while((USART2->SR & 1 <<7)==0)
      ;      //空等
    USART2->DR=cha;
}
```

查询方式实现字符串发送伪代码：

```
void uart2_sendstring(char* str)
{
    while(还有字符没有发送完成)
    {
        (1) 调用单字节发送函数;
        (2) 数据指针指向下一个;
    }
}
```

查询方式实现字符串发送实际编写的代码：

```
void uart2_sendstring(char *str)
{
    while(*str)//等待上一字符发送完成
    {
          uart2_send_byte(*str);
          str++;
    }
}
```

查询方式实现字符串接收伪代码：

```
uint8_t uart2_recvebyte(void)
{
    while(没有接收到新数据标志位)
        ; //空等
    return 接收到数据;
}
```

查询方式实现字符串接收实际编写的代码：

```
uint8_t uart2_recvebyte(void)
{
    uint8_t recve_data;
    while((USART2->SR & 1 <<5)==0)
        ; //空等
recve_data=USART2->DR;
return   recve_data;
}
```

④ 中断方式实现接收非定长数据，设计思路是定义一个数组用来存放接收到的数据，UART 每收到一个字符就进入一次中断，中断服务程序中读取接收到的字符并存储到数组中，

数组下标加 1，下次收到字符保存在本次字符后面，在这个过程中，当产生空闲中断时，表示发送方本次连续发送的数据已经发送完成，此时可以在空闲中断代码中设置接收完成标志，以便于主程序处理接收完成的数据，并且清零接收缓冲区下标，为下次接收新字符做好准备。

```
//接收数据需要一个空间存放
#define UART2_BUFFER_LENGTH     256                          //接收字符个数
u8 uart2_recvebuffer[UART2_BUFFER_LENGTH]={0};//定义数组空间，用于接收

//完成后再处理，需要一个变量记录已经接收完成一串数据
uint32_t uart2_finishflag=0;
uint32_t uart2_recvecounter=0;//数组元素下标

//UART 中断服务程序
void USART2_IRQHandler(void)
{
    uint32_t status;//status 是暂存串口状态变量
    status=USART2->SR;       //读取状态寄存器
    //位 5 RXNE：接收数据寄存器不为空
    //收到一个数据产生一个中断，读取收到的数据存储到接收缓冲区数组中
        if(status & 1<<5)
    {
        //清接收中断标志，清 DR 时就清中断标志
        uart2_recvebuffer[uart2_recvecounter]=USART2->DR;
        USART2->SR &=~(1<<5); //也可以编程写 0 清零
        uart2_recvecounter++;//数组元素下标加 1，为下一次生成中断读取下一元素做准备
    }

    //位 4 IDLE：检测到空闲线路，没有发送与接收
        if(status & 1<<4)
    {
        //清空闲中断标志：该位由软件序列清零（读入 USART_SR 寄存器，然后读入 USART_DR 寄存器）
        status=USART2->SR;  //读取状态寄存器
        USART2->DR;                   //这样就是读，不接收结果，只为清标志
/*注：当空闲时会产生中断，表示一串完整数据接收完成，可以进行处理数据了。为防止中断处理耗费时间，
影响系统的实时性，不在中断中处理中断事务，只做一个接收完成标志，出中断后由主程序的 while(1)主循环
处理*/
        uart2_finishflag=1;//1 表示接收完成一整串数据
        //接收完字符，要在字符后面添加接收字符串结束标志，表示字符串
        uart2_recvebuffer[uart2_recvecounter]='\0';
        //清除元素接收计数器
        uart2_recvecounter=0;
    }
}
```

⑤ 主函数：

```
int main(void)
{
    uart2_init(UART_BDR);                                    //初始化 USART2
    uart2_sendstring((u8 *)"send to PC UART test!\r\n");      //往 PC 发送测试信息
        printf("printfuart test \r\n");                       //printf 函数测试
        while(1)
    {
        //检测是否是有数据
        if(uart2_flag)
        {
            uart2_flag=0;                              //清处理标志
            uart2_sendstring(uart2_recvebuffer); //把接收到的数据回发给发送方
          //判断 uart2_recvebuffer 接收到的内容是什么，再控制 LED 等
        }
    }
}
```

3.6 I²C 通信模块原理

3.6.1 I²C 总线概述

I²C（Inter Integrated Circuit）总线产生于 20 世纪 80 年代，是由 Philips 公司开发的两线式串行总线，用于连接微控制器及其外围设备，最初只为音频和视频设备开发。I²C 总线规范运用主/从双向通信。器件发送数据到总线上，则定义为发送器，器件接收数据则定义为接收器。主机和从机都可以工作于接收状态和发送状态。I²C 总线只用两根线，一根是串行数据线 SDA（Serial Data），另一根是串行时钟线 SCL（Serial Clock）。总线必须由主机控制，主机产生串行时钟 SCL，控制着总线的传输方向，并且产生起始和停止条件。SDA 上的数据状态仅在 SCL 为低电平时才能改变。I²C 总线由于其简单的拓扑结构，目前应用非常广泛，尤其在传感器类的芯片中，如温/湿度传感器、光强传感器、触摸屏传感器、加速度传感器等。

1. I²C 总线物理拓扑结构

I²C 总线物理拓扑结构如图 3.27 所示。

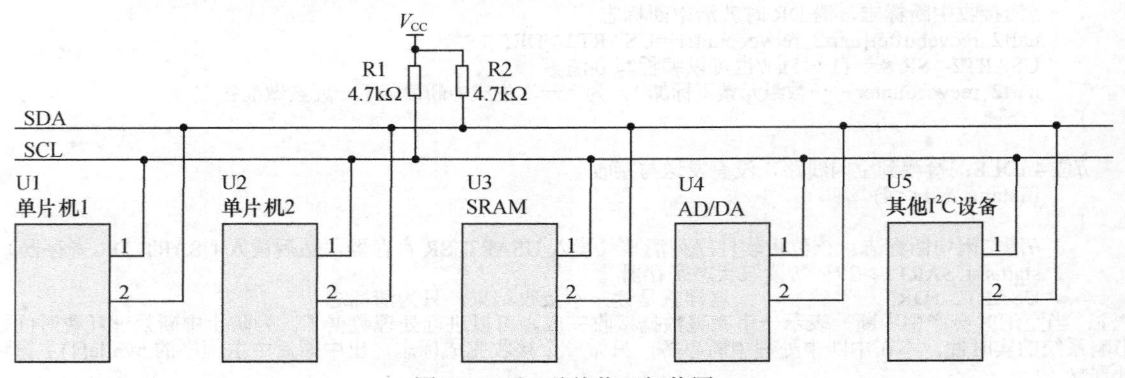

图 3.27　I²C 总线物理拓扑图

I²C 总线在硬件设计上如图 3.27 所示，主机和从机分别并联挂载在 SDA、SCL 两条线上，单片机通过对 SCL 和 SDA 高低电平时序的控制，来产生 I²C 总线协议所需要的信号，进行数据传输。当总线空闲状态时，SCL 和 SDA 总保持着高电平。因为 I²C 总线器件的内部接口是开漏输出的，无法输出高电平，所以要在硬件电路设计时增加上拉电阻，电阻阻值大小一般为 4.7～100kΩ。

2. I²C 总线与 UART 相比较

I²C 总线和 UART 都属于串行通信总线，但它们是完全不相同的两种通信接口，主要的区别如表 3.4 所示。

表 3.4　I²C 总线与 UART 的区别

名称	I²C 总线	UART
结构	主从结构	不分主从结构
通信方式	同步半双工	异步全双工
通信速度	通常有 3 种模式	较多
数据位长度	8 位	5～8 位

3. I²C 总线特征

I²C 总线上每个从机都必须有唯一的一个设备地址，用于主机寻址。I²C 总线是主从结构，总线上可以有多个设备，任何一时刻只能有一个主机，其他为从机。I²C 通信只能由主机发起，主机对总线具有绝对的控制权，可以随时发起通信和中断通信。在 I²C 总线规范中，规定了设备有 10 位地址和 7 位地址两类器件，常用的是 7 位地址，7 位地址可以表示 0～127 共 128 个地址，其中 0 地址是广播地址，而地址的构成一般由固化地址和可编程地址组成。具体型号的芯片在出厂时某些地址位已经固定是 0 或 1 了，不可以通过后面电路修改，这就是固化地址，具体信息可查看芯片手册，而通过编程或后期硬件电路设计修改的地址称为可编程地址。如常用芯片 AT24C02 的地址 1010XXX，其中的低 3 位可以通过芯片的 3 个硬件引脚来决定，低 3 位就有 8 个地址，也就是说，I^2C 总线最多可以连接 8 个 AT24C02。

I^2C 总线有 3 种速度模式，一种是 100kbps 的标准模式，所有的 I^2C 器件都支持；一种是 400kbps 的快速模式，大部分器件都支持；最后一种是 3.4Mbps 的高速模式，只有少量新型的器件支持。注意，上面 3 种速度在实际编程中不要求是一个定值，只是速度模式的最大值。

I^2C 总线上能连接多少数量的从机，设备除地址必须保证唯一外，还与两条线之间产生的寄生电容有关。硬件设计时，两条线越长，相对面积越大，产生的寄生电容也就越大，当大到 400pF 时，传输就会失败。

传输数据通过 SDA 和 SCL 两线相互配置完成，SCL 的一个时钟周期同步传输 SDA 上的一个二进制数据（0 或者 1）。特别注意的是，当进行数据传输时，在 SCL 高电平期间，SDA 上的数据必须保持稳定，即不能改变 SDA 的状态，如果要发送新的数据，只有在 SCL 为低电平期间才能改变 SDA 的数据。

3.6.2 I^2C 总线协议

1. I^2C 总线协议基本时序

I^2C 总线协议基本时序如图 3.28 所示。

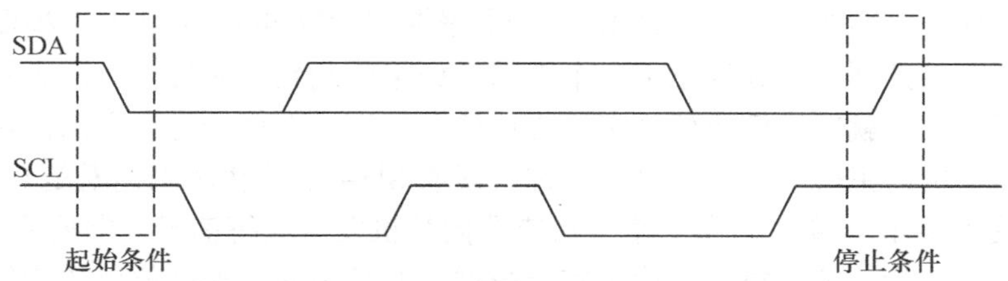

图 3.28 I^2C 基本时序

如图 3.28 所示，SCL 和 SDA 初始值都是高电平，开始通信的起始条件是 SCL 高电平期间 SDA 由高变成低，其作用相当于总线复位，通知所有 I^2C 从机准备开始通信了。需要注意的是，起始条件只能由主机发起。当主机不需要通信了，停止通信的条件是 SCL 高电平期间 SDA 由低电平变成高电平，其作用是终止通信。停止条件也只能由主机发起。

应答与非应答时序如图 3.29 所示。应答（ACK）信号是在每个字节传输后紧跟着一位应答信号，即第 9 个时钟 SCL 高电平期间，SDA 是低电平表示告诉发送方已经成功接收到数据，如果想要更多的数据，发送方收到应答信号后会继续发送下一个字节数据。

非应答信号是在每个字节传输后紧跟着一个应答周期，即第 9 个时钟 SCL 高电平期间，SDA 是高电平表示告诉发送方数据接收失败或接收成功但是不再接收更多数据了。发送方收到非应答信号时，应该停止发送数据终止通信。在这里需要注意的是，时序图中的 SCL 信号始终是由主机产生控制的，发送方可以是主机，也可以是从机，接收方可以是主机，也可以是从机。

2. I^2C 总线通信过程

I^2C 总线完整数据传输时序如图 3.30 所示。

主机发送起始条件，复位总线上的所有从机，即表示它们准备开始新的一次通信了。首先，主机发送目标从机的地址和读写方向位，总线上所有的从机都可以收到这个地址和方向位，每个

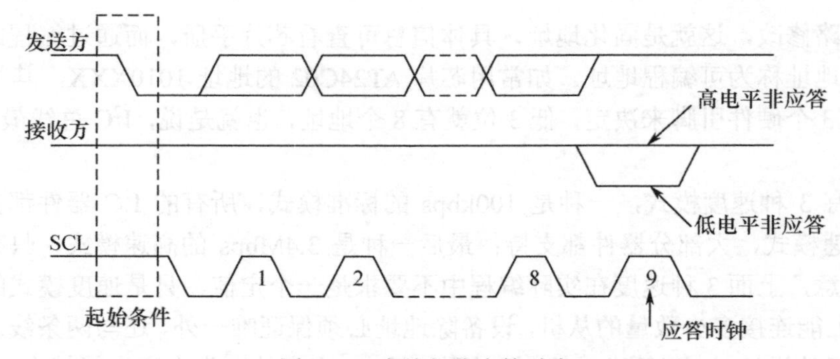

图 3.29　应答与非应答时序

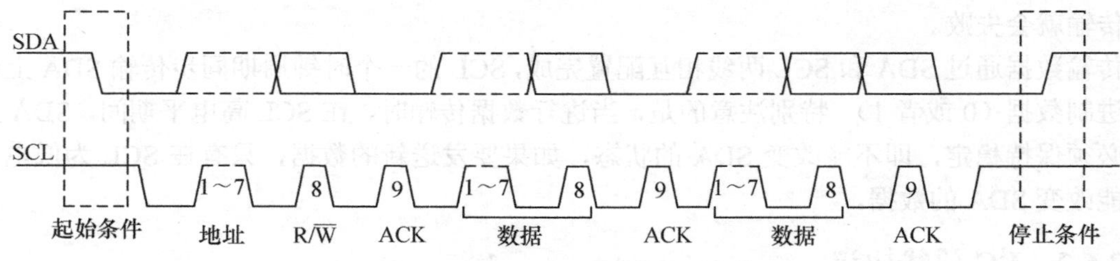

图 3.30　I²C 总线完整数据传输时序

从机都会将收到的地址与自己的地址匹配，匹配的从机会应答，其他从机进入继续等待下一次命令状态，如果前面命令是写方向，接下来的数据是主机发送给从机，发送完 8 个有效数据后，主机要检测应答信号，即在第 9 个时钟 SCL 高电平期间读取 SDA 的状态，检测到应答，表示从机已成功收到有效数据，继续发送下一个数据，如果检测到非应答信号，表示发送出错或者从机不想接收了，主机就发送停止信号来终止通信。如果前面命令是读方向，接下来的数据是从机发送数据给主机，主机接收，即每个时钟去读取 SDA 上的状态来判断是 0 还是 1，收到 8 个位后并拼接成 1 字节，接收完成 1 字节后需要向从机发送应答信号。需要注意的是，I²C 传输数据必须以 1 字节为一帧，每帧传输 1 字节数据，并且是先传输高位再传输低位，也就是发送位 7、位 6、位 5、位 4、位 3、位 2、位 1、位 0。

3. I²C 总线操作

对 I²C 总线的操作实际上是主从设备之间的读写操作，大致可分为以下 3 种操作情况。

① 主机向从机中写数据，其时序如图 3.31 所示。

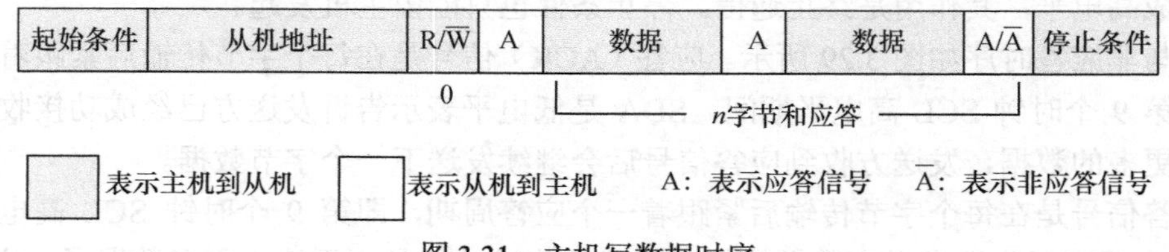

图 3.31　主机写数据时序

从图 3.31 可以看出，主机发送起始条件，发送 7 位地址数据，其中，高位在前，然后发送写方向位 0，接着检测从机发出的应答/非应答信号，如果有应答信号开始发送 1 字节数据，然后主机检测从机发的应答/非应答信号，如此循环发送数据和检测应答信号，如果检测到非应答信号或者不想发送数据了，就发送停止条件，终止本次通信。

② 主机从从机中读取数据，其时序如图 3.32 所示。

从图 3.32 可以看出，主机发送起始条件，接着发送 7 位地址数据，其中高位在前，接着发送读方向位 1，检测从机发的应答/非应答信号，如果有应答信号开始接收 1 字节 8 位数据，发

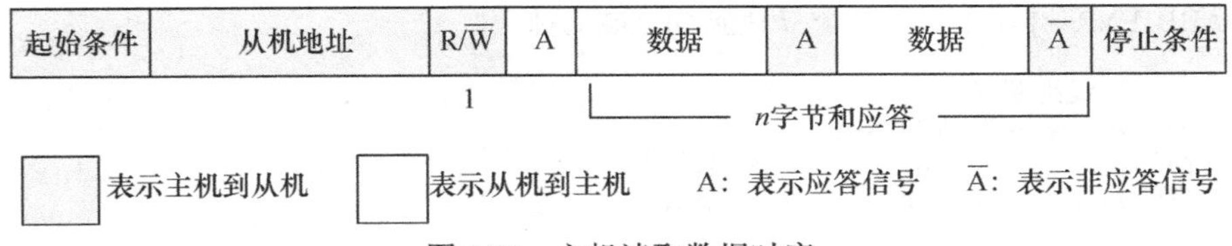

图 3.32　主机读取数据时序

应答信号给从机，如果不需要更多数据则发送非答应信号，如此循环接收数据和检测应答信号，如果不想接收数据了，发送停止条件，终止本次通信。

③ 主机向从机中写数据，然后重启起始条件，紧接着从从机中读取数据；或者是主机从从机中读数据，然后重启起始条件，紧接着主机往从机中写数据。主机读写切换时序如图 3.33 所示。

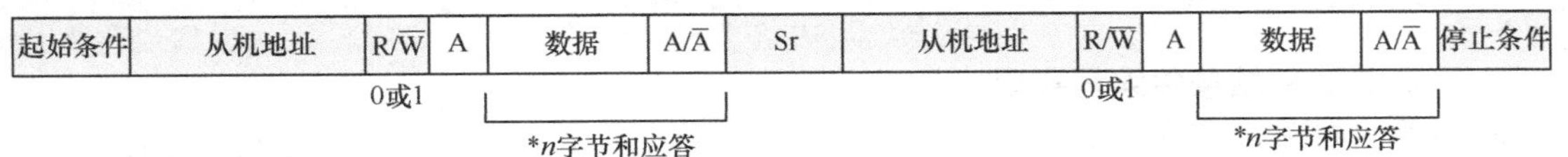

图 3.33　主机读写切换时序

I²C 总线允许读写过程中不停止总线而直接重新发送起始条件，来切换读写操作，或重启总线重复原来的读写操作。

3.6.3　I²C 总线编程实现

有别于 UART 模块的寄存器代码编程，在这里用软件模拟的方式来编程实现 I²C 总线，这给程序可移植性带来了很大方便。本节使用 STM32 的 GPIO 端口模拟 I²C 总线通信。

1．I²C 总线 GPIO 端口配置

使用 GPIO 端口模拟 I²C 总线，I/O 引脚配置为普通的输入/输出模式，SCL 和 SDA 引脚配置为开漏输出，当要读取数据时，动态修改 SDA 为输入方向；当要发送数据时，动态修改 SDA 为输出方向。I²C 硬件接线图如图 3.34 所示。

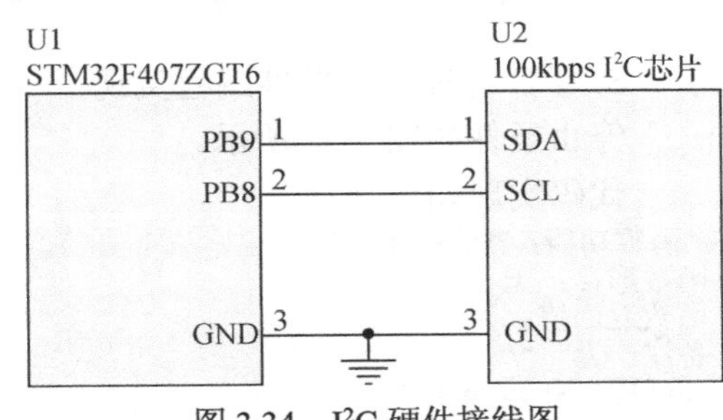

图 3.34　I²C 硬件接线图

为增加程序的可移植性，先定义操作 SCL 和 SDA 的一些宏，后面具体时序实现代码调用这些宏即可，方便明了。宏定义如下：

```
#define SCL_H()          (GPIOB->BSRRL=1<<8)
#define SCL_L()          (GPIOB->BSRRH=1<<8)
#define SDA_H()          (GPIOB->BSRRL=1<<9)
#define SDA_L()          (GPIOB->BSRRH=1<<9)
#define READ_SDA         (!!(GPIOB->IDR & 1<<9))
```

模拟 I²C 时序需要使用延时，延时函数也可以定义为一个宏，这样方便移植，可以使用软件延时实现或由硬件定时器实现，宏定义如下：

```
#define   iic_delayus   Delay_us      //1μs 延时函数
#define   iic_delayms   Delay_ms      //1ms 延时函数
```

初始化代码实现如下：

```
/*函数功能：I2CGPIO 初始化
函数形参：无
函数返回值：无
备注：PB8-> SCL；PB9->SDA*/
void   IIC_GpioInit(void)
{
```

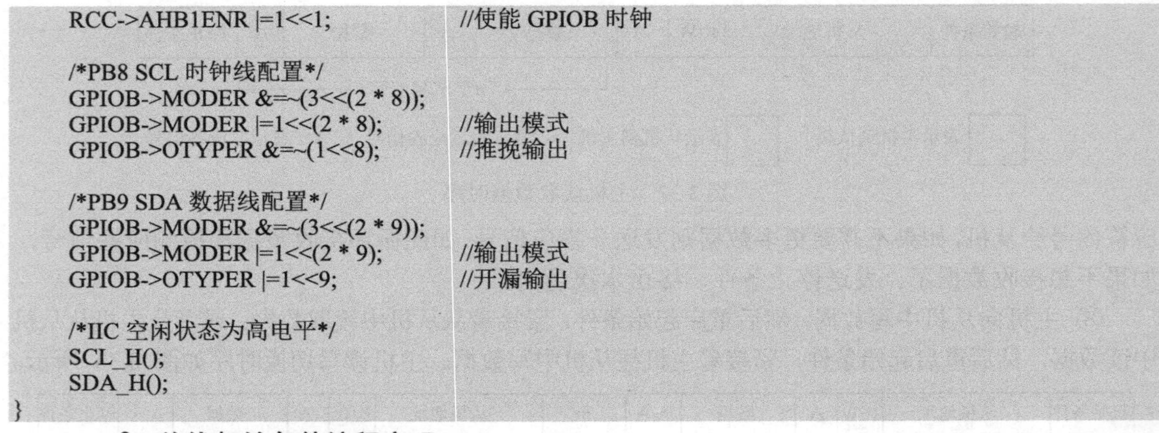

```
    RCC->AHB1ENR |=1<<1;                    //使能 GPIOB 时钟

    /*PB8 SCL 时钟线配置*/
    GPIOB->MODER &=~(3<<(2 * 8));
    GPIOB->MODER |=1<<(2 * 8);              //输出模式
    GPIOB->OTYPER &=~(1<<8);                //推挽输出

    /*PB9 SDA 数据线配置*/
    GPIOB->MODER &=~(3<<(2 * 9));
    GPIOB->MODER |=1<<(2 * 9);              //输出模式
    GPIOB->OTYPER |=1<<9;                   //开漏输出

    /*IIC 空闲状态为高电平*/
    SCL_H();
    SDA_H();
}
```

2. I^2C 总线起始条件编程实现

起始条件如图 3.35 所示。

代码实现如下：

```
/*函数功能：I2C 起始条件
函数形参：无
函数返回值：无
备注：无*/
void IIC_Start(void)
{
    SCL_H();                 //初始时，IIC 总线为高电平
    SDA_H();                 //初始时，IIC 总线为高电平
    iic_delayus(5);          //保持高电平大于 4.7μs，信号的建立时间长度
    SDA_L();                 //产生下降沿
    iic_delayus(4);          //保持高电平大于 4μs，起始条件的保持时间
    SCL_L();                 //为后面数据传输做准备，这个可以在此处写，也可在后面的代码中写
}
```

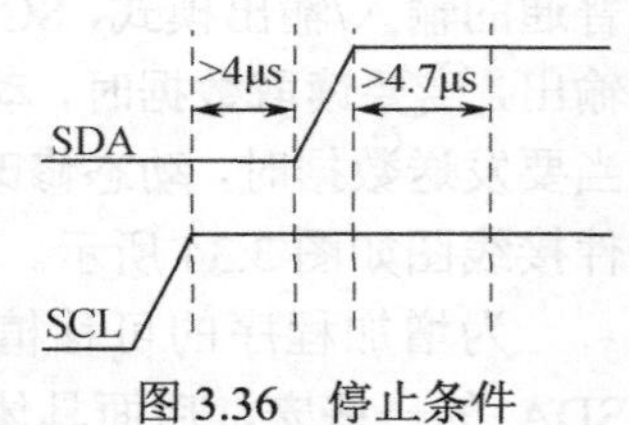

图 3.35 起始条件

3. I^2C 总线停止条件编程实现

停止条件如图 3.36 所示。

代码实现如下：

```
/*函数功能：I2C 停止条件
函数形参：无
函数返回值：无
备注：无  */
void IIC_Stop(void)
{
   SDA_L();                 //拉低 SDA
   SCL_H();                 //SCL 准备为高电平
   iic_delayus(5);          //停止条件的建立时间，大于 4μs
   SDA_H();                 //拉高 SDA，产生上升沿
   iic_delayus(5);          //延时保持信号时间，大于 4.7μs
}
```


图 3.36 停止条件

4. I^2C 总线发送应答及非应答信号编程实现

I^2C 总线发送应答信号如图 3.37 所示，I^2C 总线发送非应答信号如图 3.38 所示。

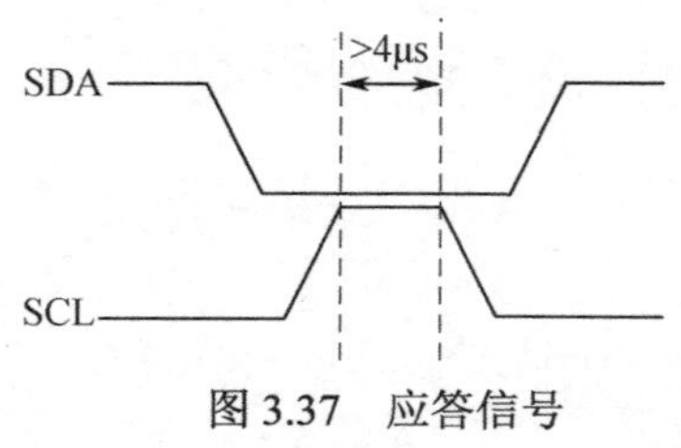

图 3.37 应答信号

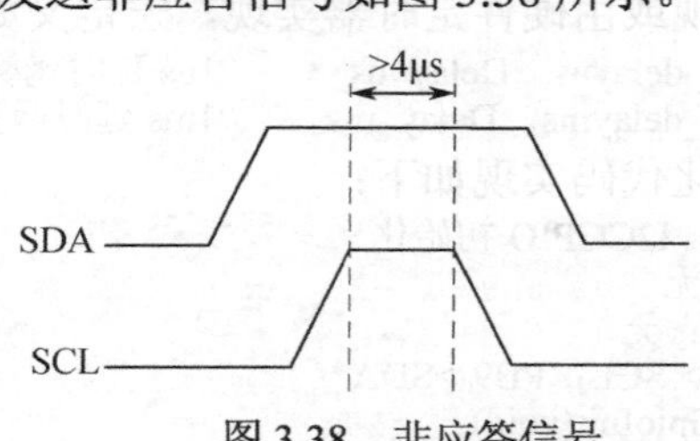

图 3.38 非应答信号

代码实现如下：

```
/*函数功能：发送应答信号
函数形参：ack 应答信号
函数返回值：无
备注：ack 为 0 表示有应答，为 1 表示无应答*/
void IIC_SendAck(u8 ack)
{
    if(ack==1)
        SDA_H( );
    else
        SDA_L();
        iic_delayus(4);        //延时
        SCL_H();               //稳定数据线数据
        iic_delayus(4);        //延时
        SCL_L();               //拉低
}
```

5．I²C 总线检测应答及非应答信号编程实现

I²C 总线检测应答信号如图 3.39 所示，I²C 总线检测非应答如图 3.40 所示。

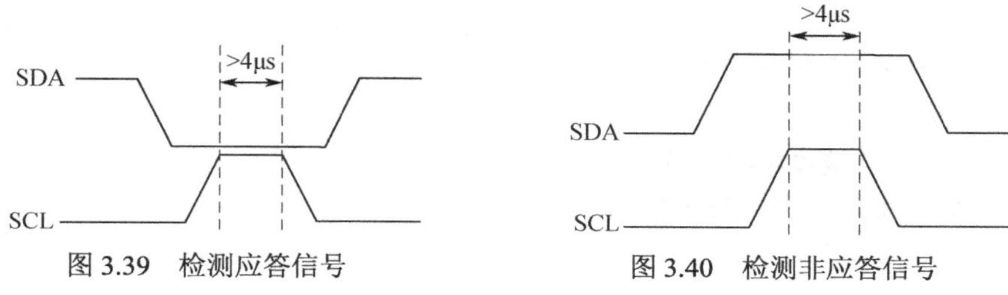

图 3.39　检测应答信号　　图 3.40　检测非应答信号

代码实现如下：

```
/*函数功能：检测从机发回来的应答信号
函数形参：无
函数返回值：返回检测到的应答信号
备注：ack 为 0 表示有应答，ack 为 1 表示无应答*/
u8 IIC_CheckAck(void)
{
    u8 ack=0;
    SCL_L();                  //让从机准备数据
    SDA_H();                  //释放 SDA 的控制权
    iic_delayus(4);           //延时
    SCL_H();                  //稳定 SDA 数据
    ack=READ_SDA();           //读 SDA 数据
    iic_delayus(4);
    SCL_L();                  //完整周期
    return ack;               //返回应答或非应答
}
```

6．I²C 总线单字节发送编程实现

I²C 总线单字节发送时序如图 3.41 所示。

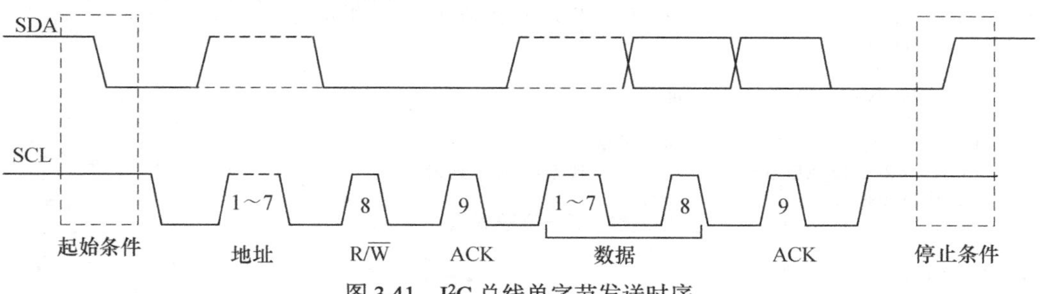

图 3.41　I²C 总线单字节发送时序

代码实现如下：

```
/*函数功能：主机发送 1 字节数据
函数形参：1 字节数据 data
函数返回值：返回 ack
备注：如果是 0，应答，表示发送成功；1，非应答，表示发送失败*/

u8 IIC_WriteByte(u8 data)
{
    u8 i, ack;
    for(i=0; i<8; i++)
    {      //发送数据 0 或 1 到 SDA 上
    if(data & 0x80==1)
        SDA_H();
        else
        SDA_L();
        iic_delayus();        //延时
        SCL_H();              //稳定数据
        iic_delayus(4);       //延时
        SCL_L();              //准备发下一位数据
        data<<=1;             //移动下一位待发数据
    }
    ack=IIC_CheckAck(); //检测应答信号
    return ack;
}
```

7. I²C 总线单字节接收编程实现

I²C 总线单字节接收时序如图 3.42 所示。

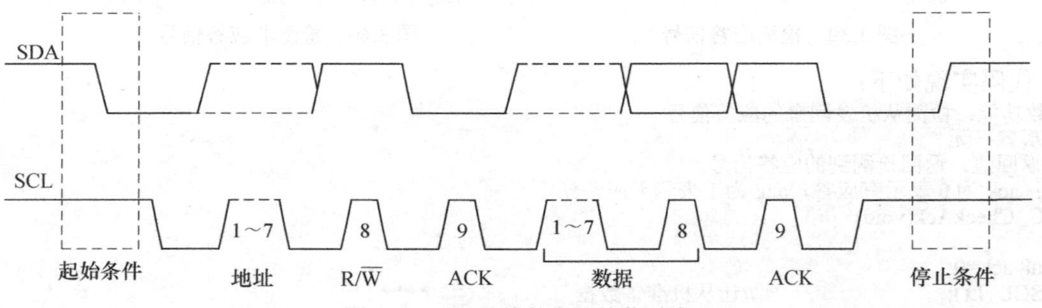

图 3.42 I²C 总线单字节接收时序

代码实现如下：

```
/*函数功能：主机接收 1 字节数据
函数形参：接收 1 字节数据后，发送一个 ack
函数返回值：返回 1 字节数据
备注：无   */

u8 IIC_ReadByte(u8 ack)
{
    u8 i, buffer=0;                   //buffer 保存数据，i 表示发第几位
    SDA_H();                          //主机释放 SDA 的控制权，这个很重要
    for(i=0; i<8; i++)
    {
        iic_delayus(4);               //延时
        SCL_H();
        buffer<<=1;                   //移出最低位
        buffer |=READ_SDA();          //读取 1 位数据，保存到最低位
        iic_delayus(4);               //延时
        SCL_L();                      //准备接收下一位数据
    }
    IIC_SendAck(ack);
    return buffer;
}
```

3.6.4 I²C 总线应用实例

本节以使用 STM32F407ZGT6 外挂一个常用的 EEPROM 芯片 AT24C02 为例，编写 I²C 总线的驱动程序。

1. AT24C02 基本功能介绍

AT24C02 是 Atmel 公司生产的低功耗 CMOS 型 EEPROM，内含 2K 位，即 256B 存储空间。AT24C02 采用 I²C 总线方式进行数据读写，可工作于标准模式和快速模式，其硬件电路非常简单，程序编写也容易，深受开发者喜欢。

AT24C02 的封装图如图 3.43 所示，其中 A0、A1、A2 为地址输入引脚，根据需要分别接地或电源。当 I²C 总线上挂接多个设备时，需要确定好器件地址。AT24C02 的地址分为固定地址和可编址地址，其中高半字节固定为 1010，低半字节前三位对应 A2、A1、A0 引脚，最低位为读写选择位，0 表示对 AT24C02 进行写操作，1 表示对 AT24C02 进行读操作。在主机发送起始条件后，需发送器件地址，以确定要进行操作的器件，被选中的从机发送应答信号；GND、VCC 引脚分别接地与电源；SDA、SCL 引脚为 I²C 总线的数据线和时钟线，按 I²C 总线的要求，外接上拉电阻，保持 I²C 总线在空闲时为高电平；WP 为写保护引脚，接地即正常读写，接高电平时只允许对器件进行读操作，以防止因为误操作而损坏内部存储的数据，AT24C02 的写周期约为 10ms，也就是在写操作后 10ms 才能正常读出数据。

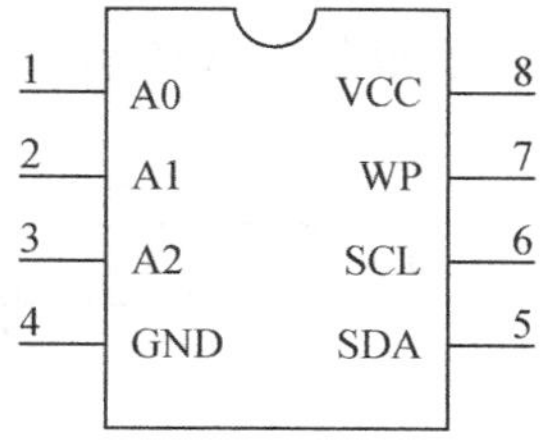

图 3.43 AT24C02 封装图

2. AT24C02 时序介绍

（1）单字节读时序

读操作分为当前地址读操作、随机读操作、顺序读操作，这里以随机读操作为例介绍。在 MCU 发送完器件地址及子地址（存储器内部地址）后，产生另一个重复起始信号，并发送器件地址（此时的器件地址最低位为 1，表示读操作），这时子地址指向的为之前定义的值，以方便访问任意地址空间。最后，MCU 在接收到数据后发送非应答信号，并产生停止条件，通信结束。SDA 单字节读时序如图 3.44 所示。

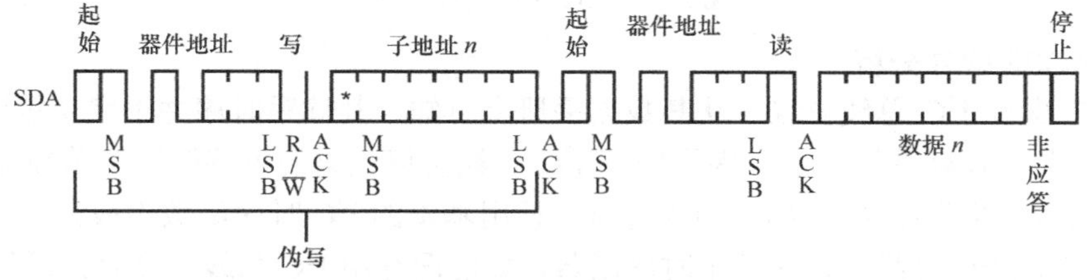

图 3.44 SDA 单字节读时序

（2）单字节写时序

写操作要求在发送器件地址及应答信号后，发送 1 字节子地址，因 AT24C02 的容量为 256B，所以子地址是 0～255，在接收到子地址后，AT24C02 会发送一位应答信号，接下来，主机向 AT24C02 发送 8 位数据，AT24C02 应答后，主机发送停止信号，单字节写操作完毕。SDA 单字节写时序如图 3.45 所示。

（3）页写时序

AT24C02 提供 32 个 8 字节的页空间。页写操作初始化与字节写相同，但在 AT24C02 接收到 8 位数据后 MCU 并不发送停止条件，而是继续发送 7 字节数据，每接收 1 字节数据，AT24C02 发送一位应答信号。在发送完 8 字节数据后，MCU 需要发送停止信号以终止操作。在进行页写

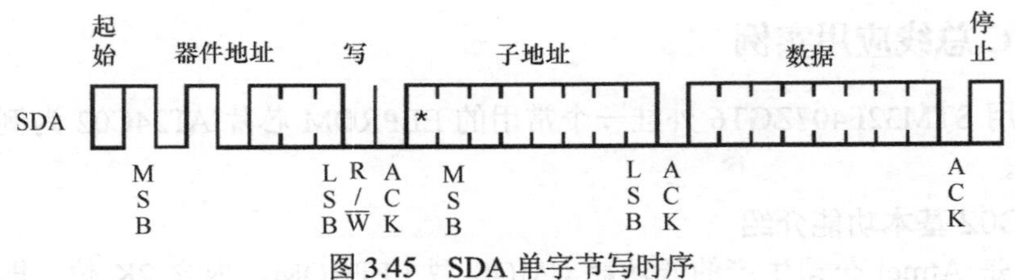

图 3.45　SDA 单字节写时序

操作时，AT24C02 的子地址低三位会自动增一，但由于高位并不自增，在子地址加到页空间边界，即写入 8 字节后，下一字节会自动写入该页空间的第一字节，覆盖之前的数据。SDA 页写时序如图 3.46 所示。

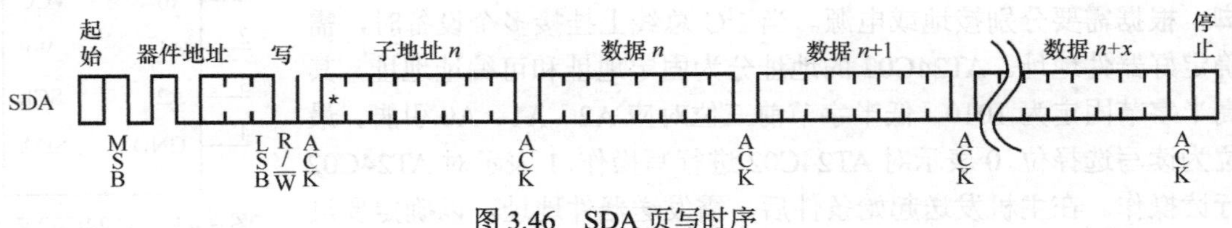

图 3.46　SDA 页写时序

3. AT24C02 硬件设计

AT24C02 硬件连接如图 3.47 所示。

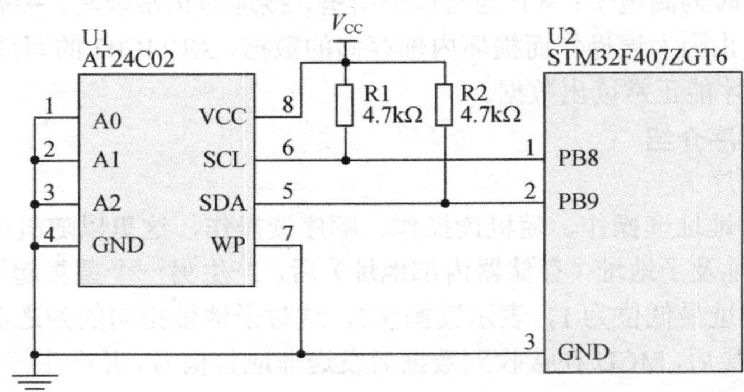

图 3.47　AT24C02 硬件连接

4. AT24C02 软件分析

AT24C02 支持 I²C 总线协议，从其数据手册上可知，其读写时序并不完全等同标准的 I²C 读写时序，因此，在软件设计上，为了提高 I²C 总线协议代码的可移植性，单独实现 I²C 总线的基本时序函数，再根据 AT24C02 的读写时序使用基本的 I²C 时序函数构成。

① 编写实现 I²C 总线协议的基本时序函数，如前面介绍 I²C 总线时序时，已经编写了如下相关函数：

```
void  IIC_GpioInit(void);          //IIC GPIO 初始化
void  IIC_Start(void);             //标准 IIC 起始信号
void  IIC_Stop(void);              //标准 IIC 停止信号
void  IIC_SendAck(u8 ack);         //标准发送 IIC 应答和非应答信号
u8    IIC_CheckAck(void);          //标准检测 IIC 应答信号
u8    IIC_WriteByte(u8 data);      //标准 IIC 发送单字节函数
u8    IIC_ReadByte(u8 ack);        //标准 IIC 接收单字节函数
```

② 根据 AT24C02 实现读写功能的函数。

5. AT24C02 软件编程实现

（1）单字节读代码实现

SDA 单字节读时序如图 3.44 所示。

```
/*函数功能：AT24C02 单字节读
函数形参：slaveaddr：器件地址；subaddr：内部地址
函数返回值：无
备注：读取到的字节值*/
u8 AT24C02_Read_Byte(u8 slaveaddr, u8 subaddr)
{
	u8 ret=0;
	IIC_Start();
	if( IIC_WriteByte(slaveaddr)) //发送器件地址
	goto out;

	if( IIC_WriteByte(subaddr))   //发送要读取的内部地址
	goto out;

	IIC_Start();//发送重复起始条件
	if( IIC_WriteByte(slaveaddr | 0x01))//发送器件地址+读方向
	goto out;

	ret=IIC_ReadByte(1); //只读取 1 字节，不需要发送应答信号
out:
	IIC_Stop();
	return ret;
}
```

（2）多字节读代码实现

SDA 多字节读时序如图 3.48 所示。

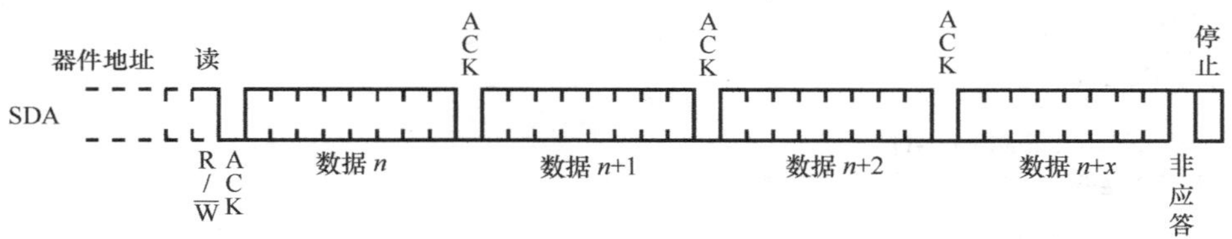

图 3.48　SDA 多字节读时序

```
/*函数功能：AT24C02 读出一串数据
函数形参：device_address：器件地址；read_address：内部地址
          p_buffer：存放读出数据；    length：待读出长度
函数返回值：0 表示读取数据不成功；1 表示读取数据成功
备注：无*/
u8 AT24C02_ReadBytes( uint8_t device_address, uint16_t read_address, uint8_t *p_buffer,uint8_t length)
{
	IIC_Start();   //发送起始信号

	if(IIC_WriteByte(device_address& 0xFE))//设置高起始地址+器件地址
	{
		IIC_Stop();
		return 0;
	}

	if(IIC_WriteByte((uint8_t)(read_address& 0xFF)))//发送内部地址
	{
		IIC_Stop();
		return 0;
	}

	iic_delayus(5);   //可以不加，只是为了得到更标准的 IIC 时钟波形图

	//重新发送起始信号，发送器件地址+读方向
	IIC_Start();
	if(IIC_WriteByte(device_address | 0x01))
	{
		IIC_Stop();
```

```
        return 0;
    }

    //循环读取数据
    while(length)
    {
        //最后一字节不需要发送应答信号
        u8 ack=(length==1)? 1 : 0;
        *p_buffer=IIC_ReadByte(ack);        //读取数据
        p_buffer++;                         //指针变化加 1
        length--;                           //字节数量减 1
    }
    IIC_Stop();                             //停止信号
    return 1;
}
```

（3）单字节写代码实现

SDA 单字节写时序如图 3.45 所示。

```
/*函数功能：AT24C02 单字节写
函数参数：slaveaddr：从机地址
         subaddr：要写入的芯片内部地址
         Data：要写入 AT24C02 的数据
函数返回值：无
备注：读取到的字节数*/
void AT24C02_Write_Byte(u8 slaveaddr, u8 subaddr, u8 Data)
{
    IIC_Start();
    if( IIC_WriteByte(slaveaddr)==1)
        gotoWR_End;

    if( IIC_WriteByte(subaddr)==1)
        gotoWR_End;

    if( IIC_WriteByte(Data)==1 )
        gotoWR_End;
WR_End:                     //没有写成功，可直接跳转到这里执行
    IIC_Stop();
    iic_delayms(5);
}
```

（4）多字节写代码实现

SDA 多字节写时序如图 3.49 所示。

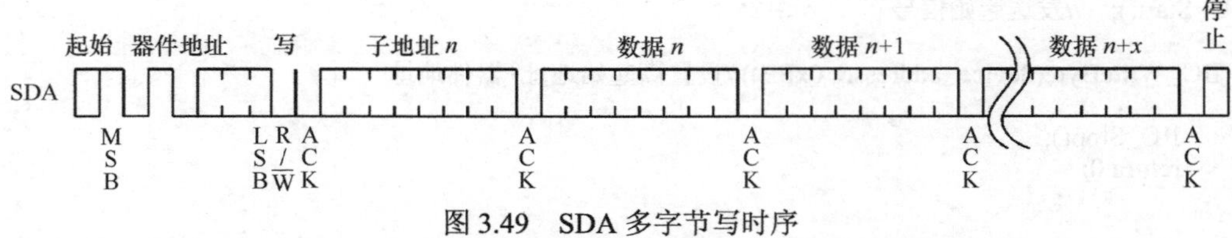

图 3.49　SDA 多字节写时序

实现多字节写分成两个函数实现，一个是 AT24C02_BufferWrite 函数，实现页内写操作，这个函数不支持跨页，不做页边界检查，由调用它的函数 AT24C02_PageWrite 来传入正确的地址和长度。

AT24C02_BufferWrite 函数如下：

```
/*函数功能：页内写入多字节数据
函数形参：device_address：器件类型；write_address：待写入地址
         p_buffer：待写入数组地址；length：待写入长度
函数返回值：1 表示写入成功；0 表示写入失败
备注：注意不能跨页写，供内部函数 AT24C02_PageWrite 调用*/
static u8 AT24C02_BufferWrite(uint8_t device_address,  uint16_t write_address,  uint8_t *p_buffer,  uint8_t length)
{
```

```
        IIC_Start();                                    //发送起始条件
    //设置高起始地址+器件地址
    if(IIC_WriteByte(device_address& 0xFE))      //返回非应答表示失败
    {
        IIC_Stop();
        return 0;
    }

        IIC_WriteByte((uint8_t)(write_address& 0xFF));      //发送低起始地址
    while(length--)
    {
        IIC_WriteByte(*p_buffer);
        p_buffer++;
    }
        IIC_Stop();
        iic_delay_ms(5);    //页写需要间隔 5ms
    return 1;
}
```

AT24C02_PageWrite 函数如下：

```
/*函数功能：任意字节写操作，支持跨页写操作
函数形参：device_address：器件地址；write_address：待写入数据的地址
p_buffer：待写入数组地址；  length：待写入长度
函数返回值：无
备注：无*/
void AT24C02_PageWrite(uint8_t device_address,uint16_t write_address,uint8_t *p_buffer, uint8_t length)
{
    u8  write_len,page_remain;
    while(length > 0)
    {
        //计算当前页可写的字节数
        page_remain=IIC_PAGESIZE -(write_address % IIC_PAGESIZE);
        //计算本次要写入的字节数长度
        write_len=length >page_remain ?page_remain : length;
//写一页函数
        AT24C02_BufferWrite(device_address, write_address, p_buffer, write_len);
        //减去已写入的字节数，剩下的字节长度
        length=length - write_len;
        if(length > 0)
        {
            p_buffer=p_buffer + write_len;//跳过已经写入的数据
            write_address=write_address + write_len; //内部地址自增
        }
    }
}
```

3.7　SPI 通信模块原理

SPI（Serial Peripheral Interface）是由 Motorola 公司开发的串行外围设备接口，是一种高速、全双工、同步的通信总线，主要应用在 EEPROM、Flash、实时时钟、A/D 转换器、数字信号处理器和数字信号解码器等器件中。

3.7.1　SPI 总线概述

1．SPI 总线接口与物理拓扑结构

标准 SPI 总线接口采用四线制，分别是 MOSI（主出从入）、MISO（主入从出）、SCLK（时钟线）、$\overline{CS}$（片选线），这种接口支持全双工通信。SPI 总线接口的物理拓扑如图 3.50 所示。

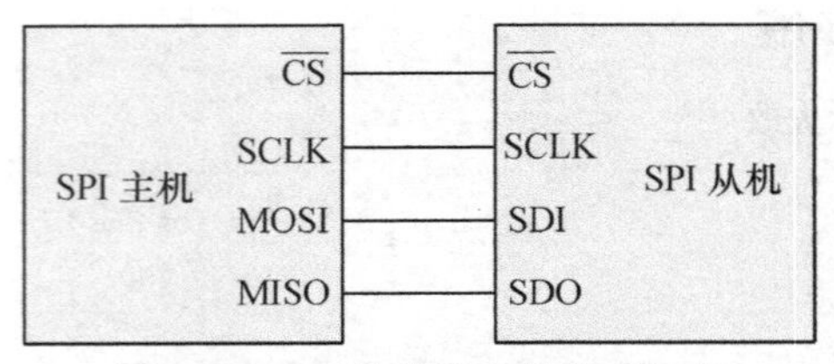

图 3.50　SPI 总线接口的物理拓扑

SPI 总线和 I²C 总线相似，一条总线上可以连接多个从机，通信总是由主机发起，主机具体与哪个从机进行通信，SPI 是通过片选信号（图中的 $\overline{CS}$）来选择的，当把某从机的 $\overline{CS}$ 信号拉低，表示主机要与该从机进行通信。相对于 I²C 总线通过地址寻找从机，SPI 总线依靠片选线去区分从机，因此每增加一个从机，硬件上就会增加一个 I/O 口。SPI 总线多从机物理拓扑结构如图 3.51 所示。

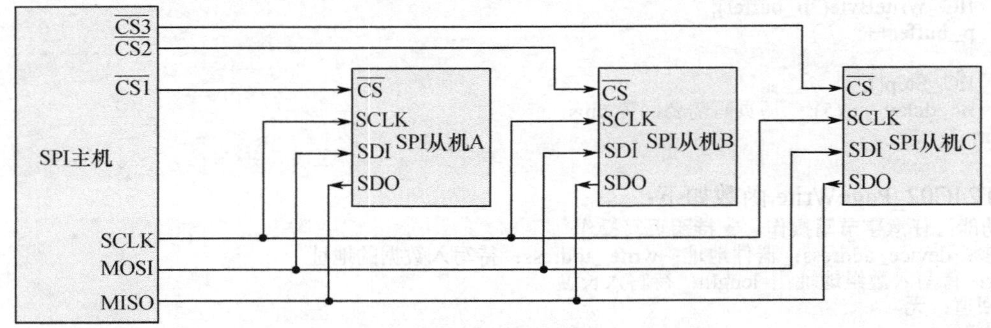

图 3.51　SPI 总线多机物理拓扑图

2. SPI 总线通信原理

SPI 通信数据线有 MOSI、MISO、SCLK、$\overline{CS}$，首先主机将 $\overline{CS}$ 信号拉低，用于选择哪个 SPI 从机通信，接着主机操作时钟线，并且让 MOSI、MISO 准备数据，接着主机操作时钟线，并且让 MOSI、MISO 发送或接收数据，最后，主机将相对应的 $\overline{CS}$ 信号拉高，用于释放哪个从机的通信。

3. SPI 总线通信核心

（1）SPI 通信模式

SPI 总线进行数据传输比较灵活，数据位长度可以变化，可以先传输高位，也可以先传输低位。在传输的过程中，有 4 种传输模式，分别由 CPOL（时钟极性）、CPHA（时钟相位）两个要素决定，如表 3.5 所示。

表 3.5　SPI 总线模式

SPI 模式	CPOL	CPHA	空闲时钟	数据说明
0	0	0	低电平	数据在上升沿采集，下降沿移出
1	0	1	低电平	数据在下降沿采集，上升沿移出
2	1	1	高电平	数据在下降沿采集，上升沿移出
3	1	0	高电平	数据在上升沿采集，下降沿移出

下面介绍 SPI 总线的常见定义：SPI 总线空闲状态是指当总线上没有数据需要传输时，总线上信号线的电平状态；时钟极性是指 SPI 总线空闲时时钟线的电平状态，0 表示空闲状态时为低，1 表示空闲状态时为高；时钟相位是指数据采集时时钟的相位，0 表示从空闲时钟到有效时钟第 1 个边沿开始采集数据，1 表示从空闲时钟到有效时钟第 2 个边沿开始采集数据。在通信的过程中，需要注意主机时序必须按照从机可以接受的通信方式配置，即主机配置的时钟极性和相位由驱动的从机时序决定。SPI 总线只有主模式和从模式之分，没有读和写的说法，本质上每次都是主机与从机在进行交换数据，因主机有共同时钟，主机发出一个数据必然会收到

一个数据。同理，主机要收到一个数据也必须先发出一个数据，其内部通信原理框图如图 3.52 所示。

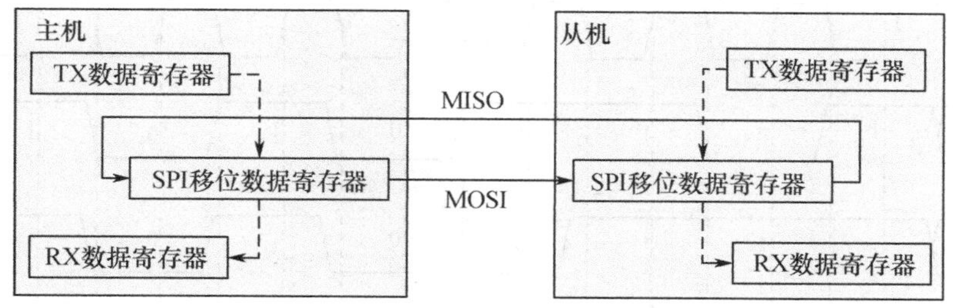

图 3.52　SPI 内部通信原理框图

（2）SPI 模式时序图

SPI 模式 0：CPOL=0，CPHA=0，表示 SCLK 在空闲状态时为低电平，数据在时钟的上升沿采样，在下降沿移位。下面以 MOSI 为 0xB5、MISO 为 0xE5 为例介绍采用模式 0 时数据的传输过程，时序图如图 3.53 所示。

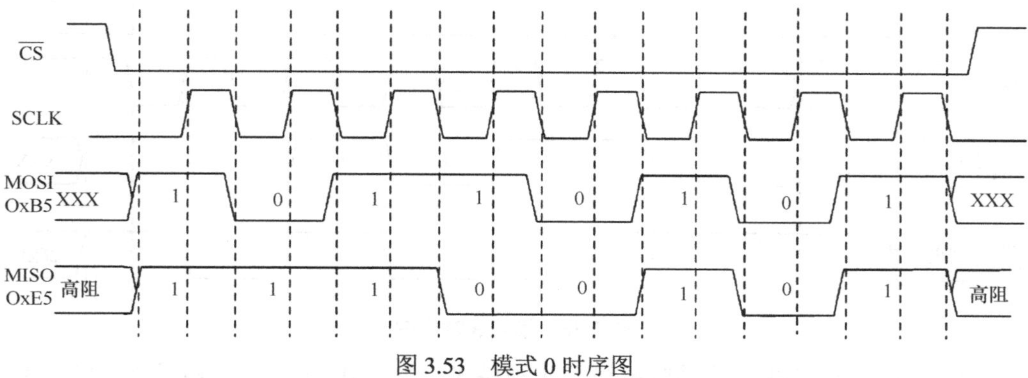

图 3.53　模式 0 时序图

SPI 模式 1：CPOL=0，CPHA=1，表示 SCLK 在空闲状态时为低电平，数据在时钟的下降沿采样，在上升沿移位。下面以 MOSI 为 0xB5、MISO 为 0xE5 为例介绍采用模式 1 时数据的传输过程，时序图如图 3.54 所示。

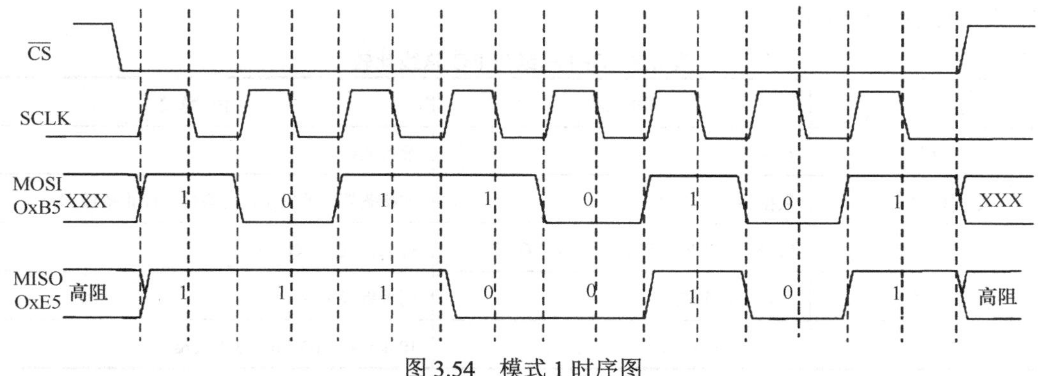

图 3.54　模式 1 时序图

SPI 模式 2：CPOL=1，CPHA=1，表示 SCLK 在空闲状态时为高电平，数据在时钟的下降沿采样，在上升沿移位。下面以 MOSI 为 0xB5、MISO 为 0xE5 为例介绍采用模式 2 时数据的传输过程，时序图如图 3.55 所示。

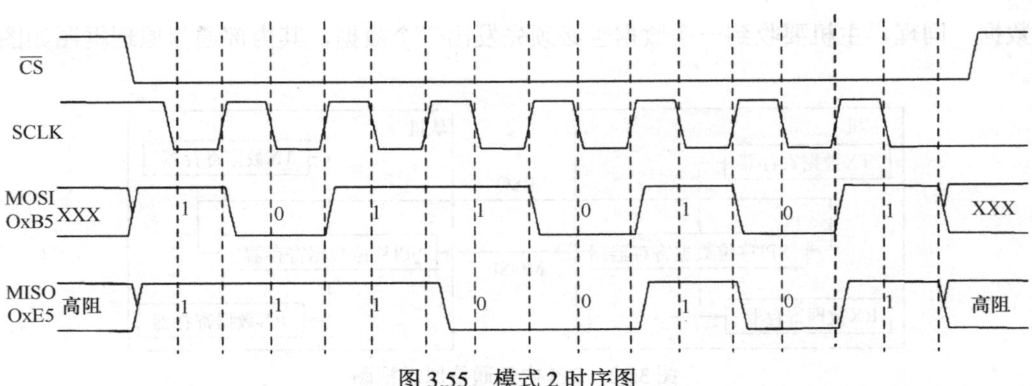

图 3.55　模式 2 时序图

第四种 SPI 模式 3：CPOL=1，CPHA=0，表示 CLK 在空闲状态时为高电平，数据在时钟的上升沿采样，在下降沿移位。下面以 MOSI 为 0XB5，MISO 为 0XE5 为例，采用模式 3 时数据的传输过程，时序图如图 3.56 所示。

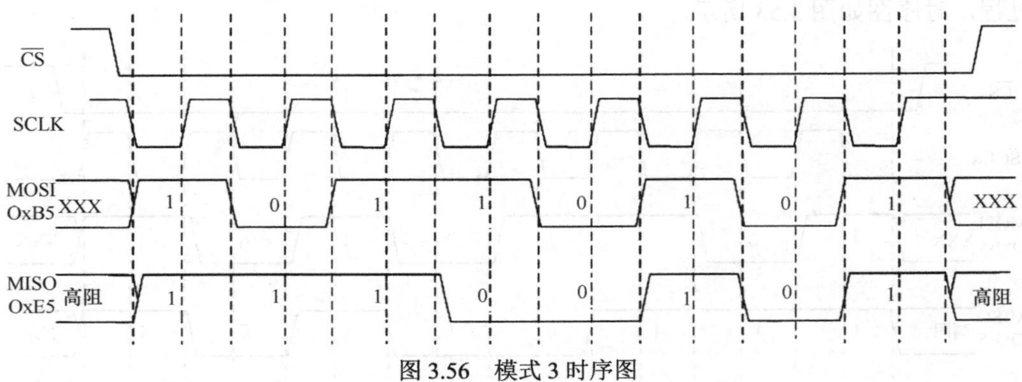

图 3.56　模式 3 时序图

从以上分析可知，SPI 总线的时钟线有 4 种模式：模式 0、模式 1、模式 2、模式 3。一般的器件在支持模式 0 的情况下一定会支持模式 3，在支持模式 1 的情况下一定会支持模式 2。

4．SPI 总线与 I²C 总线比较

SPI 总线与 I²C 总线各有优缺点，开发者可根据以下比较和实际的应用场景，来选择合适的通信方式，如表 3.6 所示。

表 3.6　SPI 总线与 I²C 总线比较

功能说明	SPI 总线	I²C 总线
主从设备	片选	设备地址
数据格式	数据格式不固定	起始条件、数据位、应答位、停止条件
总线接口	MOSI、MISO、SCLK、$\overline{CS}$、GND	SDA、SCL、GND
通信方式	同步串行全双工	同步串行半双工
通信速度	一般 25Mbps 以上	100kbps、400kbps、3.4Mbps

3.7.2　SPI 通信模块框架分析

移位寄存器中的数据是直接从发送缓冲区送来的，同时，移位寄存器接收到新的数据后会直接送到接收缓冲区。发送缓冲区和接收缓冲区公用同一个数据寄存器，数据寄存器分发送缓冲区和接收缓冲区，如图 3.57 所示。

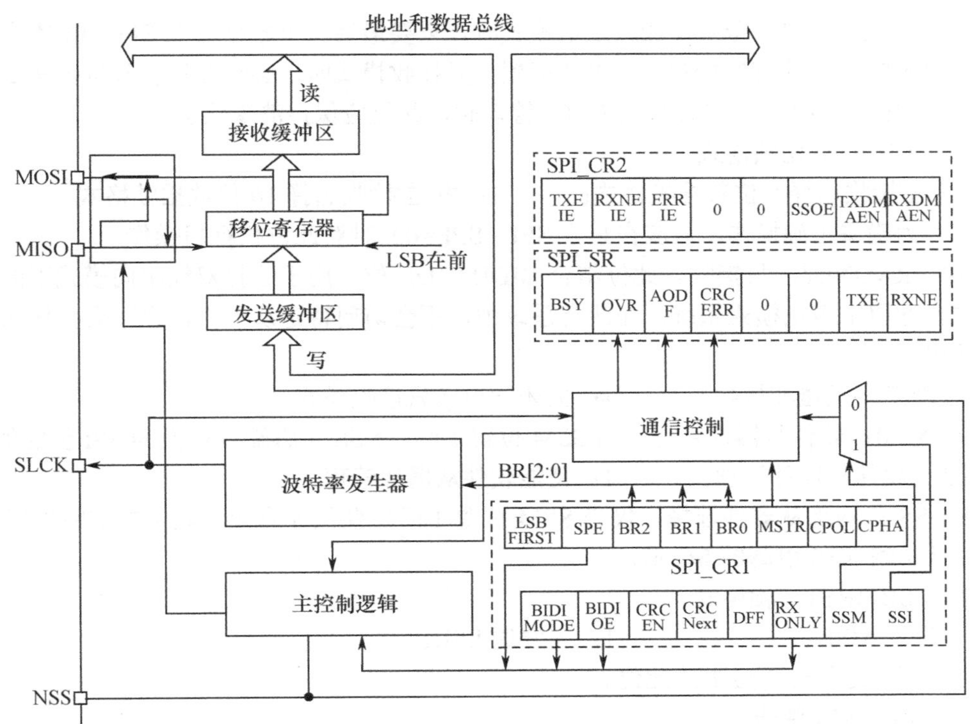

图 3.57 SPI 通信模块框图

STM32F40x 系列芯片的 SPI 模块既可以做主机也可以做从机，在这里以主机方式为例讲述 SPI 通信原理，其中使用主机方式比较关键的是要配置好 SPI_CR1 寄存器，相关的位含义见 3.7.3 节。

3.7.3 SPI 通信模块核心寄存器

STM32F40x 系列芯片的 SPI 模块除可用作标准 SPI 总线功能外，还集成了 I^2S 总线功能，下面只对 SPI 总线功能相关的寄存器进行介绍。

1. SPI 控制寄存器 1(SPI_CR1)

15	14	13	12	11	10	9	8	7	6	5	4	3	2	1	0
BIDI MODE	BIDI OE	CRC EN	CRC NEXT	DFF	RX ONLY	SSM	SSI	LSB FIRST	SPE	BR [2:0]			MSTR	CPOL	CPHA
rw	rw	rw	rw	rw	rw	rw	rw	rw	rw	rw	rw	rw	rw	rw	rw

位 15—BIDIMODE：双向通信数据模式使能。

0：选择双线单向通信数据模式（全双工）；1：选择单线双向通信数据模式（半双工）。

位 14—BIDIOE：双向通信模式下的输出使能。此位结合 BIDIMODE 位，用于选择双向通信模式下的传输方向。

0：禁止输出（只接收模式）；　1：使能输出（只发送模式）。

注意：在主机方式下，使用 MOSI 引脚；在从机方式下，使用 MISO 引脚。

位 13—CRCEN：硬件 CRC 计算使能。

0：禁止 CRC 计算；　　　　1：使能 CRC 计算。

位 12—CRCNEXT：下一次传输 CRC。

0：数据阶段（无 CRC 阶段）　1：下一次传输为 CRC（CRC 阶段）。

注意：当 SPI 配置为全双工或只发送模式时，只要最后一个数据写入 SPI_DR 寄存器，就必须对 CRCNEXT 位执行写操作。当 SPI 配置为只接收模式时，必须在接收到倒数第二个数据之后将 CRCNEXT 位置 1。当传输由 DMA 管理时，此位应保持清零状态。

位 11—DFF：数据帧格式。

0：发送/接收选择 8 位数据帧格式；　　1：发送/接收选择 16 位数据帧格式。

注意：为确保正确操作，只应在禁止 SPI（SPE=0）时对此位执行写操作。

位 10—RXONLY：只接收。此位结合 BIDIMODE 位，用于选择双线单向模式下的传输方向。此位也适用于多从模式系统，在此类系统中，不会访问特定从器件，也不会损坏访问的从器件的输出。

0：全双工（发送和接收）　　1：关闭输出（只接收模式）。

位 9—SSM：软件从器件管理。当 SSM 位置 1 时，NSS 引脚输入替换为 SSI 位的值。

0：禁止软件从器件管理；　　1：使能软件从器件管理。

位 8—SSI：内部从器件选择。仅当 SSM 位置 1 时，此位才有效。此位的值将作用到 NSS 引脚上，并忽略 NSS 引脚的 I/O 值。

位 7—LSBFIRST：帧格式。

0：先发送 MSB；　　1：先发送 LSB。

注意：正在通信时不应更改此位。

位 6—SPE：SPI 使能。

0：关闭外设；　　1：使能外设。

位 5:3—BR[2:0]：波特率控制。

000：$f_{PCLK}/2$；　001：$f_{PCLK}/4$；　010：$f_{PCLK}/8$；　011：$f_{PCLK}/16$；

100：$f_{PCLK}/32$；　101：$f_{PCLK}/64$；　110：$f_{PCLK}/128$；　111：$f_{PCLK}/256$。

注意：正在通信时不应更改这些位。

位 2—MSTR：主模式选择。

0：从配置；　　1：主配置。

注意：正在通信时不应更改此位。

位 1—CPOL：时钟极性。

0：空闲状态时，SCLK 保持低电平；　　1：空闲状态时，SCLK 保持高电平。

注意：正在通信时不应更改此位。

位 0—CPHA：时钟相位。

0：从第一个时钟边沿开始采集数据；　　1：从第二个时钟边沿开始采集数据。

注意：正在通信时不应更改此位，其中模式 0 与模式 3 在上升沿采集数据；模式 1 与模式 2 在下降沿采集数据。

2．SPI 控制寄存器 2(SPI_CR2)

15	14	13	12	11	10	9	8	7	6	5	4	3	2	1	0
保留								TXEIE	RXNEIE	ERRIE	FRF	保留	SSOE	TXDMAEN	RXDMAEN
								rw	rw	rw	rw		rw	rw	rw

位 4—FRF：帧格式。

0：SPI Motorola 模式；　　1：SPI TI 模式。

位 2—SSOE：SS 输出使能。

0：在主模式下禁止 SS 输出，可在多主模式环境下工作；

1：在主模式下使能 SS 输出，不能在多主模式环境下工作。

注意：不适用于 I^2S 模式和 SPI TI 模式。

3．SPI 状态寄存器(SPI_SR)

15–9	8	7	6	5	4	3	2	1	0
保留	FRE	BSY	OVR	MODF	CRC ERR	UDR	CHSIDE	TXE	RXNE
	r	r	r	r	rc_w0	r	r	r	r

位 1—TXE：发送缓冲区为空。

0：发送缓冲区非空；　　1：发送缓冲区为空。

位 0—RXNE：接收缓冲区非空。

0：接收缓冲区为空；　　1：接收缓冲区非空。

4．SPI 数据寄存器(SPI_DR)

15	14	13	12	11	10	9	8	7	6	5	4	3	2	1	0
DR[15:0]															
rw	rw	rw	rw	rw	rw	rw	rw	rw	rw	rw	rw	rw	rw	rw	rw

位 15:0—DR[15:0]：数据寄存器。

数据寄存器就是存放已接收或要发送的数据，数据寄存器分为 2 个缓冲区，一个用于写入（发送缓冲区），一个用于读取（接收缓冲区）。也就是说，对数据寄存器执行写操作时，数据将写入发送缓冲区；对数据寄存器执行读取操作时，将返回接收缓冲区中的值。

3.7.4　SPI 通信模块示例

本节以常用的 SPI 接口 Flash 芯片 W25Q64 为例，使用 SPI 模块驱动 W25Q64 芯片，实现对它的读写和擦除。

1．W25Q64 简介

W25Q64 是华邦公司生产的一款 Flash 芯片，容量为 8MB，硬件接口采用 SPI 总线，页大小为 256B，并且不能跨页写数据，在正常模式下，通信速度最快支持 80MHz，最小的擦除单位为一个扇区（4KB），可擦除数据达 10 万次，数据可保存 20 年。W25Q64 写数据时与 AT24C02 不一样，其中 W25Q64 写数据时只会写 0，不会写 1。W25Q64 进行擦除时会将擦除的区域全部写成 1，所以在保存数据之前必须要将存储空间中的数据擦除，否则会造成存储在里面的数据不正常。

2．W25Q64 引脚说明

W25Q64 引脚图如图 3.58 所示，其引脚说明如表 3.7 所示。

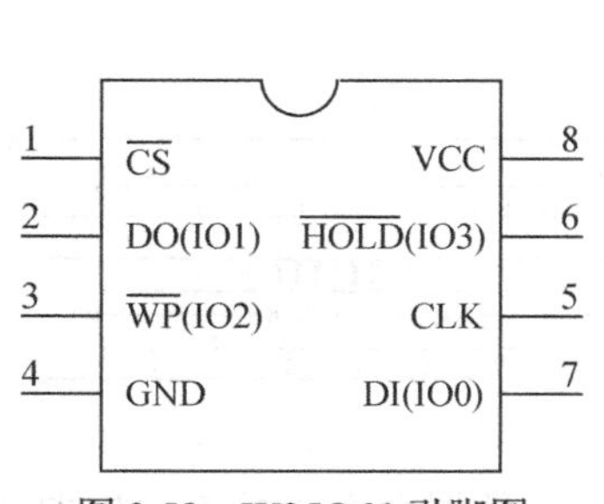

图 3.58　W25Q64 引脚图

表 3.7　W25Q64 引脚说明

序号	名称	引脚类型	功能说明
1	$\overline{\text{CS}}$	输入	片选
2	DO(IO1)	输入/输出	数据输出（数据输入/输出 1*）
3	$\overline{\text{WP}}$ (IO2)	输入/输出	写保护输入（数据输入/输出 2*）
4	GND	无	接地
5	DI(IO0)	输入/输出	数据输入（数据输入/输出 0*）
6	CLK	输入	串行时钟输入
7	$\overline{\text{HOLD}}$ (IO3)	输入/输出	保持输入（数据输入/输出 3*）
8	VCC	无	电源供应

注：*其中，$\overline{\text{WP}}$ (IO2)、$\overline{\text{HOLD}}$ (IO3)、DI(IO1)可以扩展工作模式，可扩展为输出模式。

3. W25Q64 的工作原理

（1）W25Q64 的状态寄存器

W25Q64 采用 SPI 模式 0 和模式 3，上升沿采集数据，通过指令进行设置让 W25Q64 工作，通过指令来查看 W25Q64 的工作状态。W25Q64 的状态寄存器 1、状态寄存器 2 分别如图 3.59 和图 3.60 所示。

S7	S6	S5	S4	S3	S2	S1	S0
SRP0	SEC	TB	BP2	BP1	BP0	WEL	BUSY

图 3.59　W25Q64 的状态寄存器 1

S7	S6	S5	S4	S3	S2	S1	S0
SRP0	SEC	TB	BP2	BP1	BP0	WEL	BUSY

图 3.60　W25Q64 的状态寄存器 2

其中，在状态寄存器 1 中，S0 表现忙信号，为 0 时表示不忙，为 1 时表示忙。

（2）W25Q64 芯片制造商和设备 ID

W25Q64 芯片制造商和设备 ID 如表 3.8 所示。从表 3.8 可以看出，芯片制造商华邦的编码是 EFh，而芯片 W25Q64BV 的编码是 16h。通过发送 ABh 或 90h 指令可以获取容量，值为 16h；发送 9Fh 指令可以获取内存类型，值为 4017h。

表 3.8　芯片制造商和设备 ID

制造商 ID	芯片制造商编码	
华邦串行 Flash	EFh	
设备 ID	(ID7-ID0) 表示容量	(ID15-ID0) 表示内存类型
指令	ABh,90h	9Fh
W25Q64BV	16h	4017h

（3）指令集

W25Q64 芯片指令集如表 3.9 所示。

表 3.9　W25Q64 芯片指令集

指令名字	1 字节（代码）	2 字节	3 字节	4 字节	5 字节	6 字节
写使能	06h					
读状态寄存器 1	05h	(S7-S0)				
页编程	02h	A23-A16	A15-A8	A7-A0	(D7-D0)	
扇区擦除（4KB）	20h	A23-A16	A15-A8	A7-A0		
读数据	03h	A23-A16	A15-A8	A7-A0	(D7-D0)	
⋮	⋮	⋮	⋮	⋮	⋮	⋮

从表 3.9 可以看出，可以通过 SPI 协议传输代码指令来读写 W25Q64 芯片内部的内容，更多的指令请查看 W25Q64 芯片的官方技术文档。

4. W25Q64 的操作时序

（1）读状态

W25Q64 读状态的时序如图 3.61 所示。

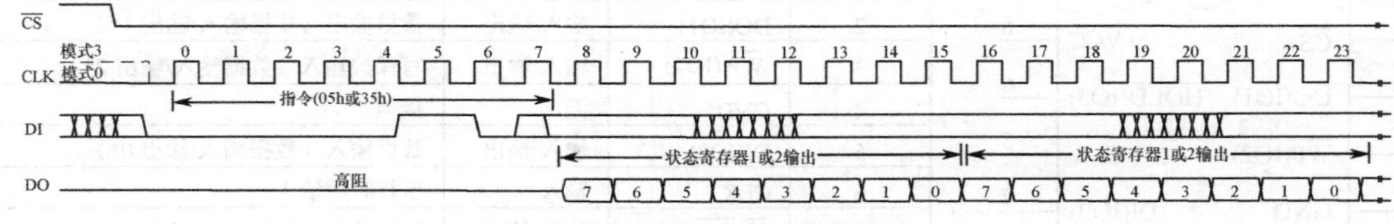

图 3.61　W25Q64 读状态的时序

首先，主机拉低片选信号，主机向从机 W25Q64 发送 0x05/0x35 数据命令，接着主机向从机发送 0x88(这个值不一定是 0x88，可以随便写，没有实质意义)，最后主机拉高片选信号，这里就可以读到 W25Q64 的状态信号，结束读状态通信过程。

（2）读数据

W25Q64 读数据的时序如图 3.62 所示。

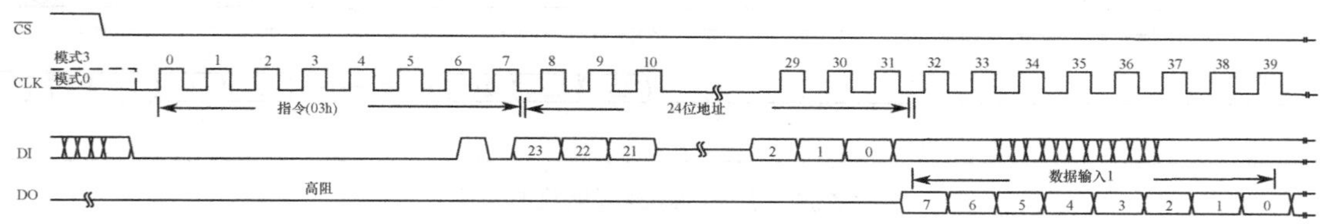

图 3.62　W25Q64 读数据的时序

首先，主机拉低片选信号，主机向 W25Q64 发送 0x03 数据命令，再发 24 位芯片内部地址，接着发送 1～256B 数据（这个数据值可以是任意的，没有实质意义），同时主机接收 W25Q64 发出的有效数据，最后主机拉高片选信号，结束读数据通信过程。

（3）写使能

W25Q64 写使能的时序如图 3.63 所示。

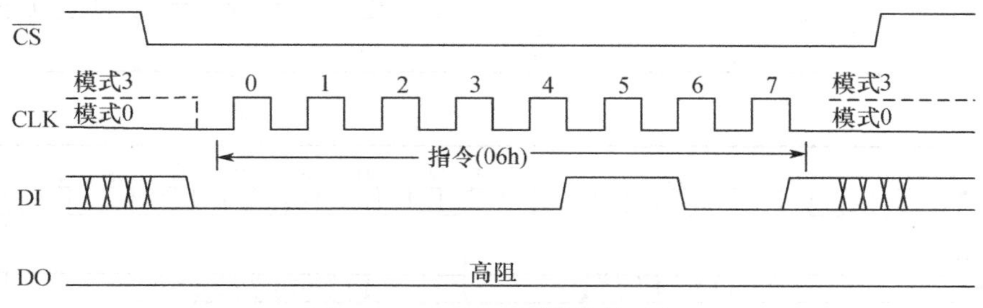

图 3.63　W25Q64 写使能的时序

首先，主机拉低片选信号，主机向 W25Q64 发送 0x06h 的时序数据命令，最后主机拉高片选信号，结束写通信过程。

（4）写数据

W25Q64 写数据的时序如图 3.64 所示。

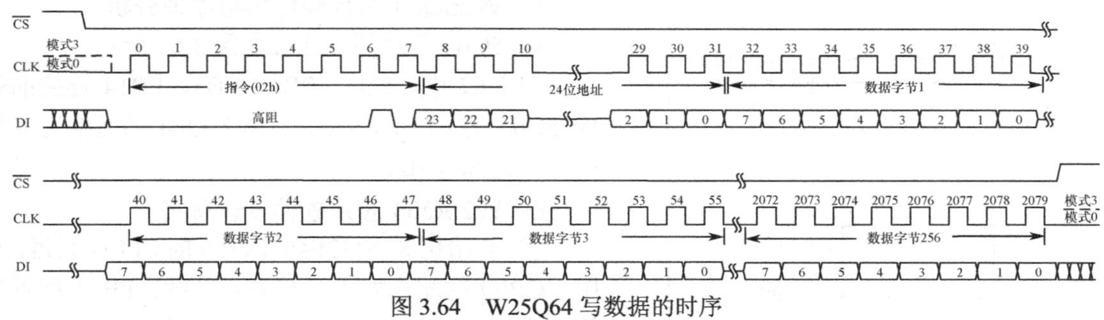

图 3.64　W25Q64 写数据的时序

首先，主机拉低片选信号，主机向 W25Q64 发送 0x02 数据命令，接着发送 24 位芯片内部地址，此时主机发送 1～256B 数据，就能将数据写到芯片内部中，最后主机拉高片选信号，结束写数据通信过程。

（5）扇区擦除

W25Q64 扇区擦除的时序如图 3.65 所示。

首先，主机拉低片选信号，主机向 W25Q64 发送 0x20 数据命令，接着发送 24 位地址，这样就能擦除芯片，最后主机拉高片选信号，结束扇区擦除通信过程。

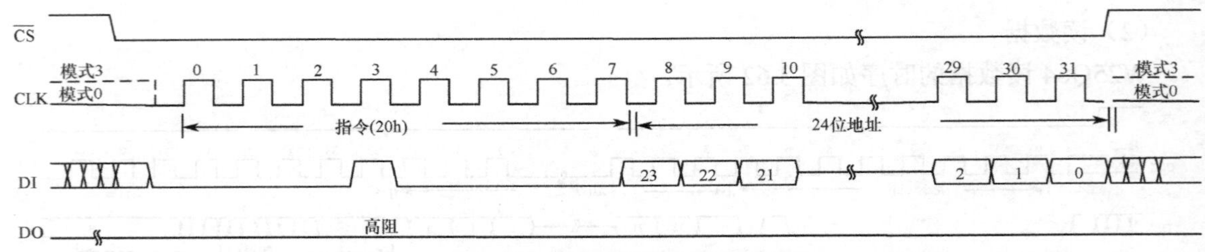

图 3.65　W25Q64 扇区擦除的时序

（6）芯片 ID

W25Q64 芯片 ID 读取的时序如图 3.66 所示。

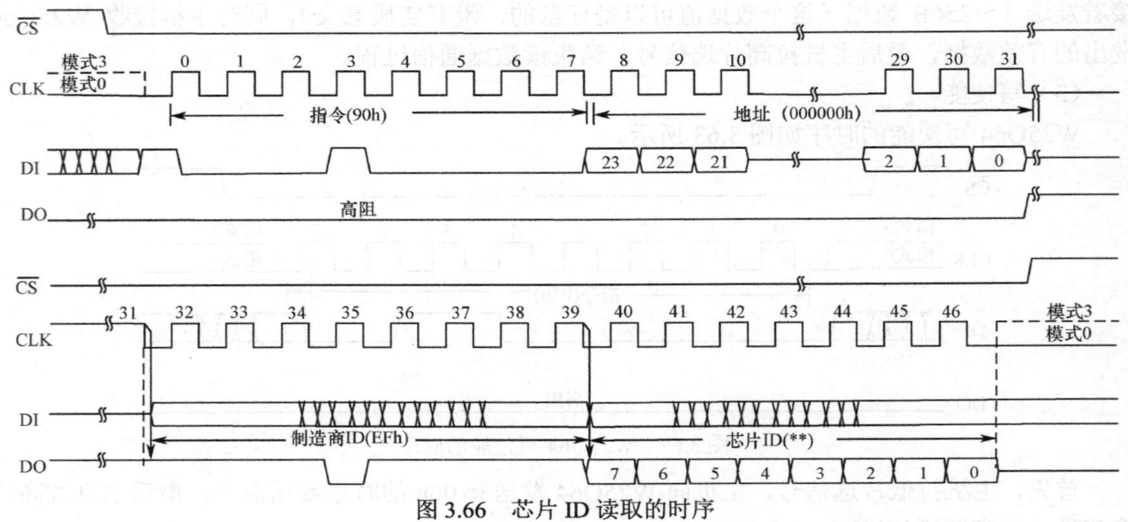

图 3.66　芯片 ID 读取的时序

首先，主机拉低片选信号，主机向 W25Q64 发送 0x90 数据命令，接着发送 24 位 0 地址，也就是 3 字节的 0x00，最后拉高片选信号，结束芯片 ID 读取通信过程。

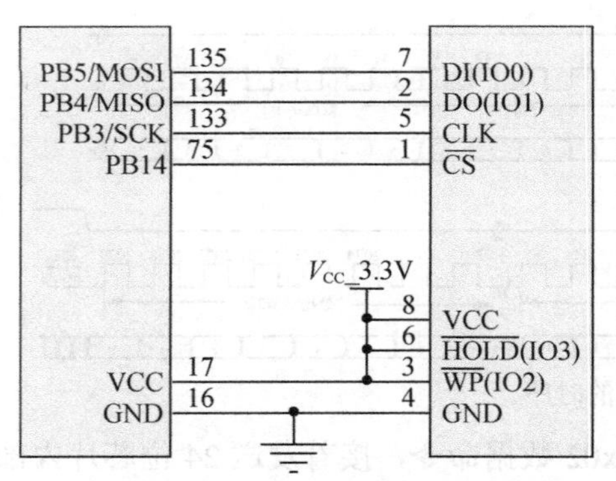

图 3.67　W25Q64 芯片硬件连接

5．W25Q64 芯片硬件实验原理分析

W25Q64 芯片硬件连接如图 3.67 所示。

图 3.67 中，PB3、PB4、PB5、PB14 连接的是 W25Q64 的 SPI 总线接口，W25Q64 的通信速度最高可达到 80MHz。

6．W25Q64 芯片软件设计思路

① 初始化 STM32F407ZGT6 的 SPI 控制器，其中，GPIO 的配置如下：首先开时钟，PB14 配置为输出模式，PB3、PB4、PB5 配置为复用功能，PB14 的类型配置为推挽，PB3、PB4、PB5 的类型配置为开漏，速度配置为 50MHz。

② 编写一个发送字节和接收字节的函数。

③ 编写 W25Q64 操作函数。

7．W25Q64 芯片核心代码实现

（1）SPI 控制器初始化

```
/*函数功能：SPI 控制器初始化
函数形参：无
函数返回值：无
```

```
备注：硬件连接线：PB3->SCK，PB4->MISO，PB5->MOSI，PB14->/CS*/
void spi_init(void)
{
    //PB3、PB4、PB5、PB14 管理配置
    RCC->AHB1ENR |=1<<1;//开 PB 时钟
    GPIOB->MODER &=~(0X3F<<2*3);
    GPIOB->MODER |=(0X2A<<2*3);//配置 PB3、PB4、PB5，10 为复用功能
    GPIOB->OTYPER &=~(0X5<<3);//PB3、PB5 输出类型推挽
    GPIOB->OTYPER |=(0X1<<4);//PB4 输出类型开漏
    GPIOB->OSPEEDR &=~(0X3F<<2*3);
    GPIOB->OSPEEDR |=(0X2A<<2*3);//配置为快速 50MHz
    GPIOB->AFR[0] &=~(0XFFF<<3*4);
    GPIOB->AFR[0] |=(0X555<<3*4);//0101，AF5 复用功能
    GPIOB->MODER &=~(0X3<<2*14); //PB14 片选信号
    GPIOB->MODER |=(0X1<<2*14);
    GPIOB->OTYPER &=~(0X1<<14);
    GPIOB->OSPEEDR &=~(0X3<<2*14);
    GPIOB->OSPEEDR |=(0X2<<2*14);
    //数据位长度为 8、全双工模式、无 CRC 功能、先发高位、SPI 通信速度 42MHz、SPI 为模式 0
    RCC->APB2ENR |=1<<12;//开启 SPI 模式 1 时钟
    SPI1->CR1=0;
    SPI1->CR1 |=0X3<<8;//软件从机管理
    SPI1->CR1 |=0X1<<2;//主配置
    SPI1->CR2=0;
    SPI1->CR1 |=0X1<<6;//开启 SPI 控制器
}
```

（2）SPI 发送接收函数

```
/*函数功能：收发一体 SPI 函数
函数形参：需要发送的数据
函数返回值：返回接收到的数据
备注：SPI 控制每发送一位数据会接收到一位数据*/
u8 spi_send_recive_byte(u8 send_data)
{
    u8 recive_data=0;
    while((SPI1->SR &(0X1<<1))==0)//等待发送缓冲区空
    {
        ;
    }
    SPI1->DR=send_data;
    while((SPI1->SR &(0X1<<0))==0)//等待接收缓冲区非空
    {;}
        recv_data=SPI1->DR;

    return recv_data;
}
```

（3）读取芯片 ID

```
/*函数功能：读取芯片 ID
函数形参：无
函数返回值：返回 ID
备注：无*/
//片选线 PB14
#define SPI_CS_H()    GPIOB->BSRRL=1<<14
#define SPI_CS_L()    GPIOB->BSRRH=1<<14
u16 w25q64_device_id(void)
{
    u16 device_id=0;
    SPI_CS_L();                       //片选
        spi_send_recive_byte(0x90);              //发送命令
        spi_send_ recive _byte(0x00);            //发送 24 位地址
        spi_send_ recive _byte(0x00);
        spi_send_ recive _byte(0x00);
        device_id=spi_send_recive_byte(0x88);
        device_id<<=8;
```

```
        device_id |=spi_send_recive_byte(0x88);
    SPI_CS_H();                                     //取消片选
    return device_id;
}
```

（4）扇区擦除函数

```
/*函数功能：扇区擦除
函数形参：扇区首地址 word_addr
函数返回值：无
备注：一次擦除 4KB，地址只需给出扇区首地址：4096 的倍数*/
void w25q64_sector_erase(u32 word_addr)
{
    u8 *addr_p=(u8 *)&word_addr;    //取指针
    w25q64_write_enable();          //写数据必须先写使能
    SPI_CS_L();
        spi_send_recv_byte(0x20);
        spi_send_recv_byte(*(addr_p+2));        //分 3 次发 24 位地址
        spi_send_recv_byte(*(addr_p+1));
        spi_send_recv_byte(*(addr_p+0));
    SPI_CS_H();
}
```

（5）页写操作

```
/*函数功能：写数据
函数形参：页地址 word_addr；数据个数 data_num；数据源*data_buf
函数返回值：无
备注：无*/
void w25q64_write_data_bytes(u32 word_addr, u16 data_num, u8 *data_buf)
{
    u8 *addr_p=(u8 *)&word_addr;
    u16 vari=0;
    u8 status=0;
    w25q64_write_enable();              //写数据必须先写使能
    SPI_CS_L();
        spi_send_recive_byte(0x02);             //02 写命令
        spi_send_recive_byte(*(addr_p+2));      //分 3 次发 8 位地址数据
        spi_send_recv_byte(*(addr_p+1));
        spi_send_recv_byte(*(addr_p+0));
    for(vari=0;vari<data_num;vari++)
    {
            spi_send_recv_byte(*(data_buf+vari));
    }
    SPI_CS_H();
    while(1)//等待不忙
    {
            status=w25q64_read_status();
    if((status &(0x1<<0))==0)
        {
            break;//总线不忙
        }
    }
}
```

（6）页读操作

```
/*函数功能：读数据
函数形参：页地址 word_addr；数据数量 data_num；数据存放的地方*data_buf
函数返回值：无
备注：无*/
void w25q64_read_data_bytes(u32 word_addr, u16 data_num, u8 *data_buf)
{
    u8 *addr_p=(u8 *)&word_addr;
    u16 vari=0;
    SPI_CS_L();
        spi_send_recive_byte(0x03);//发 03 读命令
```

```
        spi_send_recv_byte(*(addr_p+2));//分 3 次发，每次位 8 位，共 24 位地址数据
        spi_send_recv_byte(*(addr_p+1));
        spi_send_recv_byte(*(addr_p+0));
    for(vari=0;vari<data_num;vari++)
    {
        data_buf[vari]=spi_send_recive_byte(0x88);
    }
    SPI_CS_H();
}
```

（7）main 主函数的实现

```
#include<stdio.h>
#include<stdlib.h>
#include<string.h>
#include "stm32f4xx.h"
#include "delay.h"
#include "uart.h"
#include "spi.h"
#include "w25q64.h"

#define UART_BDR        115200                          //定义波特率
const char *data="嵌入式系统设计原理\r\n";              //数据源
char rd_buffer[512]={0};                                //接收缓存

int main(void)
{
    u16 w25q64_id=0;
    u16 len=strlen(data);
    Delay_Init(168);                                    //延时初始化
    uart2_init(UART_BDR);                               //初始化 USART2
    spi_init();                                         //初始化 SPI
    w25q64_id=w25q64_device_id();
    printf("w25q64_id=%#x\r\n", w25q64_id);
    w25q64_sector_erase(0);
    Delay_ms(100);                                      //擦除后不能马上写，需要延时
    w25q64_write_data_bytes(0, len,(u8 *)data);
    Delay_ms(10);                                       //读写切换最好有一个延时时间
    w25q64_read_data_bytes(0, len,(u8 *)rd_buffer);
    printf("读取到的数据:\r\n%s\r\n", rd_buffer);
    while(1)
    {
        ;
    }
}
```

3.8 ADC 模块原理

STM32F40x 的 ADC 模块是 12 位逐次逼近型的 A/D 转换器，它具有多达 19 个复用通道，可测量来自 16 个外部源、2 个内部源和 1 个 V_{BAT} 通道的信号。这些通道信号的 A/D 转换可在单次、连续、扫描或不连续采样模式下进行。A/D 转换的结果存储在一个左对齐或右对齐的 16 位数据寄存器中。ADC 模块具有模拟看门狗特性，可检测输入电压是否超过了用户自定义的阈值上限或下限。

3.8.1 ADC 模块介绍

1. ADC 模块常用特征

ADC 模块可配置为 12 位、10 位、8 位或 6 位等多种 A/D 转换分辨率；可在转换结束、注

入通道转换结束及发生模拟看门狗或溢出事件时产生中断；具有单次和连续转换模式；可自动将通道 0 转换为通道 *n* 的扫描模式；可独立设置各通道的采样时间；可为规则通道转换和注入通道转换配置极性；可配置为不连续采样模式；规则通道转换期间可产生 DMA 请求。ADC 模块的电源要求：全速运行时为 2.4～3.6V，慢速运行时为 1.8V。ADC 模块的输入电压范围：$V_{REF-} \leqslant V_{IN} \leqslant V_{REF+}$。

2．ADC 模块专业术语

注入组和规则组：STM32F40x 的 ADC 模块可以把 A/D 转换分成两组，一组叫规则组，另一组叫注入组，可以把它们理解为优先级不相同的两个组，规则通道转换是低优先级，注入通道转换是高优先级，当注入通道转换触发时，可以打断正在转换的规则组的 A/D 转换通道。

单次不扫描：对转换的通道只转换一次，并且只转换一个。

单次扫描：对转换的所有通道都只转换一次。

连续不扫描：对转换的通道连续转换，但是只转换同一个通道。

连续扫描：对所有需要转换的通道都转换一次后再接着下一轮转换。

3.8.2 ADC 模块框架分析

ADC 模块框架如图 3.68 所示。STM32F40x 的 ADC 模块具有多达 19 个复用通道，可测量来自 16 个外部源（ADCx_IN0～ADCx_IN15）、2 个内部源（V_{REFINT}和内部的温度传感器）和 V_{BAT} 通道的信号。这 19 路 ADC 通道可以划分为注入组通道和规则组通道，注入组通道可以同时分配 4 个通道，而规则组通道可以分配 16 个通道。从图中可以看出，启动注入组通道转换的信号可以是定时器 TIM1～TIM5、TIM8 的内部输出信号、EXTI_15 外部中断信号和软件使能 JEXTEN[1:0]两位控制；启动规则组通道转换的信号可以是定时器 TIM1～TIM5、TIM8 的内部输出信号、EXTI_11 外部中断信号和软件使能 EXTEN[1:0]两位控制。注意，规则组和注入组虽然都使用定时器 TIM1～TIM5、TIM8 的内部输出信号，但是定时器的输出通道号是不相同的。当注入组通道转换完成后，会把每个通道的转换结果分别保存在各自的 16 位数据寄存器中，同时设置 EOC 和 JEOC 标志位；当规则通道转换完成后，会把转换结果存放到同一个数据寄存器中（注意：这时会覆盖上一个通道或上一次转换的结果），同时会设置 EOC 标志位，编程时可以通过判断这些位来确认 ADC 是否已经转换完成，如果转换完成，则可去读取转换的结果，此时如果使能了对应的中断信号 EOCIE、JEOCIE，转换完成的信号还会被传给 NVIC 内核中断控制器，利用这个特点可以实现编程时使用中断方式识别 ADC 是否已经转换完成，而不需要周期性查询状态标志位。要注意的是，规则组所有通道是公用一个数据寄存器的，当使用多通道扫描转换时，每转换一路信号，必须及时取出转换的结果，否则数据寄存器内的内容会被新的转换结果所覆盖。规则组通道转换期间可产生 DMA 请求，规则组通道结合 DMA 模块实现转换结果的自动搬运。另外，ADC 模块的 19 个通道还可以设置为模拟看门狗通道，当使能模拟看门狗功能时，指定通道的转换结果不在模拟看门狗的阈值上限和下限范围内时，会硬件设置模拟看门狗的 AWD 标志，如果使能了模拟看门狗中断功能位 AWVDIE，信号会被送到 NVIC 内核中断控制器模块。如果使能了 NVIC 对应的 ADC 中断，则会产生中断信号。利用这个功能，可以自动检测外部模拟信号。

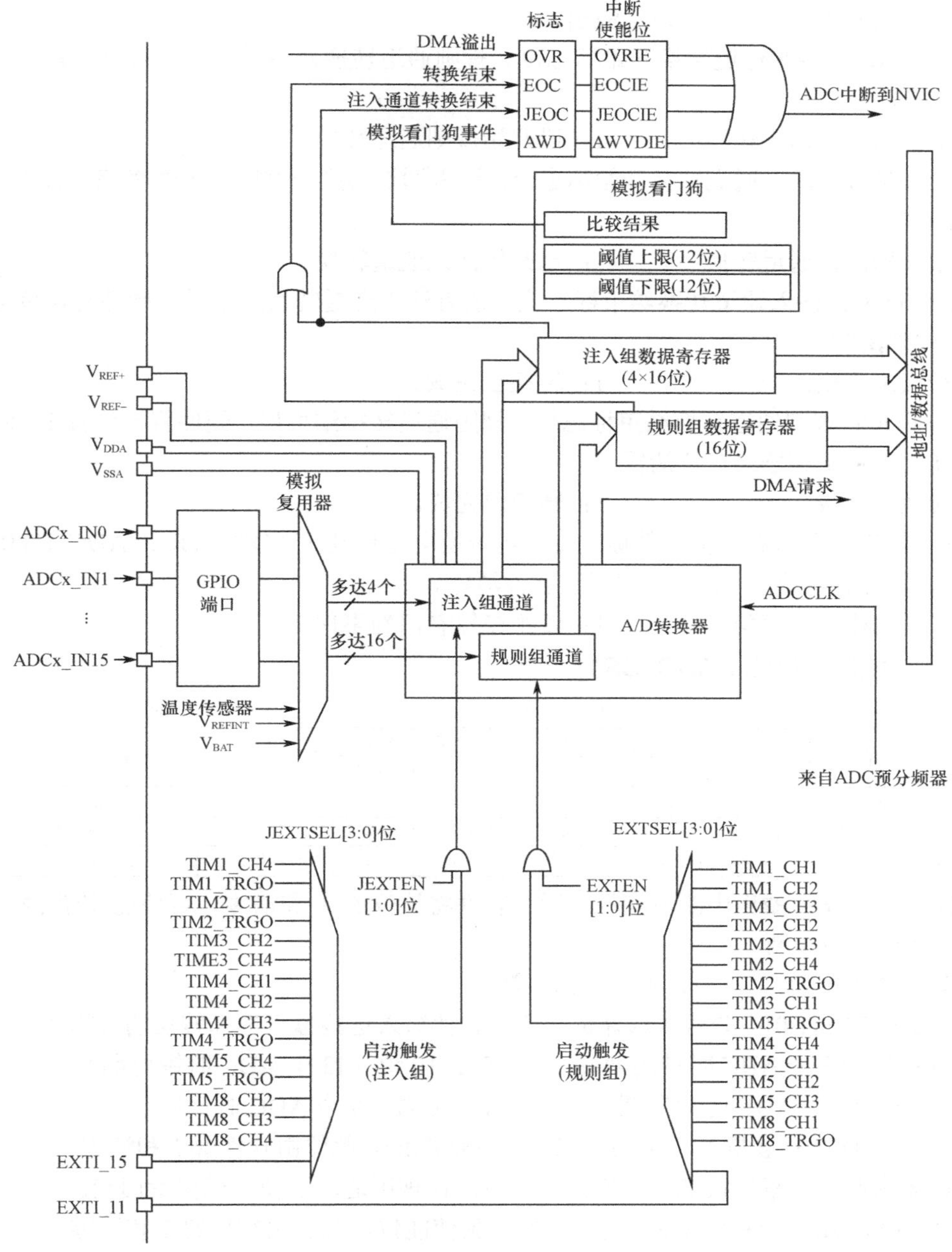

图 3.68　ADC 模块框架

3.8.3　ADC 模块核心寄存器

1. ADC 状态寄存器(ADC_SR)

31	30	29	28	27	26	25	24	23	22	21	20	19	18	17	16
保留															
15	14	13	12	11	10	9	8	7	6	5	4	3	2	1	0
保留										OVR	STRT	JSTRT	JEOC	EOC	AWD
										rc_w0	rc_w0	rc_w0	rc_w0	rc_w0	rc_w0

位 5—OVR：溢出标志位。数据丢失时，硬件将该位置 1（在单一模式或双重/三重模式下），但需要通过软件清零。溢出检测仅在 DMA=1 或 EOC=1 时使能。

0：未发生溢出；　　　1：发生溢出。

位 4—STRT：规则通道转换开始标志位。规则通道转换开始时，硬件将该位置 1，但需要通过软件清零。

0：未开始规则通道转换；　　　1：已开始规则通道转换。

位 3—JSTRT：注入通道转换开始标志位。注入通道转换开始时，硬件将该位置 1，但需要通过软件清零。

0：未开始注入通道转换；　　　1：已开始注入通道转换。

位 2—JEOC：注入通道转换结束标志位。所有注入通道转换结束时，硬件将该位置 1，但需要通过软件清零。

0：转换未完成；　　　1：转换已完成。

位 1—EOC：规则通道转换结束标志位。规则通道转换结束后，硬件将该位置 1。通过软件或读取 ADC_DR 寄存器将该位清零。

0：转换未完成；　　　1：转换已完成。

位 0—AWD：模拟看门狗事件标志位。当转换电压超过在 ADC_LTR 和 ADC_HTR 寄存器中的值时，硬件将该位置 1。但需要通过软件清零。

0：未发生模拟看门狗事件；　1：发生模拟看门狗事件。

2. ADC 控制寄存器 1(ADC_CR1)

31	30	29	28	27	26	25	24	23	22	21	20	19	18	17	16
保留					OVRIE	RES		AWDEN	JAWDEN	保留					
					rw	rw	rw	rw	rw						

15	14	13	12	11	10	9	8	7	6	5	4	3	2	1	0
DISCNUM[2:0]			JDISCEN	DISCEN	JAUTO	AWDSGL	SCAN	JEOCIE	AWDIE	EOCIE	AWDCH[4:0]				
rw	rw	rw	rw	rw	rw	rw	rw	rw	rw	rw	rw	rw	rw	rw	rw

位 26—OVRIE：溢出中断使能位。通过软件将该位置 1 和清零，可使能/禁止溢出中断，OVR 位置 1 时产生中断。

0：禁止溢出中断；　　1：使能溢出中断。

位 25:24—RES[1:0]：分辨率选择位。通过软件写入这些位可选择转换的分辨率。

00：12 位（15 个 ADC 时钟周期）；　　01：10 位（13 个 ADC 时钟周期）；

10：8 位（11 个 ADC 时钟周期）；　　11：6 位（9 个 ADC 时钟周期）。

位 23—AWDEN：规则通道上的模拟看门狗使能位。此位由软件置 1 和清零。

0：在规则通道上禁止模拟看门狗；　　1：在规则通道上使能模拟看门狗。

位 22—JAWDEN：注入通道上的模拟看门狗使能位。此位由软件置 1 和清零。

0：在注入通道上禁止模拟看门狗；　　1：在注入通道上使能模拟看门狗。

位 15:13—DISCNUM[2:0]：不连续采样模式通道计数位。这些位用于定义在接收到外部触发后在不连续采样模式下转换的规则通道数。

000：1 个通道；　001：2 个通道；……　111：8 个通道。

位 12—JDISCEN：注入通道的不连续采样模式位。通过软件将该位置 1 和清零，可使能/禁止注入通道的不连续采样模式。

0：禁止注入通道的不连续采样模式；　　1：使能注入通道的不连续采样模式。

位 11—DISCEN：规则通道的不连续采样模式。通过软件将该位置 1 和清零，可使能/禁止规则通道的不连续采样模式。

0：禁止规则通道的不连续采样模式；　　1：使能规则通道的不连续采样模式。

位 10—JAUTO：注入组自动转换位。通过软件将该位置 1 和清零，可在规则组转换后分别使能/禁止注入组自动转换。

0：禁止注入组自动转换；　　1：使能注入组自动转换。

位 9—AWDSGL：在扫描模式下使能单一通道上的模拟看门狗位。通过软件将该位置 1 和清零，可分别使能/禁止通过 AWDCH[4:0]位确定的通道上的模拟看门狗。

0：在所有通道上使能模拟看门狗；　　1：在单一通道上使能模拟看门狗。

位 8—SCAN：扫描模式位。通过软件将该位置 1 和清零，可使能/禁止扫描模式。在扫描模式下，转换通过 ADC_SQRx 或 ADC_JSQRx 寄存器选择的输入。

0：禁止扫描模式；　　1：使能扫描模式。

位 7—JEOCIE：注入通道的中断使能位。通过软件将该位置 1 和清零，可使能/禁止注入通道的转换结束中断。

0：禁止 JEOC 中断；　　1：使能 JEOC 中断。

注意：JEOCIE 位置 1 时，JEOC 中断仅在最后一个通道转换结束时生成。

位 6—AWDIE：模拟看门狗中断使能位。通过软件将该位置 1 和清零，可使能/禁止模拟看门狗中断。

0：禁止模拟看门狗中断；　1：使能模拟看门狗中断。

位 5—EOCIE：EOC 中断使能位。通过软件将该位置 1 和清零，可使能/禁止转换结束（EOC）中断。

0：禁止 EOC 中断；　　1：使能 EOC 中断。

位 4:0—AWDCH[4:0]：模拟看门狗通道选择位。这些位将由软件置 1 和清零，用于选择由模拟看门狗监控的输入通道。

注意：

00000：ADC 模拟输入通道 0；　　00001：ADC 模拟输入通道 1；

……

01111：ADC 模拟输入通道 15；　　10000：ADC 模拟输入通道 16；

10001：ADC 模拟输入通道 17；　　10010：ADC 模拟输入通道 18。

3. ADC 控制寄存器 2(ADC_CR2)

31	30	29	28	27	26	25	24	23	22	21	20	19	18	17	16
保留	SWSTART	EXTEN		EXTSEL[3:0]				保留	JSWSTART	JEXTEN		JEXTSEL[3:0]			
	rw	rw	rw	rw	rw	rw	rw		rw	rw	rw	rw	rw	rw	rw

15	14	13	12	11	10	9	8	7	6	5	4	3	2	1	0
保留				ALIGN	EOCS	DDS	DMA	保留						CONT	ADON
				rw	rw	rw	rw							rw	rw

位 30—SWSTART：开始转换规则通道位。通过软件将该位置 1 可开始转换，而硬件会在转换开始后将该位清零。

0：复位状态；　　1：开始转换规则通道。

注意：该位只能在 ADON=1 时置 1，否则不会启动转换。

位 29:28—EXTEN：规则通道的外部触发使能。通过软件将这些位置 1 和清零，可选择外部触发极性和使能规则组的触发。

00：禁止触发检测；　　01：上升沿的触发检测；

10：下降沿的触发检测；　　11：上升沿和下降沿的触发检测。

位 27:24—EXTSEL[3:0]：规则组选择外部事件位。这些位可选择用于触发规则转换的外部事件。

0000：定时器 1 CC1 事件；　　0001：定时器 1 CC2 事件；
0010：定时器 1 CC3 事件；　　0011：定时器 2 CC2 事件；
0100：定时器 2 CC3 事件；　　0101：定时器 2 CC4 事件；
0110：定时器 2 TRGO 事件；　　0111：定时器 3 CC1 事件；
1000：定时器 3 TRGO 事件；　　1001：定时器 4 CC4 事件；
1010：定时器 5 CC1 事件；　　1011：定时器 5 CC2 事件；
1100：定时器 5 CC3 事件；　　1101：定时器 8 CC1 事件；
1110：定时器 8 TRGO 事件；　　1111：EXTI_11。

位 22—JSWSTART：开始转换注入通道位。转换开始后，软件将该位置 1，而硬件将该位清零。

0：复位状态；　　1：开始转换注入通道。

注意：该位只能在 ADON=1 时置 1，否则不会启动转换。

位 21:20—JEXTEN：注入通道的外部触发使能位。通过软件将这些位置 1 和清零，可选择外部触发极性和使能注入组的触发。

00：禁止触发检测；　　01：上升沿的触发检测；
10：下降沿的触发检测；　　11：上升沿和下降沿的触发检测。

位 19:16—JEXTSEL[3:0]：注入组选择外部事件位。这些位可选择用于触发注入转换的外部事件。

0000：定时器 1 CC4 事件；　　0001：定时器 1 TRGO 事件；
0010：定时器 2 CC1 事件；　　0011：定时器 2 TRGO 事件；
0100：定时器 3 CC2 事件；　　0101：定时器 3 CC4 事件；
0110：定时器 4 CC1 事件；　　0111：定时器 4 CC2 事件；
1000：定时器 4 CC3 事件；　　1001：定时器 4 TRGO 事件；
1010：定时器 5 CC4 事件；　　1011：定时器 5 TRGO 事件；
1100：定时器 8 CC2 事件；　　1101：定时器 8 CC3 事件；
1110：定时器 8 CC4 事件；　　1111：EXTI_15。

位 11—ALIGN：数据对齐位。此位由软件置 1 和清零，一般比较常用的是右对齐方式，这样读取出来的结果可以直接使用。

0：右对齐；　　1：左对齐。

12 位数据右对齐如图 3.69 所示。

注入组	SEXT	SEXT	SEXT	SEXT	D11	D10	D9	D8	D7	D6	D5	D4	D3	D2	D1	D0
规则组	0	0	0	0	D11	D10	D9	D8	D7	D6	D5	D4	D3	D2	D1	D0

图 3.69　12 位数据右对齐

12 位数据左对齐如图 3.70 所示。

位 10—EOCS：结束转换选择位。

0：在每个规则转换结束时将 EOC 位置 1。溢出检测仅在 DMA=1 时使能。

注入组	SEXT	D11	D10	D9	D8	D7	D6	D5	D4	D3	D2	D1	D0	0	0	0
规则组	D11	D10	D9	D8	D7	D6	D5	D4	D3	D2	D1	D0	0	0	0	0

图 3.70　12 位数据左对齐

1：在每个规则转换结束时将 EOC 位置 1，使能溢出检测。

位 9—DDS：DMA 禁止选择位（对于单一模式）。

0：最后一次传输后不发出新的 DMA 请求（在 DMA 控制器中进行配置）；

1：只要发生数据转换且 DMA=1，便会发出 DAM 请求。

位 8—DMA：直接存储器访问模式位（对于单一模式）。此位由软件置 1 和清零。

0：禁止 DMA 模式；　　　　1：使能 DMA 模式。

位 1—CONT：连续转换位。此位由软件置 1 和清零。该位置 1 时，转换将持续进行，直到该位清零。

0：单次转换模式；　　　　1：连续转换模式。

位 0—ADON：ADC 开启/关闭位。

0：禁止 ADC 转换并转至掉电模式；　　1：使能 ADC。

4. ADC 采样时间寄存器 1(ADC_SMPR1)

31	30	29	28	27	26	25	24	23	22	21	20	19	18	17	16
保留					SMP18[2:0]			SMP17[2:0]			SMP16[2:0]			SMP15[2:1]	
					rw	rw	rw	rw	rw	rw	rw	rw	rw	rw	rw

15	14	13	12	11	10	9	8	7	6	5	4	3	2	1	0
SMP15_0	SMP14[2:0]			SMP13[2:0]			SMP12[2:0]			SMP11[2:0]			SMP10[2:0]		
rw	rw	rw	rw	rw	rw	rw	rw	rw	rw	rw	rw	rw	rw	rw	rw

ADC 可以为每一个通道设置独立的转换时间，ADC_SMPR1 寄存器用来设置通道 10～18 的转换时间，每 3 位设置一个通道转换时间，单位是 ADC 时钟周期。

位 26:0—SMPx[2:0](x=10..18)：通道 x 采样时间选择位。通过软件写入这些位，可分别为各个通道选择采样内。在采样周期内，通道选择位必须保持不变。

000：3 个周期；　　001：15 个周期；　　010：28 个周期；　　011：56 个周期；

100：84 个周期；　　101：112 个周期；　　110：144 个周期；　　111：480 个周期。

总转换时间的计算公式为

$$T_{conv}=\text{采样时间}+12\text{ 个周期}$$

例如，ADCCLK=30MHz 且采样时间等于 3 个周期时，T_{conv} 的总转换时间为

$$T_{conv}=3+12=15\text{ 个周期}=0.5\mu s\text{（APB2 时钟为 60MHz）}$$

5. ADC 采样时间寄存器 2(ADC_SMPR2)

这个寄存器和 ADC_SMPR1 寄存器的作用相同，区别是它用来设置通道 0～9 的转换时间，每 3 位设置一个通道转换时间，单位是 ADC 时钟周期。

位 29:0—SMPx[2:0](x=0..9)：通道 x 采样时间选择位。通过软件写入这些位，可分别为各个通道选择采样时间。在采样周期内，通道选择位必须保持不变。

000：3 个周期；　　001：15 个周期；　　010：28 个周期；　　011：56 个周期；

100：84 个周期；　　101：112 个周期；　　110：144 个周期；　　111：480 个周期。

31	30	29	28	27	26	25	24	23	22	21	20	19	18	17	16
保留		SMP9[2:0]			SMP8[2:0]			SMP7[2:0]			SMP6[2:0]			SMP5[2:1]	
		rw	rw	rw	rw	rw	rw	rw	rw	rw	rw	rw	rw	rw	rw

15	14	13	12	11	10	9	8	7	6	5	4	3	2	1	0
SMP 5_0	SMP4[2:0]			SMP3[2:0]			SMP2[2:0]			SMP1[2:0]			SMP0[2:0]		
rw	rw	rw	rw	rw	rw	rw	rw	rw	rw	rw	rw	rw	rw	rw	rw

6．ADC 规则序列寄存器 1(ADC_SQR1)

ADC 的规则组共有 16 个通道，并且转换顺序可以自由设置，该寄存器用来设置规则通道中要转换的总数量，以及第 13～16 次转换对应的 ADC 通道编号。

31	30	29	28	27	26	25	24	23	22	21	20	19	18	17	16
保留								L[3:0]				SQ16[4:1]			
								rw	rw	rw	rw	rw	rw	rw	rw

15	14	13	12	11	10	9	8	7	6	5	4	3	2	1	0
SQ16_0	SQ15[4:0]					SQ14[4:0]					SQ13[4:0]				
rw	rw	rw	rw	rw	rw	rw	rw				rw	rw	rw	rw	rw

位 23:20—L[3:0]：规则序列长度，即规则组中需要进行多少次通道转换。

0000：1 次转换；　　0001：2 次转换；　　……　　1111：16 次转换。

位 19:15—SQ16[4:0]：规则序列中的第 16 次转换。通过软件写入这些位，并将通道编号(0～18)分配为转换序列中的第 16 次转换。

位 14:10—SQ15[4:0]：规则序列中的第 15 次转换。

位 9:5—SQ14[4:0]：规则序列中的第 14 次转换。

位 4:0—SQ13[4:0]：规则序列中的第 13 次转换。

7．ADC 规则序列寄存器 2(ADC_SQR2)

该寄存器的作用和 ADC_SQR1 大致相同，它用来设置第 7～12 次转换对应的 ADC 通道编号。

31	30	29	28	27	26	25	24	23	22	21	20	19	18	17	16
保留		SQ12[4:0]					SQ11[4:0]					SQ10[4:1]			
		rw	rw	rw	rw	rw	rw	rw	rw	rw	rw	rw	rw	rw	rw

15	14	13	12	11	10	9	8	7	6	5	4	3	2	1	0
SQ10_0	SQ9[4:0]					SQ8[4:0]					SQ7[4:0]				
rw	rw	rw	rw	rw		rw	rw	rw	rw	rw	rw	rw	rw	rw	rw

位 29:26—SQ12[4:0]：规则序列中的第 12 次转换。通过软件写入这些位，并将通道编号(0～18)分配为序列中的第 12 次转换。

位 24:20—SQ11[4:0]：规则序列中的第 11 次转换。

位 19:15—SQ10[4:0]：规则序列中的第 10 次转换。

位 14:10—SQ9[4:0]：规则序列中的第 9 次转换。

位 9:5—SQ8[4:0]：规则序列中的第 8 次转换。

位 4:0—SQ7[4:0]：规则序列中的第 7 次转换。

8．ADC 规则序列寄存器 3(ADC_SQR3)

该寄存器的作用和 ADC_SQR2 大致相同，它用来设置第 0～4 次转换对应的 ADC 通道编号。

位 29:25—SQ6[4:0]：规则序列中的第 6 次转换。通过软件写入这些位，并将通道编号(0～18)分配为序列中的第 6 次转换。

位 24:20—SQ5[4:0]：规则序列中的第 5 次转换。

31	30	29	28	27	26	25	24	23	22	21	20	19	18	17	16
保留		SQ6[4:0]					SQ5[4:0]					SQ4[4:1]			
		rw	rw	rw	rw	rw	rw	rw	rw	rw	rw	rw	rw	rw	rw

15	14	13	12	11	10	9	8	7	6	5	4	3	2	1	0
SQ4_0	SQ3[4:0]					SQ2[4:0]					SQ1[4:0]				
rw	rw	rw	rw	rw	rw	rw	rw	rw	rw	rw	rw	rw	rw	rw	rw

位 19:15—SQ4[4:0]：规则序列中的第 4 次转换。

位 14:10—SQ3[4:0]：规则序列中的第 3 次转换。

位 9:5—SQ2[4:0]：规则序列中的第 2 次转换。

位 4:0—SQ1[4:0]：规则序列中的第 1 次转换。

9. ADC 注入序列寄存器(ADC_JSQR)

ADC 的注入组共有 4 个通道，并且转换顺序可以自由设置，该寄存器用来设置规则通道中要转换的总数量，以及第 1～4 次转换对应的 ADC 通道编号。

31	30	29	28	27	26	25	24	23	22	21	20	19	18	17	16
保留										JL[1:0]		JSQ4[4:1]			
										rw	rw	rw	rw	rw	rw

15	14	13	12	11	10	9	8	7	6	5	4	3	2	1	0
JSQ4[0]	JSQ3[4:0]					JSQ2[4:0]					JSQ1[4:0]				
rw	rw	rw	rw	rw	rw	rw	rw	rw	rw	rw	rw	rw	rw	rw	rw

位 21:20—JL[1:0]：注入序列长度。通过软件写入这些位，可定义注入序列中的转换总数。

00：1 次转换；　01：2 次转换；　10：3 次转换；　11：4 次转换。

位 19:15—JSQ4[4:0]：注入序列中的第 4 次转换（当 JL[1:0]=3 时，请参见下方的注释）。

位 14:10—JSQ3[4:0]：注入序列中的第 3 次转换（当 JL[1:0]=3 时，请参见下方的注释）。

位 9:5—JSQ2[4:0]：注入序列中的第 2 次转换（当 JL[1:0]=3 时，请参见下方的注释）。

位 4:0—JSQ1[4:0]：注入序列中的第 1 次转换（当 JL[1:0]=3 时，请参见下方的注释）。

注意：

当 JL[1:0]=3（定序器中有 4 次注入转换）时，ADC 将按以下顺序转换通道：JSQ1[4:0]、JSQ2[4:0]、JSQ3[4:0]和 JSQ4[4:0]。

当 JL[1:0]=2（定序器中有 3 次注入转换）时，ADC 将按以下顺序转换通道：JSQ2[4:0]、JSQ3[4:0]和 JSQ4[4:0]。

当 JL[1:0]=1（定序器中有 2 次注入转换）时，ADC 转换通道的顺序为：先是 JSQ3[4:0]，而后是 JSQ4[4:0]。

当 JL[1:0]=0（定序器中有 1 次注入转换）时，ADC 将仅转换 JSQ4[4:0]通道。

10. ADC 注入数据寄存器 x(ADC_JDRx)(x=1..4)

ADC 注入组每通道有一个独立的 ADC 数据寄存器来存放转换结果。

31	30	29	28	27	26	25	24	23	22	21	20	19	18	17	16
保留															

15	14	13	12	11	10	9	8	7	6	5	4	3	2	1	0
JDATA[15:0]															
r	r	r	r	r	r	r	r	r	r	r	r	r	r	r	r

位 15:0—JDATA[15:0]：注入数据。这些位为只读。它们包括来自注入通道 x 的转换结果，数据有左对齐和右对齐两种方式。

11. ADC 规则数据寄存器(ADC_DR)

ADC 规则组的 16 个通道公用一个 ADC 数据寄存器来存放转换结果，注意编程时需要及时读取转换结果或结合 DMA 功能来自动搬运转换结果。

31	30	29	28	27	26	25	24	23	22	21	20	19	18	17	16
保留															

15	14	13	12	11	10	9	8	7	6	5	4	3	2	1	0
DATA[15:0]															
r	r	r	r	r	r	r	r	r	r	r	r	r	r	r	r

位 15:0—DATA[15:0]：规则数据。这些位为只读。它们包括来自规则通道的转换结果。和注入数据寄存器一样，数据也有有左对齐和右对齐两种方式。

12．ADC 通用控制寄存器(ADC_CCR)

该寄存器是 ADC 的通用控制器。

31	30	29	28	27	26	25	24	23	22	21	20	19	18	17	16
保留								TSVREFE	VBATE	保留				ADCPRE	
								rw	rw					rw	rw

15	14	13	12	11	10	9	8	7	6	5	4	3	2	1	0
DMA[1:0]		DDS	保留	DELAY[3:0]				保留			MULTI[4:0]				
rw	rw	rw		rw	rw	rw	rw				rw	rw	rw	rw	rw

位 23—TSVREFE：温度传感器和 V_{REFINT} 使能位。通过软件将该位置 1 和清零，可使能/禁止温度传感器和 V_{REFINT} 通道。

0：禁止温度传感器和 V_{REFINT} 通道；　　1：使能温度传感器和 V_{REFINT} 通道。

注意：对于 STM32F42x 和 STM32F43x 器件，当 TSVREFE 位置 1 时，必须禁止 VBATE 位。两个位同时置 1 时，仅进行 V_{BAT} 转换。

位 22—VBATE：V_{BAT} 使能位。通过软件将该位置 1 和清零，可使能/禁止 V_{BAT} 通道。

0：禁止 V_{BAT} 通道；　　1：使能 V_{BAT} 通道。

位 17:16—ADCPRE[1:0]：ADC 预分频器。由软件置 1 和清零，以选择 ADC 的时钟频率。该时钟为所有 ADC 所公用。

00：PCLK2 2 分频；　01：PCLK2 4 分频，工程默认配置 PCLK2 是 84MHz；

10：PCLK2 6 分频；　11：PCLK2 8 分频。

需要特别注意的是，在 STM32F407ZGT6 的官方手册中，有 ADC 时钟频率的限制说明（见表 3.10），因此进行分频值设置时，要先计算好分频后的时钟是否在允许的范围内。

表 3.10　ADC 特性

符号	参数	条件	最小值	典型值	最大值	单位
V_{DDA}	电源电压			1.8		V
V_{REF+}	参考电压			1.8		V
f_{ADC}	ADC 时钟	V_{DDA}=1.8～2.4V	0.6	15	18	MHz
		V_{DDA}=2.4～3.6V	0.6	30	36	MHz

位 15:14—DMA[1:0]：直接存储器访问模式（对于多重 ADC 模式）。此位由软件置 1 和清零。

00：禁止 DMA 模式；

01：使能 DMA 模式 1（逐个传输双重或三重 ADC，ADC 结果为半字：ADC1、ADC2、ADC3 依次进行）；

10：使能 DMA 模式 2（成对传输双重或三重 ADC，ADC 结果为半字：ADC2 和 ADC1、ADC1 和 ADC3、ADC3 和 ADC2 依次进行）；

11：使能 DMA 模式 3（成对传输双重或三重 ADC，ADC 结果为字节：ADC2 和 ADC1、

ADC1 和 ADC3、ADC3 和 ADC2 依次进行）。

位 13—DDS：DMA 禁止选择（对于多重 ADC 模式）。此位由软件置 1 和清零。

0：最后一次传输后不发出新的 DMA 请求（在 DMA 控制器中进行配置），DMA[1:0]位不通过硬件清零，但必须在生成新的 DMA 请求前，通过软件清零并设置为需要的模式。

1：只要数据发生转换且 DMA[1:0]=01、10 或 11，便会发出 DMA 请求。

位 11:8—DELAY[3:0]：2 个采样阶段之间的延迟。由软件置 1 和清零，这些位在双重或三重模式下使用。

0000：5 * TADCCLK；　　0001：6 * TADCCLK；　　0010：7 * TADCCLK；

……

1111：20 * TADCCLK。

位 4:0—MULTI[4:0]：多重 ADC 模式选择。通过软件写入这些位可选择操作模式。

00000：单一模式

00001：规则同时+注入同时组合模式。

00010：规则同时+交替触发组合模式。

00011：保留。

00101：仅注入同时模式。

00110：仅规则同时模式。

01001：仅交替触发模式。

10001：规则同时+注入同时组合模式。

10010：规则同时+交替触发组合模式。

10011：保留。

10101：仅注入同时模式。

10110：仅规则同时模式仅交错模式。

11001：仅交替触发模式。

其他所有组合均需保留且不允许编程。

注意：在多重模式下，更改通道配置会产生中止，进而导致同步丢失。建议在更改配置前禁用多重 ADC 模式。

3.8.4　ADC 模块应用示例

下面利用光敏电阻调节电压，并且利用 STM32F407ZGT6 的 ADC 模块来采集电压并进行处理。

1．硬件原理图分析

光敏电阻电路图如图 3.71 所示。

从图 3.71 可以看出，ADC 的基准电压为 3.3V，模拟信号接在 PA4 引脚上，该引脚具有 ADC1_IN4 功能。PA4 引脚上接有一个光敏电阻，根据光照强度不同，电阻值发生变化，导致输出电压不同，并将这个模拟电压送入 STM32F407ZGT6 的 ADC 模块进行测量且转换成数字量。

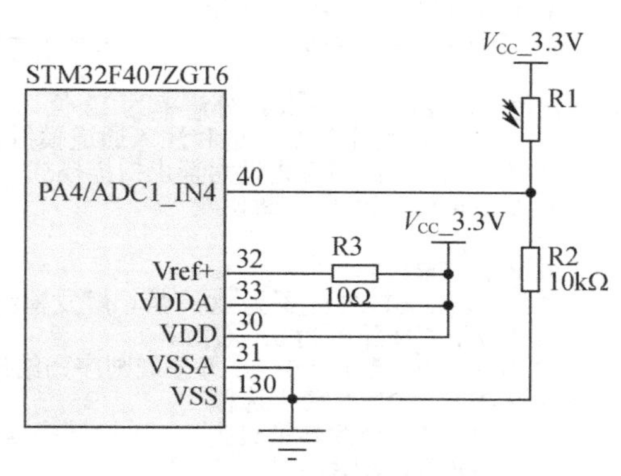

图 3.71　光敏电阻电路图

2．软件设计思路

① 初始化 PA4：开 PA 组时钟、复用功能配置为模拟功能。

② 初始化 ADC：开 ADC1 的时钟；配置 ADC_CCR，即配置 ADC 时钟分频比；配置 ADC_CR1，设置为 12 位分辨率（默认）、禁止规则通道和注入通道模拟看门狗、禁止扫描模式、使能 EOC 中断（其实 ADC_CR1 初始化只需要配置这一项，其他默认即可）；配置 ADC_CR2，选择规则组为软件触发方式（默认）、数据右对齐（默认）、禁止 DMA(默认)、禁止连续转换（默认）、使能 ADC 模块（其实 ADC_CR2 初始化只需要配置这一项，其他默认即可）；配置 ADC_SMPR2，根据需要自由配置转换时间，本次只使用 ADC_IN4 一个通道，因此需要配置 ADC_SMPR2 中的 SMP0[2:0]；配置 ADC_SQR1[23:20]（本次使用规则转换，只使用 ADC_IN4 一个通道，因此选择转换 1 次）；配置 ADC_SQR3[4:0]。

③ ADC 中断配置：本次使用中断方式实现 A/D 转换，因此配置使能 EOC 中断后，还需要在 NVIC 中断控制器中配置 ADC 中断优先级和使能的相关信息。

④ 编写 ADC 中断服务函数：本次使用规则组，采用软件触发方式进行 A/D 转换，因此中断服务程序中需要判断 ADC_SR 寄存器中的 EOC 位是否为 1，来确定 ADC 已经转换完成，读取数值保存，并且设置一个普通变量标志，让主程序可以根据标志打印结果，且启动新的一次转换。

⑤ 启动 ADC 运行转换：配置 ADC_CR2 中的 SWSTART 位为 1，启动一次转换，启动后该位会自动清零。

⑥ main 函数根据 ADC 中断服务程序设置的标志，打印输出结果并且启动新的一次转换。

3．核心代码实现

本节在前面实现 UART 示例工程的基础增加有关 ADC 模块代码，使用 UART 输出 ADC 模块的转换结果。

（1）初始化函数

```
/*函数功能：ADC1_IN4 单次单通道转换
函数形参：无
函数返回值：无
备注：PA4 ->ADC1_IN4*/
void adc1_in4_init(void)
{
    RCC->AHB1ENR |=1<<0;            //开 PA 组时钟
    GPIOA->MODER |=0X3<<8;          //PA4 配置为模拟功能

    RCC->APB2ENR |=1<<8;            //开 ADC1 时钟
    ADC->CCR &=~(0X3<<16);
    ADC->CCR |=1<<16;               //配置 4 分频值，ADCCLK=21MHz

    /*位 25、24 配置为 00：分辨率为 12 位
    位 23、22：禁止规则通道和注入通道模拟看门狗
    位 8 SCAN：扫描模式设为禁止扫描模式
    位 5 EOCIE：EOC 中断使能
    */
    ADC1->CR1=1<<5;
    /*29、28 EXTEN 配置为 00：禁止触发检测(使用软件触发转换)
    位 11 ALIGN 配置为 0：右对齐
    位 10 EOCS 配置为 0：在每个规则序列结束时将 EOC 位置 1
    位 9 DDS：DMA 禁止选择
    位 1 CONT：连续转换设为 0，单次转换模式
    位 0 ADON：ADC 开启/关闭*/
    ADC1->CR2 |=1<<0;

    //选择注入通道，单次不扫描模式
```

```
    ADC1->SMPR2=7<<0;              //480 个周期的采样时间；转换结束需要 23.4μs
    ADC1->SQR1=1<<20;              //总共转换 1 次
    ADC1->SQR3=4<<0;               //第 1 次转换是通道 4

    //NVIC 中断使能配置：默认优先级，这里仅使能，优先级和分组策略用户可根据需要自行配置
    NVIC_EnableIRQ(ADC_IRQn);
}
```

（2）启动 ADC 转换函数

```
/*函数功能：软件方式启动一次 ADC 规则转换
函数形参：无
函数返回值：无
备注：无*/
void adc1_swstart(void)
{
    ADC1->CR2 |=1<<30;
}
```

（3）中断服务函数

```
/*函数功能：ADC 中断服务函数
函数形参：无
函数返回值：无
备注：在转换完成时设置完成标志 adc_ok_flag=1，并且保存转换结果到 adc_value，读取 A/D 转换结果，使用
串口输出。*/
u16 adc_ok_flag;                        //A/D 转换完成标志
u16 adc_value;                          //存放 ADC 数据
void ADC_IRQHandler(void)
{
    if(ADC1->SR &(1<<5))
    {
        ADC1->SR &=~(1<<5);             //清中断标志
        printf("adc 数据溢出\r\n");
    }
    if(ADC1->SR &(1<<1))
    {
        ADC1->SR &=~(1<<1);             //清中断标志
        adc_ok_flag=1;                  //设置转换完成标志，主程序处理数据
        adc_value=ADC1->DR;             //保存结果
    }
}
```

（4）主函数

```
/*函数功能：主程序中根据 adc_ok_flag 来处理转换结果*/
int main(void)
{
    Delay_Init(168);                    //延时初始化
    uart1_init(UART_BDR);               //初始化 USART1
    printf("adc test\r\n");
    adc1_in4_init();                    //ADC 初始化
    adc1_swstart();                     //启动 A/D 转换
    while(1)
    {
        if(adc_ok_flag==1)              //判断是否有转换完成
        {
            adc_ok_flag=0;
            printf("adc_value=%d\r\n", adc_value);    //输出采样的 ADC 值
            adc1_swstart();                           //重启一次转换
        }
    }
}
```

3.9 DMA 模块原理

3.9.1 DMA 概述

直接存储器访问简称 DMA，它利用硬件的方式，在外设与存储器之间及存储器与存储器之间提供高速数据传输，即无须 CPU 操作的情况下通过 DMA 快速搬运数据。利用 DMA 可进行 3 种方向的数据传输。①外设传输数据到存储器，DMA 把外设某个寄存器的数据传输到存储器的缓冲区，例如可以使用 DMA 把 UART 模块数据寄存器（DR）接收到的内容保存到存储器分配的缓冲区中（通常是一个数组）；②存储器传输数据到外设，DMA 把存储器缓冲区的数据传输到外设的某个寄存器中，例如，可以使用 DMA 把要通过 UART 模块发送出去的数据（保存在存储器中的数组或字符串）搬运到 UART 模块数据寄存器（DR）中；③存储器传输数据到存储器，即把一块内存空间或片内 Flash 空间的数据使用 DMA 搬运到另外一块内存空间中去。搬运数据的过程中无须 CPU 执行传统的 for 循环程序，即可实现数据的复制，整个复制过程是由 DMA 模块的硬件自动完成的。

STM32F40x 有 2 个 DMA 控制器，16 个数据流，每个控制器控制 8 个数据流，并且每一个 DMA 控制器都用于管理一个或多个外设的存储器访问请求，每个数据流总共最大可以有 8 个通道或称 DMA 请求，每个通道都有一个仲裁器，用于处理 DMA 请求间的优先级问题。

3.9.2 DMA 主要特点

DMA 主要有以下特点：①STM32F40x 有 2 个 DMA 控制器，具有双 AHB 主总线架构，一个用于存储器访问，另一个用于外设访问；②仅支持 32 位访问的 AHB 从器件编程接口；③每个数据流都支持通过软件触发存储器到存储器的传输（仅限 DMA2 控制器）；④通过硬件可以将每个数据流配置为支持外设到存储器、存储器到外设和存储器到存储器传输的常规通道；⑤要传输的数据项的数目可以由 DMA 控制器或外设管理，其中 DMA 控制器管理要传输的数据项的数目为 1～65535，可用软件编程设置，外设管理要传输的数据项的数目未知，由源或目标外设控制，这些外设通过硬件发出传输结束的信号；⑥每个数据流都支持循环缓冲区管理；⑦5 个事件标志（DMA 半传输、DMA 传输完成、DMA 传输错误、DMAFIFO 错误、直接模式错误）进行逻辑或运算，从而产生每个数据流的单个中断请求。

3.9.3 DMA 模块框架分析

下面通过分析 DMA 模块框架图，从宏观上认识 DMA 模块的结构及其基本的工作原理，如图 3.72 所示。

图 3.72 中，每个 DMA 控制器有 8 个数据流，每个数据流有多达 8 个通道或称 DMA 请求，REQ_STRx_CHy(其中 x 取值为 0～7，y 取值为 0～7)分别表示 8 个数据流，其中每个数据流有 8 个通道，但是每个数据流的 8 个通道同一时间只能有一个通道在工作。8 个数据流如果同时请求了 DMA 模块传输数据，则有可能产生冲突，此时 DMA 模块内部带的仲裁器可以设置每个数据流请求的优先级别，其中有 4 个级别：非常高、高、中、低，在软件优先级相同的情况下，可以通过硬件决定优先级。通过配置，可以将每个数据流配置为支持外设到存储器、存储器到外设和存储器到存储器传输的常规通道。

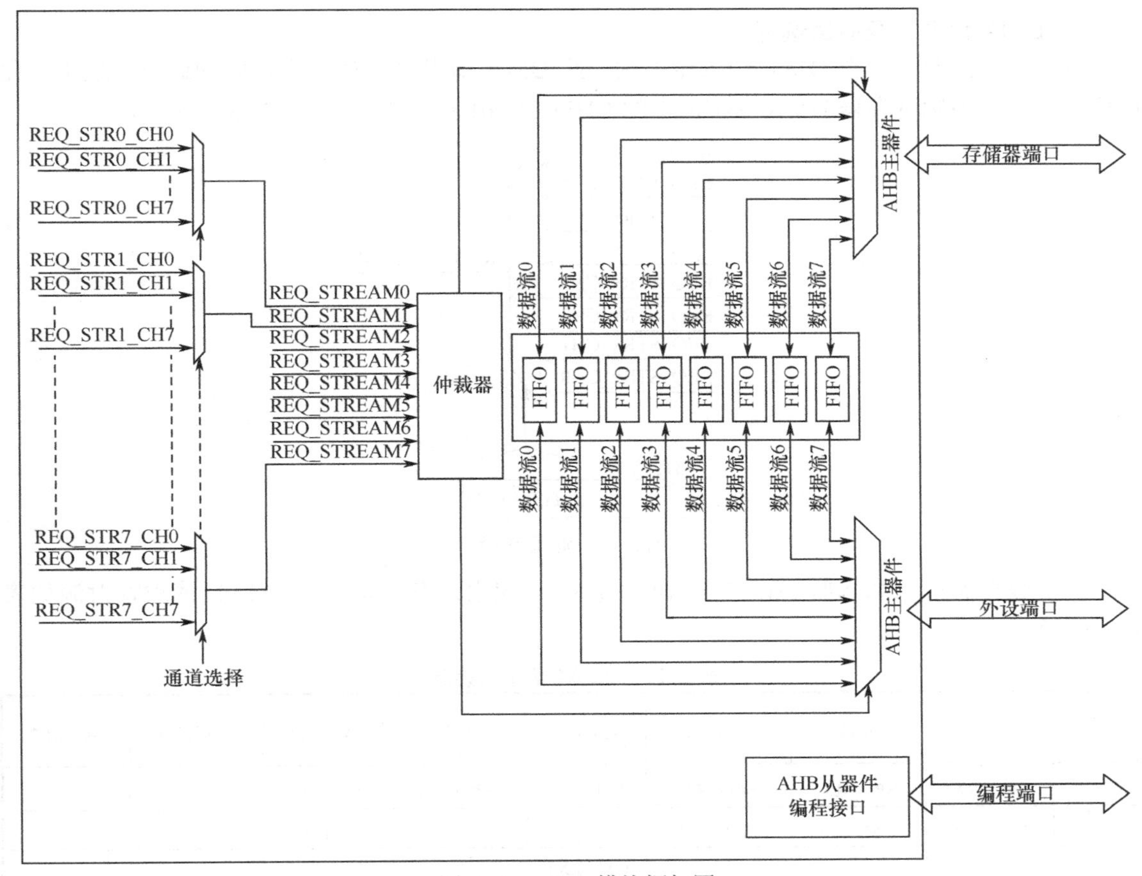

图 3.72　DMA 模块框架图

3.9.4　如何使用 DMA

DMA 是一个独立的片上外设模块，只需要 CPU 给它发送要执行的工作内容的相关指令，启动它执行工作后，后面数据传输的工作全部由硬件自动完成，因此，使用 DMA 的重点是要设置好 DMA 模块的参数，DMA 才可以准确地完成 CPU 分配下来的工作。简单来说，DMA 要完成一次数据传输工作，需要确认以下信息。

- 选择合适的 DMA 数据流和通道传输数据。一般情况下，DMA 每个数据流可以和哪些外设配合使用是有规定的，这一点可以从芯片的官方手册中得知。
- 确认好数据传输方向类型。DMA 数据传输方向有 3 种：外设到存储器、存储器到外设、存储器到存储器。
- 确认等待传输的数据源地址和数据搬运的目标地址。
- 如何搬运数据呢？要设置好 DMA 控制器的各个参数，如搬运的数据总字节数量、每次搬运的字节数（分别包含数据源和目标地址数据位宽度）、源地址和目标地址每次搬运地址变化模式（地址递增或不变）。
- 配置 DMA 中断功能。DMA 搬运数据完成后是否产生中断以通知 CPU 去处理。

所有配置完成后，启动 DMA 传输数据，DMA 硬件会根据设置的参数来自动搬运数据，如果使能了 DMA 的某些中断功能，则在发生对应事件的阶段会产生中断事件通知 CPU 进行处理。

1. DMA 数据流及通道选择

每个数据流都与一个 DMA 请求相关联，此 DMA 请求可以从 8 个可能的通道中选出，此选择由数据流控制寄存器 DMA_SxCR 中的 CHSEL[2:0]这 3 位控制，如图 3.73 所示。

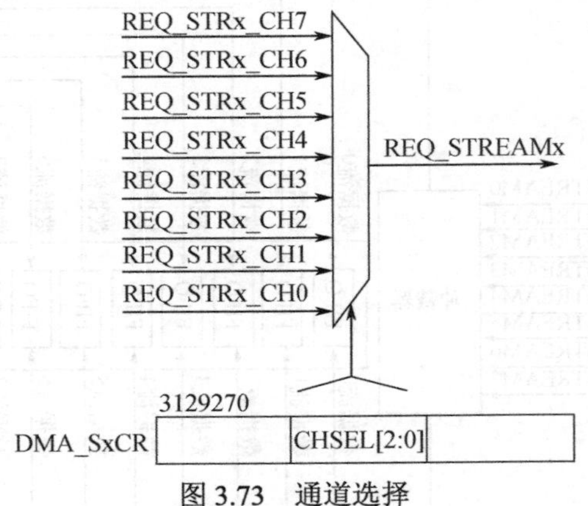

图 3.73 通道选择

每个数据流可以和哪些外设或请求映射源配合使用是有规定的，DMA1 请求映射源如表 3.11 所示。

表 3.11 DMA1 请求映射源

外设请求	数据流 0	数据流 1	数据流 2	数据流 3	数据流 4	数据流 5	数据流 6	数据流 7
通道 0	SPI3_RX	SPI3_RX	SPI2_RX	SPI2_TX	SPI3_TX	SPI3_TX		
通道 1	I2C1_RX	TIM7_UP	TIM7_UP	I2C1_RX	I2C1_TX	I2C1_TX		
通道 2	TIM4_CH1	I2S3_EX_RX	TIM4_CH2	I2S2_EXT_TX	I2S3_EXT_TX	TIM4_UP	TIM4_CH3	
通道 3	I2S3_EXT_RX	TIM2_UP TIM2_CH3	I2C3_RX	I2S2_EXT_RX	I2C3_TX	TIM2_CH1	TIM2_CH2 TIM2_CH4	TIM2_CH4 TIM2_UP
通道 4	UART5_RX	USART3_RX	UART4_RX	USART3_TX	UART4_TX	USART2_RX	USART2_TX	UART5_TX
通道 5	UART8_TX*	UART7_TX*	TIM3_CH4 TIM3_UP	UART7_RX*	TIM3_CH1 TIM3_TRIG	TIM3_CH2	UART8_RX*	TIM3_CH3
通道 6	TIM5_CH3 TIM5_UP	TIM5_CH4 TIM5_TRIG	TIM5_CH1	TIM5_CH4 TIM5_TRIG	TIM5_CH2	TIM5_UP		
通道 7		TIM6_UP	I2C2_RX	I2C2_RX	USART3_TX	DAC1	DAC2	I2C2_TX

注：标有*的这些请求仅在 STM32F42xxx 和 STM32F43xxx 上可用。

DMA2 请求映射源如表 3.12 所示。

表 3.12 DMA2 请求映射源

外设请求	数据流 0	数据流 1	数据流 2	数据流 3	数据流 4	数据流 5	数据流 6	数据流 7
通道 0	ADC1		TIM8_CH1 TIM8_CH2 TIM8_CH3		ADC1		TIM1_CH1 TIM1_CH2 TIM1_CH3	
通道 1		DCMI	ADC2	ADC2		SPI6_TX*	SPI6_RX*	DCMI
通道 2	ADC3	ADC3		SPI5_RX*	SPI5_TX*	CRYP_OUT	CRYP_IN	HASH_IN
通道 3	SPI1_RX		SPI1_RX	SPI1_TX		SPI1_TX		
通道 4	SPI4_RX*	SPI4_TX*	USART1_RX	SDIO		USART1_RX	SDIO	USART1_TX

续表

外设请求	数据流 0	数据流 1	数据流 2	数据流 3	数据流 4	数据流 5	数据流 6	数据流 7
通道 5		USART6_RX	USART6_RX	SPI4_RX*	SPI4_TX*		USART6_TX	USART6_TX
通道 6	TIM1_TRIG	TIM1_CH1	TIM1_CH2	TIM1_CH1	TIM1_CH4 TIM1_TRIG TIM1_COM	TIM1_UP	TIM1_CH3	
通道 7		TIM8_UP	TIM8_CH1	TIM8_CH2	TIM8_CH3	SPI5_RX*	SPI5_TX*	TIM8_CH4 TIM8_TRIG TIM8_COM

注：标有*的这些请求仅在 STM32F42xxx 和 STM32F43xxx 上可用。

在使用外设与存储器进行数据搬运的过程中，注意选择好数据流和通道。如果没有这个功能，则不能进行数据搬运。另外，存储器与存储器只能使用 DMA2，任何数据流和通道都可以操作。

2．源、目标及数据流传输模式

源和目标传输在整个 4GB 区域即地址为 0x0000 0000～0xFFFF FFFF 内都可以寻址外设和存储器。传输方向使用 DMA_SxCR 寄存器中的 DIR[1:0]这两位进行配置，有 3 种可能的传输方向：存储器到外设、外设到存储器及存储器到存储器，如表 3.13 所示。

表 3.13　源和目标的地址

DMA_SxCR 寄存器的位 DIR[1:0]	方向	源地址	目标地址
00	外设到存储器	DMA_SxPAR	DMA_SxM0AR
01	存储器到外设	DMA_SxM0AR	DMA_SxPAR
10	存储器到存储器	DMA_SxPAR	DMA_SxM0AR
11	保留	—	—

当数据宽度（在 DMA_SxCR 寄存器的 PSIZE 或 MSIZE 位中编程）分别是半字或字时，写入 DMA_SxPAR 或 DMA_SxM0AR/M1AR 寄存器的外设或存储器地址必须分别在字或半字地址的边界对齐。

（1）外设到存储器模式

外设到存储器模式如图 3.74 所示。

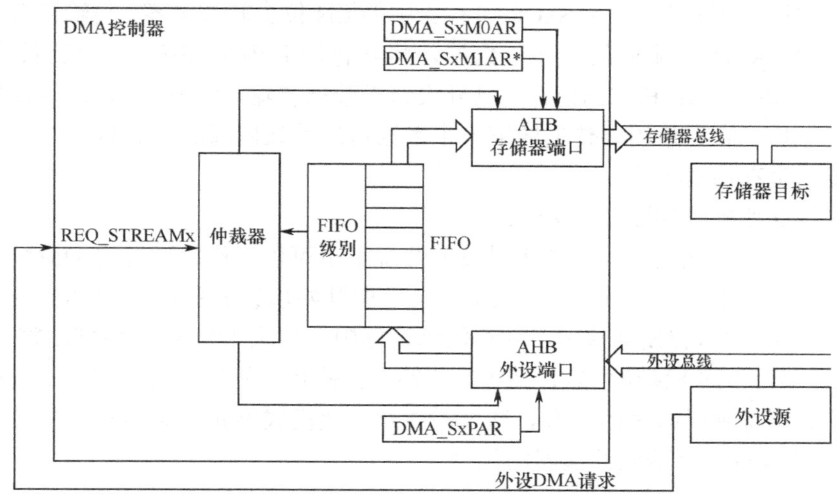

图 3.74　外设到存储器模式

图 3.74 中标*的 DMA_SxM1AR 表示用于双缓冲区模式，该模式每次产生外设请求，数据流都会启动数据源到 FIFO 的传输，当达到 FIFO 的阈值级别时，FIFO 的内容移出并存储到目标中，每完成一次从外设到 FIFO 的数据传输后，相应的数据立即就会移出并存储到目标中。在直接模式下（当 DMA_SxFCR 寄存器中的 DMDIS 位为 0 时），不使用 FIFO 阈值级别，如果 DMA_SxNDTR 寄存器达到零、外设请求传输终止（在使用外设流控制器的情况下）或 DMA_SxCR 寄存器中的 EN 位由软件清零，传输即会停止。

（2）存储器到外设模式

存储器到外设模式如图 3.75 所示。

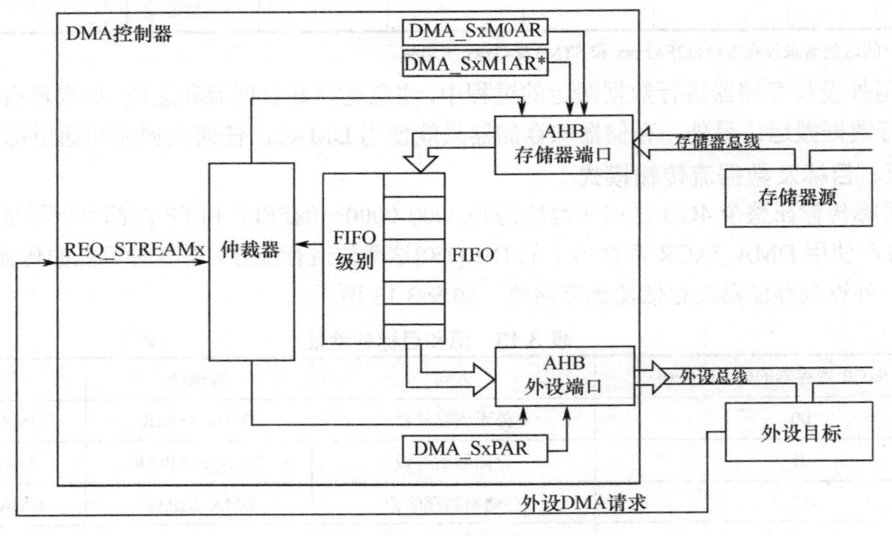

图 3.75 存储器到外设模式

图 3.75 中标*的 DMA_SxM1AR 表示用于双缓冲区模式，使能该模式（将 DMA_SxCR 寄存器中的 EN 位置 1）时，数据流会立即启动传输，从源完全填充 FIFO，每次发生外设请求，FIFO 的内容都会移出并存储到目标中，当 FIFO 的级别小于或等于预定义的阈值级别时，将使用存储器中的数据完全重载 FIFO，在直接模式下（当 DMA_SxFCR 寄存器中的 DMDIS 位为 0 时），不使用 FIFO 阈值级别。如果 DMA_SxNDTR 寄存器达到 0、外设请求传输终止（在使用外设流控制器的情况下）或 DMA_SxCR 寄存器中的 EN 位由软件清零，传输即会停止。一旦使能了数据流，DMA 便会预装载第一个数据，将其传输到内部 FIFO。预装载的数据大小为 DMA_SxCR 寄存器中 PSIZE 位的值，一旦外设请求数据传输，DMA 便会将预装载的值传输到配置的目标，然后，它会使用要传输的下一个数据再次重载内部的空 FIFO。

（3）存储器到存储器模式

存储器到存储器模式如图 3.76 所示。

此模式 DMA 通道在没有外设请求触发的情况下也可以工作。通过将 DMA_SxCR 寄存器中的使能位(EN)置 1 来使能数据流时，数据流会立即开始填充 FIFO，直至达到阈值级别。达到阈值级别后，FIFO 的内容便会移出，并存储到目标中。如果 DMA_SxNDTR 寄存器达到 0 或 DMA_SxCR 寄存器中的 EN 位由软件清零，传输即会停止。使能一次数据流，搬移的数据量等于一次搬移的数据量乘以搬移的次数。这里需注意，此模式不允许循环模式和直接模式，并且只有 DMA2 能够执行存储器到存储器的传输。

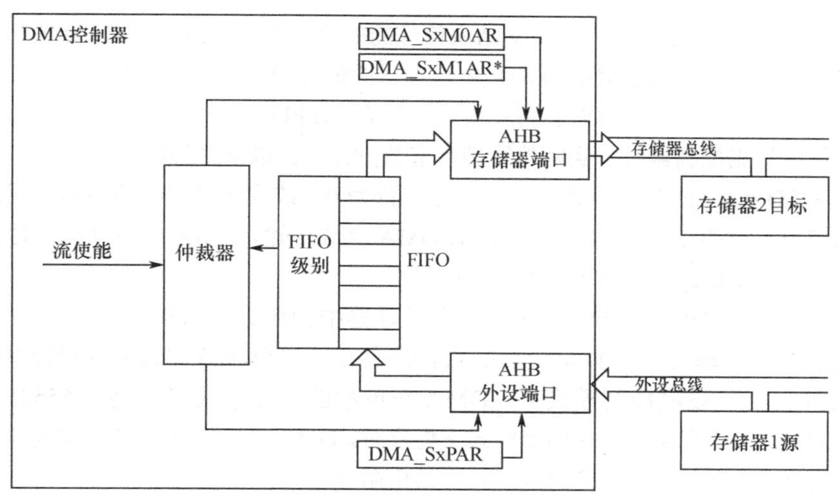

图 3.76　存储器到存储器模式

3. 地址递增

地址递增有相应的要求，就是一次搬移数据量后地址增加多少，例如，一次搬移一字节数据，地址递增 1。根据 DMA_SxCR 寄存器中 PINC 和 MINC 位的状态，外设和存储器指针在每次传输后可以自动向后递增或保持常量。通过单个寄存器访问外设源或目标数据时，禁止递增模式十分有用。如果使能了递增模式，则根据在 DMA_SxCR 寄存器 PSIZE 或 MSIZE 位中编程的数据宽度，下一次传输的地址将是前一次传输的地址递增 1（对于字节）、2（对于半字）或 4（对于字）。

4. 循环模式

循环模式可用于处理循环缓冲区和连续数据流（如 ADC 扫描模式），可以使用 DMA_SxCR 寄存器中的 CIRC 位使能此功能。当激活循环模式时，要传输的数据项的数目在数据流配置阶段自动用设置的初始值进行加载，并继续响应 DMA 请求。要注意的是，如果在非循环模式下配置数据流，传输结束后（要传输的数据数目达到零），除非软件重新对数据流编程并重新使能数据流（通过将 DMA_SxCR 寄存器中的 EN 位置 1），否则 DMA 即会停止传输（通过硬件将 DMA_SxCR 寄存器中的 EN 位清零）并且不再响应任何 DMA 请求。

5. DMA 中断

对于每个 DMA 数据流，可在发生以下事件时产生中断：①达到半传输；②传输完成；③传输错误；④FIFO 错误（上溢、下溢或 FIFO 级别错误）；⑤直接模式错误。

DMA 中断请求标志如表 3.14 所示。

表 3.14　DMA 中断请求标志

中断事件	事件标志	使能控制位
半传输	HTIF	HTIE
传输完成	TCIF	TCIE
传输错误	TEIF	TEIE
FIFO 错误	FEIF	FEIE
直接模式错误	DMEIF	DMEIE

6. 流控制器

控制要传输的数据数目的实体称为流控制器。此流控制器使用 DMA_SxCR 寄存器中的 PFCTRL 位针对每个数据流独立配置。这一项配置很关键，如果配置不正确会导致传输错误。流控制器可以是：

（1）DMA 控制器

在这种情况下，要传输的数据项的数目在使能 DMA 数据流之前由软件编程到 DMA_SxNDTR 寄存器。

（2）外设或目标

当要传输的数据项的数目未知时属于这种情况。当所传输的是最后的数据时，外设通过硬件向

DMA 控制器发出指示。仅限能够发出传输结束信号的外设支持此功能，如 SDIO 模块，当外设流控制器用于给定数据流时，写入 DMA_SxNDTR 寄存器的值对 DMA 传输没有作用。实际上，不论写入什么值，一旦使能数据流，硬件即会将该值强制置为 0xFFFF。

外设源或目标为流控制器时，实际传输的字节数量计算分以下几种情况。

① 当软件把 DMA_SxCR 寄存器中的 EN 位重置为 0，或收到最后的硬件信号正常中断时，状态寄存器中相应数据流的 TCIFx 位置 1 以指示 DMA 完成传输。DMA 传输期间，传输的数据项的数量为 0xFFFF 减去 DMA_SxNDTR 寄存器的值。

② 当 DMA_SxNDTR 寄存器达到 0，状态寄存器中相应数据流的 TCIFx 位置 1，以指示强制的 DMA 传输完成，即使尚未置位最后的数据硬件信号（单独或突发），已传输的数据不会丢失。这意味着即使在外设流控制模式下，DMA 在单独的事务中最多可处理 65535 个数据项。

需要注意的是，当在存储器到存储器模式下配置时，DMA 控制器始终是流控制器，而 PFCtrl 位由硬件强制置为 0，并且在外设流控制器模式下禁止循环模式。

3.9.5 DMA 模块核心寄存器

1. DMA 低中断状态寄存器(DMA_LISR)

该寄存器保存了 DMA0～3 这 4 个数据流的工作状态信息，其中包含传递完成状态和传输错误状态。

31	30	29	28	27	26	25	24	23	22	21	20	19	18	17	16
保留				TCIF3	HTIF3	TEIF3	DMEIF3	保留	FEIF3	TCIF2	HTIF2	TEIF2	DMEIF2	保留	FEIF2
r	r	r	r	r	r	r	r		r	r	r	r	r		r

15	14	13	12	11	10	9	8	7	6	5	4	3	2	1	0
保留				TCIF1	HTIF1	TEIF1	DMEIF1	保留	FEIF1	TCIF0	HTIF0	TEIF0	DMEIF0	保留	FEIF0
r	r	r	r	r	r	r	r		r	r	r	r	r		r

位 27、21、11、5—TCIFx(x=3..0)：数据流 x 传输完成中断标志位。

0：数据流 x 上无传输完成事件；　　1：数据流 x 上发生传输完成事件。

位 26、20、10、4—HTIFx(x=3..0)：数据流 x 半传输中断标志位。

0：数据流 x 上无半传输事件；　　1：数据流 x 上发生半传输事件。

位 25、19、9、3—TEIFx(x=3..0)：数据流 x 传输错误中断标志位。

0：数据流 x 上无传输错误；　　1：数据流 x 上发生传输错误。

位 24、18、8、2—DMEIFx(x=3..0)：数据流 x 直接模式错误中断标志位。

0：数据流 x 上无直接模式错误；　　1：数据流 x 上发生直接模式错误。

位 22、16、6、0—FEIFx(x=3..0)：数据流 x FIFO 错误中断标志位。

0：数据流 x 上无 FIFO 错误事件；　　1：数据流 x 上发生 FIFO 错误事件。

说明：这些位将由硬件置 1，由软件清零，软件只需将 1 写入 DMA_LIFCR 寄存器的相应位即可。

2. DMA 高中断状态寄存器(DMA_HISR)

该寄存器保存了 DMA4～7 这 4 个数据流的工作状态信息，其中包含传递完成状态、传输错误状态。

位 27、21、11、5—TCIFx(x=7..4)：数据流 x 传输完成中断标志位。

0：数据流 x 上无传输完成事件；　　1：数据流 x 上发生传输完成事件。

位 26、20、10、4—HTIFx(x=7..4)：数据流 x 半传输中断标志位。

0：数据流 x 上无半传输事件；　　1：数据流 x 上发生半传输事件。

31	30	29	28	27	26	25	24	23	22	21	20	19	18	17	16
保留				TCIF7	HTIF7	TEIF7	DMEIF7	保留	FEIF7	TCIF6	HTIF6	TEIF6	DMEIF6	保留	FEIF6
				r	r	r	r		r	r	r	r	r		r
15	**14**	**13**	**12**	**11**	**10**	**9**	**8**	**7**	**6**	**5**	**4**	**3**	**2**	**1**	**0**
保留				TCIF5	HTIF5	TEIF5	DMEIF5	保留	FEIF5	TCIF4	HTIF4	TEIF4	DMEIF4	保留	FEIF4
				r	r	r	r		r	r	r	r	r		r

位 25、19、9、3—TEIFx(x=7..4)：数据流 x 传输错误中断标志位。

0：数据流 x 上无传输错误；　　　　1：数据流 x 上发生传输错误。

位 24、18、8、2—DMEIFx(x=7..4)：数据流 x 直接模式错误中断标志位。

0：数据流 x 上无直接模式错误；　　1：数据流 x 上发生直接模式错误。

位 22、16、6、0—FEIFx(x=7..4)：数据流 x FIFO 错误中断标志位。

0：数据流 x 上无 FIFO 错误事件；　　1：数据流 x 上发生 FIFO 错误事件。

说明：这些位将由硬件置 1，由软件清零，软件只需将 1 写入 DMA_HIFCR 寄存器的相应位。

3. DMA 低中断标志清零寄存器(DMA_LIFCR)

该寄存器用于清零 DMA0～3 这 4 个数据流的中断标志。

31	30	29	28	27	26	25	24	23	22	21	20	19	18	17	16
保留				CTCIF3	CHTIF3	CTEIF3	CDMEIF3	保留	CFEIF3	CTCIF2	CHTIF2	CTEIF2	CDMEIF2	保留	CFEIF2
				w	w	w	w		w	w	w	w	w		w
15	**14**	**13**	**12**	**11**	**10**	**9**	**8**	**7**	**6**	**5**	**4**	**3**	**2**	**1**	**0**
保留				CTCIF1	CHTIF1	CTEIF1	CDMEIF1	保留	CFEIF1	CTCIF0	CHTIF0	CTEIF0	CDMEIF0	保留	CFEIF0
				w	w	w	w		w	w	w	w	w		w

位 27、21、11、5—CTCIFx(x=3..0)：数据流 x 传输完成中断标志清零位。

位 26、20、10、4—CHTIFx(x=3..0)：数据流 x 半传输中断标志清零位。

位 25、19、9、3—CTEIFx(x=3..0)：数据流 x 传输错误中断标志清零位。

位 24、18、8、2—CDMEIFx(x=3..0)：数据流 x 直接模式错误中断标志清零位。

位 23、17、7、1—保留，必须保持复位值。

位 22、16、6、0—CFEIFx(x=3..0)：数据流 x FIFO 错误中断标志清零位。

说明：这些位将 1 写入时，DMA_LISR 寄存器中相应的中断标志就会被清零。

4. DMA 高中断标志清零寄存器(DMA_HIFCR)

该寄存器用于清零 DMA4～7 这 4 个数据流的中断标志。

31	30	29	28	27	26	25	24	23	22	21	20	19	18	17	16
保留				CTCIF7	CHTIF7	CTEIF7	CDMEIF7	保留	CFEIF7	CTCIF6	CHTIF6	CTEIF6	CDMEIF6	保留	CFEIF6
				w	w	w	w		w	w	w	w	w		w
15	**14**	**13**	**12**	**11**	**10**	**9**	**8**	**7**	**6**	**5**	**4**	**3**	**2**	**1**	**0**
保留				CTCIF5	CHTIF5	CTEIF5	CDMEIF5	保留	CFEIF5	CTCIF4	CHTIF4	CTEIF4	CDMEIF4	保留	CFEIF4
				w	w	w	w		w	w	w	w	w		w

位 27、21、11、5—CTCIFx(x=7..4)：数据流 x 传输完成中断标志清零位。

位 26、20、10、4—CHTIFx(x=7..4)：数据流 x 半传输中断标志清零位。

位 25、19、9、3—CTEIFx(x=7..4)：数据流 x 传输错误中断标志清零位。

位 24、18、8、2—CDMEIFx(x=7..4)：数据流 x 直接模式错误中断标志清零位。

位 22、16、6、0—CFEIFx(x=7..4)：数据流 x FIFO 错误中断标志清零位。

说明：这些位将 1 写入时，DMA_HISR 寄存器中相应的中断标志就会被清零。

5．DMA 数据流控制寄存器(DMA_SxCR)(x=0..7)

31	30	29	28	27	26	25	24	23	22	21	20	19	18	17	16
保留				CHSEL[2:0]			MBURST [1:0]		PBURST[1:0]		保留	CT	DBM或保留	PL[1:0]	
				rw	rw	rw	rw	rw	rw	rw		rw	rw or r	rw	rw

15	14	13	12	11	10	9	8	7	6	5	4	3	2	1	0
PINCOS	MSIZE[1:0]		PSIZE[1:0]		MINC	PINC	CIRC	DIR[1:0]		PFCTRL	TCIE	HTIE	TEIE	DMEIE	EN
rw	rw	rw	rw	rw	rw	rw	rw	rw	rw	rw	rw	rw	rw	rw	rw

位 27:25—CHSEL[2:0]：通道选择位，这些位将由软件置 1 和清零。

000：选择通道 0；　001：选择通道 1；　010：选择通道 2；　011：选择通道 3；
100：选择通道 4；　101：选择通道 5；　110：选择通道 6；　111：选择通道 7。

位 24:23—MBURST：存储器突发传输配置位，这些位将由软件置 1 和清零。

00：单次传输；　01：INCR4（4 个节拍的增量突发传输）；
10：INCR8（8 个节拍的增量突发传输）；　11：INCR16（16 个节拍的增量突发传输）。

在直接模式中，当 EN=1 时，这些位由硬件强制置为 0x0。

位 22:21—PBURST[1:0]：外设突发传输配置位，这些位将由软件置 1 和清零。

00：单次传输；　01：INCR4（4 个节拍的增量突发传输）；
10：INCR8（8 个节拍的增量突发传输）；　11：INCR16（16个节拍的增量突发传输）。

在直接模式下，这些位由硬件强制置为 0x0。

位 19—CT：当前目标位（仅在双缓冲区模式），此位由硬件置 1 和清零，也可由软件写入。

0：当前目标存储器为存储器 0（使用 DMA_SxM0AR 指针寻址）；
1：当前目标存储器为存储器 1（使用 DMA_SxM1AR 指针寻址）。

只有 EN=0 时，此位才可以写入，以指示第一次传输的目标存储区。在使能数据流后，此位相当于一个状态标志，用于指示作为当前目标的存储区。

位 18—DBM：双缓冲区模式位。

0：传输结束时不切换缓冲区；　1：DMA 传输结束时切换目标存储区。

位 17:16—PL[1:0]：优先级设置位。

00：低；　01：中；　10：高；　11：非常高。

位 15—PINCOS：外设增量偏移量位。

0：用于计算外设地址的偏移量与 PSIZE[1:0]位相关；
1：用于计算外设地址的偏移量固定为 4（32 位对齐）。

如果 PINC=0，则此位没有意义。如果选择直接模式或 PBURST[1:0]不等于 00，则当使能数据流（EN=1）时，此位由硬件强制置为低电平。

位 14:13—MSIZE[1:0]：存储器数据大小位。

00：字节（8 位）；　01：半字（16 位）；　10：字（32 位）；　11：保留。

在直接模式下，当 EN=1 时，MSIZE[1:0]位由硬件强制置为与 PSIZE[1:0]相同的值。

位 12:11—PSIZE[1:0]：外设数据大小位。

00：字节（8 位）；　01：半字（16 位）；　10：字（32 位）；　11：保留。

位 10—MINC：存储器递增模式位。

0：存储器地址指针固定；
1：每次数据传输后，存储器地址指针递增（增量为 MSIZE[1:0]的值）。

此位受到保护，只有 EN=0 时才可以写入。

位 9—PINC：外设递增模式位。

0：外设地址指针固定；1：每次数据传输后，外设地址指针递增（增量为 PSIZE[1:0]的值）

位 8—CIRC：循环模式位。此位由软件置 1 和清零，并可由硬件清零。

0：禁止循环模式；　　1：使能循环模式

如果外设为流控制器（PFCTRL=1）且使能数据流（EN=1），由硬件自动强制清零。如果 DBM 位置 1，当使能数据流（EN=1）时，此位由硬件自动强制置 1。

位 7:6—DIR[1:0]：数据传输方向位。

00：外设到存储器；　　01：存储器到外设；　　10：存储器到存储器；　　11：保留。

位 5—PFCTRL：外设流控制器位。

0：DMA 是流控制器；　　1：外设是流控制器。

选择存储器到存储器模式（DIR[1:0]=10）后，此位由硬件自动强制清零。

位 4—TCIE：传输完成中断使能位。

0：禁止传输完成中断；　　1：使能传输完成中断。

位 3—HTIE：半传输中断使能位。

0：禁止半传输中断；　　1：使能半传输中断。

位 2—TEIE：传输错误中断使能位。

0：禁止传输错误中断；　　1：使能传输错误中断。

位 1—DMEIE：直接模式错误中断使能位。

0：禁止直接模式错误中断；　　1：使能直接模式错误中断。

位 0—EN：数据流使能/读作低电平时数据流就绪标志位。

0：禁止数据流；　　1：使能数据流。

以下情况下，此位可由硬件清零：

● DMA 传输结束时（准备好配置数据流）；

● AHB 主总线出现传输错误时；

● 存储器 AHB 端口上的 FIFO 阈值与突发大小不兼容时。

此位为 0 时，软件可以对 DMA 数据流控制寄存器。DMA_SxCR 和 FIFO 控制寄存器 DMA_SxFCR 编程。EN 位读作 1 时，禁止向这些寄存器执行写操作，需要注意的是，将 EN 位置 1 以启动新传输之前，DMA_LISR 或 DMA_HISR 寄存器中与数据流相对应的事件标志必须清零。

6. DMA 数据流数据项数目寄存器(DMA_SxNDTR)(x=0..7)

31	30	29	28	27	26	25	24	23	22	21	20	19	18	17	16
保留															

15	14	13	12	11	10	9	8	7	6	5	4	3	2	1	0
NDT[15:0]															
rw	rw	rw	rw	rw	rw	rw	rw	rw	rw	rw	rw	rw	rw	rw	rw

位 15:0—NDT[15:0]：要传输的数据项数目。要传输的数据项数目（0～65535）只有在禁止数据流时，才能向此寄存器执行写操作。使能数据流后，此寄存器为只读，用于指示要传输的剩余数据项数目，每次 DMA 传输后，此寄存器将递减。传输完成后，此寄存器保持为零（数据流处于正常模式时），或者在以下情况下自动以先前编程的值重载：

● 以循环模式配置数据流时；

● 通过将 EN 位置 1 来重新使能数据流时。

如果该寄存器的值为零，则即便使能数据流，也无法完成任何事务。

7．DMA 数据流外设地址寄存器(DMA_SxPAR)(x=0..7)

31	30	29	28	27	26	25	24	23	22	21	20	19	18	17	16
PAR[31:16]															
rw	rw	rw	rw	rw	rw	rw	rw	rw	rw	rw	rw	rw	rw	rw	rw
15	**14**	**13**	**12**	**11**	**10**	**9**	**8**	**7**	**6**	**5**	**4**	**3**	**2**	**1**	**0**
PAR[15:0]															
rw	rw	rw	rw	rw	rw	rw	rw	rw	rw	rw	rw	rw	rw	rw	rw

位 31:0～PAR[31:0]：外设地址。读写数据的外设数据寄存器的基址，只有 DMA_SxCR 寄存器中的 EN=0 时才可以写入。

8．DMA 数据流存储器 0 地址寄存器(DMA_SxM0AR)(x=0..7)

31	30	29	28	27	26	25	24	23	22	21	20	19	18	17	16
M0A[31:16]															
rw	rw	rw	rw	rw	rw	rw	rw	rw	rw	rw	rw	rw	rw	rw	rw
15	**14**	**13**	**12**	**11**	**10**	**9**	**8**	**7**	**6**	**5**	**4**	**3**	**2**	**1**	**0**
M0A[15:0]															
rw	rw	rw	rw	rw	rw	rw	rw	rw	rw	rw	rw	rw	rw	rw	rw

位 31:0～M0A[31:0]：存储器 0 地址，读写数据的存储区 0 的基址。这些位受到写保护，只有在以下情况下才可以写入：

- 禁止数据流（DMA_SxCR 寄存器中的 EN=0）；
- 使能数据流（DMA_SxCR 寄存器中的 EN=1）且 DMA_SxCR 寄存器中的 CT=1（在双缓冲区模式下）。

9．DMA 数据流存储器 1 地址寄存器(DMA_SxM1AR)(x=0..7)

31	30	29	28	27	26	25	24	23	22	21	20	19	18	17	16
M1A[31:16]															
rw	rw	rw	rw	rw	rw	rw	rw	rw	rw	rw	rw	rw	rw	rw	rw
15	**14**	**13**	**12**	**11**	**10**	**9**	**8**	**7**	**6**	**5**	**4**	**3**	**2**	**1**	**0**
M1A[15:0]															
rw	rw	rw	rw	rw	rw	rw	rw	rw	rw	rw	rw	rw	rw	rw	rw

位 31:0～M1A[31:0]：存储器 1 地址（用于双缓冲区模式）。读写数据的存储区 1 的基址。此寄存器仅用于双缓冲区模式。只有在以下情况下才可以写入：

- 禁止数据流（DMA_SxCR 寄存器中的 EN=0）；
- 使能数据流（DMA_SxCR 寄存器中的 EN=1）且 DMA_SxCR 寄存器中的 CT=0。

10．DMA 数据流 FIFO 控制寄存器(DMA_SxFCR)(x=0..7)

31	30	29	28	27	26	25	24	23	22	21	20	19	18	17	16
保留															
15	**14**	**13**	**12**	**11**	**10**	**9**	**8**	**7**	**6**	**5**	**4**	**3**	**2**	**1**	**0**
保留								FEIE	保留	FS[2:0]			DMDIS	FTH[1:0]	
								rw		r	r	r	rw	rw	rw

位 7—FEIE：FIFO 错误中断使能位。

0：禁止 FIFO 错误中断；　　1：使能 FIFO 错误中断。

位 5:3—FS[2:0]：FIFO 状态位。这些位为只读。

000：0<fifo_level<1/4；　001：1/4≤fifo_level<1/2；　010：1/2≤fifo_level<3/4；

011：3/4≤fifo_level<满；100：FIFO 为空；　101：FIFO 已满。（fifo_level 为阈值级别）

在直接模式（DMDIS 位为零）下，这些位无意义。

位 2—DMDIS：直接模式禁止位。此位由软件置 1 和清零，也可由硬件置 1。此位受到保护，只有 EN=0 时才可以写入。

0：使能直接模式；　　1：禁止直接模式。

如果选择存储器到存储器模式（DMA_SxCR 中的 DIR=10），并且 DMA_SxCR 寄存器中的 EN=1，则此位由硬件置 1，因为在存储器到存储器模式配置时不能使用直接模式。

位 1:0—FTH[1:0]：FIFO 阈值选择位。

00：FIFO 容量的 1/4；　　01：FIFO 容量的 1/2；

10：FIFO 容量的 3/4；　　11：FIFO 完整容量。

在直接模式（DMDIS 位为零）下，不使用这些位。这些位受到保护，只有 EN=1 时才可以写入。

3.9.6 DMA 数据流配置流程

STM32F40x DMA 数据流配置流程如下：

① 清零 DMA_SxCR 寄存器中的 EN 位将其禁止，然后读取此位直到真正变成 0 为止。

② 配置 DMA_SxCR 寄存器：选择通道、单次传输/突发传输、是否双缓冲模式，设置通道优先级、存储器传输数据大小、外设传输数据大小、存储器/外设地址递增模式、数据方向、外设流控制器、是否采用循环模式及 DMA 相关中断使能（根据需要使能）。

③ 在 DMA_SxNDTR 寄存器中配置要传输的数据项的总数，每出现一次外设事件或每出现一个节拍的突发传输，该值都会递减。

④ 在 DMA_SxPAR 寄存器中设置外设端口寄存器地址。

⑤ 在 DMA_SxMA0R 寄存器（如使用双缓冲区模式，还需要配置 DMA_SxMA1R 寄存器）中设置存储器地址。

⑥ 在 DMA_SxFCR 寄存器中配置 FIFO 的使用情况（使能或禁止，发送和接收阈值级别）。

⑦ 启用 DMA 数据流通道工作。

3.9.7 DMA 模块示例

本示例在前面 ADC 模块示例的基础上增加了 DMA 功能，使用 DMA 模块自动读取 ADC 数据寄存器 ADC_DR 的值，保存到数组缓冲区中，然后每 100 次 ADC 采集求平均值并打印输出。

1．硬件原理图分析

硬件原理图分析见 3.8.4 节。

2．软件设计分析

① 初始化 ADC：ADC 初始化的大部分内容与 3.8.4 节的示例相同，不同点如下：

- 不再需要 ADC 模块转换完成中断来读取 A/D 转换结果；
- 由于要使用 DMA 传输，需要开启 ADC 模块的 DMA 传输功能。

② DMA 初始化：本示例使用 DMA2 的数据流 0 的通道 0（查表 3.12 得出可以使用哪个通道），DMA 把 A/D 转换的数据搬运到内存缓冲区（一般是一个数组）中，该需求属于外设到存储器模式，外设地址固定，存储器地址递增。每采集 100 次再求平均值输出 A/D 转换结果，因此传输数量设置为 100 次、采用循环模式、流控制器是 DMA，每搬运 100 个数据，就产生 DMA 传输完成中断，在 DMA 传输完成中断服务程序中求平均值。当然，也可以不使用中断，在 main 函数中检测 DMA 低中断状态寄存器(DMA_LISR)的 TCIF0 位是否为 1，来判断是否已经完成 100 次 ADC 采集。

③ 主程序：主程序通过在每完成 100 次数据采集后求平均值然后使用 USART1 输出结果。

3．核心代码实现

（1）ADC 初始化

```
/*函数功能：ADC 初始化
函数形参：无
函数返回值：无
备注：PA4->ADC12_IN4*/
void adc1_in4_init(void)
{
    RCC->AHB1ENR |=1<<0;        //开 PA 组时钟
    GPIOA->MODER |=0X3<<8;   //PA4 配置为模拟功能

    RCC->APB2ENR |=1<<8;        //开 ADC1 时钟
    ADC->CCR &=~(0X3<<16);
    ADC->CCR |=1<<16;            //配置 4 分频值，ADCCLK=21MHz
    /*位 25、24：分辨率为 12 位
    位 23、22：禁止规则通道和注入通道模拟看门狗
    位 8 SCAN：扫描模式配置为禁止扫描模式*/

    /*位 29、28 EXTEN 配置为 00：禁止触发检测(使用软件触发转换)
    位 11 ALIGN 配置为 0：右对齐
    位 10 EOCS 配置为 0：在每个规则序列结束时将 EOC 位置 1
    位 9DDS：DMA 禁止选择配置为 1，表示只要发生数据转换且 DMA=1，即发出 DMA 请求
    位 8DMA：直接存储器访问模式配置为 1，表示使能 DMA 模式
    位 1CONT：连续转换配置为 1，表示连续转换模式
    位 0ADON：ADC 开启/关闭*/
    ADC1->CR2 |=(1<<9)|(1<<8)|(1<<1)|(1<<0);

    //选择注入通道，单次不扫描模式
    ADC1->SMPR2=7<<0;                  //480 个周期的采样时间；转换结束需要 23.4μs
    ADC1->SQR1=1<<20;                  //总共转换 1 次
    ADC1->SQR3=4<<0;                   //第 1 次转换是通道 4
}
```

（2）启动 ADC

```
/*函数功能：软件方式启动一次 ADC 规则转换
函数形参：无
函数返回值：无
备注：无*/
void adc1_swstart(void)
{
    ADC1->CR2 |=1<<30;
}
```

（3）DMA2 初始化

```
/*函数功能：针对 ADC 传输 DMA2 数据流 0 初始化
函数形参：ch:通道号；m_addr: 存储器地址；p_addr:外设地址;data_num：传输数量；msize:数据位宽
函数返回值：无
备注：注意本函数默认配置为存储器地址递增*/
void DMA2_stream_0_p2m_init(u32 ch,u32 m_addr, u32 p_addr, u32 msize, u32 data_num)
{

    RCC->AHB1ENR |=1<<22;                          //开 DMA2 时钟
    DMA2_Stream0->CR=0;                            //关闭数据流
    while(DMA2_Stream0->CR &(1<<0)){ }             //等待数据流关闭成功
    msize&=3;
    /*位 27、25 CHSEL[2:0]：选择通道 0
    位 24、23 MBURST[1:0]：单次传输
    位 17、16 PL[1:0]：优先级最高
    位 15 PINCOS：外设增量偏移量 PINC=0，则此位没有意义
    位 14、13 MSIZE[1:0]：存储器数据大小，01，半字（16 位）
    位 12、11 PSIZE[1:0]：外设数据大小，01，半字（16 位）
    位 10 MINC：存储器递增模式，1
```

```
    位 9 PINC：外设递增模式，0
    位 8 CIRC：循环模式，1
    位 7:6 DIR[1:0]：数据传输方向，00
    位 5 PFCTRL：外设流控制器，0
    位 4 TCIE：传输完成中断使能 0，禁止*/
    DMA2_Stream0->CR |=(ch<<25)|(3<<16)|(msize<<13)|(msize<<11)|(1<<10)|(0<<9) |(1<<8) |(0<<6)|(0<<5 )|
            (0<<4);

    DMA2_Stream0->NDTR=data_num;              //配置传输数量
    DMA2_Stream0->PAR=p_addr;                 //配置外设地址
    DMA2_Stream0->M0AR=m_addr;                //配置存储器地址

    /*数据流 FIFO 控制配置*/
    DMA2_Stream0->FCR &=~(0X1<<2);            //使用直接模式

    /*所有信息配置完成再启动 DMA*/
    DMA2_Stream0->CR |=1<<0;                  //启动 DMA
}
```

（4）主程序

```
/*函数功能：main 主函数
函数形参：无
函数返回值：无
备注：无*/
#define   UART_BDR   115200             //定义波特率
//ADC_DR 寄存器宏定义，A/D 转换后的数字值则存放在这里
#define   RHEOSTAT_ADC_DR_ADDR     ((u32)ADC1+0x4c)
int main(void)
{
    Delay_Init(168);                    //延时初始化
    uart1_init(UART_BDR);               //初始化 USART1
    printf("DMAtest\r\n");
     //ADC1 的 DMA 初始化
     adc1_in4_init();                   //ADC 初始化
    dma2_stream_0_p2m_init(0,(u32)&adc_buffer,RHEOSTAT_ADC_DR_ADDR,1,ADC_BUF_SIZE);
     adc1_swstart();                    //启动 A/D 转换
while(1)
    {
         //判断是否有转换完成
         if(DMA2->LISR & 1<<5)   //判断是否已经传输完成
        {
              DMA2->LIFCR=1<<5; //清 DMA 传输完成标志
              //求平均值
              u32   i=0,sum=0, adc_value;
              for(i=0;i<ADC_BUF_SIZE;i++)
                     sum +=adc_buffer[i];
              adc_value=sum/ADC_BUF_SIZE;
                     printf("adc_value=%d\r\n",adc_value ); //输出采样的 ADC 值
        }
    }
}
```

思考题及习题

3.1 使用寄存器配置方式，如何使能 GPIOF 端口的硬件？

3.2 使用寄存器配置方式，如何配置 PF10 为输出模式、PE13 为输入模式？

3.3 使用寄存器配置方式，编写引脚电平输出控制函数。

3.4 使用寄存器配置方式，编写读取输入引脚电平的函数。

3.5 使用寄存器配置方式，根据图 3.77 原理图，实现跑马灯功能。

3.6 使用寄存器配置方式，根据图 3.78，实现按键控制灯的亮、灭，每个按键控制一个 LED 灯，实现按一下亮、再按一下灭，如此循环。

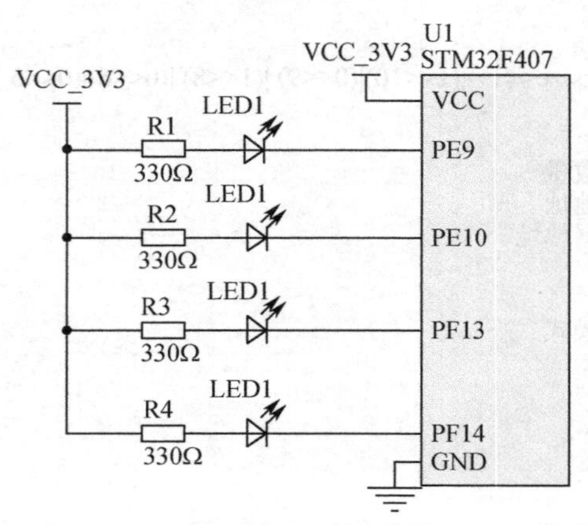

图 3.77 题 3.5 电路图

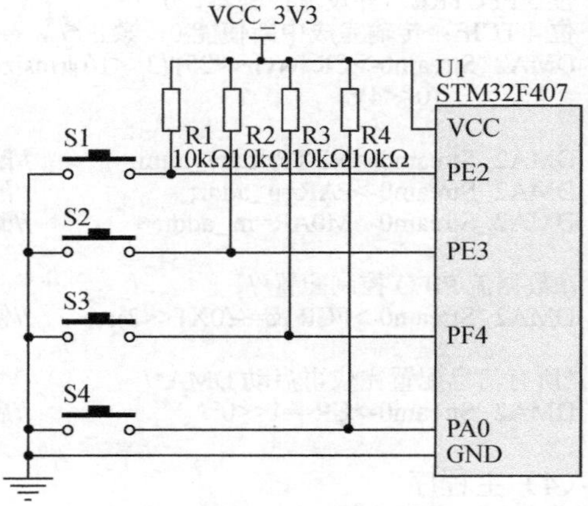

图 3.78 题 3.6 电路图

3.7 结合图 3.77 和图 3.78，编程实现 4 个按键中断，正确控制 LED1～LED4 的亮、灭。

3.8 编程实现 3 个按键中断不同的抢占优先级，且分别控制 LED1～LED3。中断抢占优先级分别设置如下：

按键 1——抢占优先级 1；

按键 2——抢占优先级 2；

按键 3——抢占优先级 3。

① 若轮流按下按键 3→按键 2→按键 1，请说明 LED1～LED3 的亮、灭现象。

② 若轮流按下按键 1→按键 2→按键 3，请说明 LED1～LED3 的亮、灭现象。

3.9 描述串口数据帧中的起始位、数据位、停止位的作用。

3.10 编程实现串口中断，正确控制 LED1～LED4 的亮、灭，要求如下：

① 接收到数据 0x00，则 LED1 点亮；接收到数据 0xF0，则 LED1 熄灭。

② 接收到数据 0x01，则 LED2 点亮；接收到数据 0xF1，则 LED2 熄灭。

③ 接收到数据 0x02，则 LED3 点亮；接收到数据 0xF2，则 LED3 熄灭。

④ 接收到数据 0x03，则 LED4 点亮；接收到数据 0xF3，则 LED4 熄灭。

3.11 描述 I^2C 的起始信号、应答信号、停止信号的细节。

3.12 根据 I^2C 时序图，编写代码实现向 AT24C02 的连续写入与连续读取。

3.13 结合 DMA 和 UART 模块内容，编写代码实现 USART1 通过 DMA 方式发送数据。

3.14 综合应用：结合定时器、UART 实现程序运行时间统计并且存储，以及通过 UART 与上位机通信修改 EEPROM 的运行时间。

第 4 章　μC/OS-III 实时操作系统原理及实践

4.1　操作系统基础

操作系统是计算机中最基本的程序，负责计算机系统中全部软硬件资源的分配与回收、控制与协调等并发的活动。它的基本思想是隐藏底层不同硬件的差异，向在其上运行的应用程序提供一个统一的调用接口，其核心工作是任务管理、任务调度、进程间的通信、内存管理。

实时操作系统是指当外界事件或数据产生时，能够检测到并以足够快的速度进行处理，同时控制所有任务协调一致运行的操作系统，提供及时响应和高可靠性是其主要特点。在实时操作系统中，共有 5 个状态，分别是停止/休眠状态、就绪状态、运行状态、挂起/等待状态、中断状态，操作系统运行在这 5 个状态中。下面以 μC/OS 实时操作系统为例进行介绍，其状态如图 4.1 所示。

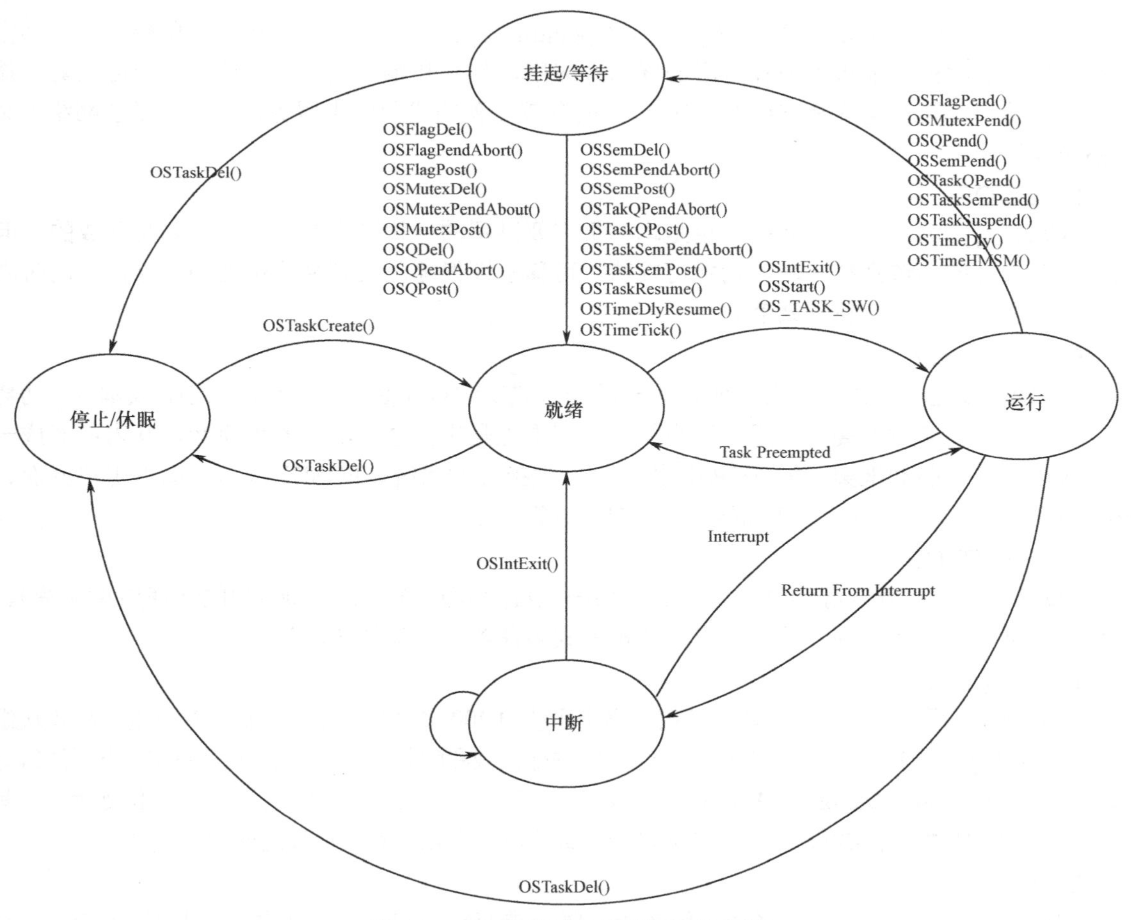

图 4.1　μC/OS 实时操作系统的状态图

4.1.1 常见嵌入式操作系统

1. QNX

QNX是一种商用的遵从POSIX规范的类UNIX硬实时操作系统,主要是面向嵌入式系统。它具有高可靠性、低风险、高级安全机制、低能耗、可扩展等特点，具有广泛的板卡和GPU加速图形支持。

2. Android

Android（安卓）是一种基于Linux内核的自由及开放源码的操作系统。最初由Andy Rubin开发，开发的目的主要是为了支持手机，后被Google收购。2007年11月，Google与84家硬件制造商、软件开发商及电信营运商组建开放手机联盟，共同研发Android系统。该系统以Apache开源许可证的授权方式，发布了Android的源码。

3. Linux

Linux全称为GNU/Linux，是一套免费使用和自由传播的类UNIX操作系统，它广泛支持硬件，开放源码，具有高效率、高灵活性等特点，并且具有良好的可移植性，在多任务、多用户方面表现优异，同时具有强大的网络功能，能在PC上实现全部的UNIX特性，提供完善的进程通信、线程同步等服务，网络功能非常强大，支持动态链接、文件系统等。

4. eCos

eCos的全称是Embedded Configurable Operating System，它是一个开源、免费的实时操作系统，适合实时处理需求和内存有限的嵌入式应用，具有开源、免费、小巧、功能可裁剪、移植性强等特点，同时支持POSIX标准接口，拥有较完善的线程同步服务，内部集成了网络、文件系统等模块。

5. μC/OS

μC/OS是一款实时操作系统，也是本书重点要讲解的一款操作系统，其源码是开放的，但商用是要收费的，该系统小巧，功能可裁剪，可移植性很强，具有高稳定性和可靠性，同时同优先级任务支持时间片轮转调度。

6. RT-Thread

RT-Thread是一款由我国自主研发的开源嵌入式实时操作系统，具有体积小、成本低、功耗低、启动快速、实时性高、占用资源小等特点，重点是它完全开源，商用免费，其内部集成一系列应用组件和驱动框架，如TCP/IP协议栈、虚拟文件系统、POSIX接口、图形用户界面、FreeModbus主从协议栈、CAN框架、动态模块等。

7. FreeRTOS

FreeRTOS是一款开源实时嵌入式操作系统,设计小巧、简单易用、源码开放(商用也免费)、可移植性强，支持多种硬件平台，也支持抢占式多任务、时间片轮转调度。

8. VxWorks

VxWorks采用基于微内核的体系结构，整个系统由400多个相对独立、短小精炼的目标模块组成，用户可以根据自己的需要，选择适当的模块进行裁减和配置。VxWorks采用GNU类型的编译和调试器，支持x86、Motorola MC68xxx、PowerPC、MIPS、ARM、i960等主流的32位处理器，其可靠性强，实时性也非常好，是嵌入式领域应用最广泛、市场占有率最高的商业系统之一。

9. iOS

iOS是由苹果公司开发的移动操作系统，属于类UNIX的商业操作系统最初是给iPhone设计使用的，后来陆续套用到iPod、iPad及Apple TV等产品上。

4.1.2 操作系统的分类

操作系统按基本调度原则可分为两类，一类是分时操作系统，另一类为实时操作系统。

1．分时操作系统

分时操作系统是以时间片为基本调度原则的操作系统，在它基础上编写的软件，对执行时间的要求并不严格，程序获得处理器服务时间的长短或者错误一般不会造成灾难性的后果。分时操作系统的典型代表如 Windows 操作系统。

2．实时操作系统

实时操作系统是以优先级为基本调度原则的操作系统，在它基础上编写的软件，对执行时间的要求比较严格。与分时操作系统相比，其最大的特色就是“实时性”，即在规定的时间范围内要执行完任务，延时较短，如果时间超时或者错误，一般会造成灾难性的后果，如汽车的刹车系统，就必须用实时操作系统而不能用分时操作系统。实时操作系统的典型代表有 VxWorks、eCos、FreeRTOS、RT-Thread、μC/OS-II、μC/OS-III 等。

4.1.3 裸机程序与操作系统的比较

裸机程序又称前后台程序，其与操作系统在代码结构上有比较大的不同。一般而言，裸机程序的特点是在 main 函数中先初始化硬件，再进入 while(1)循环，而实时操作系统同样有一个 main 函数，在 main 函数中也是先进行初始化硬件，但不再有 while(1)循环，而是分别创建好所有任务，最后启动操作系统。而每一个任务代码和裸机程序的 main 函数一样，先进行外设的初始化，再进入 while(1)循环，进行功能代码的处理。

1．裸机程序代码结构

```
int main(void)
{
    ...                         //CPU 内核初始化
    ...                         //外设初始化
    while(1)
    {
        function1(...);         //功能 1 函数代码
        function2(...);         //功能 2 函数代码
        function3(...);         //功能 3 函数代码
        ...
    }
}
```

2．实时操作系统程序代码结构

```
int main(void)
{
    ...             //CPU 内核初始化
    ...             //外设初始化
    void Task1(...);//创建任务 1
    void Task2(...);//创建任务 2
    void Task3(...);//创建任务 3
    ...
    启动操作系统      //启动
}

void Task1(void *argv)
{
    ...            //外设初始化
    while(1)
    {
        ...     //任务 1 的功能处理代码
    }
}
```

3．实时操作系统的程序特点

从以上程序框架可以看出，实时操作系统的 main 函数中不再有 while(1)循环，而是将功能划分为一个个任务模块，在每个任务模块里都有 while(1)循环，这样可以使代码结构更清晰，更易于程序后期的维护和移植，同时操作系统提供任务管理、通信、内存管理等机制。

4.2 初识 μC/OS-III 操作系统

4.2.1 系统简介

1．μC/OS 概述

μC/OS 是一款业界公认的嵌入式实时操作系统，截至目前，已发行了 3 个版本，其中 1992 推出的 μC/OS-I，几乎没有人使用了；1998 年推出的 μC/OS-II，目前还有很多设备使用；2009 年推出的 μC/OS-III，在市场上慢慢成为主流，目前正在逐步取代 μC/OS-II。

2．μC/OS-III 的特点

μC/OS-III 是一款可裁剪、可剥夺型抢占式多任务实时操作系统，它总是执行当前优先级最高的就绪任务，对于系统支持的任务数量没有限制，采用锁定内核调度方式而不是关中断方式来保护内部数据结构和变量的临界段，因此具有极短的关中断时间。当多个优先级相同的任务同时就绪并且这些任务的优先级是当前最高优先级时，系统会轮转调度这些任务。另外，系统具有丰富的系统服务，如任务管理、时间管理、信号量、事件标志组、互斥信号量、消息列队、软件定时器、存储块管理等，提供了多个内核对象，如任务、信号量、互斥信号量、事件标记组、消息列队、定时器、存储块等。同时，系统能实现实时性能测试、向任务直接发送信号量和消息、同时等待多个内核对象。

3．可剥夺型概念

当一个事件发生，使得更高优先级的任务就绪时，μC/OS-III 会立即将 CPU 的控制权剥夺，转交给更高优先级的任务使用，这个过程看起来好像是高优先级任务“抢占”了 CPU，这样的操作系统称为可剥夺型操作系统。对于判断系统是否是实时操作系统，可根据“可剥夺型”为判断依据。

4.2.2 源码结构

μC/OS-III 系统源码可以在官方网站直接下载，下载后分类移植到 STM32 工程结构中，如图 4.2 所示。

4.2.3 μC/OS 系统裁剪

系统裁剪其实就是修改系统的配置文件，μCOSIII_CONFIG 文件夹中存放了系统的各个配置文件，通过定义这些文件中宏的值，可以轻易地裁剪 μC/OS-III 的功能，具体涉及的部分配置文件说明如下。

① os_cfg.h：系统相关代码配置，这部分是拓展性的，比如配置是否裁剪定时器等内核对象的宏。

② os_cfg_app.h：系统相关代码配置，这部分是必须设置的，如任务堆栈、时钟节拍频率、消息缓冲池、软件定时器等。

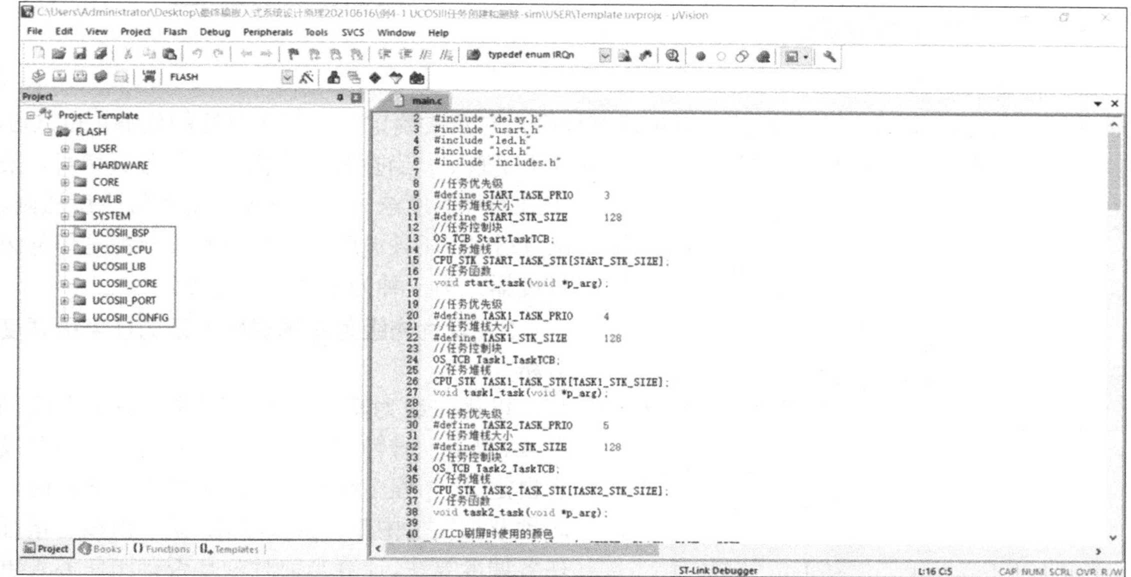

图 4.2　μC/OS 实时操作系统源码结构

③ cpu_cfg.h：定义 CPU 相关指令（如计算前导 0）存在与否、CPU_NAME、时间戳、关中断时间测量等 CPU 相关配置。

④ lib_cfg.h：配置 μC/LIB 目录库文件代码的相关选项。

4.2.4　任务优先级

μC/OS 每个任务都有一个优先级设置，数字越小表示优先级越高。工程师在设计每个任务时，都会根据其重要程度来分配优先级。因为 μC/OS 是一个实时操作系统，高优先级的任务就绪可以抢占低优先级的任务，其中，μC/OS-I 优先级的取值范围是 0～63，μC/OS-II 在 μC/OS-I 的基础上进行了改进，将其优先级取值范围扩大为 0～255，μC/OS-III 又在 μC/OS-II 的基础上进行了改进，理论上，μC/OS-III 任务优先级的取值范围是不受限制的，但实际上也受限于表示优先级的数据类型范围，如在 32 位处理器中其最大数量为 unsigned int 类型的最大值。在 μC/OS-I、μC/OS-II 中每个任务必须具有唯一的优先级，不同任务的优先级不允许相同，但 μC/OS-III 支持不同任务设置相同的优先级，相同优先级的任务采用时间片轮转法进行调度，该功能也是 μC/OS-III 新增的功能。在 μC/OS-III 中系统使用了部分优先级，不建议用户再去修改或使用这些优先级，这些优先级分配给了 μC/OS-III 的 5 个系统内部任务。

- 优先级 0：中断服务管理任务 OS_IntQTask()。
- 优先级 1：时钟节拍任务 OS_TickTask()。
- 优先级 2：定时任务 OS_TmrTask()。
- 优先级 OS_CFG_PRIO_MAX-2：统计任务 OS_StatTask()。
- 优先级 OS_CFG_PRIO_MAX-1：空闲任务 OS_IdleTask()。

μC/OS-III 中优先级数字最大取值在 os_cfg.h 中定义，用户可根据实际需要进行修改，以下是默认定义：

```
#define OS_CFG_PRIO_MAX                64u
```

μC/OS-III 系统中使用 OS_PRIO 表示任务优先级的数据类型，这个类型是可以根据需要配置的，默认定义为 unsigned char 类型，即范围为 0～255，数值越小表示优先级越高。

4.2.5 任务调度法则

1．任务调度器

任务调度器如图 4.3 所示，其实就是调度程序，它负责确定下一个要执行的任务。μC/OS-III 任务调度器支持优先级调度原则和时间片轮转调度原则，当存在相同优先级任务就绪时，采用时间片调度法则，否则使用优先级调度法则。μC/OS-III 任务调度器又有两种，一种是任务级调度器，另一种为中断级调度器。

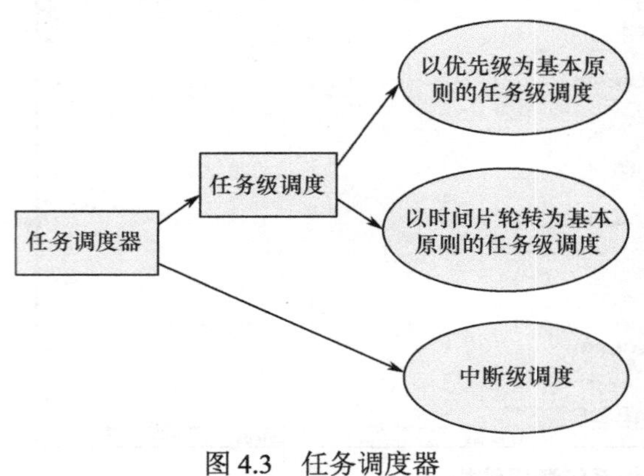

图 4.3 任务调度器

2．以优先级为基本调度原则的任务级调度分析

以优先级为基本调度原则的任务级调度如图 4.4 所示，时钟节拍中断的时间间隔可由开发者自定义。当程序在执行低优先级的任务 A 时，时钟节拍发生中断，μC/OS-III 系统内核会运行任务调度算法，计算当前时刻是否有比任务 A 更高优先级的任务就绪，此时发现任务 B 已处于就绪状态，并且优先级比任务 A 高，此时以优先级为基本调度原则，任务 A 的 CPU 使用权被抢占了，转去执行任务 B。任务 B 执行完后，还没有到时钟节拍定义的时间，此时 μC/OS-III 系统内核将切换任务到低优先级的任务 A 并执行，在任务 A 执行的过程中，时钟节拍时间到，再次进行调度算法的运行，计算出当前就绪状态优先级最高的任务去执行，如此循环。

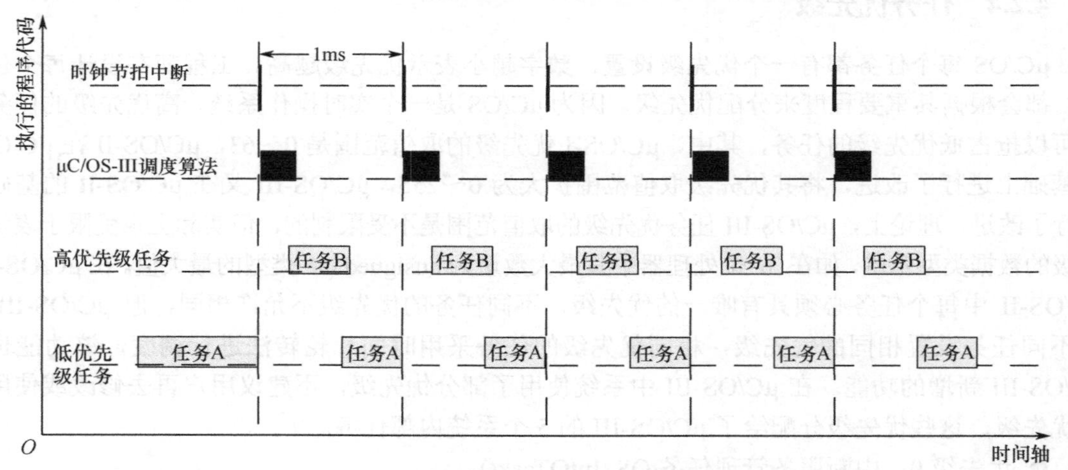

图 4.4 以优先级为调度原则的任务级调度

3．中断级调度分析

中断级调度如图 4.5 所示，低优先级任务 A 在运行的过程中发生了硬件中断，任务 A 被中断，CPU 转去执行中断服务程序，当中断服务程序执行完成后，μC/OS-III 根据中断级调度算法，计算出当前就绪表优先级最高的任务，此时任务 A 和任务 B 都处于就绪状态，因为任务 B 的优先级比任务 A 的要高，因此，CPU 转到任务 B 去执行。当任务 B 执行完后，再次执行内核的任务调度算法，找到当前就绪表中优先级最高的任务。由于任务 B 已完成，只剩下低优先级的任务 A，因此，这时 CPU 会转到任务 A 中执行。

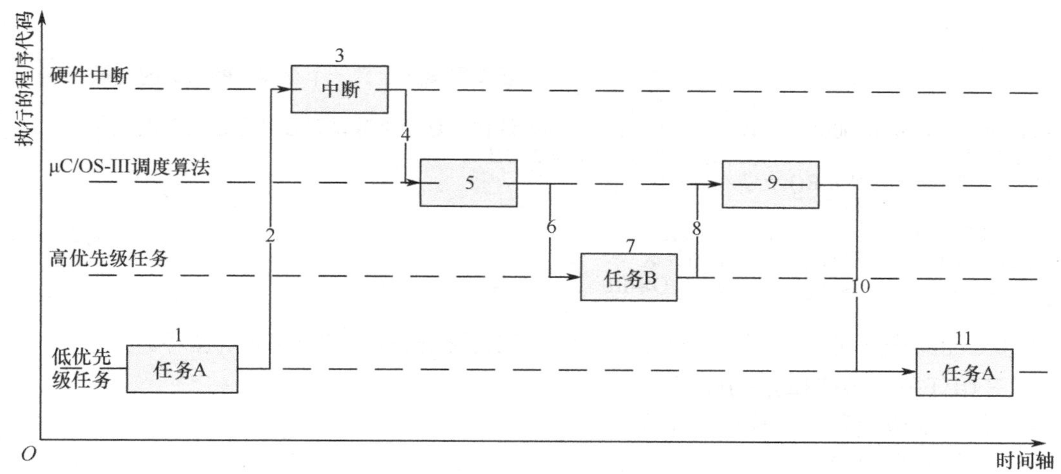

图 4.5　中断级调度

4. 以时间片轮转为基本调度原则的任务级调度分析

当 μC/OS-III 系统使能了时间片轮转调度方式，并且程序存在相同优先级的任务时，相同优先级的任务调度方式会以时间片轮转为基本调度原则。如图 4.6 所示，图中假设任务 A 和任务 B 的优先级相同，某一时刻任务 A 执行过程中，发生时钟节拍中断事件，CPU 会执行任务调度算法，此时任务表中只有任务 B 处于就绪状态，并且任务 A 和任务 B 的优先级相同，μC/OS-III 系统内核采用时间片轮转调度算法进行任务调度。由于任务 A 已用完属于它的时间片，因此，μC/OS-III 系统开始调度任务 B，直到任务 B 分配的时间片用完后，在下一个时钟节拍中断时刻再次执行任务调度算法，计算出任务 A 需要调度，从而执行任务 A 代码，如此循环。简单来说，采用时间片轮转调度算法的任务是各自运行指定长的时间片后，主动放弃 CPU 的使用权，而不存在被其他相同优先级任务抢占 CPU 的情况。

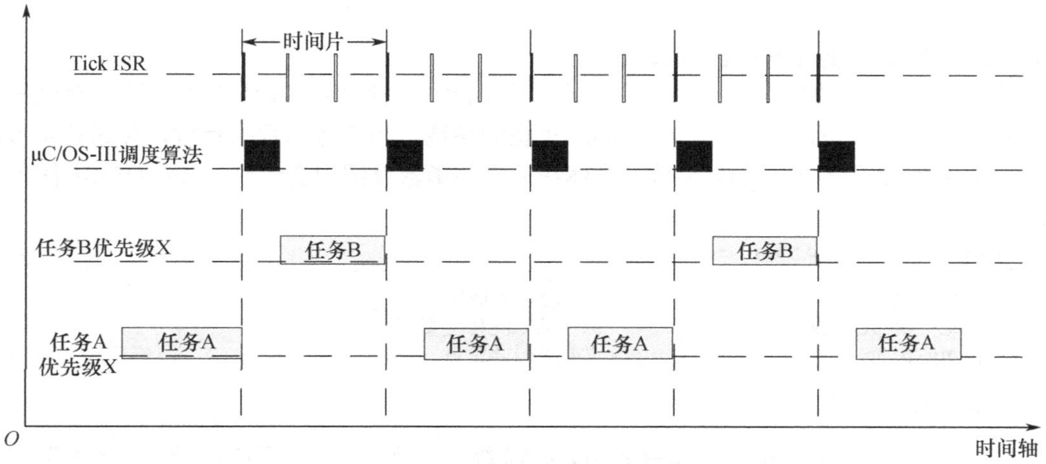

图 4.6　以时间片轮转为调度原则的任务级调度

4.2.6　程序模板

1. μC/OS-III 系统 main 程序代码结构模板

μC/OS-III 系统 main 程序代码结构模板如下所示：

```
#include "stm32f4xx.h"              //芯片寄存器定义头文件
#include "includes.h"               //μC/OS-III 头文件
int main(void)
```

```
{
    OS_ERR err;
    CPU_SR_ALLOC();          //当使用临界函数时，需要调用该宏定义一个存储 CPSR 值的变量
    ...                      //可选，外设初始化
    sysTick_Config(168000)   //必需的，Systick 时钟初始化，这个函数是开发者自己实现的
    OSInit(&err);            //必需的，初始化 μC/OS-III
    OS_CRITICAL_ENTER();     //进入临界区
    //必需的，创建开始任务
    OSTaskCreate(...);       //创建 start_task
    OS_CRITICAL_EXIT();      //退出临界区
    OSStart(&err);           //启动 μC/OS-III
}
```

观察上面的程序可以发现，main 函数已没有以前裸机程序的 while(1)循环。

2．开始任务函数代码结构模板

开始任务函数代码结构模板如下所示：

```
void start_task(void *p_arg)
{
    OS_ERR err;                      //当使用临界函数时，需要调用该宏定义一个存储 CPSR 值的变量
    CPU_SR_ALLOC();                  //存储 CPSR 变量值
    p_arg=p_arg;                     //消除编译警告
    CPU_Init();                      //CPU 初始化，可选
    OS_CRITICAL_ENTER();             //进入临界区
    //创建任务，根据需要创建用户任务
    OSTaskCreate(...);               //创建 task1_task 任务
    OSTaskCreate(...);               //创建 task2_task 任务
    ...
    OS_CRITICAL_EXIT();              //退出临界区
    OSTaskDel((OS_TCB*)0,&err);      //删除 start_task 任务自身
}
```

start_task 是开始任务，用于创建其他更多的用户任务，创建完成后，该开始任务就没有用了，需要把它删除。这里的删除并不是把代码删除，而是把 start_task 任务函数从任务表中移除，那么它将不会再被 CPU 执行。一个任务被删除，除非重新创建它，否则永远不可能再被 CPU 执行。

3．μC/OS-III 任务 1 代码结构模板

需要周期性执行的任务代码结构是一个无限循环代码结构，其代码主体类似裸机程序的 main 函数结构，不同的是其带有一个 void *类型的参数，当任务函数执行时，传递的实参就是 OSTaskCreate 函数传输的 p_arg 参数（具体在后面的函数介绍中会看到）。μC/OS-III 任务 1 代码结构模板如下所示：

```
    void task1_task(void *p_arg)
    {
        OS_ERR err;                  //存放函数调用返回值
        CPU_SR_ALLOC();              //存储 CPSR 变量值
        p_arg=p_arg;                 //消除编译警告
        ...
        while(1)
        {
    /*注意，这里编写的是任务代码，如果不是最低优先级任务，那么这里必须有让任务休眠的函数，否则根据以优先级为基本调度原则的任务级调度算法，比当前任务级别低的任务将无法得到执行。*/
        }
    }
```

4．μC/OS-III 任务 2 代码结构模板

μC/OS-III 任务 2 代码结构模板如下所示：

```
    void task2_task(void *p_arg)
    {
        OS_ERR err;                  //存放函数调用返回值
        CPU_SR_ALLOC();              //存储 CPSR 变量值
```

```
        p_arg=p_arg;                    //消除编译警告
        ...
        while(1)
        {
    /*注意，这里编写的是任务代码，如果不是最低优先级任务，那么这里必须有让任务休眠的函数，否则根据以优先级为基本调度原则的任务级调度算法，比当前任务级别低的任务将无法得到执行。*/
        }
    }
```

4.3 μC/OS-III 任务使用

4.3.1 任务的基本概念

1. 任务概述

μC/OS-III 中的任务用于将复杂问题“分而治之”。μC/OS-III 有两种任务：一种是系统内建任务，如空闲任务、统计任务等；另一种是用户任务，即开发者根据项目实际场景自己创建的任务。

2. 任务的组成

每个任务由以下部分组成。

① 任务控制块：μC/OS-III 进行任务管理用的数据结构，记录了任务的特征信息。

② 任务名称：μC/OS-III 每个任务都可自定义设置一个名称。

③ 任务函数：实现程序目标功能的核心代码。

④ 任务函数参数：当任务函数被调用时，传递给任务函数的实参。

⑤ 任务优先级：每个任务都有优先级，系统根据优先级决定执行哪一个就绪状态的任务。

⑥ 任务栈：任务切换时保存当前的程序状态、数据信息，类似函数调用时使用的栈区。

4.3.2 定义任务栈

1. 任务栈概述

μC/OS-III 系统中使用 CPU_STK 表示任务栈数据类型，对于 32 位处理器，任务栈数据类型被定义为 unsigned int 类型。任务栈本质上是一片连续的内存，一般定义为全局数组。栈大小在使用过程中难以精确计算得到。因此，在 RAM 资源允许的情况下，可以尽量分配得大一些，因为如果任务栈分配得过小，会在任务切换时无法保存全部任务数据和 CPU 状态信息，导致任务栈溢出，从而引发程序运行异常。

2. 程序中定义任务栈

程序中定义任务栈如下所示：

```
#define   START_STK_SIZE   128                        //start_task 任务栈大小
CPU_STK   START_TASK_STK[START_STK_SIZE];             //start_task 任务栈

#define   TASK1_STK_SIZE   256                        //task1_task 任务栈大小
CPU_STK   TASK1_TASK_STK[TASK1_STK_SIZE];             //task1_task 任务栈

#define   TASK2_STK_SIZE   256                        //task2_task 任务堆栈大小
CPU_STK   TASK2_TASK_STK[TASK2_STK_SIZE];             //task2_task 任务栈
```

4.3.3 定义优先级

1. 优先级概述

μC/OS-III 系统中使用 OS_PRIO 表示任务优先级数据类型，这个类型是可以根据需要配置的，默认定义为 unsigned char 类型，即范围为 0～255，数值越小优先级越高。在定义优先级时，不建议开发者使用 0、1、2 及最后 2 个优先级数值，这 5 个优先级是系统内建优先级，前面介绍已有介绍。

在 μC/OS-III 中支持不同任务使用相同优先级，若相同优先级任务都就绪了，则采用时间片轮转调度方式调度这些任务。

2．程序中定义优先级

程序中定义优先级如下所示：

```
#define START_TASK_PRIO        3   //start_task 任务优先级
#define TASK1_TASK_PRIO        5   //task1_task 任务优先级
#define TASK2_TASK_PRIO        7   //task2_task 任务优先级
```

4.3.4 定义任务控制块

1．任务控制块概述

任务控制块（Task Control Block，TCB）是内核使用的一种数据结构（类型名为 OS_TCB），用来维护任务的相关信息。在 μC/OS-III 中，每个任务都要有自己的任务控制块，在创建任务前需要开发者自行定义。当调用任务相关函数（OSTask*()这类函数）时，要把任务控制块的地址传递给所调用的函数。

2．程序中定义任务控制块

定义全局任务控制块变量如下所示：

```
OS_TCB   StartTaskTCB;        //start_task 任务控制块
OS_TCB   Task1_TaskTCB;       //task1_task 任务控制块
OS_TCB   Task2_TaskTCB;       //task2_task 任务控制块
```

4.3.5 定义任务函数

1．任务函数模板

任务函数模板如下所示：

```
void task1_task(void *p_arg)
{
    OS_ERR err;                     //存放函数调用的返回值
    CPU_SR_ALLOC();                 //存放 CPSR 变量的值
    p_arg=p_arg;                    //防止没有使用参数编译警告
    ... //任务初始化
    while(1)
    {
            ...;                             //可以被中断的用户代码
            OS_ENTER_CRITICAL();  //进入临界区（关中断）
            ...;                             //不可以被中断的用户代码
            OS_EXIT_CRITICAL();      //退出临界区（开中断）
            ...;                             //可以被中断的用户代码
            //任意让任务放弃 CPU 的函数调用，以下是延时函数，不消耗 CPU 资源
            OSTimeDlyHMSM(0,0,1,0,OS_OPT_TIME_HMSM_STRICT,&err);
    }
}
```

2．任务 1 函数示例

任务 1 函数示例如下所示：

```
void task1_task(void   *p_arg)
{
    OS_ERR err;
    CPU_SR_ALLOC();
    u8 task1_number=0;
    p_arg=p_arg;
```

```
while(1){
        task1_number=task1_number+1;                    //任务 1 执行次数加 1
        LED0=~LED0;                                     //取反 LED0 状态
printf("任务 1 已经执行：%d 次\r\n", task1_number);     //打印输出执行次数
        if(task1_number==3){
            OSTaskDel((OS_TCB*)&Task2_TaskTCB, &err); //任务 1 执行 3 次后删除任务 2
        printf("任务 1 已经删除任务 2 了!\r\n");
        }
        //延时 1s，放弃 CPU，让 CPU 去执行其他任务代码
        OSTimeDlyHMSM(0,0,1,0,OS_OPT_TIME_HMSM_STRICT,&err);
    }
}
```

3．任务 2 函数示例

任务 2 函数示例如下所示：

```
void task2_task(void *p_arg)
{
    OS_ERR err;
    CPU_SR_ALLOC();
    u8 task2_number=0; //注意是 u8 类型，最大值为 255
    p_arg=p_arg;
    while(1)
    {
        task2_number=task2_number+1;  //任务 2 执行次数加 1
        LED1=~LED1;                   //取反 LED1 状态
        printf("任务 2 已经执行：%d 次\r\n", task2_number);
        //延时 1s，放弃 CPU，CPU 去执行其他任务代码
        OSTimeDlyHMSM(0,0,1,0,OS_OPT_TIME_HMSM_STRICT,&err);
    }
}
```

4.3.6 创建任务

在 μC/OS-III 中，系统提供 OSTaskCreate()函数来创建一个任务，用户只需要掌握函数的参数及返回值即可，其内部实现原理不需要深究，对于其他系统提供的函数也是如此。

OSTaskCreate()函数原型介绍如下：

```
/*函数原型：void OSTaskCreate (OS_TCB         *p_tcb,     CPU_CHAR       *p_name,
                             OS_TASK_PTR    p_task,     void           *p_arg,
                             OS_PRIO        prio,       CPU_STK        *p_stk_base,
                             CPU_STK_SIZE   stk_limit,  CPU_STK_SIZE   stk_size,
                             OS_MSG_QTY     q_size,     OS_TICK        time_quanta,
                             void           *p_ext,     OS_OPT         opt,
                             OS_ERR         *p_err)
函数功能：创建一个用户任务，要注意的是，如果当前已经启动了系统，创建任务后，系统就会自动被添加到
任务表中，可参与任务调度。
函数参数：p_tcb：任务控制块指针，必须由用户定义 OS_TCB 类型变量，传递变量的地址。
          p_name：任务名，可以自定义一个字符串给任务命名。
          p_task：任务函数指针，即传递任务函数名，原型 void xxxx(void* p_arg)，必需，函数原型中有一个
                参数，就是 OSTaskCreate 函数的下一个参数 p_arg。
          p_arg：传递给 p_task 任务函数的参数，当任务函数调用时，传递的实参就是这里设置的参数 p_arg。
          prio：任务优先级，数字越小，优先级越高。
          p_stk_base：任务的栈起始地址。
          stk_limit：剩余栈深度限位，比如指定任务栈的 10%，表示当任务栈到达 90%时将到达任务栈设置
                   的深度限位，一般指定总任务栈的 1/10 比较合适。
          q_size：可发送给任务的最大消息数，如不需要对任务直接发送消息，可传递 0。
          time_quanta：时间片的时间量（以时钟节拍为单位）。指定 0 以使用默认值。
          opt：包含有关任务行为的附加信息（或选项）。参见 OS.H 中的 OS_OPT_TASK_xxx，目前的选择是：
               OS_OPT_TASK_NONE，未选择任何选项；
               OS_OPT_TASK_STK_CHK，允许任务的堆栈检查；
               OS_OPT_TASK_STK_CLR，创建任务时清空堆栈；
               OS_OPT_TASK_SAVE_FP，如果 CPU 有浮点寄存器，在上下文切换期间保存它们。
    p_err：指向存放错误码的指针。'p_err'存放的值可以是：
```

```
                OS_ERR_NONE，如果函数成功；
                OS_ERR_ILLEGAL_CREATE_RUN_TIME，如果在调用 OSSafetyCriticalStart()后尝试创建任务；
                OS_ERR_NAME，如果'p_name'是一个 NULL 指针；
                OS_ERR_PRIO_INVALID，优先级高于允许的 OS_CFG_PRIO_MAX-1，或者 OS_CFG_ISR_
                POST_DEFERRED_EN 设为 1 时使用保留的优先级 0；
                OS_ERR_STK_INVALID，如果为'p_stk_base'指定了 NULL 指针；
                OS_ERR_STK_SIZE_INVALID，如果为'stk_size'指定了 0；
                OS_ERR_STK_LIMIT_INVALID，指定了大于或等于'stk_size'的'stk_limit'；
                OS_ERR_TASK_CREATE_ISR，如果尝试从中断服务程序中创建任务；
                OS_ERR_TASK_INVALID，'p_task'指定了 NULL 指针；
                OS_ERR_TCB_INVALID，'p_tcb'指定了 NULL 指针。
     p_ext：是指向用户提供的内存位置的指针，用作 TCB 扩展，不需要可以传递 NULL。例如，该内存可以
           在上下文切换期间保存浮点寄存器的内容、每个任务执行所需的时间、任务被切入的次数等。
函数返回值：无；
备注：由于函数的错误码比较多，在编写时一般只判断是否等于 OS_ERR_NONE，如果不等于 OS_ERR_NONE，
     则表示任务创建出错，知道具体哪个任务再进行单步调试即可。
*/
```

1．创建 task1_task 任务

创建任务时，p_arg、p_ext 参数是可选的，没有特殊需求一般传递(void*)0 （即 NULL）。如果后面编程中没有使用到直接向任务发送消息的功能，q_size 参数一般传递 0，time_quanta 参数也传递 0。

task1_task 任务创建示例如下：

```
OSTaskCreate(
        (OS_TCB       * )&Task1_TaskTCB,          //任务控制块
        (CPU_CHAR    * )"Task1 task",             //任务名字
        (OS_TASK_PTR )task1_task,                 //任务函数
        (void          * )0,                      //传递给任务函数的参数
        (OS_PRIO        )TASK1_TASK_PRIO,         //任务优先级
        (CPU_STK      * )&TASK1_TASK_STK[0],      //任务栈基地址
        (CPU_STK_SIZE)TASK1_STK_SIZE /10,         //任务栈深度限位
        (CPU_STK_SIZE)TASK1_STK_SIZE,             //任务栈大小
        (OS_MSG_QTY   )0,        //任务内部消息队列能够接收的最大消息数，0 表示禁止接收消息
        (OS_TICK        )0,      //当使能时间片轮转时的时间片长度，0 表示默认长度
        (void       * )0,        //用户补充的存储区
        (OS_OPT )OS_OPT_TASK_STK_CHK | OS_OPT_TASK_STK_CLR,//任务选项
        (OS_ERR       * )&err          //存放该函数错误时的返回值
);
```

2．创建 task2_task 任务

task2_task 任务创建示例如下：

```
OSTaskCreate(
        (OS_TCB       * )&Task2_TaskTCB,                  //任务控制块
        (CPU_CHAR    * )"Task2 task",                     //任务名字
        (OS_TASK_PTR )task2_task,                         //任务函数
        (void          * )0,                              //传递给任务函数的参数
        (OS_PRIO        )TASK2_TASK_PRIO,                 //任务优先级
        (CPU_STK      * )&TASK2_TASK_STK[0],              //任务栈基地址
        (CPU_STK_SIZE)TASK2_STK_SIZE /10,                 //剩余任务栈深度限位
        (CPU_STK_SIZE)TASK2_STK_SIZE,                     //任务栈大小
        (OS_MSG_QTY   )0, //任务内部消息队列能够接收的最大消息数，0 表示禁止接收消息
        (OS_TICK        )0,   //时间片的时间量（以时钟节拍为单位），0 表示使用默认值
        (void       * )0,          //用户补充的存储区
        (OS_OPT )OS_OPT_TASK_STK_CHK | OS_OPT_TASK_STK_CLR,//任务选项
        (OS_ERR       * )&err      //存放该函数错误时的返回值
);
```

4.3.7 μC/OS-III 时间管理

1．系统 OSTimeDly 函数

系统 OSTimeDly 函数说明如下：

```
/*
函数原型：void OSTimeDly (OS_TICK dly, OS_OPT opt, OS_ERR *p_err)
函数功能：当前任务延时指定时间（单位为时钟节拍），当前任务调用后会进入挂起状态，不占 CPU。
函数形参：dly：指定延时的时间长度，这里单位为时钟节拍；
          opt：指定延迟使用的选项，有 4 种选项：
               OS_OPT_TIME_DLY，相对模式；
               OS_OPT_TIME_TIMEOUT，和 OS_OPT_TIME_DLY 一样；
               OS_OPT_TIME_MATCH，绝对模式；
               OS_OPT_TIME_PERIODIC，周期模式。
          p_err：指向存放函数返回的错误码。
函数返回值：无
备注：相对模式指从当前延时时刻开始，延时指定长时间；绝对模式指从上电开始计算到某个时间点进行定时。
*/
```

2．系统 OSTimeDlyHMSM 函数

系统 OSTimeDlyHMSM 函数说明如下：

```
/*
函数原型：void OSTimeDlyHMSM (CPU_INT16U hours,CPU_INT16U minutes,CPU_INT16U seconds, CPU_INT32U
milli,OS_OPT opt,OS_ERR *p_err)
函数功能：当前任务延时指定时间，指定时、分、秒，当前任务调用后会进入挂起状态，不占 CPU。
函数参数：hours：需要延时的小时数；minutes：需要延时的分钟数；
          seconds：需要延时的秒钟数；milli：需要延时的毫秒数；
          opt：延时选项，比 OSTimeDly 函数多了两个选项：OS_OPT_TIME_HMSM_STRICT 和 OS_OPT_
TIME_HMSM_NON_STRICT
          p_err：指向存放函数返回的错误码的变量
备注：OS_OPT_TIME_HMSM_STRICT 对应的延时范围：hours 为 0～99；minutes 为 0～59；seconds 为 0～
      59；milli 为 0～999。
      OS_OPT_TIME_HMSM_NON_STRICT 对应的延时范围：hours 为 0～999；minutes 为 0～9999；seconds
      为 0～65535；milli 为 0～4294967259。
*/
```

3．系统 OSTimeDlyResume 函数

系统 OSTimeDlyResume 函数说明如下：

```
/*
函数原型：void OSTimeDlyResume (OS_TCB    *p_tcb,OS_ERR    *p_err)
函数功能：恢复使用 OSTimeDly 或 OSTimeDlyHMSM 延时挂起的任务，即提前结束延时。
函数参数：p_tcb：需要恢复的任务的任务控制块，即表示结束哪个任务延时。
          p_err：指向存放函数返回的错误码。
*/
```

4．系统 OSTimeGet/OSTime Set 函数

系统 OSTimeGet 函数说明如下：

```
/*
函数原型：void OSTimeGet (OS_ERR    *p_err)
函数功能：获取当前时钟节拍计数器的值。
函数参数：p_err：指向存放函数返回的错误码。
*/
```

系统 OSTimeSet 函数说明如下：

```
/*
函数原型：void OSTimeSet (OS_TICK    ticks,OS_ERR    *p_err)
函数功能：设置时钟节拍计数器的值，开发过程中很少使用该函数。
函数参数：ticks：要设置的时钟节拍计数器数值；
          p_err：指向存放函数返回的错误码。
*/
```

4.3.8 μC/OS-III 任务通信

μC/OS-III 中可以同时有多个任务，这些任务可以通过 OSTimeDlyHMSM、OSTimeDly 等函数主动放弃 CPU 而实现任务切换，切换到处于就绪状态且优先级最高的任务执行，或者当前任务是一个较低优先级的任务，尚未执行到主动放弃 CPU 的函数，但是此时已经有更高优先级的任务就绪，则当前任务会被更高优先级的任务强制抢占 CPU。实际开发中，项目功能通常比

较复杂，软件设计时会把不同的功能模块划分到不同的任务中，但是这些不同的功能模块并不是完全独立的，而是需要相互协作、按特定的执行顺序或触发了特定条件后再继续执行，才可以实现项目的预定功能。大家试想，假设项目中有 10 个任务，每个任务都执行不同的工作，如果仅通过任务函数中主动调用 OSTimeDlyHMSM、OSTimeDly 这类休眠指定的时间长度来放弃 CPU，切换到其他任务执行，或者让操作系统高优先级任务主动抢占 CPU，那这 10 个任务的运行顺序将是不可控制、杂乱无章的。原因很简单：①编写程序时不可能精确计算任务代码执行的时间，并且代码中也会存在多种判断语句，不同条件下会执行不同的代码分支，这就导致了任务代码执行时间的不确定性；②高优先级任务就绪时，也会直接抢占 CPU，从而使当前运行的任务代码被打断，什么时候再切换回来，时间上是无法确定的。因此，需要有其他更好的方式来控制任务调度，使得在软件设计阶段就可以确定任务之间相互协作的运行顺序。

μC/OS-III 中，任务之间的协作一般分为两种情况：任务同步及任务互斥。任务同步可以这样理解：一个任务要获得 CPU 继续运行，需要等待某个条件成立，而这个条件的成立是在其他任务中设置的。在这种情况下，任务之间就存在了制约关系，这种制约性的合作运行机制称为任务同步。现在举一个通俗易懂的例子：你和朋友打羽毛球，你挥拍打球（任务 A），你的朋友也挥拍打球（任务 B），你挥拍打球动作只有在球飞到你界线这边才有意义，否则挥拍再多也无用，而球要飞过来的决定权在对方，需要等待对方发球或者拍球过来这个前提条件（任务 B）。这种情况就是任务 A 要运行，需要等待任务 B 运行完毕，使得某个条件成立，任务 A 才可以运行。同时对于任务 B 来说，也是一样的，需要等待任务 A 运行完毕，使得某个条件成立，任务 B 才可以运行。这个示例中任务 A、B 是互相制约的任务同步关系。当然，实际开发中也会有单向制约关系的情况出现，比如任务 A 是按键检测任务，任务 B 根据按键运作来控制设备，这种情况下是任务 B 每次运行都需要等待任务 A 检测到按键，而任务 A 却不受制于任务 B，这就是单向制约的任务同步机制。

任务互斥可以这样理解：对于同一个共享资源（如一个全局变量）或硬件资源（如一条 I^2C 总线），当一个任务正在访问/使用时，不能中途被其他任务抢占 CPU，转去访问相同的全局变量或相同的硬件资源，否则就可能造成系统运行异常或硬件设备损坏。这种情况下任务与任务之间的关系是互斥关系，即都想使用同一个共享资源，如果共享资源已经被某个任务正在使用，则其他也要访问该共享资源的任务都会主动放弃 CPU，直到持有共享资源的任务使用完毕，发送资源使用完毕消息通知操作系统，再由操作系统去调度等待访问共享资源的任务。

μC/OS-III 提供了众多任务通信机制，如信号量、互斥信号量、消息队列、事件标志组、任务信号量、任务消息队列等。熟悉每种通信机制的特点及使用场景，在程序开发中才能选择最优的通信机制实现自己期望的程序功能。

1．信号量

信号量可以细分为两种类型：二进制信号量（二值信号量）和计数信号量。顾名思义，二进制信号量只能取两个值：0 或 1。计数信号量允许的值介于 0～255/65535/ 4294967295 之间，具体取决于信号量机制是使用 8 位、16 位还是 32 位数据类型实现的。对于 μC/OS-III，信号量的最大值由数据类型 OS_SEM_CTR（见 os_type.h）决定，可以根据需要更改。

信号量中有一个关键的要素：信号值，表示在同一期间可访问相同共享资源任务的数量。当信号值为 0 时，表示当前任务此时无法获得该信号量，则此任务进入挂起状态，直到其他任务发送信号量，信号值变成正数，内核重新调度该任务才可以获得信号量，继续往下执行代码。

信号量的使用流程有 3 个必需的步骤，分别是创建信号量、申请信号量、发送信号量，其他可选操作有删除信号量、中止等待信号量、修改信号值等。μC/OS-III 中提供了操作信号量相关的函数，如表 4.1 所示。

表 4.1 信号量相关的 API 函数

序号	函数名	功能描述	备注
1	OSSemCreate()	创建信号量	必须调用
2	OSSemDel()	删除信号量	必须调用
3	OSSemPend()	申请信号量	必须调用
4	OSSemPendAbort()	中止对信号量的等待	可选调用
5	OSSemPost()	发送或发出信号量	可选调用
6	OSSemSet()	强制信号量计数为所需值	可选调用

下面对常用的 3 个 API 函数进行详细说明，最后通过示例进一步加深对信号量的理解。

（1）创建信号量

μC/OS-III 使用 OS_SEM 结构来表示一个信号量。创建信号量，只需要调用系统提供的 OSSemCreate()函数，根据需要传递必需参数即可。OSSemCreate()函数说明描述如下：

```
/*
函数原型：void OSSemCreate(OS_SEM      *p_sem,CPU_CHAR      *p_name,
                           OS_SEM_CTR   cnt,RTOS_ERR      *p_err)
函数功能：创建信号量
函数参数：p_sem：指向要初始化的信号量的指针，一般传递 OS_SEM 类型变量地址。
          p_name：指向要分配给信号量的名称的指针。
          cnt：信号量的初始值。如果用于共享资源，则应初始化为可用资源数；如果用于表示事件的发生，
              则应初始化为 0。
          p_err：指向存放错误码变量的地址，函数调用可能产生的错误码如下。
                OS_ERR_NONE：无错误，指示信号量创建成功。
                OS_ERR_CREATE_ISR：在中断服务程序中调用了此函数。
                OS_ERR_ILLEGAL_CREATE_RUN_TIME：在调用 OSSafetyCriticalStart()后尝试创建信号量。
                OS_ERR_NAME：如果'p_name'是一个 NULL 指针。
                OS_ERR_OBJ_CREATED：如果信号量已经创建，即 p_sem 前面已经被创建过了。
                OS_ERR_OBJ_PTR_NULL：如果'p_sem'是一个 NULL 指针。
                OS_ERR_OBJ_TYPE：p_sem 类型不是 OS_SEM*。
函数示例：
OS_SEM   my_sem_test;          //定义信号量全局变量，用于任务同步
//创建一个信号量
OSSemCreate((OS_SEM*      )&my_sem_test,
            (CPU_CHAR* )"MySemTest",
            (OS_SEM_CTR)0,
            (OS_ERR*      )&err);
//创建失败，让程序进入死循环，这样在开发阶段方便发现问题
if(err!=OS_ERR_NONE)
{
    while(1){; }
}
备注：①使用信号量时，信号量变量需要定义为全局变量，否则其他任务不能使用。
    ② 创建信号量时初始值可以是 0，也可以是大于 0 的值，可根据自己的需要而定。如果定义为 0，则表
示申请信号量的任务必须等待另一个任务发生某些事件，增加信号量的值，它才可以获得信号量继续运行。如
果初始值大于 0，则第一次申请信号量的任务可以成功获得信号量往下运行的。
    ③ 函数提供的错误码较多，写代码时一般判断错误码值是否等于 OS_ERR_NONE，若不等于则表示函
数调用出错。如果需要分析具体是哪一种错误，可使用单步调试来观察函数返回的错误码。
*/
```

（2）申请信号量

调用 OSSemPend 函数申请指定的信号量，如果所申请的信号量其信号值大于 0，则马上获得信号量，同时把信号值减去 1，继续执行后面的代码。如果当前信号值是 0，则表示当前信号量不可用，此时任务可以选择继续往下运行或者进入挂起状态等待信号量变成正数，具体哪一

种情况取决于调用函数时传递的参数，下面会对函数进行介绍。

```
/*
函数原型：OS_SEM_CTR    OSSemPend(OS_SEM    *p_sem,OS_TICK    timeout,
                                  OS_OPT    opt,CPU_TS    *p_ts,OS_ERR    *p_err)
函数功能：申请指定的信号量，申请成功任务继续往下运行，信号量不可用时，任务挂起或者返回
          错误码后继续往下运行（具体哪一种情况由调用函数时给 opt 参数传递的值决定）。
函数参数：p_sem：指向信号量的指针，一般传递 OS_SEM 类型变量地址；
        timeout：一个可选的超时时间（以时钟节拍为单位）。该参数只在 opt 值指定为 OS_OPT_PEND_
                 BLOCKING 时才有意义。当 opt 参数传递为 OS_OPT_PEND_BLOCKING，timeout
                 值为大于 0 时，表示信号量任务挂起的最长等待时间，如超过该参数指定的时长，信号量
                 还不可用，则任务恢复运行，并且将 p_err 指向的错误码变量值设置为 OS_ERR_TIMEOUT。
                 当 timeout 值为 0 时，任务将永久挂起，直到等待的信号量变成可用，然后信号量恢复运行。
        opt：指示信号量不可用时任务阻塞（进入挂起状态）还是非阻塞（OSSemPend 直接返回，继续往下
             运行），可取值有以下两个：
               OS_OPT_PEND_BLOCKING，任务会阻塞；
               OS_OPT_PEND_NON_BLOCKING，任务不会阻塞。
        p_ts：该变量将接收信号量发布或挂起或删除时的时间戳。当不需要获得时 间戳时，可传递 NULL
              指针（(CPU_TS*)0）。
        p_err：指向存放错误码变量的地址，函数调用可能产生的错误码如下。
               OS_ERR_NONE：指示成功获得信号量。
               OS_ERR_OBJ_DEL：指示'p_sem'被删除。
               OS_ERR_OBJ_PTR_NULL：指示'p_sem'是一个 NULL 指针。
               OS_ERR_OBJ_TYPE：指示'p_sem'没有指向信号量。
               OS_ERR_OPT_INVALID：指示 opt 指定了无效值。
               OS_ERR_PEND_ABORT：指示任务挂起，被另一个任务中止。
               OS_ERR_PEND_ISR：指示从 ISR 调用此函数，结果将导致挂起。
               OS_ERR_SCHED_LOCKED：指示在调度器被锁定时调用了这个函数。
               OS_ERR_STATUS_INVALID：指示挂起状态无效。
               OS_ERR_TIMEOUT：指示在指定的超时时间内未收到信号量。
函数返回值：信号量计数器的当前值，值为 0 表示当前信号量不可用。注意，这个值并不能反映本次申请信号
            量是否成功，如果申请信号量前信号值是 1，而申请成功后，信号值会减 1，然后返回 0。因此，
            一般情况下并不需要接收它的返回值，而是判断 p_err 指向的错误码变量的值。
函数示例：假设当前信号量 my_sem_test 已经创建好了。
OS_ERR err;                                                  //存放函数调用错误码
//没有获得信号量会挂起任务
OSSemPend(&my_sem_test, 0, OS_OPT_PEND_BLOCKING, 0, &err); //请求信号量
//判断申请信号量是否成功
if(err!=OS_ERR_NONE)
{
    //在以下编写没有正确获得信号量但是函数返回时的处理代码
    …    //根据实际情况编写出错处理代码
}
示例说明：
    ①申请信号量前必须保证所申请的信号量是已经成功创建的，而不只是定义一个 OS_SEM 类型变量。
    ②如果 opt 参数传递 OS_OPT_PEND_NON_BLOCKING，timeout 参数是无效的，不管是否成功获得信号
量，OSSemPend()函数都直接返回。
    ③如果 opt 参数传递了 OS_OPT_PEND_BLOCKING，timeout 值为正数，当超时没有获得信号量也会返回，
因此必须判断错误码 err 的值是否等于 OS_ERR_NONE，来确定是否成功获得了信号量。
备注：①不能在中断服务函数中调用该函数，若调用则返回 OS_ERR_PEND_ISR 错误码。
      ②不建议在关闭了任务调度的临界区中调用，如在 OS_CRITICAL_ENTER();和 OS_CRITICAL_EXIT();
        之间的代码中调用，如果当前信号量不可用，函数返回错误码为 OS_ERR_SCHED_LOCKED，如申
        请信号量，信号量是可用的，则也可以成功申请到信号量，信号值相应减 1，函数返回，并且错误
        码是 OS_ERR_NONE。
      ③不能在中断服务程序中调用 OSSemPend()函数以阻塞方式申请信号量。
      ④函数提供的错误码比较多，编程时一般判断返回值是否等于 OS_ERR_NONE，若不等于则表示函数调
        用出错。如果需要分析具体的错误原因，可使用单步调试来观察函数返回的错误码。
*/
```

（3）发送信号量

调用 OSSemPost 函数发送信号量，使其信号值加 1。这时，如果有等待该信号量的任务就绪，并比当前任务有更高的优先级，则执行任务调度，CPU 切换到新任务执行。否则，原任务在发送信号量之后继续执行后面的代码，并不会发生任务切换（因为优先级高于等待该信号量

的任务，按优先级调度法则，此时系统不会发生任务切换）。

```
/*
函数原型：OS_SEM_CTR   OSSemPost(OS_SEM *p_sem,OS_OPT opt,OS_ERR *p_err)
函数功能：发送信号量，使其信号值加 1，如有等待此信号量的高优先级任务，则马上发生任务切换，否则继
         续运行当前任务后面的代码。
函数形参：p_sem：指向信号量的指针，一般传递 OS_SEM 类型变量地址。
         opt：确定执行的 POST 类型。
               OS_OPT_POST_1：发送信号到等待该信号量的最高优先级任务。
               OS_OPT_POST_ALL POST：发送信号到等待信号量的所有任务。
               OS_OPT_POST_NO_SCHED：发送信号量时不调用系统调度器，即表示发送信号后，不会马
                    上发生任务调度；该类型可以与其他选项或运算一起使用，如 OS_OPT_POST_1 |
                    OS_OPT_POST_ALL POST。
         p_err：指向存放错误码变量的地址，函数调用可能产生的错误码如下。
                  OS_ERR_NONE：指示已经成功发送了信号量。
                  OS_ERR_OBJ_PTR_NULL：指示'p_sem'是一个 NULL 指针。
                  OS_ERR_OBJ_TYPE：指示'p_sem'没有指向信号量。
                  OS_ERR_SEM_OVF：指示发送信号量会导致信号量计数溢出。
函数返回值：信号量计数器的当前值。
函数示例：假设当前信号量 my_sem_test 已经创建好了。
         OS_ERR err;                                          //存放函数调用错误码
         OSSemPost(&my_sem_test, OS_OPT_POST_1, &err);   //发送信号量
         //判断信号量是否成功发送，发送一般都不会出错，以下判断可以不写
         if(err!=OS_ERR_NONE)
         {
         //在以下编写没有成功发送信号量时的处理代码，一般情况不用写
          …
         }
函数说明：
    ①发送信号量前必须保证所申请的信号量是已经成功创建的，而不只是定义 OS_SEM 类型变量。
    ②使用信号量来保护共享资源时，要注意发送信号量和申请信号量要保持相对的平衡，否则共享资源的保
      护机制就没有意义。
    ③每调用一次 OSSemPost，都会让其内部的信号值增加 1，而不会关心是否有任务调用 OSSemPend 来申请
      信号量。
备注：函数提供的错误码比较多，写代码时一般判断错误码是否等于 OS_ERR_NONE，若不等于则表示函数调
     用出错。如果需要分析具体是哪一种错误，可使用单步调试来观察函数返回的错误码。
*/
```

（4）信号量示例

示例 1：信号量实现任务同步通信

本示例是使用信号量实现两个任务同步，演示通过信号量实现任务间通信的方法。任务 1 负责检测按键 1 是否按下，按下了则发送信号量；任务 2 负责申请信号量，等待任务 1 发送信号量后往下执行代码，控制开发板上的 LED1。实验的效果是每按下按键 1 一次，开发板上的 LED1 就会反转一次。本示例程序框架如图 4.7 所示。

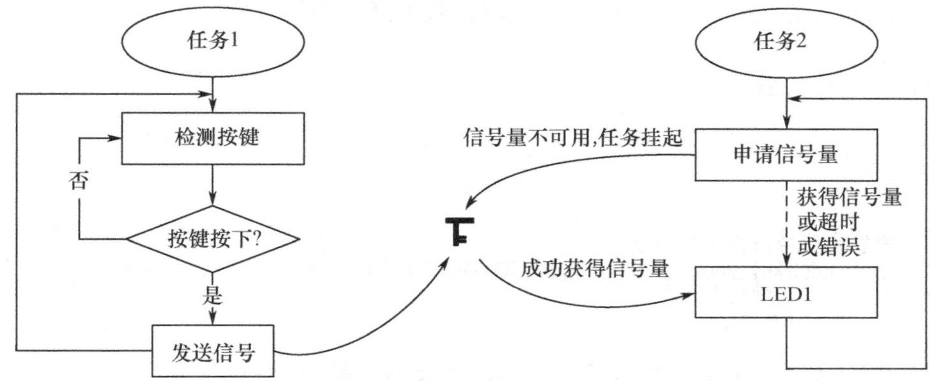

图 4.7 信号量实现任务同步通信的程序框架

main 函数代码清单：

```
OS_SEM    key_sem;            //定义一个信号量，用于任务同步
int main(void)
{
    OS_ERR err;
    CPU_SR_ALLOC();
    ...
    OSInit(&err);                         //初始化 μC/OS-III
    //创建一个信号量
    OSSemCreate((OS_SEM *     )&key_sem,(CPU_CHAR * )"key_sem",
    (OS_SEM_CTR)0,                        //信号值初始值设置为 0
    (OS_ERR *     )&err);
    //创建失败，让程序进入死循环，这样在开发阶段方便发现问题
    if(err !=OS_ERR_NONE){
    while(1){; }
    }
    OS_CRITICAL_ENTER(); //进入临界区
    //创建开始任务
    ...                                   //调用 OSTaskCreate 创建启动任务
    OS_CRITICAL_EXIT();                   //退出临界区
    OSStart(&err);                        //开启 μC/OS-III
}
```

先定义一个全局的信号量变量，然后在调用 OSInit 函数后就可以调用 OSSemCreate 函数创建信号量。

任务 1 代码清单：

```
//任务 1 的任务函数
void task1_task(void *p_arg)
{
    u8 key;
    OS_ERR err;
    while(1)
    {
        key=KEY_Scan(0);                                      //扫描按键
        if(key==KEY1_PRES)                                    //如果按下按键 1
        {
            printf("Task1:发送一个信号量\r\n");                 //输出发送信号量提示
            OSSemPost(&key_sem, OS_OPT_POST_1, &err);         //发送信号量
            printf("当前信号值：%u\r\n", key_sem.Ctr);
        }
        OSTimeDlyHMSM(0, 0, 0, 10, OS_OPT_TIME_PERIODIC, &err); //延时 10ms
    }
}
```

任务 1 在 while(1)循环体中周期性地扫描按键，如果检测到按下了按键 1，则调用 OSSemPost(&key_sem, OS_OPT_POST_1, &err)函数发送一个信号量。

任务 2 代码清单：

```
void task2_task(void *p_arg)
{
    u8 num;
    OS_ERR err;
    while(1)
    {
        //没有获得信号量会挂起任务
        OSSemPend(&key_sem, 0, OS_OPT_PEND_BLOCKING, 0, &err); //请求信号量
        //判断申请信号量是否成功
        if(err !=OS_ERR_NONE)
        {
            //在以下编写没有正确获得信号量但是函数返回时的处理代码
            //...
        }
        LED1_Toglge();                                       //翻转 LED1 状态
```

```
    }
}
```

任务 2 代码调用 OSSemPend(&key_sem, 0, OS_OPT_PEND_BLOCKING, 0, &err)来永久等待信号量，如果 task1_task 没有发送信号量，则会一直阻塞。

示例 2：信号量实现任务互斥通信

本示例是使用信号量实现对共享资源的互斥访问，演示通过信号量实现任务间通信的另一种使用场景。任务 1 和任务 2 都需要访问一个共享资源，即一块内存数据缓冲区，程序中可表示为一个数组，其中任务 1 对这个数组进行写操作，任务 2 负责读取出任务 1 写入的数据。为了保证任务 2 每次都可以完整读取任务 1 的一次写操作数据，保证数据不会混乱，则任务 1 和任务 2 在访问这个数组时都需要申请同一个信号量，如果信号量被其中一个任务持有了，则需要等待对方访问完共享资源，然后发送信号量，另一个任务才可以访问共享资源，从而保证了共享资源的互斥访问。本示例程序框架如图 4.8 所示。

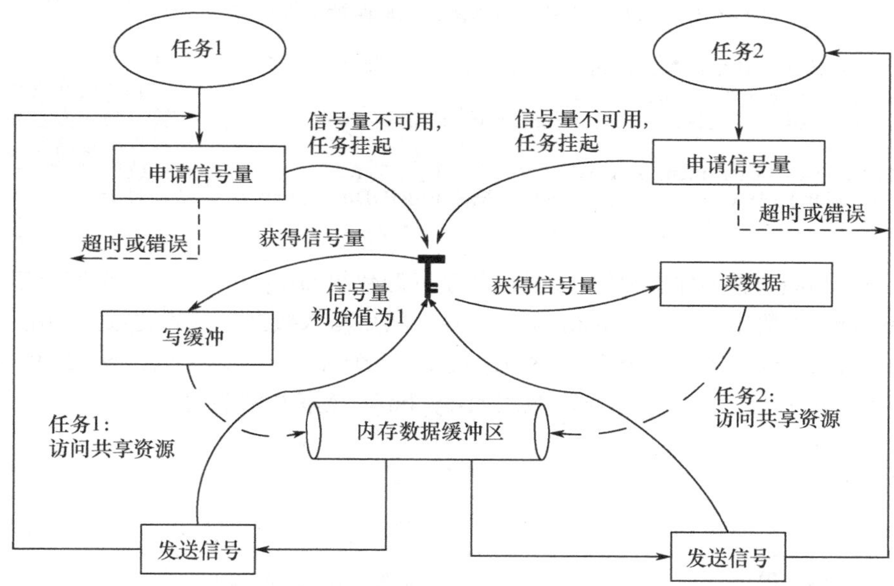

图 4.8　信号量实现任务互斥通信的程序框架

main 函数代码清单：

```
OS_SEM    share_mem_sem;              //定义一个信号量，用于保护共享资源
int main(void)
{
    OS_ERR err;
    CPU_SR_ALLOC();
    ...
    OSInit(&err);                                        //初始化 μC/OS-III
    //创建一个信号量 share_mem_sem
    OSSemCreate((OS_SEM *      )&share_mem_sem,
    (CPU_CHAR * )"share_mem_sem",
    (OS_SEM_CTR)1,                        //注意本示例初始值不能为 0
    (OS_ERR *      )&err);
    //创建失败，让程序进入死循环，这样在开发阶段方便发现问题
    if(err !=OS_ERR_NONE)
    {
        while(1){; }
    }
    OS_CRITICAL_ENTER();        //进入临界区
    //创建开始任务
    ...//调用 OSTaskCreate 创建启动任务
```

```
    OS_CRITICAL_EXIT();    //退出临界区
    OSStart(&err);         //开启 μC/OS-III
}
```

先定义一个全局的信号量变量，然后在调用 OSInit 函数后就可以调用 OSSemCreate 函数创建信号量。

任务 1 代码清单：

```
void task1_task(void *p_arg)
{
    OS_ERR err;
    uint32_t cnt=1;                  //记录写入数据的次数
    while(1)
    {
        OSSemPend(&share_mem_sem, 0, OS_OPT_PEND_BLOCKING, 0, &err); //申请信号量
        //判断申请信号量是否成功
        if(err !=OS_ERR_NONE)
        {
          ...//在以下编写没有正确获得信号量但是函数返回时的处理代码
        }
        //以下开始访问共享资源，往 array_buf 数组中写入数据
        sprintf(array_buf, "cnt:%05d", cnt);                          //开始访问共享资源
        printf("第%d 次写入数据：%s\r\n", cnt,array_buf);               //输出写入内容提示
        cnt++;                                                        //写入次数增加
        OSSemPost(&share_mem_sem, OS_OPT_POST_1, &err);               //释放信号量
        OSTimeDlyHMSM(0, 0, 1, 0, OS_OPT_TIME_PERIODIC, &err);        //延时 1s
    }
}
```

任务 1 在 while(1)循环体中每隔 1s 就往共享资源数组 array_buf 写入一个字符串，流程是先调用 OSSemPend 函数申请 share_mem_sem 信号，然后写入数据，写入完成后调用 OSSemPost (&share_mem_sem, OS_OPT_POST_1, &err) 发送一个信号，这样任务 2 就可以获得 share_mem_sem 信号量，访问共享资源数组 array_buf，读取其中的内容。

任务 2 代码清单：

```
//任务 2 的任务函数
void task2_task(void *p_arg)
{
    OS_ERR err;
    char read_buf[50]={0};                              //用于存放临时数据
    uint32_t cnt=1;                                     //记录读取数据的次数
    while(1)
    {
            //没有获得信号量会挂起任务
            OSSemPend(&share_mem_sem, 0, OS_OPT_PEND_BLOCKING, 0, &err); //申请信号量
            //判断申请信号量是否成功
            if(err !=OS_ERR_NONE)
            {
                //在以下编写没有正确获得信号量但是函数返回时的处理代码
                ...
            }
            //以下开始访问共享资源，把 array_buf 数组中的字符串复制到 read_buf 中
            strcpy(read_buf, array_buf);                            //开始访问共享资源
            printf("第%d 次读取数据：%s\r\n", cnt,read_buf);           //输出读取到的内容提示
            cnt++;                                                  //写入次数增加
            OSSemPost(&share_mem_sem, OS_OPT_POST_1, &err);         //释放信号量
            OSTimeDlyHMSM(0, 0, 0, 500, OS_OPT_TIME_PERIODIC, &err);//延时 0.5s
    }
}
```

任务 2 代码调用 OSSemPend(&key_sem, 0, OS_OPT_PEND_BLOCKING, 0, &err)来永久等待信号量，如果 task1_task 在获得信号量且执行访问共享资源期间，还没有发送信号量，则任务 2 会一直阻塞。

（5）信号量小结

对比上面两个应用示例可知，信号量可以让一个任务挂起直到某个事件发生，再继续往下执行代码。在用法上可用于通知一个任务发生了某个事件（可以在中断服务程序中或任务中发送信号量），例如上面的示例 1，或者在同一个任务中用作共享资源的保护机制，实现互斥访问，例如上面的示例 2。

2. 互斥信号量

μC/OS-III 支持一种特殊类型的二值信号量，称为互斥信号量（也称为互斥体）。相对于普通的二值信号量，它解决了优先级反转的问题。

优先级反转在可抢占内核中经常出现，但是在实时操作系统中出现这种情况可能会破坏设计好的任务执行顺序，从而导致严重的后果。以下通过一个示例来理解优先级反转。

任务 H（高优先级）的优先级高于任务 M（中优先级），而后者的优先级又高于任务 L（低优先级），如图 4.9 所示。

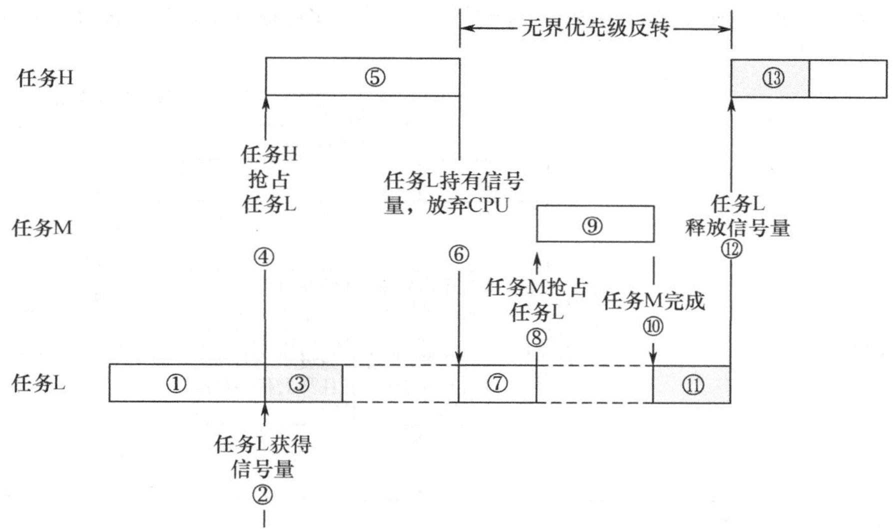

图 4.9　优先级反转示例

优先级反转过程如下：

① 任务 H 和任务 M 都在等待事件发生，任务 L 获得 CPU 使用权且正在执行；

② 在某个时刻，任务 L 要访问某个共享资源，先获得了保护共享资源的信号量；

③ 任务 L 获得信号量，并开始访问该共享资源，假设访问共享资源需要占用一定的时长；

④ 在任务 L 访问共享资源期间，任务 H 等待的事件发生了，由于它的优先级高于任务 L，因此抢占了任务 L 的 CPU 使用权；

⑤ 任务 H 开始运行其任务代码；

⑥ 任务 H 在运行过程中，假设也需要使用到任务 L 正在使用的共享资源，同样尝试申请该共享资源的信号量，由于该共享资源的信号量已被任务 L 持有，任务 H 只能进入挂起状态，直到任务 L 使用完成共享资源并发送该信号量；

⑦ 任务 H 挂起后，任务 L 重新获得 CPU 使用权，任务 L 继续运行；

⑧ 在任务 L 运行期间，假设此时任务 M 等待的事件发生了，任务 M 剥夺了任务 L 的 CPU 使用权；

⑨ 任务 M 获得 CPU 使用仅，运行其任务代码；

⑩ 任务 M 执行完毕后，主动放弃 CPU 使用权，假设此时其他任务也还没有就绪，则 CPU 使用权重新归还给任务 L；

⑪ 任务 L 获得 CPU 使用权，继续运行；

⑫ 最后任务 L 完成共享资源的使用，释放保护该共享资源的信号量，由于前面任务 H 这个高优先级的任务在等待这个信号量，此时 μC/OS-III 内核发生了任务切换；

⑬ μC/OS-III 切换到任务 H，此时任务 H 得到该信号量，继续运行。

在上面这个示例中，任务 H 的优先级已经降低到任务 L 的优先级，因为它等待任务 L 拥有的共享资源。当任务 M 抢占任务 L 时，问题就显现出来了，进一步延迟了任务 H 的执行，使本来是最高优先级的任务反而被中等优先级的任务 M 严重延迟了，这被称为无界优先级反转。因为任何中等优先级都可以延长任务 H 等待共享资源的时间，在实时操作系统中，这一现象违反了以优先级为基本调度法则的思想，高优先级的任务的实时性得不到保障。

基于使用普通的二值信号量来保护共享资源可能会出现优先级反转的问题，μC/OS 系统专门设计出互斥信号量（MUTEX）来解决这一问题。下面通过图 4.10 来理解互斥信号量如何解决优先级反转问题。

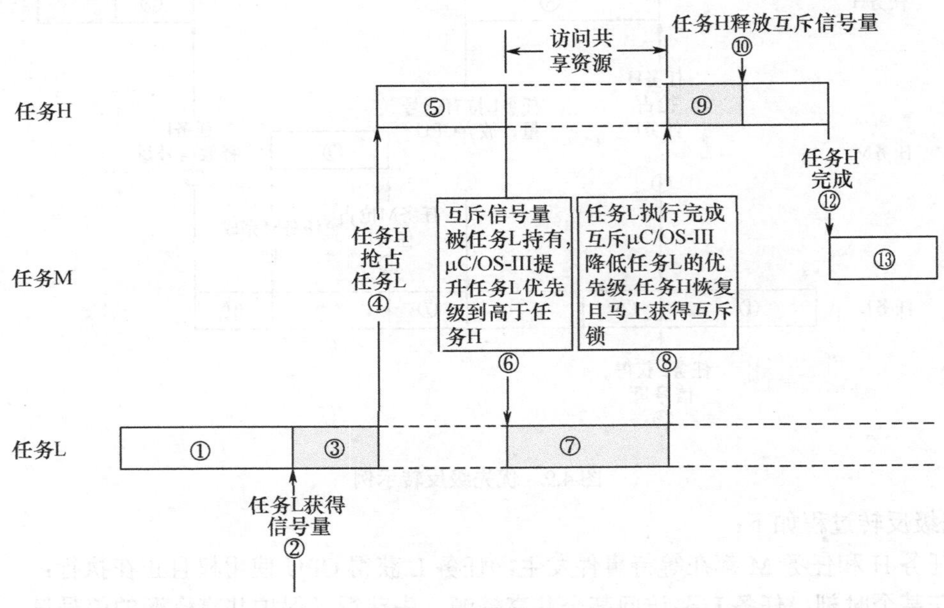

图 4.10　互斥信号量解决优先级反转原理

互斥信号量解决优先级反转过程如下：

① 某一时刻任务 H 与任务 M 处于挂起状态，等待某一事件的发生，任务 L 正在运行中；

② 在某个时刻，任务 L 要访问某个共享资源，先获得了保护共享资源的互斥信号量；

③ 任务 L 获得互斥信号量，并且开始访问该共享资源，假设访问共享资源需要占用一定的时长；

④ 在任务 L 访问共享资源期间，任务 H 等待的事件发生，由于它的优先级高于任务 L，因此抢占了任务 L 的 CPU 使用权；

⑤ 任务 H 开始运行其任务代码；

⑥ 任务 H 在运行过程中，假设也需要使用到任务 L 正在使用的共享资源，同样尝试申请保护该共享资源的互斥信号量，由于保护该共享资源的互斥信号量还被任务 L 持有，μC/OS-III

将任务L的优先级提升到与任务H相同的优先级，以防止任务L在执行中被中等优先级M的任务抢占打断，导致任务H执行被延时；

⑦ 任务L使用和任务H相同的优先级继续运行，需要注意的是，任务H并未实际运行，因为它正在等待任务L释放互斥信号量；

⑧ 任务L完成对共享资源的使用，并释放互斥信号量，μC/OS-III将任务L降低到原来的优先级，然后μC/OS-III将互斥信号量交给等待互斥信号量释放的任务H；

⑨ 任务H获得互斥信号量开始运行其任务代码；

⑩ 任务H使用完共享资源，释放掉互斥信号量；

⑪ 由于当前没有更高优先级的任务就绪，因此任务H继续执行其任务代码；

⑫ 任务H完成其所有工作后，进入挂起状态，等待某一事件发生，此时，μC/OS-III恢复任务M，该任务在任务H或任务L执行时已准备好运行；

⑬ 任务M获得CPU使用权，任务M继续执行。

互斥信号量的使用流程很简单，其中创建互斥信号量、申请互斥信号量、释放互斥信号量是3个必需的步骤，其他可选操作有删除互斥信号量、中止等待互斥信号量。μC/OS-III中提供了与操作互斥信号量相关的API函数，如表4.2所示。

表4.2　互斥信号量相关的API函数

序号	函数名	功能描述	备注
1	OSMutexCreate()	创建互斥信号量	必须调用
2	OSMutexDel()	删除互斥信号量	可选调用
3	OSMutexPend()	申请互斥信号量	必须调用
4	OSMutexPendAbort()	中止对互斥信号量的等待	可选调用
5	OSMutexPost()	释放互斥信号量	必须调用

以下分别对必须调用的3个API函数进行详细说明，最后给出一个示例来学习互斥信号量的使用方法。

（1）创建互斥信号量

μC/OS-III使用OS_MUTEX结构来表示一个互斥信号量。要创建互斥信号量，只需要调用系统提供的OSMutexCreate()函数，根据需要传递必需参数即可。

```
/*
函数原型：void OSMutexCreate(OS_MUTEX    *p_mutex, CPU_CHAR    *p_name, OS_ERR       *p_err)
函数功能：创建互斥信号量
函数参数：p_mutex：指向要初始化的互斥信号量的指针，一般是传递OS_MUTEX类型的变量地址
          p_name：指向要分配给互斥信号量的名称的指针
          p_err：指向存放错误码变量的指针，函数调用可能产生的错误码如下。
                OS_ERR_NONE：指示互斥信号量创建成功。
                OS_ERR_CREATE_ISR：指示在中断服务程序中调用了此函数。
                OS_ERR_NAME：指示'p_name'是一个NULL指针。
                OS_ERR_OBJ_CREATED：指示p_mutex已经创建过了。
                OS_ERR_OBJ_PTR_NULL：指示'p_mutex'是一个NULL指针。
函数示例：
OS_MUTEX   my_mutex_test;                          //定义互斥信号量全局变量，用于共享资源保护
OSMutexCreate((OS_MUTEX * )&my_mutex_test,(CPU_CHAR * )"my_mutex_test",(OS_ERR * )&err);
//创建失败，让程序进入死循环，这样在开发阶段方便发现问题
if(err!=OS_ERR_NONE)
{
    while(1){; }
}
示例说明：
  ①使用互斥信号量时，互斥信号量变量需要定义为全局变量，否则其他任务不能使用。
```

②不要在中断服务程序中创建互斥信号量。
备注：函数提供的错误码比较多，编程时一般判断错误码是否等于 OS_ERR_NONE。若不等于则表示函数调用出错了。如果需要分析具体是哪一种错误，可使用单步调试来观察函数返回的错误码。
*/

（2）申请互斥信号量

调用 OSMutexPend()函数申请指定的互斥信号量，如果持有互斥信号量的任务的优先级比当前申请互斥信号量的任务优先级低，则会把持有互斥信号量的任务的优先级临时提升到和当前申请互斥信号量的任务的优先级一样。然后，当前任务进入挂起状态，把 CPU 使用权归还给原来持有互斥信号量的任务，让持有互斥信号量的任务继续运行。当持有该互斥信号量的任务释放掉互斥信号量后，其优先级重新恢复到原来的优先级。

```
/*
函数原型：void OSMutexPend(OS_MUTEX     *p_mutex,
                           OS_TICK       timeout,
                           OS_OPT        opt,
                           CPU_TS       *p_ts,
                           OS_ERR       *p_err)
函数功能：申请指定的互斥信号量，申请成功，则任务继续往下运行，否则会进入挂起状态或返回，并且使用p_err 参数保存返回的错误码。
函数形参：p_sem：指向互斥信号量的指针；
          timeout：一个可选的超时时间（以时钟节拍为单位）。这个参数只在 opt 参数值指定为 OS_OPT_PEND_
                   BLOCKING 时才有意义。当 opt 参数传递为 OS_OPT_PEND_BLOCKING 时，timeout 值
                   为大于 0 时，表示互斥信号量任务挂起最长的等待时间，如超过该参数指定的等待时长，
                   申请的互斥信号量已被占用，函数将返回，并且将 p_err 指向的错误码变量值设置为 OS_
                   ERR_TIMEOUT。当 timeout 值为 0 时，任务将永久挂起，直到等待的互斥信号量变成可
                   用，然后互斥信号量返回或发生错误返回。
          opt：指示在申请的互斥信号量被占用时任务阻塞（进入挂起状态）还是非阻塞（OSMutexPend 直接
               返回，继续往下运行），可取值有以下两个：
                   OS_OPT_PEND_BLOCKING，任务会阻塞；
                   OS_OPT_PEND_NON_BLOCKING，任务不会阻塞。
          p_ts：该变量将接收互斥信号量发布或挂起或删除时的时间戳。当不需要获得时间戳时，可传递
                NULL 指针（(CPU_TS*)0)。
          p_err：指向存放错误码变量的指针，函数调用可能产生的错误码如下。
                OS_ERR_NONE：指示成功获得互斥信号量。
                OS_ERR_MUTEX_OWNER：指示申请互斥信号量的任务已拥有互斥锁，不能重复申请。
                OS_ERR_OBJ_DEL：指示'p_mutex'互斥信号量已经被删除。
                OS_ERR_OBJ_PTR_NULL：指示'p_mutex'互斥信号量是一个 NULL 指针。
                OS_ERR_OBJ_TYPE：指示'p_mutex'参数类型不是指向互斥信号量类型。
                OS_ERR_OPT_INVALID：指示 opt 不是一个有效的选项。
                OS_ERR_PEND_ABORT：指示挂起时被另一个任务中止了。
                OS_ERR_PEND_ISR：指示在中断服务程序中调用了此函数，结果将导致挂起。
                OS_ERR_SCHED_LOCKED：指示在调度器被锁定时调用了这个函数。
                OS_ERR_TIMEOUT：指示在指定的超时时间内未能成功获得互斥信号量。
函数示例：假设当前互斥信号量 my_mutex_test 已经创建好。
OS_ERR err;                                                        //存放函数调用错误码
//没有获得互斥信号量会挂起任务
OSMutexPend(&my_mutex_test, 0, OS_OPT_PEND_BLOCKING, 0, &err); //请求互斥信号量
//判断互斥信号量是否成功获得
if(err!=OS_ERR_NONE)
{
    //在以下编写没有正确获得互斥信号量但是函数返回时的处理代码
    ...     //根据实际情况编写出错处理代码
}
示例说明：
    ①申请互斥信号量前必须保证所申请的互斥信号量是已成功创建的，而不只是定义了一个互斥信号量类型。
    ②如果 opt 参数传递 OS_OPT_PEND_NON_BLOCKING，timeout 参数是无效的，不管是否成功获得互斥
      信号量，OSMutexPend()函数都直接返回。
    ③如果 opt 参数传递了 OS_OPT_PEND_BLOCKING，timeout 值为正数，当超时没有获得互斥信号量也会
      返回，因此必须判断错误码 err 的值是否等于 OS_ERR_NONE，来确定是否成功获得了互斥信号量。
备注：①不能在中断服务函数中调用该函数，若调用则返回 OS_ERR_PEND_ISR 错误码。
      ②不建议在关闭了任务调度的临界区中调用，如在 OS_CRITICAL_ENTER(); 和 OS_CRITICAL_EXIT();
```

```
        之间的代码中调用。
    ③如果调用 OSMutexPend()的任务已经拥有互斥信号量，则 OSMutexPend()只会增加一个嵌套计数器。
        应用程序最多可以嵌套调用 OSMutexPend()250 级。在这种情况下，返回的错误将指示 OS_ERR_
        MUTEX_OWNER。注意，释放互斥信号量也应和获得互斥信号量的次数相同才可以解锁。
    ④不能在中断服务程序中调用 OSMutexPend()函数申请互斥信号量。
    ⑤函数提供的错误码比较多，编程时一般判断错误码是否等于 OS_ERR_NONE，若不等于则表示函数调
        用出错了。如果需要分析具体的错误原因，可使用单步调试来观察函数返回的错误码。
*/
```

（3）释放互斥信号量

调用 OSMutexPost()函数可以释放互斥信号量，如果有等待该互斥信号量的任务就绪，并比当前任务有更高的优先级，则执行任务调度，CPU 使用权切换到新任务执行。否则，原任务在释放互斥信号量之后继续执行后面的代码，并不会发生任务切换。函数如下所示：

```
/*
函数原型：void OSMutexPost(OS_MUTEX *p_mutex, OS_OPT    opt, OS_ERR *p_err)
函数功能：释放互斥信号量，如果有等待此互斥信号量的高优先级任务，则马上发生任务切换，否则继续运行
当前任务后面的代码
函数形参：p_sem：指向互斥信号量的指针。
          opt：确定执行的 POST 类型。
                OS_OPT_POST_NONE：表示未选择特殊选项。
                OS_OPT_POST_NO_SCHED：表示不希望在释放互斥信号量后开始调度程序。
          p_err：指向存放错误码变量的指针，函数调用可能产生的错误码如下。
                OS_ERR_NONE：指示成功释放互斥信号量。
                OS_ERR_MUTEX_NESTING：指示互斥锁拥有者嵌套了它对互斥锁的使用。
                OS_ERR_MUTEX_NOT_OWNER：指示释放互斥信号量的任务不是互斥锁所有者。
                OS_ERR_OBJ_PTR_NULL：指示'p_mutex'是一个 NULL 指针。
                OS_ERR_OBJ_TYPE：指示'p_mutex'没有指向 OS_MUTEX 类型变量。
                OS_ERR_POST_ISR：指示在中断服务程序中释放互斥信号量。
函数示例：假设当前互斥信号量 my_mutex_test 已经创建好了。
OS_ERR err;                                                  //存放函数调用错误码
OSMutexPost(&my_mutex_test, OS_OPT_POST_NONE, &err);   //发送互斥信号量
//判断互斥信号量是否成功发送，发送一般都不会出错，以下判断代码也可以不写
if(err!=OS_ERR_NONE){
    //在以下编写没有成功发送互斥信号量时的处理代码，一般情况不用写
    …
}
示例说明：
    ①发送互斥信号量前必须保证目标互斥信号量是已经成功创建的，而不只是定义了一个互斥信号量类型。
    ②μC/OS-III 中互斥信号量可以嵌套，即如果调用 OSMutexPend()的任务已经拥有互斥信号量，每调用
        OSMutexPend()一次，嵌套计数器加 1，任务要完全释放互斥信号量，也需调用 OSMutexPost()相同的
        次数。
    ③不能在中断服务程序中调用该函数。
备注：①OSMutexPost()不能在中断服务程序中调用；
    ②互斥信号量允许嵌套申请，最多嵌套 250 级，但不建议嵌套，若没有正确释放互斥信号量，会导致程
        序异常；
    ③函数提供的错误码比较多，编程时一般判断错误码是否等于 OS_ERR_NONE，若不等于则表示调用出
        错。如果需要分析具体的错误原因，可使用单步调试来观察函数返回的错误码。
*/
```

（4）互斥信号量示例

示例 1：互斥信号量实现任务互斥访问

本示例是使用互斥信号量实现对共享资源的互斥访问。任务 1 和任务 2 都需要访问一个共享资源，即一块内存数据缓冲区，程序中可表示为一个数组，其中任务 1 对这个数组进行写操作，任务 2 负责读取出内存数据缓冲区中任务 1 写入的数据。为了保证任务 2 每次都可以完整读取任务 1 的一次写操作数据，保证数据不会混乱，则任务 1 和任务 2 在访问这个数组时都需要申请同一个互斥信号量，如果互斥信号量被其中一个任务持有了，则需要等待对方访问完共享资源，然后互斥信号量才可以访问共享资源，从而保证了共享资源的互斥访问。本示例程序框架如图 4.11 所示。

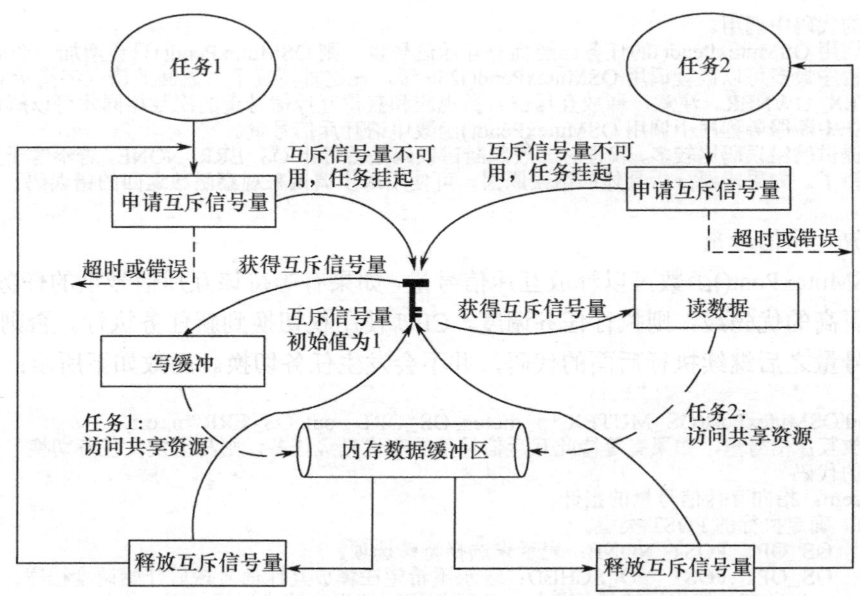

图 4.11　互斥信号量实现任务互斥访问的程序框架

main 函数代码清单：

```
OS_MUTEX    share_mem_mutex;            //定义一个互斥信号量，用于保护共享资源
int main(void)
{
    OS_ERR err;
    CPU_SR_ALLOC();
    ...
    OSInit(&err);                       //初始化 μC/OS-III
    //创建一个信号量
    OSMutexCreate((OS_MUTEX * )&share_mem_mutex,
    (CPU_CHAR * )"share_mem_mutex",
    (OS_ERR *     )&err);
    //创建失败，让程序进入死循环，这样在开发阶段方便发现问题
    if(err !=OS_ERR_NONE) {
        while(1){; }
    }
    OS_CRITICAL_ENTER();        //进入临界区
    //创建开始任务
    ...     //调用 OSTaskCreate 创建启动任务，和前面讲解的代码相同，此时省略
    OS_CRITICAL_EXIT();       //退出临界区
    OSStart(&err);                    //开启 μC/OS-III
}
```

先定义一个全局的互斥信号量变量，然后在调用 OSInit 函数后就可以调用 OSMutexCreate 函数创建互斥信号量了。

任务 1 代码清单：

```
void task1_task(void *p_arg)
{
    OS_ERR err;
    uint32_t cnt=1;                  //记录写入数据的次数
    while(1)
    {
            OSMutexPend(&share_mem_mutex, 0, OS_OPT_PEND_BLOCKING, 0, &err); //请求互斥信号量
            //判断申请互斥信号量是否成功
            if(err !=OS_ERR_NONE)
            {
            //在以下编写没有正确获得互斥信号量但是函数返回时的处理代码
            //...
```

```
        }
        //以下开始访问共享资源，往 array_buf 数组中写入数据
        sprintf(array_buf, "cnt:%05d", cnt);                              //开始访问共享资源
        printf("第%d 次写入数据：%s\r\n", cnt,array_buf);                  //输出写入内容提示
        cnt++;                                                            //写入次数增加
        OSMutexPost(&share_mem_mutex, OS_OPT_POST_NONE, &err);            //释放互斥信号量
        OSTimeDlyHMSM(0, 0, 1, 0, OS_OPT_TIME_PERIODIC, &err);            //延时 1s
    }
}
```

任务 1 在 while(1)循环体中每隔 1s 就往共享资源数组 array_buf 写入一个字符串，流程是先调用 OSMutexPend 函数申请 share_mem_mutex 互斥信号量，然后写入数据，写入完成后调用 OSMutexPost(&share_mem_mutex, OS_OPT_POST_NONE, &err)释放互斥信号量，这样任务 2 就可以获得 share_mem_mutex 互斥信号量，访问共享资源数组 array_buf，读取其中的内容。

任务 2 代码清单：

```
void task2_task(void *p_arg)
{
    OS_ERR err;
    char read_buf[50]={0};                                   //用于存放临时数据
    uint32_t cnt=1;                                          //记录读取数据的次数
    while(1)
    {
        //没有获得互斥信号量会挂起任务
        OSMutexPend(&share_mem_mutex, 0, OS_OPT_PEND_BLOCKING, 0, &err); //请求互斥信号量
        if(err !=OS_ERR_NONE) {    //判断申请互斥信号量是否成功
        ...//在以下编写没有正确获得互斥信号量但是函数返回时的处理代码
        }
        //以下开始访问共享资源，把 array_buf 数组中的字符串复制到 read_buf 中
        strcpy(read_buf, array_buf);                                  //开始访问共享资源
        printf("第%d 次读取数据：%s\r\n", cnt++,read_buf);              //输出读取到的内容提示
        OSMutexPost(&share_mem_mutex, OS_OPT_POST_NONE, &err); //释放互斥信号量
        OSTimeDlyHMSM(0, 0, 0, 500, OS_OPT_TIME_PERIODIC, &err); //延时 0.5s
    }
}
```

任务 2 代码调用 OSMutexPost(&share_mem_mutex, OS_OPT_POST_NONE, &err)来永久等待互斥信号量，如果 task1_task 在获得互斥信号量且执行访问共享资源期间，还没有发送互斥信号量，则任务 2 会一直阻塞。

（5）互斥信号量小结

互斥信号量设计的初衷是用来保护共享资源，最大限度地降低普通二值信号量使用中出现的优先级反转问题。因此，在对互斥性质的共享资源的保护上，建议不要使用普通二值信号量，而应采用互斥信号量实现，这样安全性、可靠性更高。互斥信号量都是在同一任务中申请及释放的，由于互斥信号量允许嵌套，因此，注意申请次数和释放次数要保持相同才可以真正释放互斥信号量。

3．消息队列

现在已经学习了 μC/OS-III 提供的信号量和互斥信号量，它们可以实现任务间的通信及中断与任务之间的通信，但是不支持在任务间传递用户自定义的数据。在实际编程中，很多场景需要在任务间或中断与任务间传输自定义的数据。比如有键盘扫描任务和动作执行任务，键盘扫描任务负责扫描用户按下了哪个按键，然后把按键码发送给动作执行任务。动作执行任务接收键盘扫描任务发来的按键码，根据不同的按键码执行不同的控制动作。要实现这样的功能，就需要使用到 μC/OS-III 提供的消息队列功能了。

消息队列可以看成一个容器，可存放多条消息。一条消息由指向具体数据的指针、存放指向数据大小的变量和指示消息发送时间的时间戳组成。数据的指针可以指向任何用户自定义的

数据区，甚至可以指向一个函数。

消息内容在消息发出后、被任务接收前，必须保持静态，中途不能改变它的值，因为数据是通过发送其内存地址而不是通过值发送的。换句话说，发送的数据不会被复制。μC/OS-III 中的消息队列是用户创建的内核对象，只要内存资源足够大，消息队列的数量没有限制。图 4.12 展示了消息队列的操作流程。

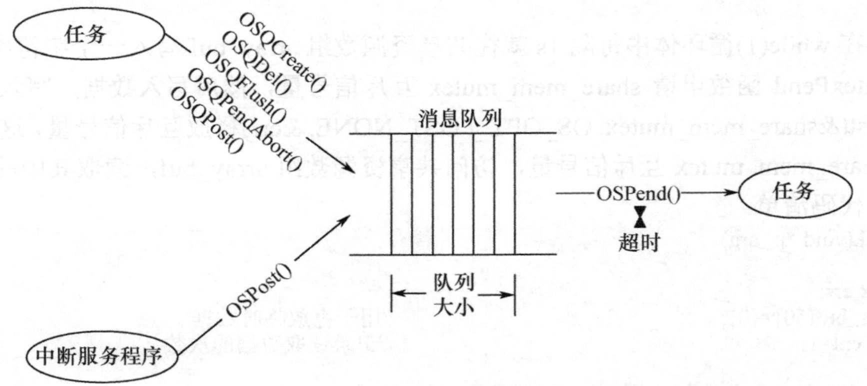

图 4.12 消息队列的操作流程

图 4.12 中显示任务可以对消息队列进行创建消息队列（OSQCreate()）、删除消息队列（OSQDel()）、清空消息队列（OSQFlush()）、中止等待消息队列（OSQPendAbort()）、发送消息到消息队列（OSQPost()）等这些操作。

消息队列默认使用先进先出（FIFO）的方式，即先进入队列的消息也是先被取出来。在 μC/OS-III 中，还可以按后进先出的方式（LIFO）发布消息。当任务或中断服务程序（ISR）必须向任务发送“紧急”消息时，LIFO 方式很有用。往任务中发送消息是通过调用 OSQPost()函数来实现的，至于使用 FIFO 还是 LIFO 方式，则由传递给 OSQPost()函数的参数来决定。

图 4.12 中使用 OSQPend()函数来接收消息，接收消息的任务旁边的小沙漏表示任务可以指定一个超时等待时间。如果任务指定的时间内没有收到消息，则会因超时唤醒任务，并且返回错误码指示当前任务是因为接收消息超时而被唤醒的，而不是正确接收到消息被唤醒。如果指定超时时间为 0，任务就会永远等待下去，直到接收到消息为止。

此外，消息队列还包含一个等待消息发送到消息队列的任务列表。多个任务可以在一个消息队列上等待，如图 4.13 所示。

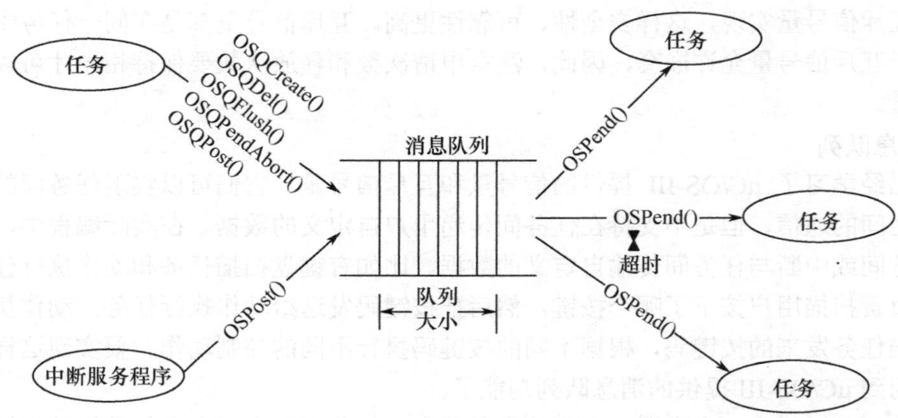

图 4.13 多个任务在一个等待队列上等待消息

当消息发送到消息队列时，等待消息队列的最高优先级任务接收该消息，还可以向所有在消息队列上等待的任务广播发送一条消息，从广播中接收到消息的任务，只要它们的优先级高于发送消息的任务，或者如果任务被中断打断，消息在中断服务程序中发送，μC/OS-III 都会发生任务调度，并将运行这些处于就绪状态优先级最高的任务。

消息队列的使用流程很简单，创建消息队列、等待接收消息、发送消息到消息队列是 3 个必需的步骤，其他可选操作有删除消息队列、中止等待消息队列等。μC/OS-III 中提供了消息队列相关的 API 函数，如表 4.3 所示。

表 4.3　消息队列相关的 API 函数

序号	函数名	功能描述	备注
1	OSQCreate()	创建消息队列	必须调用
2	OSQPend()	等待接收消息	必须调用
3	OSQPost()	发送消息到消息队列	必须调用
4	OSQDel()	删除消息队列	可选调用
5	OSQFlush()	清空消息队列	可选调用
6	OSQPendAbort()	中止等待消息队列	可选调用

以下分别对必须调用的 3 个 API 函数进行详细说明，最后给出一个示例程序来学习消息队列的使用方法。

（1）创建消息队列

μC/OS-III 使用 OS_Q 结构来表示一个消息队列。创建消息队列，只需要调用系统提供的 OSQCreate()函数，根据需要传递必需的参数即可。

```
/*
函数原型：void OSQCreate(OS_Q            *p_q,
                         CPU_CHAR        *p_name,
                         OS_MSG_QTY      max_qty,
                         OS_ERR          *p_err)
函数功能：创建消息队列
函数形参：p_q：指向消息队列的指针，一般传递 OS_Q 类型变量的地址。
         p_name：一个字符串指针，用于给消息队列命名。
         max_qty：表示消息队列的大小（必须非零），即消息队列中可以容纳消息的数量。
         p_err：一个指向存放错误码变量的指针，该变量将包含此函数返回的错误码，可取错误码如下。
              OS_ERR_NONE：成功创建消息队列。
              OS_ERR_CREATE_ISR：指示不能从 ISR 创建。
              OS_ERR_ILLEGAL_CREATE_RUN_TIME：指示在调用 OSSafetyCriticalStart()后尝试创建消
              息队列。
              OS_ERR_NAME：指示'p_name'是一个 NULL 指针。
              OS_ERR_OBJ_CREATED：指示消息队列已经创建过了。
              OS_ERR_OBJ_PTR_NULL：指示'p_q'传递了一个 NULL 指针。
              OS_ERR_Q_SIZE：指示 max_qty 指定的大小为 0。
函数示例：创建消息队列 key_msg_q
OSQCreate((OS_Q*         )&key_msg_q,        //消息队列
          (CPU_CHAR*     )"key_msg_q",       //消息队列名称
          (OS_MSG_QTY    )10,                //消息队列长度，这里设置为 10
          (OS_ERR*       )&err);             //错误码
    //创建失败，让程序进入死循环，这样在开发阶段方便发现问题
              if(err !=OS_ERR_NONE)
                 {
              while(1){; }
                 }
示例说明：
    ①使用消息队列时，消息队列变量需要定义为全局变量，否则其他任务不能使用。
    ②不要在中断服务程序中编程创建消息队列。
```

```
备注：函数的错误码比较多，编程时一般判断错误码是否等于 OS_ERR_NONE，若不等于则表示函数调用出错了。如果需要分析具体是哪一种错误，可使用单步调试来观察函数返回的错误码。
*/
```

（2）等待接收消息

当一个任务要获得其他任务或中断服务程序发来的消息，然后执行某些操作时，通过用 OSQPend()函数接收消息。如果当前没有消息可接收，任务会进入挂起状态或直接返回（具体行为和调用时传递的参数有关），并且在参数中携带返回错误码。

```
/*
函数原型：void *OSQPend(OS_Q    *p_q,OS_TICK    timeout,OS_OPT opt,
                        OS_MSG_SIZE    *p_msg_size,CPU_TS *p_ts,OS_ERR *p_err)
函数功能：等待接收消息，如果在消息队列中成功接收到消息，则任务继续往下运行，否则会进入挂起状态或返回，并且使用 p_err 参数保存返回的错误码。
函数形参：p_q：指向消息队列的指针，一般传递 OS_Q 类型变量的地址。
          timeout：一个可选的超时时间（以时钟为单位）。这个参数只在 opt 参数值指定为 OS_OPT_PEND_
                   BLOCKING 时才有意义。当 opt 参数传递为 OS_OPT_PEND_BLOCKING 时，timeout 值
                   大于 0，表示没有接收到消息时任务挂起的最长等待时间，如超过该参数指定的时长，还没有
                   接收到消息，函数将返回，并且将 p_err 指向的错误码变量值设置为 OS_ERR_TIMEOUT。
                   当 timeout 值为 0 时，表示任务将永久挂起，直到接收到消息，任务才恢复运行。
          opt：指示在接收消息时任务阻塞（进入挂起状态）还是非阻塞（OSMutexPend 直接返回，继续往下
               运行），可取值有以下两个：
                   OS_OPT_PEND_BLOCKING：任务会阻塞。
                   OS_OPT_PEND_NON_BLOCKING：任务不会阻塞。
          p_ts：该变量将接收消息队列接收、挂起或删除时的时间戳。当不需要获得时间戳时，可传递 NULL
                指针（(CPU_TS*)0）。
          p_err：该变量将包含此函数返回的错误码，函数调用可能产生的错误码如下。
                   OS_ERR_NONE：指示成功接收到消息。
                   OS_ERR_OBJ_PTR_NULL：指示'p_q'传递一个 NULL 指针。
                   OS_ERR_OBJ_TYPE：指示'p_q'不是一个有效的消息队列类型。
                   OS_ERR_PEND_ABORT：指示在等待消息队列时任务被中止了。
                   OS_ERR_PEND_ISR：指示在中断服务程序中调用此函数。
                   OS_ERR_SCHED_LOCKED：指示在调度器被锁定期间调用了此函数。
                   OS_ERR_TIMEOUT：指示在指定的时间内未收到消息导致超时返回。
函数返回值：非 NULL：指向接收到的消息指针。
            NULL：有几种情况：①接收到一个 NULL 的消息指针；②没有接收到消息；③参数'p_q'传递了
                  一个 NULL 指针；④参数'p_q'没有指向一个有效的消息队列。
函数示例：假设当前消息队列 key_msg_q 已经创建好了
OS_ERR err; //存放函数调用的错误码
CPU_TS ts; //保存时间戳
uint32_t    key_code;                          //保存消息传递来的按键码
//假设 OSQPost 发送来的消息是 uint32_t 类型的按键码，因此接收到后需要转换为原来的数据类型
key_code=(uint32_t)OSQPend((OS_Q *)&key_msg_q,(OS_TICK )0,(OS_OPT )OS_OPT_PEND_BLOCKING,
                           (OS_MSG_SIZE *)&key_code,(CPU_TS *)&ts,(OS_ERR *)&err);
示例说明：
① 接收消息前必须保证所申请的消息队列是已经成功创建的，而不只是定义了一个消息队列类型。
② 如果 opt 参数传递 OS_OPT_PEND_NON_BLOCKING，timeout 参数是无效的，不管是否成功接收到消息，
   OSQPend 都直接返回。
③ 如果 opt 参数传递了 OS_OPT_PEND_BLOCKING，timeout 为正数，当超时没有接收到消息时也会返回，
   因此必须判断错误码 err 的值是否等于 OS_ERR_NONE，来确定是否成功获得了信号量。
备注：①不能在中断服务函数中调用该函数，若调用则返回 OS_ERR_PEND_ISR 错误码。
      ②不要在关闭了任务调度的临界区中调用，如在 OS_CRITICAL_ENTER(); 和 OS_CRITICAL_EXIT();
        之间的代码中调用。
      ③函数错误码比较多，编程时一般判断错误码是否等于 OS_ERR_NONE，若不等于则表示函数调用出错
        了。如果需要分析具体的错误原因，可使用单步调试来观察函数返回的错误码确定。
*/
```

（3）发送消息到消息队列

调用 OSQPost()函数可以发送一条消息到消息队列中。如果有在此消息队列上等待接收消息，并比当前任务有更高优先级的任务，则执行任务调度，CPU 使用权切换到新任务中执行。

```
/*
函数原型：void OSQPost(OS_Q    *p_q,    void *p_void,
                       OS_MSG_SIZE      msg_size,
```

```
                 OS_OPT            opt,
                 OS_ERR            *p_err)
函数功能：向消息队列中发送一条消息。
函数形参：p_q：指向消息队列的指针，一般传递 OS_Q 类型变量的地址。
        opt：确定执行的 POST 类型，可取如下的值。
            OS_OPT_POST_ALL：表示 POST 到消息队列中等待的所有任务，该选项可以添加到 OS_
            OPT_POST_FIFO 或 OS_OPT_POST_LIFO 上。
            OS_OPT_POST_FIFO POST：表示消息到队列末尾(FIFO)并唤醒单个等待任务。
            OS_OPT_POST_LIFO POST：表示消息到队列前面(LIFO）并唤醒单个等待任务。
            OS_OPT_POST_NO_SCHED：表示发送消息到消息队列上后，不调用调度器。
            可能出现的选项组合：
            OS_OPT_POST_FIFO
            OS_OPT_POST_LIFO
            OS_OPT_POST_FIFO + OS_OPT_POST_ALL
            OS_OPT_POST_LIFO + OS_OPT_POST_ALL
            OS_OPT_POST_FIFO + OS_OPT_POST_NO_SCHED
            OS_OPT_POST_LIFO + OS_OPT_POST_NO_SCHED
            OS_OPT_POST_FIFO + OS_OPT_POST_ALL + OS_OPT_POST_NO_SCHED
            OS_OPT_POST_LIFO + OS_OPT_POST_ALL + OS_OPT_POST_NO_SCHED
        p_err：指向存放错误码变量的指针，可能产生的错误码如下。
              OS_ERR_NONE：指示成功发送消息到消息队列上。
              OS_ERR_OBJ_PTR_NULL：指示'p_q'是一个 NULL 指针。
              OS_ERR_OBJ_TYPE：指示'p_q'不是指向 OS_Q 消息类型。
              OS_ERR_Q_MAX：指示当前队列已满。

函数示例：假设当前消息队列 key_msg_q 已经创建好。
OS_ERR err;
uint32_t key=0x01;        //注意类型是 uint32_t，后面接收到需要转换回来
//发送 key 的值到消息队列中
OSQPost((OS_Q *)&key_msg_q,
      (void *)key,                          //注意：把按键码强制转换为 void*
       (OS_MSG_SIZE)sizeof(key),            //消息内存占用的字节数量
       (OS_OPT )OS_OPT_POST_FIFO,           //使用 FIFO 的方式发送消息
       (OS_ERR *)&err);                     //接收函数的错误码
备注：
    ①向消息队列发送消息前必须保证目标消息队列是已经成功创建的，而不只是定义 OS_Q 类型的变量。
    ②可以通过改变 opt 参数值来设置消息是 FIFO 还是 FILO 方式。
*/
```

（4）消息队列示例

示例 1：消息队列实现任务间通信

本示例是使用消息队列实现任务间通信的方法。任务 1 负责检测按键 1～4 是否按下，检测到有键按下了，则把按键码当成消息内容发送到消息队列上；任务 2 负责接收消息，并且根据消息内容执行不同的代码。实验的效果是，每按下开发板上的一个按键，开发板上对应的 LED1～LED4 状态就会翻转一次。本示例程序框架如图 4.14 所示。

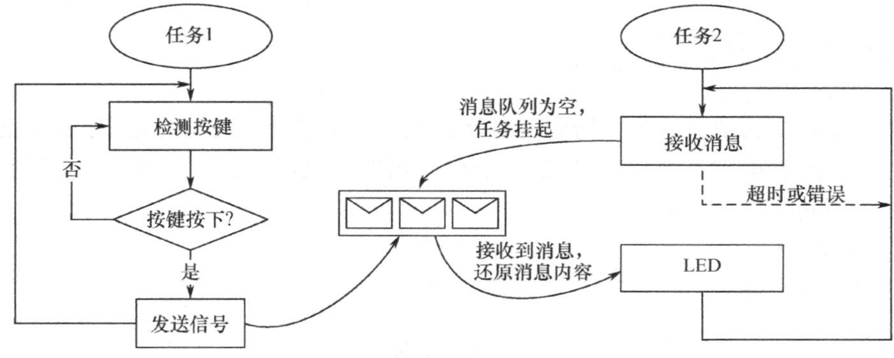

图 4.14　消息队列实现任务间通信的程序框架

main 函数代码清单：

```
OS_Q    key_msg_q;                                    //定义一个消息队列变量
int main(void)
{
        OS_ERR err;
        CPU_SR_ALLOC();
        ...
        OSInit(&err);                                 //初始化 μC/OS-III
        //创建消息队列 key_msg_q
        OSQCreate((OS_Q *          )&key_msg_q,
        (CPU_CHAR *    )"key_msg_q",        //消息队列名称
        (OS_MSG_QTY )10,                    //消息队列长度，这里设置为 10
        (OS_ERR *       )&err);             //错误码
        if(err !=OS_ERR_NONE){ //创建失败，让程序进入死循环，这样在开发阶段方便发现问题
                while(1){; }
        }
        OS_CRITICAL_ENTER();                          //进入临界区
        //创建开始任务
        ...     //调用 OSTaskCreate 创建启动任务，和前面讲解的代码相同，此时省略
        OS_CRITICAL_EXIT();                           //退出临界区
        OSStart(&err);                                //开启 μC/OS-III
}
```

先定义一个全局的消息队列变量，然后在调用 OSInit 函数后就可以调用 OSQCreate 函数创建消息队列。

任务 1 代码清单：

```
void task1_task(void *p_arg)
{
        uint32_t key;
        OS_ERR err;
        while(1)
        {
                key=KEY_Scan(0);                      //扫描按键
                if(key){                              //如果检测到有键按下
                //发送按键码
                        OSQPost((OS_Q *)&key_msg_q,
                        (void *)key,                  //注意：把按键码强制转换为 void *
                        (OS_MSG_SIZE)sizeof(key),     //消息内存占用的字节数量
                        (OS_OPT )OS_OPT_POST_FIFO,    //使用 FIFO 的方式发送消息
                        (OS_ERR *)&err);              //接收函数的错误码
                        OSTimeDlyHMSM(0, 0, 0, 50, OS_OPT_TIME_PERIODIC, &err);        //延时 50ms
                }
        }
}
```

任务 1 在 while(1)循环体中周期性地扫描按键，如果检测到按下了按键 1～4，则调用：

```
OSQPost((OS_Q *)&key_msg_q,
        (void *)key,
        (OS_MSG_SIZE)sizeof(key),
        (OS_OPT )OS_OPT_POST_FIFO,
        (OS_ERR *)&err);
```

把按键码 key 作为消息内容发送到消息队列上。这里要特别注意，是把(void*)key 作为消息内容发送的，因此接收方要想得到 key 的值，需要把接收到的 void*类型指针强制转换为 uint32_t，才可以得到原始消息内容的值。

任务 2 代码清单：

```
void task2_task(void *p_arg)
{
        OS_ERR err;
        CPU_TS ts;                                    //保存时间戳
        uint32_t    key_code;                         //保存消息传递来的按键码
        while(1)
```

```
    {
        //没有接收到消息会挂起任务
        //OSQPend 发送来的消息是 uint32_t 类型按键码，因此接收到后还原成原来的数据类型
        key_code=(uint32_t)OSQPend((OS_Q *)&key_msg_q,
        (OS_TICK )0,
        (OS_OPT )OS_OPT_PEND_BLOCKING,
        (OS_MSG_SIZE *)&key_code,
        (CPU_TS *)&ts,
        (OS_ERR *)&err);
        //判断是否成功接收到消息
        if(err !=OS_ERR_NONE) {
        …//在以下编写没有正确获得消息队列但是函数返回时的处理代码
        }
        //根据接收到的按键码执行不同的操作：这里分别改变 LED1～LED4 状态
        switch(key_code)
        {
         case KEY1_PRES:                //按键 1 按下
              LED1_Toglge();            //翻转 LED1 状态
        break;
          case KEY2_PRES:               //按键 2 按下
              LED2_Toglge();            //翻转 LED1 状态
        break;
          case KEY3_PRES:               //按键 3 按下
              LED3_Toglge();            //翻转 LED3 状态
        break;
          case KEY4_PRES:               //按键 4 按下
              LED4_Toglge();            //翻转 LED4 状态
        break;
        }
        OSTimeDlyHMSM(0, 0, 0, 500, OS_OPT_TIME_PERIODIC, &err);       //延时 0.5s
    }
}
```

任务 2 代码调用：

```
key_code=(uint32_t)OSQPend((OS_Q *)&key_msg_q,
                    (OS_TICK )0,
                    (OS_OPT )OS_OPT_PEND_BLOCKING,
                    (OS_MSG_SIZE *)&key_code,
                    (CPU_TS *)&ts,
                    (OS_ERR *)&err);
```

永久等待消息，如果 task1_task 没有发送消息，则会一直阻塞。当接收到消息时，把消息强制为 uint32_t 类型，因为 task1_task 是把 uint32_t 类型的 key 转换为 void*类型后当成消息发送到消息队列上了，因此接收方需要把它还原回 uint32_t 类型，即可得到 task1_task 传递的 key 值。

（5）消息队列小结

信号量和互斥信号量不同并不能携带用户自定义的数据给其他任务，而消息队列可用于任务间或中断与任务间传递数据，并且消息队列可以容纳多条消息，可以用作事件的缓冲区，暂时存储当前没有及时处理的事件，而不会因为系统当前工作负载过重，无法及时处理导致的事件丢失。使用消息队列时，不能在中断服务程序中调用 OSQPend()函数。往消息队列发送消息支持 FIFO 和 FILO 方式，对于后面发生的需要紧急处理的消息，可以通过指定 FILO 方式来实现接收者优先处理的效果。

4．事件标志组

事件标志组是 μC/OS-III 提供的一种用于任务间通信的同步机制，它和信号量类似，都可以实现任务等待某个事件的发生后再继续往下运行。但事件标志组在任务同步方面比信号量的功能更强大、使用更灵活。一个事件标志组可同步等待多个事件发生或等待多个事件中任意一个事件的发生，即多个事件的“逻辑与”和多个事件的“逻辑或”。

“逻辑与”：等待所有事件都发生时条件才成立，任务恢复运行。

“逻辑或”：等待所有事件中的任意一个事件发生时条件成立，任务恢复运行。

图 4.15 展示了事件标志组的逻辑与、逻辑或功能，以及内核提供给用户使用的相关 API 函数。

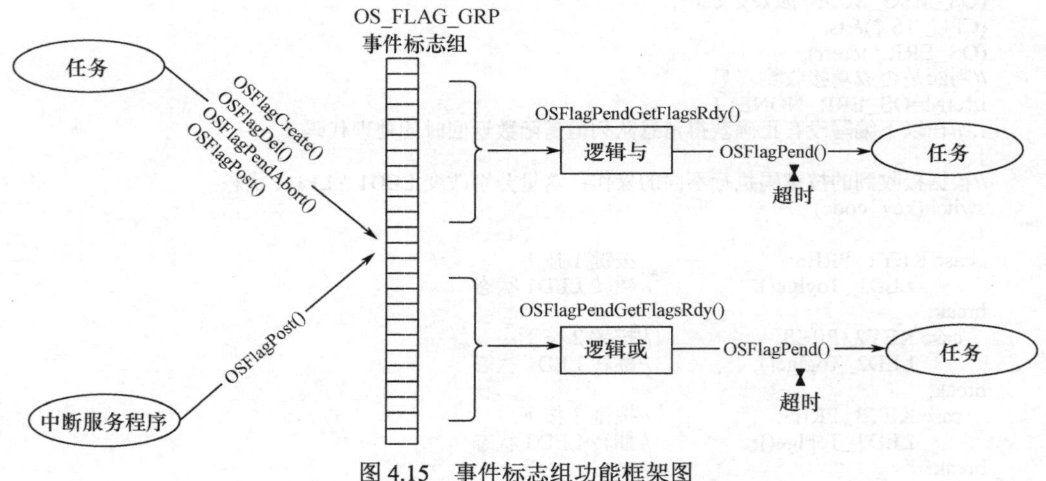

图 4.15　事件标志组功能框架图

说明：

① μC/OS-III 中事件标志组使用 OS_FLAG_GRP 类型来表示，是一个内核对象，由一系列位（8 位/16 位/32 位，由源码中 OS_FLAGS 定义的数据类型决定）组成，可以简单理解为一个二进制位表示一个事件，即图 4.15 中间的多个小方格。通过 OSFlagCreate()函数创建事件标志组，创建成功后就可以在任务或中断服务程序中使用。

② 任务或中断服务程序可通过 OSFlagPost()函数发布事件标志。注意：只有任务可以创建、删除和取消其他任务在事件标志组上的挂起状态，在中断服务程序中不能执行这几种操作。

③ 调用 OSFlagPend()函数，任务可以等待（挂起）事件标志组（所有位的子集）中任意数量的位发生期望的事件（逻辑与、逻辑或）。和前面学习过的信号量、消息队列的挂起一样，调用 OSFlagPend()时可指定最长的等待超时值，若在指定的时间（以时钟节拍为单位）内未发生期望的事件，则挂起的任务将恢复并返回超时错误码。

④ 调用 OSFlagPend()函数时可以通过参数决定等待的方式是采用逻辑与还是逻辑或、等待目标事件位是清零还是置位，这样就出现了 4 种组合：

- 等待所有位逻辑与置位事件；
- 等待所有位逻辑与清零事件；
- 等待所有位逻辑或置位事件；
- 等待所有位逻辑或清零事件。

事件标志组的使用流程很简单，其中创建事件标志组、等待事件标志发布、发送事件标志到事件标志组是 3 个必需的步骤，其他可选操作有删除事件标志组、中止等待事件标志组等。μC/OS-III 中提供了事件标志组相关的 API 函数，如表 4.4 所示。

表 4.4　事件标志组相关的 API 函数

序号	函数名	功能描述	备注
1	OSFlagCreate()	创建事件标志组	必须调用
2	OSFlagPend()	等待事件标志发布	必须调用

续表

序号	函数名	功能描述	备注
3	OSFlagPost()	发布事件标志到事件标志组	必须调用
4	OSFlagPendAbort()	中止等待事件标志组	可选调用
5	OSFlagDel()	删除事件标志组	可选调用
6	OSFlagPendGetFlagsRdy()	获取使任务就绪的事件标志	可选调用

以下分别对必须调用的 3 个 API 函数进行详细说明，最后给出一个示例程序来学习事件标志组的使用方法。

（1）创建事件标志组

μC/OS-III 使用 OS_FLAG_GRP 结构来表示事件标志组。创建事件标志组，只需要调用系统提供的 OSFlagCreate()函数，根据需要传递必须参数即可。

```
/*
函数原型：void OSFlagCreate(OS_FLAG_GRP    *p_grp,CPU_CHAR *p_name,
                            OS_FLAGS       flags,OS_ERR       *p_err)
函数功能：创建事件标志组。
函数形参：p_grp：指向事件标志组的指针，一般传递 OS_FLAG_GRP 类型变量的地址。
          p_name：一个字符串指针，用于给事件标志组命名。
          flags：事件标志组的事件初值，没有特别要求时可以传递 0。
          p_err：一个指向存放错误码变量的指针，该变量将包含此函数返回的错误码，可取如下错误码。
                OS_ERR_NONE：指示事件标志组创建成功。
                OS_ERR_CREATE_ISR：指示在中断服务程序中创建事件标志组，这是不允许的。
                OS_ERR_ILLEGAL_CREATE_RUN_TIME：指示在调用 OSSafetyCriticalStart()后尝试创建事
                   件标志组。
                OS_ERR_NAME：指示'p_name'是一个 NULL 指针。
                OS_ERR_OBJ_PTR_NULL：指示'p_grp'是一个 NULL 指针。
函数示例：OS_FLAG_GRP   key_msg_flag;                //定义一个事件标志组变量
//创建事件标志组
OSFlagCreate((OS_FLAG_GRP *)&key_msg_flag,        //事件标志组指针
             (CPU_CHAR *)"key_msg_flag",          //事件标志组名称
             (OS_FLAGS) 0,                        //事件标志组初值
             (OS_ERR*)&err);                      //错误码
//创建失败，让程序进入死循环，这样在开发阶段方便发现问题
if(err !=OS_ERR_NONE)
{
    while(1){; }
}
示例说明：
    ①使用事件标志组时，事件标志组变量需要定义为全局变量，否则其他任务不能使用。
    ②不要在中断服务程序中创建事件标志组。
备注：错误码比较多，编程时一般判断错误码是否等于 OS_ERR_NONE，若不等于则表示函数调用出错了。如
    果需要分析具体是哪一种错误，可使用单步调试来观察函数返回的错误码确定。
*/
```

（2）等待事件标志发布

OSFlagPend 函数的作用是使任务等待事件标志组中期望的预设事件发生，可以指定等待事件的方式（逻辑与/逻辑或、清零/置位）及等待的超时时间。调用此函数时，如事件标志组中指定的位没有发生预设的事件，任务会挂起，直到事件标志组中期望的预设事件条件成立或等待超时，任务恢复继续运行。

```
/*
函数原型：OS_FLAGS   OSFlagPend(OS_FLAG_GRP        *p_grp,
                                OS_FLAGS           flags,
                                OS_TICK            timeout,
                                OS_OPT             opt,
                                CPU_TS             *p_ts,
                                OS_ERR             *p_err)
```

```
函数功能：等待指定事件标志集合成立。条件成立后，任务继续往下运行，否则会进入挂起状态或返回（由 opt
          参数指定），并且使用 p_err 参数保存返回的错误码。
函数形参：p_grp：指向事件标志组的指针。
          timeout：一个可选的超时时间（以时钟节拍为单位）。该选项只有 opt 参数传递了 OS_OPT_PEND_
                 BLOCKING 才有效。timeout 值大于 0 时，表示期望的预设事件条件没有成立的最长等待时间。
                 当等待超时，任务会恢复并且将 p_err 指向的错误码变量值设置为 OS_ERR_TIMEOUT。
                 当 timeout 值为 0 时，表示任务将永久挂起，直到期望的事件标志发生或发生错误返回。
          opt：指定要设置所有位还是要设置任何位，可以是以下参数中的一个：
               OS_OPT_PEND_FLAG_CLR_ALL，等待'flags'中的所有位被清除。
               OS_OPT_PEND_FLAG_CLR_ANY，等待'flags'中的任何位清除。
               OS_OPT_PEND_FLAG_SET_ALL，等待'flags'中的所有位被设置。
               OS_OPT_PEND_FLAG_SET_ANY，等待'flags'中的任何位被设置。
               上面的 4 个选项还可以搭配下面 3 个选项来使用。
               OS_OPT_PEND_FLAG_CONSUME：用来设置是否继续保留该事件标志的状态。
               OS_OPT_PEND_NON_BLOCKING：事件标志组不满足条件时任务不会阻塞。
               OS_OPT_PEND_BLOCKING：事件标志组不满足条件时任务会阻塞。
               注意：如果希望在等待到期望的预设事件条件成立后自动把对应的事件标志位清除，可以添
               加 OS_OPT_PEND_FLAG_CONSUME。例如，要等待事件标志组中的任何事件标志，接收到
               事件后自动清除存在的标志，可将 opt 设置为：OS_OPT_PEND_FLAG_SET_ANY + OS_OPT_
               PEND_FLAG_CONSUME。
          p_ts：指向变量的指针，该变量存放事件标志组发布、中止或删除时的时间戳。当不需要获得时间
                戳时，可传递 NULL 指针（(CPU_TS*)0）。
          p_err：指向存放错误码变量的指针，函数调用可能产生的错误码如下。
                 OS_ERR_NONE：指示所期望的事件标志已经在超时内成立。
                 OS_ERR_OBJ_PTR_NULL：指示'p_grp'是一个 NULL 指针。
                 OS_ERR_OBJ_TYPE：指示'p_grp'没有指向 OS_FLAG_GRP 类型的内存空间。
                 OS_ERR_OPT_INVALID：指示没有指定正确的 opt 参数。
                 OS_ERR_PEND_ABORT：指示事件标志等待被中止。
                 OS_ERR_PEND_ISR：指示在中断服务程序中深度挂起任务。
                 OS_ERR_SCHED_LOCKED：指示在调度器被锁定时调用了这个函数。
                 OS_ERR_TIMEOUT：指示在指定的超时中尚未设置该位。
函数返回值：>0：任务准备就绪的事件标志组中的标志
             0：发生超时或错误
函数示例：假设当前事件标志组 key_msg_flag 已经创建好了
#define      KEY1_PRESS_EV          (1<<0)       //定义按键 1 事件标志
#define      KEY2_PRESS_EV          (1<<1)       //定义按键 2 事件标志
OS_ERR err;                                      //存放函数调用的错误码
CPU_TS ts;                                       //保存时间戳
uint32_t   key_code;                             //保存消息传递来的按键码
//事件标志组中 KEY1_PRESS_EV+KEY2_PRESS_EV 没有被置位，会挂起任务
//本示例 OSFlagPend 采用逻辑与置位的方式等待事件标志，并且接收后会自动清除事件
OSFlagPend((OS_FLAG_GRP*)&key_msg_flag,
           (OS_FLAGS )KEY1_PRESS_EV | KEY2_PRESS_EV, (OS_TICK )0,
           (OS_OPT)OS_OPT_PEND_FLAG_SET_ALL | OS_OPT_PEND_FLAG_CONSUME,
           (CPU_TS* )0, (OS_ERR* )&err);
示例说明：
    ①调用 OSFlagPend 前必须保证所等待的事件标志组是已经成功创建的，而不只是定义 OS_FLAG_GRP 类
      型变量。
    ②期望等待的 KEY1_PRESS_EV | KEY2_PRESS_EV 两个事件标志都被置为 1。
    ③opt 参数设置了 OS_OPT_PEND_FLAG_CONSUME，则在 KEY1_PRESS_EV | KEY2_PRESS_EV 事件
      发生并且接收事件后，会自动清零这两位。
    ④不要在关闭了任务调度的临界区中调用，如在 OS_CRITICAL_ENTER();和 OS_CRITICAL_EXIT();之间
      的代码中调用。
    ⑤函数错误码比较多，编程时一般判断错误码是否等于 OS_ERR_NONE，若不等于则表示函数调用出错
      了。如果需要分析具体的错误原因，可使用单步调试来观察函数返回的错误码。
*/
```

（3）发布事件标志到事件标志组

调用 OSFlagPost 函数可以发布事件标志到事件标志组，如果有在该事件标志组上等待事件标志的任务就绪了，并比当前任务有更高的优先级，则执行任务调度，CPU 使用权切换到新任务执行。

```
/*
函数原型：OS_FLAGS    OSFlagPost(OS_FLAG_GRP    *p_grp,
                                 OS_FLAGS        flags,
                                 OS_OPT          opt,
                                 OS_ERR          *p_err)
函数功能：发布一个事件标志到事件标志组。
函数形参：p_grp：指向事件标志组的指针。
          flags：指定要操作的事件标志组对应的位掩码。
                如果 opt 参数是 OS_OPT_POST_FLAG_SET，则 flags 中的每个位都将设置事件标志组中的
                相应位。例如，要设置位 0、4 和 5，可以将 flags 设置为 0x31；如果 opt 参数是 OS_OPT_
                POST_FLAG_CLR，则 flags 中的每个位都将清除事件标志组中的相应位。例如，要清除位
                0、4 和 5，可以将 flags 指定为 0x31。
          opt：确定执行的 POST 类型，可取以下值：
               OS_OPT_POST_FLAG_SET，置位事件标志组中 flags 掩码为 1 的二进制位；
               OS_OPT_POST_FLAG_CLR，清零事件标志组中 flags 掩码为 1 的二进制位。
          p_err：指向存放错误码变量的指针，函数调用可能产生的错误码如下。
                OS_ERR_NONE：指示发布事件标志成功。
                OS_ERR_OBJ_PTR_NULL：指示'p_grp'是一个 NULL 指针。
                OS_ERR_OBJ_TYPE：指示'p_grp'没有指向一个有效的事件标志组。
                OS_ERR_OPT_INVALID：指示'opt'传递了一个非法的参数。
函数返回值：当前仍然保留的事件标志组标志值。
函数示例：假设当前事件标志组 key_msg_flag 已经创建好了。
#define      KEY1_PRESS_EV       (1<<0)                 //定义按键 1 事件标志
OS_ERR err;
OSFlagPost((OS_FLAG_GRP *)&key_msg_flag,
          (OS_FLAGS)KEY1_PRESS_EV,                      //发布 KEY1 事件
          (OS_OPT)OS_OPT_POST_FLAG_SET,                 //设置事件标志组中对应的位
          (OS_ERR *)&err);                              //接收函数的错误码
备注：
   ①调用时必须保证目标事件标志组是已经创建好的，不只是定义 OS_FLAG_GRP 类型的变量。
   ②可以通过改变 opt 参数值对事件标志组中的相应位进行设置(OS_OPT_POST_FLAG_SET)或清零(OS_
     OPT_POST_FLAG_CLR)。
*/
```

（4）事件标志组示例

示例 1：事件标志组实现任务间通信

本示例是使用事件标志组实现任务间通信的方法，演示一个任务等待多个内核对象。任务 1 和任务 2 分别负责检测按键 1、按键 2，当检测到按键按下时，分别往事件标志组中发布已经定义好的 KEY1_PRESS_EV 和 KEY2_PRESS_EV 事件；任务 3 等待 KEY1_PRESS_EV+KEY2_PRESS_EV 事件标志发生，然后控制开发板上的 LED 状态。实验的效果是每次必须按下按键 1、按键 2，才会触发 LED1～LED4 状态反转一次，单独按下按键 1 或按键 2 不会触发 LED 状态翻转。本示例程序框架如图 4.16 所示。

main 函数代码清单：

```
#define      KEY1_PRESS_EV       (1<<0)        //定义按键 1 事件标志
#define      KEY2_PRESS_EV       (1<<1)        //定义按键 2 事件标志
#define      KEYS_PRESS_EV        (0)          //定义所有按键事件标志初值
OS_FLAG_GRP   key_msg_flag;                    //定义一个事件标志变量
int main(void)
{
    OS_ERR err;
    CPU_SR_ALLOC();
    ...
    OSInit(&err);                                        //初始化 µC/OS-III
    //创建事件标志组 key_msg_flag
    OSFlagCreate((OS_FLAG_GRP *)&key_msg_flag,           //事件标志组指针
                 (CPU_CHAR *)"key_msg_flag",             //事件标志组名称
                 (OS_FLAGS) KEYS_PRESS_EV,               //事件标志组初值
                 (OS_ERR*)&err);                         //错误码
    //创建失败，让程序进入死循环，这样在开发阶段方便发现问题
    if(err !=OS_ERR_NONE)
```

```
    {
        while(1){; }
    }
    OS_CRITICAL_ENTER();                                              //进入临界区
    //创建开始任务
    ...    //调用 OSTaskCreate 创建启动任务，和前面讲解的代码相同，此时省略
    OS_CRITICAL_EXIT();                                               //退出临界区
    OSStart(&err);                                                    //开启 μC/OS-III
}
```


事件标志组												
位编号	31	…	8	7	6	5	4	3	2	1	0
位值	0	…	0	0	0	0	0	0	0	1	1

图 4.16　事件标志组实现任务间通信的程序框架

先定义一个全局的事件标志组变量，用 OSFlagCreate 函数创建事件标志组。

任务 1 代码清单：

```
//任务 1 的任务函数
void task1_task(void *p_arg)
{
    uint32_t key;
    OS_ERR err;
    while(1)
    {
        key=KEY_Scan(0);                                              //扫描按键
        if(key==KEY1_PRESS)                                           //如果检测到按键 1 按下
        {
            //发送 KEY1_PRESS_EV 事件标志
            OSFlagPost((OS_FLAG_GRP *)&key_msg_flag,
                       (OS_FLAGS)KEY1_PRESS_EV,                       //发布 KEY1 事件
                       (OS_OPT)OS_OPT_POST_FLAG_SET,                  //设置事件标志组中对应的位
                       (OS_ERR *)&err);                               //接收函数的错误码
            OSTimeDlyHMSM(0, 0, 0, 50, OS_OPT_TIME_PERIODIC, &err);  //延时 50ms
        }
    }
}
```

任务 1 在 while(1)循环体中周期性地扫描按键，如果检测到按下了按键 1，则调用：

```
OSFlagPost((OS_FLAG_GRP *)&key_msg_flag,(OS_FLAGS)KEY1_PRESS_EV,
        (OS_OPT)OS_OPT_POST_FLAG_SET, (OS_ERR *)&err);
```

以置位（OS_OPT_POST_FLAG_SET）方式发送 KEY1_PRESS_EV 事件标志到 key_msg_flag 事件标志组上。

任务 2 代码清单：

```
void task2_task(void *p_arg)
{
    uint32_t key;
    OS_ERR err;
    while(1)
    {
        key=KEY_Scan(0);                                   //扫描按键
        if(key==KEY2_PRES)                                 //如果检测到按键 2 按下
        {
            //发送 KEY2_PRESS_EV 事件标志
            OSFlagPost((OS_FLAG_GRP *)&key_msg_flag,
                        (OS_FLAGS)KEY2_PRESS_EV,           //发布 KEY2 事件标志
                        (OS_OPT)OS_OPT_POST_FLAG_SET,      //设置事件标志组中对应的位
                        (OS_ERR *)&err);                   //接收函数的错误码
            OSTimeDlyHMSM(0, 0, 0, 50, OS_OPT_TIME_PERIODIC, &err);     //延时 50ms
        }
    }
}
```

任务 2 在 while(1)循环体中周期性地扫描按键，如果检测到按下了按键 2，则调用：

```
OSFlagPost((OS_FLAG_GRP *)&key_msg_flag,(OS_FLAGS)KEY1_PRESS_EV,
        (OS_OPT)OS_OPT_POST_FLAG_SET, (OS_ERR *)&err);
```

以置位（OS_OPT_POST_FLAG_SET）方式发送 KEY2_PRESS_EV 事件标志到 key_msg_flag 事件标志组上。

任务 3 代码清单：

```
void task3_task(void *p_arg)
{
    u8 num;
    OS_ERR err;
    char read_buf[50]={0};                       //用于存放临时数据
    CPU_TS ts; //保存时间戳
    while(1)
    {
            //事件标志组中 KEY1_PRESS_EV+KEY2_PRESS_EV 没有被置位任务，会挂起任务
            //示例 OSFlagPend 采用逻辑与置位的方式等待事件标志，并且接收后会自动清除事件
            OSFlagPend((OS_FLAG_GRP*)&key_msg_flag,
                    (OS_FLAGS )KEY1_PRESS_EV | KEY2_PRESS_EV,
                    (OS_TICK )0,
                    (OS_OPT )OS_OPT_PEND_FLAG_SET_ALL | OS_OPT_PEND_FLAG_CONSUME,
                    (CPU_TS* )0,
                    (OS_ERR* )&err);
            if(err !=OS_ERR_NONE){
                //在以下编写没有正确获得事件标志组但是函数返回时的处理代码
                //…
            }
            //发生 KEY1_PRESS_EV | KEY2_PRESS_EV 事件会执行以下代码：
            LED1_Toglge();            //翻转 LED1 状态
            LED2_Toglge();            //翻转 LED1 状态
            LED3_Toglge();            //翻转 LED3 状态
            LED4_Toglge();            //翻转 LED4 状态
            OSTimeDlyHMSM(0, 0, 0, 100, OS_OPT_TIME_PERIODIC, &err);      //延时 100ms
    }
}
```

task3_task 代码调用：

```
OSFlagPend((OS_FLAG_GRP*)&key_msg_flag,
            (OS_FLAGS )KEY1_PRESS_EV | KEY2_PRESS_EV,
            (OS_TICK )0,
            (OS_OPT )OS_OPT_PEND_FLAG_SET_ALL | OS_OPT_PEND_FLAG_CONSUME,
            (CPU_TS* )0,
            (OS_ERR* )&err);
```

永久等待KEY1_PRESS_EV|KEY2_PRESS_EV事件标志设置，如果task1_task和task2_task没有发布KEY1_PRESS_EV、KEY2_PRESS_EV事件标志，则任务会一直阻塞。当按键1、按键2按下后，task3_task任务恢复运行，并且把事件标志组中的KEY1_PRESS_EV+KEY2_PRESS_EV事件清零（因为opt参数中设置了OS_OPT_PEND_FLAG_CONSUME），继续往下执行代码对LED1～LED4进行状态反转。

（5）事件标志组小结

事件标志组用于任务间通信比较灵活，任务支持多个事件同时发生或某一个事件发生，在多任务协同工作的场景下使用很方便。

4.3.9　μC/OS-III临界区、调度器上锁

临界区是指运行过程中不能被打断的代码块，需要对这类代码块进行保护，在其开头的地方增加进入临界区保护的代码，在其结束位置后面增加退出临界区的代码。

在嵌入式系统软件编程中经常会遇到临界区的问题，这个问题不只在RTOS系统中存在，在裸机程序中也普遍存在。例如，main函数中使用的全局变量，在中断服务程序中也使用到了，或者一个全局变量在多个中断服务程序中使用到了。这样的场景在访问该全局变量时就会产生不安全因素，因为在main函数使用该全局变量过程中（还没有完全使用完成）可能被中断服务程序打断，转去执行中断服务程序，而恰好中断服务程序中也使用到该全局变量，并且修改了该全局变量，当退出中断服务程序返回断点时，main函数从断点处开始运行，把断开时的数据从栈中恢复出来，这样就覆盖了中断服务程序对全局变量的修改，导致数据的不一致。一个全局变量在不同中断服务程序中使用的情形也是一样的，因为现在的处理器都支持中断嵌套，对多个中断服务程序中使用的全局变量访问时都会存在安全隐患。

μC/OS-III中由于有多个任务协同运行，共同完成一个特定的程序功能，各个任务代码不可避免会遇到访问相同的全局变量，或相同的硬件资源（如同一条I^2C总线），这种情况下就需要对使用共享资源的代码进行保护。μC/OS-III中对于使用临界区的保护可以使用信号量、互斥信号量、关闭中断、关闭调度器等方式，下面介绍关闭中断和关闭调度器这两种方式。

1．关闭中断

μC/OS-III提供了相关关闭、打开中断的宏，用户只需要在临界区代码前面调用关闭中断宏代码，在临界区代码结束位置调用打开中断的宏代码即可。

注意：如果通过关闭中断的方法来保护临界区代码，硬件中断服务程序也无法响应了，因此，使用中断方法保护的临界区必须是耗时极短的代码，否则会严重影响系统的实时性。

临界区的API函数如表4.5所示。

表4.5　临界区的API函数

序号	函数	描述	备注
1	CPU_SR_ALLOC()	临界区的初始化	实际上只是定义一个名为cpu_s的变量，并且初始化为0，因为下面两个宏需要使用cpu_s变量
2	OS_CRITICAL_ENTER()	进入临界区	在V3.03.00版本中存在，在高版本中已经删除，用户可以参考以前版本自己添加
3	OS_CRITICAL_EXIT()	退出临界区	在V3.03.00版本中存在，在高版本中已经删除，用户可以参考以前版本自己添加
4	CPU_CRITICAL_ENTER()	进入临界区（关闭中断）	调用后会关闭硬件中断
5	CPU_CRITICAL_EXIT()	退出临界区（打开中断）	调用后会打开硬件中断

说明：

① 当宏 os_cfg.h 文件中 OS_CFG_ISR_POST_DEFERRED_EN 设置为 0 时，μC/OS-III 中 OS_CRITICAL_ENTER()是通过关闭中断的方式来实现临界区代码保护的，当设置为 1 时，内部通过给调度器上锁的方式来保护临界区代码。

② 注意：OS_CRITICAL_ENTER()和 OS_CRITICAL_EXIT()分别对应于 μC/OS-II 中的 OS_CRITICAL_ENTER()和 OS_EXIT_CRITICAL()，因版本升级，名称发生了变化。

OS_CRITICAL_ENTER()和 OS_CRITICAL_EXIT()是一对功能相反的宏，使用如下：

```
CPU_SR_ALLOC();                    //定义并且初始化 pu_s 变量
…
OS_CRITICAL_ENTER();
…                                  //这里写要保护的临界区代码
OS_CRITICAL_EXIT();
```

或者这样：

```
CPU_SR_ALLOC();                    //定义并且初始化 pu_s 变量
…
CPU_CRITICAL_ENTER();
…                                  //这里写要保护的临界区代码
CPU_CRITICAL_ENTER();
```

2．关闭调度器

当宏 os_cfg.h 文件中 OS_SCHED_LOCK_EN 设置为 1 时，使能关闭系统调度器的 API 函数。如下所示：

```
/*
函数原型：void OSSchedLock(OS_ERR   *p_err)
函数功能：关闭调度器，这样就不会再发生任务切换直到重新打开调度器
函数形参：p_err：错误码保存在参数 p_err 指向的变量中，可能的错误码如下。
                OS_ERR_NONE：成功锁定调度器。
                OS_ERR_LOCK_NESTING_OVF：指示嵌套调用此函数> 250 级。
                OS_ERR_OS_NOT_RUNNING：指示 μC/OS-III 还没有运行。
                OS_ERR_SCHED_LOCK_ISR：指示在中断服务程序中调用了此函数。
函数示例：
OS_ERR   err;                  //定义错误码变量
…
OSSchedLock(&err);
…                              //这里写要保护的临界区代码
OSSchedUnlock();
示例说明：使用 OSSchedLock/OSSchedUnlock 保护临界区，只能防止任务调度对临界区代码的影响，而不能防止硬件中断服务程序打开临界区代码，这一点需要注意。
备注：①调用 OSSchedLock 后并不会关闭中断，硬件中断依然可以响应。
     ②在 μC/OS-II 中，原型是 void   OSSchedLock(void)。
     ③函数 void   OSSchedUnlock(void)，打开调度器，系统恢复任务调度功能。
*/
```

3．临界区小结

① 在 μC/OS-II 和 μC/OS-III 中，关闭临界区和关闭中断的 API 名称或原型是不相同的，这一点要注意区别。

② 保护的临界区代码的执行必须耗时越短越好。

③ 采用中断方式保护的临界区代码必须耗时极短，并且运行临界区代码期间硬件中断也无法响应。

④ 采用关闭调度器方式保护的临界区代码只适合防止任务调度打断临界区代码执行，而不能防止硬件中断抢占 CPU 打断临界区代码执行。因此，如果要保护的临界区代码不允许被硬件中断打断，只能采用关闭中断的方式来保护。

思考题及习题

4.1　基于 μC/OS-III 编写一个任务，实现跑马灯的效果。

4.2　基于 μC/OS-III 编写一个任务管理 LED 亮、灭，一个任务用于识别按键状态，这两个任务配合实现按键控制 LED 的亮、灭。

4.3　基于 μC/OS-III 编写多任务利用互斥锁实现串口发送数据的函数。

4.4　基于 μC/OS-III 编写串口接收到的数据包通过消息队列发送给任务处理，数据包如下。

点亮 LED1："led-1-1#"

熄灭 LED1："led-1-0#"

点亮 LED2："led-2-1#"

熄灭 LED2："led-2-0#"

点亮 LED3："led-3-1#"

熄灭 LED3："led-3-0#"

点亮 LED4："led-4-1#"

熄灭 LED4："led-4-0#"

第 5 章　FATFS 文件系统

5.1　文件系统概述

1. 文件系统定义

文件系统是负责管理和存储文件数据的管理软件，主要实现在磁盘上组织文件、存储文件的方法。

2. 常见的文件系统

常见的文件系统有 FAT/FATFS、NTFS、CDFS、exFAT 等，其中 FAT/FATFS 是 U 盘常见的文件系统；NTFS 是基于安全性的文件系统，是 Windows NT 所采用的独特的文件系统；CDFS 是光盘所采用的文件系统；exFAT 是扩展文件分配表文件系统，是 Windows 公司特地为 U 盘量身定制的一种文件系统，exFAT 主要是为了解决 FAT32 等不支持 4GB 及更大的文件而推出的。FAT 文件系统最大支持 2GB 分区。FAT32 最大支持 2TB 分区，最大文件为 4GB；而 exFAT 最大支持 16EB 的文件，其中 1EB 等于 1024TB。

3. 文件系统文件分类

文件系统文件分为两类，一类是带缓冲区的文件，另一类是不带缓冲区的文件。

（1）带缓冲区的文件

带缓冲区的文件在读写数据时，不是对硬盘直接进行操作，而是对内存的缓存区进行操作。对缓冲区操作的好处在于，在运行的过程中，减少对硬盘读写操作的次数，增加硬盘的使用寿命，并且能提高读写效率，但是这种操作的缺点是不能保持数据的同步。对带缓冲区的文件进行操作是通过 C 语言的函数库来完成的，是基于文件指针的文件操作，这个文件指针是 FILE *，包含了所有的文件信息。

（2）不带缓冲区的文件

不带缓冲区的文件在读写数据时，对硬盘直接进行操作。对非缓冲区操作的好处在于，在运行的过程中，直接对硬盘进行操作，能保持数据的同步。但是这种操作的缺点是会影响硬盘的寿命，并且读写效率相对较低。

5.2　FATFS 文件系统概述

1. FATFS 文件系统

FATFS 是用于小型嵌入式系统的通用 FAT/exFAT 文件系统模块。FATFS 文件系统是按照 ANSI C (C89)编写的，与磁盘 I/O 层完全分离，因此，它独立于具体平台，可以集成到资源有限的小型微控制器（MCU）中，如 8051、PIC 单片机、AVR 单片机、ARM 处理器等。

2. FATFS 文件系统的特点

FATFS 文件系统与平台无关，移植简单，代码量少，效率高，并且 Windows 系统也兼容 FATFS 文件系统，如兼容 FAT12、FAT16、FAT32 等，所以开发的微控制器读写文件也可以放到 Windows 系统上进行读写。FATFS 文件系统还支持多卷（最多 10 卷）、多个 ANSI/OEM 代码页（包括 DBC）、长文件名、RTOS、多种扇区大小、API 和 I/O 缓冲区等。

3. FATFS 文件系统的移植性

FATFS 文件系统要移植，需要满足两个方面的条件：①软件是用 ANSI C（C89）编写的中间件，只要编译器符合 C89 或更高版本的编译器，就没有平台的依赖性（仅 exFAT 文件系统需要 C99）；②软件数据类型的大小要符合要求，其中 char 类型的大小必须为 8 位，int 类型的大小必须为 16 位或 32 位。当采用 C89 时，short 类型的大小必须为 16 位，而 long 类型的大小必须为 32 位；当采用 C99 或更高版本时，数据类型的大小可查看 stdint.h 头文件。

4. FATFS 文件系统的层次结构

FATFS 文件系统的层次结构如图 5.1 所示。

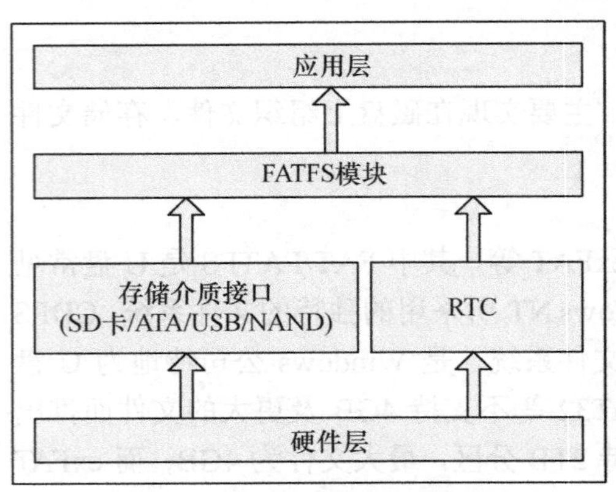

图 5.1　FATFS 文件系统的层次结构

硬件层上面是底层接口，底层接口包括存储介质接口和供给文件创建修改时间的 RTC，需要根据平台和存储介质编写移植代码；中间层 FATFS 模块，实现了文件读写协议，FATFS 模块提供的 ff.c 和 ff.h 这两个文件，开发者一般不用修改，只需包含 ff.h 头文件即可；最上层是应用层，开发者无须理会 FATFS 模块内部复杂的源码实现，只需调用 FATFS 模块提供的一系列应用接口函数，如 f_open、f_read、f_write、f_close 等 API 函数，就可以快速实现读、写、删除、复制等各种文件操作。

5.3　FATFS 文件系统的移植

5.3.1　FATFS 文件系统的移植准备

将 FATFS 文件系统移植到前面所讲的目标芯片 STM32F407ZGT6 上运行，编译软件采用 Keil μVision5。移植该文件系统前，还需要创建一个完整的工程，并且该工程具有完整的 SD 卡驱动。当然，需要准备好一张 SD 卡。

5.3.2　FATFS 文件系统的资源包

为适应不同的应用场景，FATFS 文件系统有两个版本，其中一个是大版本，另一个是小版本，小版本主要用于 8 位机。FATFS 文件系统的资源包可以从网上直接下载，其中大版本的下载如图 5.2 所示。

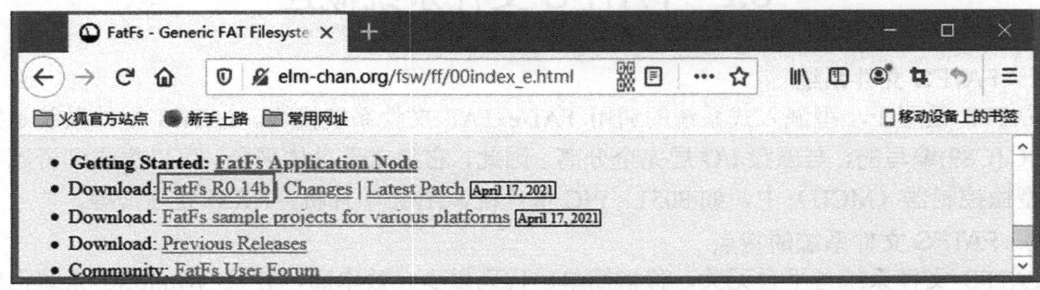

图 5.2　FATFS 文件系统大版本的下载

小版本的下载如图 5.3 所示。

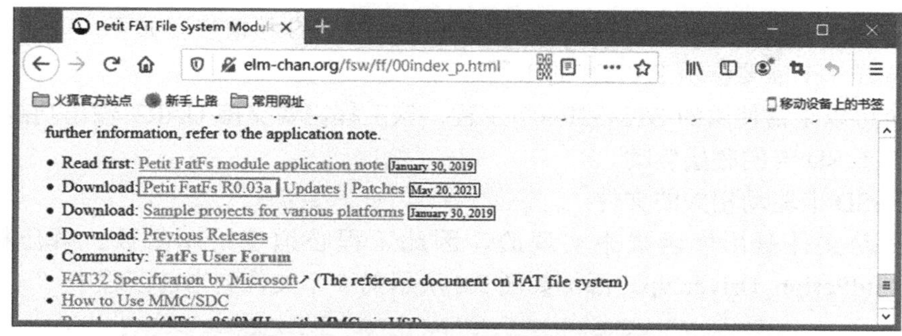

图 5.3　FATFS 文件系统小版本的下载

5.3.3　FATFS 文件系统的源码文件介绍

① 从网上下载的文件包经过解压缩后，会有以下两个文件夹：

- Documents，存放说明、LOGO 等文件夹；
- Source，源码文件夹。

② 在 Source 文件夹里，包含以下文件：

- 00history，历史版本说明；
- 00readme，使用说明；
- diskio.c，底层接口文件的源文件；
- diskio.h，底层接口文件的头文件；
- ff.c，应用层的源文件；
- ff.h，应用层的头文件；
- ffconf.h，FATFS 文件系统的配置文件；
- ffsystem.c，申请释放内存配置文件；
- ffunicode.c，语言支持文件；
- integer.h，数据类型定义头文件。

文件功能说明如表 5.1 所示。

表 5.1　文件功能说明

文件名	功能说明	移植说明
diskio.c	FATFS 和底层接口层的源文件	与平台相关的代码，开发者根据存储介质来编写相关函数
diskio.h	FATFS 和底层接口层公用的包含文件	不需要开发者修改
ff.c	FATFS 文件系统的源文件	不需要开发者修改
ff.h	FATFS 文件系统的包含文件	不需要开发者修改
ffconf.h	FATFS 文件系统的配置文件	需要开发者根据需求来配置参数
ffsystem.c	申请释放内存配置文件	不需要开发者修改
ffunicode.c	语言支持文件	不需要开发者修改
integer.h	数据类型定义文件	与编译器有关

5.3.4　FATFS 文件系统的移植

FATFS 文件系统移植需要准备 5 个压缩包：①ff14a.zip，FATFS 文件系统的源码包；②sdio-driver.zip，STM32F407ZGT6 的 SD 卡驱动；③stm32f407-sdio.zip，已经带 SD 卡驱动的 STM32F407 工程；④STM32F4xx_StdPeriph_Driver.zip，STM32F4xx 的固件库代码；⑤stm32f407-

sdio-fatfs-demo.zip，已经移植好的 FATFS 演示工程。FATFS 移植步骤如下：

（1）准备好一个需要移植 FATFS 的工程

准备一个可以正常使用的 STM32F407 工程，该工程需要支持 UART 输出功能，并且在这个工程中添加了 SD 卡的底层驱动。

（2）添加 SD 卡驱动相关的文件

SD 卡驱动文件是用库函数来实现的，因此工程必须使用库函数。解压标准库文件 STM32F4xx_StdPeriph_Driver.zip，添加如图 5.4 所示的 5 个文件到当前工程中。

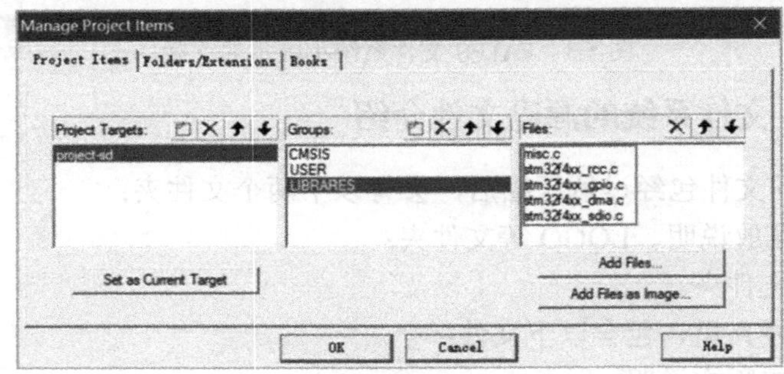

图 5.4 添加 SD 卡驱动相关文件

添加使用固件库全局宏定义：USE_STDPERIPH_DRIVER，如图 5.5 所示。

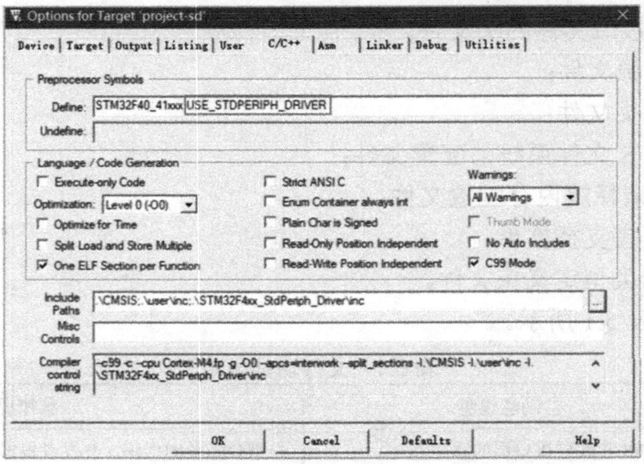

图 5.5 添加使用固件库全局宏定义

添加固件库头文件路径，如图 5.6 所示。

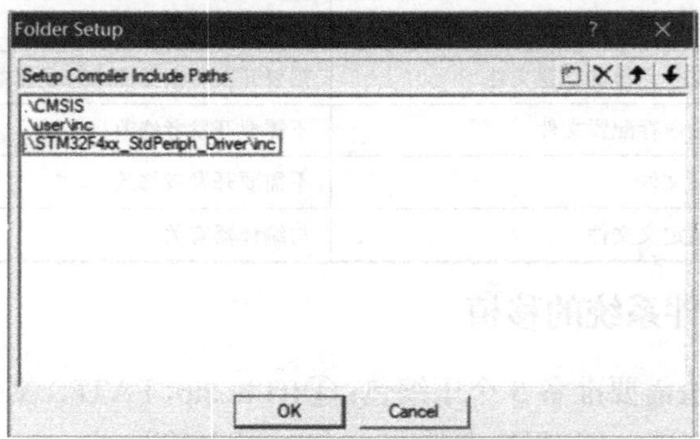

图 5.6 添加固件库头文件路径

复制 sd_sdio.c 到工程的 user\src 目录中，复制 sd_sdio.h 到工程的头文件目录 user\inc 中，并将 sd_sdio.c 和 sd_sdio.h 文件分别存放到工程的源码目录和头文件目录中，在 stm32f407-sdio.zip 压缩包中就已经添加了 SD 卡驱动的 Keil 工程。

（3）增加 FATFS 文件系统包

在 stm32f407-sdio 工程文件夹里新建一个文件夹 FatFs，然后将 ff14a.zip 文件系统源码包解压出来的 Source 文件夹里所有的文件复制到文件夹 FatFs 中。

（4）工程配置

① 添加 SD 卡驱动文件，如图 5.7 所示。

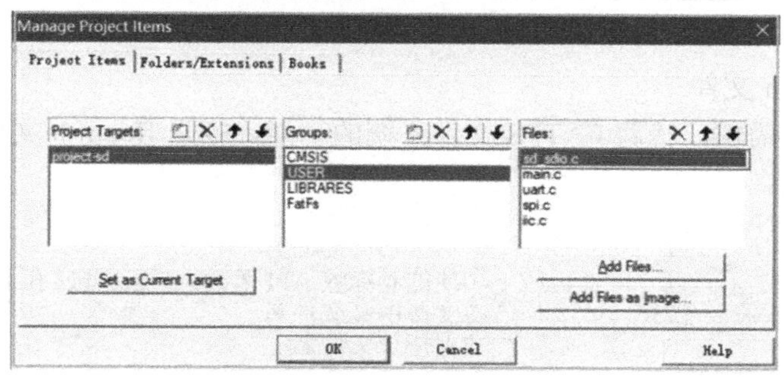

图 5.7　添加 SD 卡驱动文件

② 添加 FATFS 文件系统文件，如图 5.8 所示。

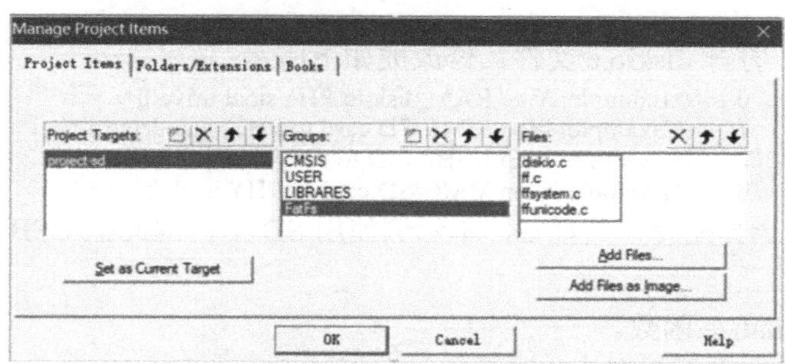

图 5.8　添加 FATFS 文件系统文件

③ 增加头文件路径，如图 5.9 所示。

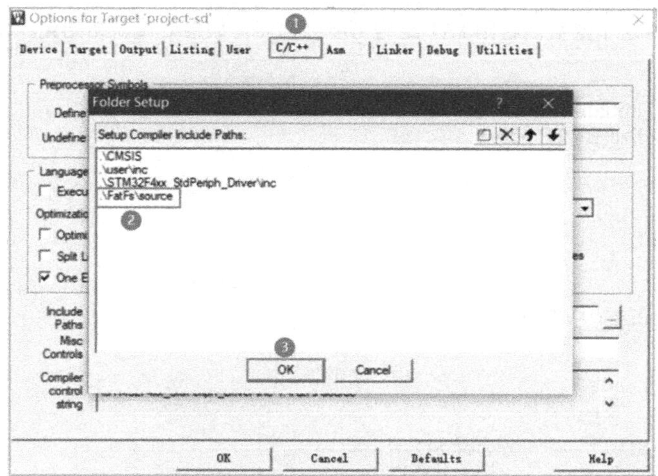

图 5.9　增加头文件路径

（5）移植顺序

首先，了解工程用的编译器的数据类型，根据编译器在 integer.h 中定义好数据类型，然后在 ffconf.h 头文件中根据需要配置 FATFS 文件系统的相关功能，最后打开 diskio.c 源文件，进行底层驱动文件的修改。一般情况下需要修改如图 5.10 所示的 6 个接口函数。

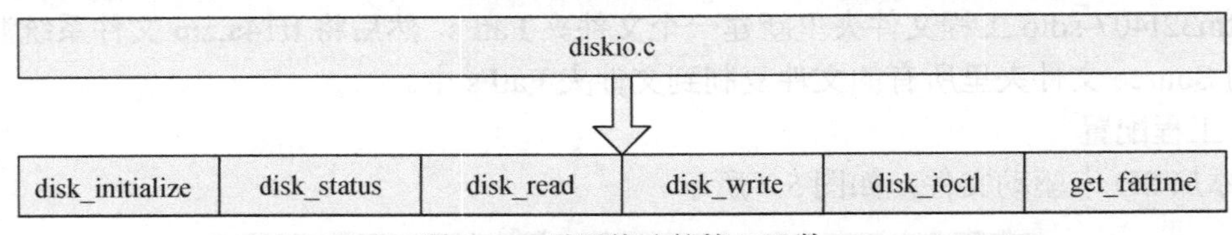

图 5.10　需要修改的接口函数

（6）修改 ffconf.h 文件

根据自己的使用需求，裁剪 FATFS 文件系统的功能，打开 ffconf.h 文件进行配置。以下只修改常用的几项配置：

```
#define FF_USE_STRFUNC      1
#define FF_USE_MKFS         1
#define FF_USE_LABEL        1           //使能卷标签 API 函数：f_getlabel 和 f_setlabel
#define FF_CODE_PAGE        936         //支持中文文件名
#define FF_USE_LFN          3           //支持长文件名
```

（7）修改 diskio.c 文件

① 添加 SD 卡驱动和 RTC 驱动的头文件，如下所示：

```
#include    " sd_sdio.h "
#include    " rtc.h "
```

② 修改宏定义，打开 diskio.c 文件，修改成如下所示：

```
//#define DEV_RAM       0    /*Example: Map RAM disk to PHYsical drive 0*/
//#define DEV_MMC       1    /*Example: Map MMC/SD card to PHYsical drive 1*/
//#define DEV_USB       2    /*Example: Map USB MSD to PHYsical drive 2*/
#define DEV_SD          0    /*Example: Map MMC/SD card to PHYsical drive 1*/
```

说明：这一步是选择配置存储设备，本示例使用 SD 卡，因此把 USB、RAM、MMC 这类设备注释掉。

③ 修改 disk_initialize 函数。

```
/*
函数原型：DSTATUS disk_initialize(BYTE Drive)
函数功能：初始化磁盘驱动器。
函数形参：Drive：指定要初始化的逻辑驱动器号，取值范围为 0～9。
函数返回值：函数成功时，返回值的 STA_NOINIT 标志被清零。
备注：应用程序不要调用这个函数，否则 FAT 结构可能会损坏，如果要重新初始化，可调用 f_mount 实现。
示例：disk_initialize(0);
*/
    //在 ff.c 中找到 disk_initialize 函数，如下所示：
    DSTATUS disk_initialize(BYTE pdrv)
    {
      DSTATUS stat;
      ...
      return STA_NOINIT;
    }
    //修改为如下所示：
    DSTATUS disk_initialize (BYTE pdrv)
    {
        DSTATUS stat;
        switch (pdrv)
        {
            case DEV_SD :             //选择 SD 卡
                stat=SD_Init();       //初始化 SD 卡
    break;
```

```
    }
    return stat;
}
```

④ 修改 disk_status 函数。

```
/*
函数原型：DSTATUS disk_status(BYTE Drive)
函数功能：返回当前磁盘驱动器的状态。
函数形参：Drive：指定要初始化的逻辑驱动器号，取值范围为 0～9。
函数返回值：磁盘驱动器状态返回下列标志的组合，FATFS 只使用 STA_NOINIT 和 STA_PROTECTED。
    STA_NOINIT：表明磁盘未初始化，该标志位会产生置位或清零，置位表示系统复位，磁盘被移除和磁盘
    初始化函数失败，清零表示初始化函数成功
    STA_NODISK：表示驱动器中没有设备，安装磁盘驱动器后总为 0。
    STA_PROTECTED：表示设备被写保护，不支持写保护的设备总为 0，当 STA_NODISK 置位时非法。
示例：disk_ status(0);
*/
//在 ff.c 中找到 disk_status 函数，如下所示：
    DSTATUS disk_status(BYTE pdrv)
    {
        DSTATUS stat;
        int result;
        …
        return STA_NOINIT;
    }
    //修改为如下所示：
    DSTATUS disk_status(BYTE pdrv)
    {
        DSTATUS stat;
        int result;
        switch(pdrv)
        {
            case DEV_SD :
            return 0;           //该函数现在无须用到，直接返回 0
        }
        return STA_NOINIT;
    }
```

⑤ 修改 disk_read 函数。

```
/*
函数原型：DRESULT disk_read(BYTE Drive,BYTE* Buffer,DWORD SectorNumber,BYTE SectorCount)
函数功能：从磁盘驱动器上读取扇区。
函数形参：Drive：指定要初始化的逻辑驱动器号，取值范围为 0～9。
        Buffer：指向存储读取到的数据缓冲区的指针
        SectorNumber：指定起始扇区逻辑块的地址。
        SectorCount：指定要读取的扇区数，取值为 1～128。
函数返回值：RES_OK(0)：函数成功。
          RES_ERROR：读操作期间产生了任何错误且不能恢复。
          RES_PARERR：非法参数。
          RES_NOTRDY：磁盘驱动器没有被初始化。
*/
   //在 ff.c 中找到 disk_read 函数，如下所示：
    DRESULT disk_read
    (
        BYTE pdrv,          //Physical drive number to identify the drive
        BYTE *buff,         //Data buffer to store read data
        LBA_t sector,       //Start sector in LBA
        UINT count          //Number of sectors to read
    )
    {
        DRESULT res;
        int result;
        ...
        return RES_PARERR;
    }
    //修改为如下所示：
```

```
DRESULT disk_read
(
    BYTE pdrv,          /*Physical drive number to identify the drive*/
    BYTE *buff,         /*Data buffer to store read data*/
    DWORD sector,       /*Start sector in LBA*/
    UINT count          /*Number of sectors to read*/
)
{
    DRESULT res;
    int result;
    switch(pdrv)
    {
        case DEV_SD :
        //translate the arguments here
        result=SD_ReadDisk((u8*)buff,sector,count);//读 SD 卡扇区函数，用户提供
        return result;
    }
    return RES_PARERR;
}
```

⑥修改 disk_write 函数。

```
/*
函数原型：DRESULT disk_write(BYTE Drive, const BYTE* Buffer,
                              DWORD SectorNumber,BYTE SectorCount)
函数功能：向磁盘驱动器写入一个或多个扇区。
函数形参：Drive：指定要初始化的逻辑驱动器号，取值范围为 0～9。
          Buffer：要写入字节数组的指针。
          SectorNumber：指定起始扇区逻辑块的地址。
          SectorCount：指定要写入的扇区数，取值为 1～128。
函数返回值：RES_OK(0)：函数成功。
            RES_ERROR：写操作期间产生了任何错误且不能恢复。
            RES_WRPRT：介质被写保护。
            RES_PARERR：非法参数。
            RES_NOTRDY：磁盘驱动器没有被初始化。
备注：只读配置中不需要这个实现该函数。
*/
    //在 ff.c 中找到 disk_write 函数，如下所示：
    DRESULT disk_write
    (
        BYTE pdrv,          /*Physical drive number to identify the drive*/
        const BYTE *buff,   /*Data to be written*/
        LBA_t sector,       /*Start sector in LBA*/
        UINT count          /*Number of sectors to write*/
    )
    {
        DRESULT res;
        int result;
        ...
        return RES_PARERR;
    }
    //修改为如下所示：
    DRESULT disk_write
    (
        BYTE pdrv,              /*Physical drive number to identify the drive*/
        const BYTE *buff,       /*Data to be written*/
        DWORD sector,           /*Start sector in LBA*/
        UINT count              /*Number of sectors to write*/
    )
    {
        DRESULT res;
        int result;
        switch(pdrv)
    {
        case DEV_SD :
```

```
            //translate the arguments here
            result=SD_WriteDisk((u8*)buff,sector,count); //写入扇区
            //translate the result code here
            return result;
        }
        return RES_PARERR;
    }
```

⑦ 修改 disk_ioctl 函数。

```
/*
函数原型：DRESULT disk_ioctl(BYTE Drive, BYTE Command,void * Buffer)
函数功能：控制磁盘驱动器指定特性和除读写外的其他功能。
函数形参：Drive：盘符，取值范围为0～9。
          Command：指定命令代码。
          Buffer：指向参数缓冲区的指针，取决于命令代码，不使用时应写入NULL。
函数返回值：RES_OK(0)：函数成功。
            RES_ERROR：读操作期间产生了任何错误且不能恢复。
            RES_PARERR：非法参数。
            RES_NOTRDY：磁盘驱动器没有被初始化。
备注：CTRL_SYNC：确保磁盘驱动器已经完成了写处理，当磁盘驱动器有一个写缓存时，立即刷新原扇区，
只读配置下不适用此命令。
    GET_SECTOR_SIZE：返回磁盘驱动器的扇区大小，只用于 f_mkfs()。
    GET_SECTOR_COUNT：返回可利用的扇区数，在_MAS_SS≥1024 时可用。
    GET_BLOCK_SIZE：获取擦除块大小，只用于 f_mkfs()。
    GET_ERASE_SECTOR：强制擦除一块的扇区，_USE_ERASE>0 时可用。
*/
    //在 ff.c 中找到 disk_ioctl 函数，如下所示：
    DRESULT disk_ioctl
    (
        BYTE pdrv,          //Physical drive number(0..)
        BYTE cmd,           //Control code
        void *buff          //Buffer to send/receive control data
    )
    {
        DRESULT res;
        int result;
        ...
        return RES_PARERR;
    }
    //修改为如下所示：
    DRESULT disk_ioctl
    (
        BYTE pdrv,          /*Physical drive number(0..)*/
        BYTE cmd,           /*Control code*/
        void *buff          /*Buffer to send/receive control data*/
    )
    {
        DRESULT res;
        int result;
        switch(pdrv)
    {
        case DEV_SD :
            switch(cmd)
            {
                case CTRL_SYNC:        //等待写过程
                    return 0;
                case GET_SECTOR_SIZE://获取扇区大小
                    *(DWORD*)buff=512;
                    res=RES_OK;    //成功
                    break;
                case GET_BLOCK_SIZE: //获取块大小
                  //块大小(扇区为单位)，一块等于 8 个扇区
                    *(WORD*)buff=SDCardInfo.CardBlockSize; res=RES_OK;
                    break;
```

```
            case GET_SECTOR_COUNT: //获取总扇区数量
                *(DWORD*)buff=SDCardInfo.CardCapacity/512;
                res=RES_OK;
                break;
            default: //命令错误
                res=RES_PARERR;
                break;
        }
    }
    return res;
}
```

⑧ 修改 get_fattime 函数。

```
/*
函数原型：DWORD get_fattime()
函数功能：获取当前时间。
函数形参：无。
函数返回值：当前时间以双字值封装返回，位域含义如下所示：
        bit31:25：年（0～127）（从 1980 年开始）          bit24:21：月（1～12）
        bit20:16：日（1～31）                            bit15:11：小时（0～23）
        bit10:5：分钟（0～59）                            bit4:0：秒（0～59）
备注：必须返回一个合法的时间（即使系统不支持实时时钟），如果返回 0，没有一个合法的时间，在读配置下
无须此函数。
*/
    //在 ff.c 中没有该函数示例，需要开发者自行编写该函数。
    #include "rtc.h"
    /*
        bit31:25
        Year origin from the 1980(0..127)
        bit24:21
        Month(1..12)
        bit20:16
        Day of the month(1..31)
        bit15:11
        Hour(0..23)
        bit10:5
        Minute(0..59)
        bit4:0
        Second / 2(0..59)
    */
    DWORD get_fattime(void)
    {
        u32 date;
        date=(
            ((rtc_dates.year -1980)<<25)|
            (rtc_dates.month<<21 )      |
            (rtc_dates.date<<16 )       |
            (rtc_dates.hour<<11 )       |
            (rtc_dates.min<<5 )         |
            (RTC_dates.sec )
            );
        return date;
    }
```

（8）修改 ffconf.h 文件

ffconf.h 是 FATFS 文件系统的配置文件，配置该文件主要是通过修改宏参数的值实现的。部分宏定义的含义及本次配置的值说明如下。

① FF_FS_TINY：该选项在 R0.07 版本中开始出现，之前的版本都以独立的 C 文件出现，如 FATFS 和 Tiny FATFS，有了这个选项之后，两者整合在一起使用起来更方便。我们使用 FATFS，因此把这个选项定义为 0 即可。

```
#define     FF_FS_TINY          0
```

② FF_USE_STRFUNC：用来设置是否支持字符串类操作，如 f_putc、f_puts 等，因为需要用到，这里设置为 1。

```
#define      FF_USE_STRFUNC  1
```

③ FF_USE_MKFS：用来定时是否使能格式化，因为需要用到，这里设置为 1。

```
#define      FF_USE_MKFS           1
```

④ FF_USE_FASTSEEK：用来使能快速定位，设置为 1 表示使能快速定位，如下所示：

```
#define     FF_USE_FASTSEEK       1
```

⑤ FF_USE_LABEL：用来使能是否支持磁盘盘符（磁盘名字）的读取与设置，这里设置为 1，表示可以通过相关函数来读取和设置磁盘的名字了。

```
#define     FF_USE_LABEL      1
```

⑥ FF_CODE_PAGE：用于设置语言类型，包括很多选项，具体可查看 FATFS 官网，这里设置为 936，即简体中文（GBK 码，需要 ffunicode.c 文件支持）。

```
#define     FF_CODE_PAGE     936
```

⑦ FF_USE_LFN：用于设置是否支持长文件名（还需要_CODE_PAGE 支持），取值范围为 0～3。0：表示不支持长文件名，1～3：支持长文件名，但是存储区域不一样。这里选择使用 3，通过 ff_memalloc 函数来动态分配长文件名的存储区域。

```
#define     FF_USE_LFN          3
```

⑧ FF_VOLUMES：用于设置 FATFS 支持的逻辑设备数目，若设置为 3，即支持 3 个设备（磁盘）。

```
#define     FF_VOLUMES         3
```

⑨ FF_MAX_SS：用于设置扇区缓冲的最大值，一般设置为 512。

```
#define     FF_MAX_SS          512
```

（9）修改 ffsystem.c 文件

工程在编译时，ffsystem.c 需要使用 malloc 函数分配空间，但是 ffsystem.c 文件中并没有包含 stdlib.h 头文件，因此会发出警告，所以要手动添加这个文件，如下所示：

```
#include     <stdlib.h>
```

（10）修改工程堆栈文件

由于文件系统操作需要的堆栈区比较大，因此要修改 Keil 工程中默认的堆栈大小，否则后面运行可能会出错。在 startup_stm32f40_41xxx.s 中找到 Stack_Size 和 Heap_Size，修改成如下所示：

```
Stack_Size          EQU     (1024 * 4)
                    AREA     STACK, NOINIT, READWRITE, ALIGN=3
Stack_Mem           SPACE    Stack_Size
_ _initial_sp


;<h> Heap Configuration
;   <o>    Heap Size(in Bytes)<0x0-0xFFFFFFFF:8>
;</h>

Heap_Size        EQU      (1024 *32)
```

5.3.5 编写移植 FATFS 文件系统的主函数

编写移植 FATFS 的主函数如下所示：

```
#include<stdio.h>
#include<stdlib.h>
#include<string.h>
#include "stm32f4xx.h"
#include "delay.h"
#include "uart.h"
```

```
#include "rtc.h"
#include "sd_sdio.h"
#include "ff.h"
#define UART_BDR        115200      //定义串口波特率
int main(void)
{
    SD_Errorsd_error;
    UINT bw=0, br=0;
    FIL fp;
    FATFS fs;
    FRESULT fresult;
    u8 buff[]={"BUFFERSTM32F407ZGT6 FATFS TEST!"};
    u16 len=strlen((char *)buff);
    u8 read_buff[100]={0};
    Delay_Init(168);                    //延时初始化
    uart1_init(UART_BDR);               //初始化 USART2
    Led_Init();                         //LED 初始化
    RTC_init(rtc_dates);//RTC 初始化
    printf("STM32F407 SD for FATFS TEST!\r\n");
    sd_error=SD_Init();
    while(sd_error !=SD_OK)
    {
            sd_error=SD_Init();
            printf("sd_init_error\r\n");
            Delay_ms(500);
    }

    fresult=f_mount(&fs, "0:", 1);
    while(fresult !=FR_OK)
    {
            fresult=f_mount(&fs, "0:", 1);
            printf("f_mount_error\r\n");
            Delay_ms(500);
    }
    //创建一个新的文件并且可读可写
    fresult=f_open(&fp, "test.txt", FA_OPEN_ALWAYS | FA_READ | FA_WRITE);
    while(fresult !=FR_OK)
    {
            fresult=f_open(&fp, "test.txt", FA_OPEN_ALWAYS | FA_READ | FA_WRITE);
            printf("f_open_error\r\n");
            Delay_ms(500);
    }

    fresult=f_write(&fp, buff, len, &bw); //写数据到 SD 卡
    while(fresult !=FR_OK)
    {
           printf("f_write_error\r\n");
           Delay_ms(500);
    }

    f_lseek(&fp, 0);                             //移动文件指针到开头
    f_read(&fp, read_buff, len, &br);            //读取 SD 卡中文件的内容

    //文件操作完毕关闭(将缓冲区的数据存储到 SD 卡中)
    fresult=f_close(&fp);
    while(fresult !=FR_OK)
    {
              printf("f_close_error\r\n");
              Delay_ms(500);
    }

    printf("write_buff:%s\r\n", buff);
    printf("read_buff:%s\r\n", read_buff);
    while(1)
```

```
    {
      ;
    }
}
```

5.3.6 测试 FATFS 文件系统

把程序编译后下载到 STM32F407ZGT6 测试板上，插入 SD 卡，并连接好串口，运行程序，可以看到串口助手输出以下信息，则表示移植成功。

```
STM32F407 SD for FATFS TEST!
write_buff: BUFFERSTM32F407ZGT6 FATFS TEST!
read_buff: BUFFERSTM32F407ZGT6 FATFS TEST!
```

运行程序后，取下 SD 卡并插入计算机，打开 SD 卡可以看到程序中创建的 test.txt 文件。打开 test.txt 文件，可以看到内容为程序中写入的文本数据。

5.4 FATFS 文件系统的 API 函数

FATFS 文件系统的 API 函数有很多，如表 5.2 所示。当前使用的文件系统都是带缓冲区的文件操作，下面介绍一些比较常用的 API 函数，其他函数读者自己去测试。

表 5.2 FATFS 文件系统的 API 函数

序号	函数名称	功能说明	序号	函数名称	功能说明
1	f_open	打开/创建一个文件	20	f_readdir	读取一个目录项
2	f_close	关闭一个已经打开的文件	21	f_findfirst	打开一个目录并读取匹配的第一个项目
3	f_read	从文件中读取数据	22	f_findnext	读取匹配的下一个项目
4	f_write	将数据写入文件	23	f_stat	检查文件或子目录的存在
5	f_lseek	移动文件的读写指针	24	f_unlink	删除文件或子目录
6	f_truncate	截断文件	25	f_rename	重命名/移动文件或子目录
7	f_sync	刷新缓存的数据	26	f_chmod	更改文件或子目录的属性
8	f_forward	将数据转发到流	27	f_utime	更改文件或子目录的时间戳
9	f_expand	为文件分配一个连续的块	28	f_mkdir	创建一个子目录
10	f_gets	读取一个字符串	29	f_chdir	更改当前目录
11	f_putc	写一个字符	30	f_chdrive	更改当前驱动器
12	f_puts	写一个字符串	31	f_getcwd	检索当前目录和驱动器
13	f_printf	写一个格式化的字符串	32	f_mount	注册/取消工作区
14	f_tell	获取当前的读写指针	33	f_mkfs	在逻辑驱动器上创建一个 FAT 卷
15	f_eof	测试文件结束	34	f_fdisk	在物理驱动器上创建逻辑驱动器
16	f_size	获取大小	35	f_getfree	获取卷上的总大小和空闲大小
17	f_error	测试错误	36	f_getlabel	获取卷标
18	f_opendir	打开一个目录	37	f_setlabel	设置卷标
19	f_closedir	关闭一个打开的目录	38	f_setcp	设置活动代码页

5.4.1 f_mount 函数

f_mount 函数描述如下所示：

```
/*函数原型：FRESULT f_mount(BYTE Drive,FATFS* FileSystemObject)
```

```
函数功能：为 FATFS 模块注册/注销一个工作区。
函数参数：Drive：注册/注销工作区的逻辑驱动器号，即盘符，应取值 0～9。
          FileSystemObject：指向注册的工作区（文件系统对象）的指针，为 NULL 时为注销工作区。
函数返回值：FR_OK：函数成功。
            FR_INVALID_DRIVE：驱动器号无效。
备注：此函数的作用是在磁盘里注册一个缓冲区域，用来存储 FAT32 文件系统的一些相关信息，对磁盘进行操作之前，这个函数是不可少的，无论驱动器状态如何，该函数总是成功的，函数只是初始化给定的工作区和注册内部表的地址。*/
```

5.4.2 f_open 函数

f_open 函数描述如下所示：

```
/*函数原型：FRESULT f_ open(FIL* FileObject, const TCHAR* FileName, BYTE ModeFlags)
函数功能：打开/创建一个文件。
函数形参：FileObject：指向创建的文件对象结构体的指针。
          FileName：指向空结尾字符串文件名的指针。
          ModeFlags：指定读写类型和打开文件的方式，可以是下列值一种或几种的组合：
                    FA_READ：读模式，从文件中读取数据（读写模式可同时生效）。
                    FA_WRITE：写模式，往文件里写入数据（读写模式可同时生效）。
                    FA_OPEN_EXISTING：打开文件（默认方式），如果文件不存在，则函数失败。
                    FA_OPEN_ALWAYS：打开文件，如果文件不存在，则创建一个新文件。此种方式可使
                                   用 f_lseek 函数对打开的文件追加数据。
                    FA_CREATE_NEW：创建新文件，若文件存在则失败，返回值为 FR_EXIST。
                    FA_CREATE_ALWAYS：创建一个新文件，若文件存在则覆盖旧文件。
备注：函数成功时会创建一个文件，以供随后的读写函数调用文件时使用；使用 f_close 函数来关闭一个打开的文件，如果修改的文件没被关闭，文件数据将会丢失；在使用任何文件函数之前，必须对相应的逻辑驱动器使用 f_mount 函数注册一个工作区（文件系统对象），所有的文件函数在注册工作区后才能正常工作。*/
```

5.4.3 f_close 函数

f_close 函数描述如下所示：

```
/*函数原型：FRESULT f_ close(FIL* FileObject)
函数功能：关闭一个已经打开的文件。
函数形参：FileObject：指向要关闭的文件对象结构体的指针。
函数返回值：FR_OK：文件对象应成功关闭。
            FR_DISK_ERR：函数失败（由于磁盘运行的一个错误）。
            FR_INT_ERR：函数失败（由于一个错误的 FAT 结构或内部错误）。
            FR_NOT_READY：磁盘驱动器无法工作（由于驱动器中没有媒体或其他原因）。
            FR_INVALID_OBJECT：文件非法。
备注：f_close 函数关闭一个打开的文件，如果有任何数据写入文件，文件缓存信息将被写回到磁盘，函数成功后，之前的文件不再合法而被丢弃*/
```

5.4.4 f_read 函数

f_read 函数描述如下所示：

```
/*函数原型：FRESULT f_ read(FIL* FileObject,void* Buffer, UINT ByteToRead, UINT* ByteRead)
函数功能：从文件中读取数据。
函数形参：FileObject：指向打开文件对象结构体的指针。
          Buffer：指向存储读取数据缓冲区的指针。
          ByteToRead：UINT 范围内要读取的字节数。
          ByteRead：指向存放到读取字节数的 UINT 变量的指针。
函数返回值：FR_OK：函数成功。
            FR_DENIED：函数被拒（由于文件已经开启了不可读模式）。
            FR_DISK_ERR：函数失败（由于磁盘运行的一个错误）。
            FR_INT_ERR：函数失败（由于一个错误的 FAT 结构或内部错误）。
            FR_NOT_READY：磁盘驱动器无法工作（由于驱动器中没有媒体或其他原因）。
            FR_INVALID_OBJECT：文件非法。
备注：f_read 函数每次执行完后，*ByteRead 值等于本次读取的字节数，如果*ByteRead<ByteToRead，则表示读写指针在读操作期间已经到达文件末尾。*/
```

5.4.5 f_write 函数

f_write 函数描述如下所示：

```
/*函数原型：FRESULT f_write(FIL* FileObject, const void* Buffer, UINT ByteToWrite, UINT* ByteWritten)
函数功能：往文件中写入数据。
函数形参：FileObject：指向打开文件对象结构体的指针。
          Buffer：指向要写入的数据缓冲区的指针。
          ByteToWrite：UINT 范围内要写入的字节数。
          ByteWritten：指向保存已经写入的字节数 UINT 变量的指针。
函数返回值：FR_OK：函数成功。
            FR_DENIED：函数被拒（由于文件已经开启了不可写模式）。
备注：每次 f_write 函数执行完后，*ByteWritten 值等于本次写入的字节数，如果*ByteWritten<ByteToWrite，则
表示在写操作期间卷已满。*/
```

5.4.6 f_lseek 函数

f_lseek 函数描述如下所示：

```
/*函数原型：FRESULT f_lseek(FIL* FileObject,DWORD offset )
函数功能：移动文件的读写指针，也可以用来增加文件大小。
函数形参：FileObject：指向打开文件对象结构体的指针。
          offset：偏移文件起始位置的字节数。
函数返回值：FR_OK：函数成功。
            FR_DISK_ERR：函数失败（由于磁盘运行的一个错误）。
            FR_INT_ERR：函数失败（由于一个错误的 FAT 结构或内部错误）。
            FR_NOT_READY：磁盘驱动器无法工作（由于驱动器中没有媒体或其他原因）。
            FR_INVALID_OBJECT：文件非法。
            FR_NOT_ENOUGH_CORE：文件的链接映射表大小不足。
备注：偏移值可以在文件起始和结尾的范围内指定。当在写模式下偏移值超出文件大小时，文件大小会增加，
扩充区域的数据是未定义的，这适合快速创建大文件，尤其是快速的写操作；f_lseek 函数成功后，应对文件读
写指针检查以确保读写指针被正确移动，如果文件读写指针不是期望值，可能发生了以下情况：①文件结束，
指定的偏移值被文件大小截断（因为开启了只读模式）；②磁盘已满，卷上没有足够的空间扩展文件。*/
```

5.4.7 f_sync 函数

f_sync 函数描述如下所示：

```
/*函数原型：FRESULT f_sync(FIL* FileObject)
函数功能：刷新缓存的数据。
函数形参：FileObject：指向要刷新的文件对象结构体的指针。
函数返回值：FR_OK：函数成功。
            FR_DISK_ERR：函数失败（由于磁盘运行的一个错误）。
            FR_INT_ERR：函数失败（由于一个错误的 FAT 结构或内部错误）。
            FR_NOT_READY：磁盘驱动器无法工作（由于驱动器中没有媒体或其他原因）。
            FR_INVALID_OBJECT：文件非法。
备注：f_sync 函数执行与 f_close 函数相同的处理，不同在于执行后文件仍保持打开，文件依然有效，可以继续
对文件进行读写/移动操作；当文件处于长时间的写模式，如数据记录时，定期调用此函数，或写入数据后立即
调用此函数，可以减少因断电等意外情况带来的损失。*/
```

5.4.8 f_mkdir 函数

f_mkdir 函数描述如下所示：

```
/*函数原型：FRESULT f_mkdir(const TCHAR* DirName)
函数功能：创建一个子目录。
函数形参：DirName：指向要创建的空结尾字符串目录名的指针。
函数返回值：FR_OK：函数成功。
            FR_NO_PATH：无法找到路径。
            FR_INVALID_NAME：路径名非法。
            FR_INVALID_DRIVE：驱动器号非法。
            FR_DENIED：不能创建目录（由于目录表或磁盘已满）。
            FR_EXIST：存在同名文件或目录。
            FR_NOT_READY：磁盘驱动器无法工作（由于驱动器中没有媒体或其他原因）。
            FR_WRITE_PROTECTED：媒体被写保护。
```

```
            FR_DISK_ERR：函数失败（由于磁盘运行的一个错误）。
            FR_INT_ERR：函数失败（由于一个错误的 FAT 结构或内部错误）。
            FR_NOT_ENABLED：逻辑驱动器没有工作区。
            FR_NO_FILESYSTEM：驱动器上没有合法的 FAT 卷。
备注：f_mkdir 函数创建一个子目录，目录名应符合 FATFS 标准，不能包含非法字符；不能用来创建文件，不能在不存在的目录下创建子目录；若不支持长文件名，文件名长度不能大于 8，否则创建不成功。*/
```

5.4.9 f_opendir 函数

f_opendir 函数描述如下所示：

```
/*函数原型：FRESULT f_opendir(DIR* DirObject, const TCHAR* DirName)
函数功能：打开一个目录。
函数形参：DirObject：指向空目录结构体的指针，用来存储要打开的目录信息。
          DirName：指向空结尾字符串目录名的指针。
函数返回值：FR_OK：函数成功，目录结构体被创建，以供随后的读目录调用。
            FR_NO_PATH：无法找到路径。
            FR_INVALID_NAME：路径名非法。
            FR_INVALID_DRIVE：驱动器号非法。
            FR_NOT_READY：磁盘驱动器无法工作（由于驱动器中没有媒体或其他原因）。
            FR_DISK_ERR：函数失败（由于磁盘运行的一个错误）。
            FR_INT_ERR：函数失败（由于一个错误的 FAT 结构或内部错误）。
            FR_NOT_ENABLED：逻辑驱动器没有工作区。
备注：f_opendir 打开一个存在的目录并创建该目录对象以供后面调用，目录对象结构体无须任何步骤可在任何时间被丢弃。*/
```

5.4.10 f_readdir 函数

f_readdir 函数描述如下所示：

```
/*函数原型：FRESULT f_readdir(DIR* DirObject, FILINFO* FileInfo)
函数功能：读取一个目录项。
函数形参：DirObject：指向打开的目录结构体的指针。
          FileInfo：指向文件信息结构体的指针，用来存储读取到的文件信息。
函数返回值：FR_OK：函数成功。
            FR_NOT_READY：磁盘驱动器无法工作（由于驱动器中没有媒体或其他原因）。
            FR_DISK_ERR：函数失败（由于磁盘运行的一个错误）。
            FR_INT_ERR：函数失败（由于一个错误的 FAT 结构或内部错误）。
            FR_INVALID_OBJECT：文件非法。
备注：f_readdir 按顺序读取目录内的文件，重复调用此函数可读取目录内的所有文件；当所有的目录入口被读完而没有条目可读时，函数返回一个空字符串到 f_name[]，据此可判断目录内所有文件是否读完；如果一个空指针赋给 FileInfo，将返回从第一个文件开始读取；当 LFN 功能启用时，文件信息结构体中的 lfname 和 lfsize 必须在使用 f_readdir 函数前初始化为有效值，lfname 是一个指向字符串缓冲区返回长文件名的指针，lfsize 是字符串缓冲区的大小，如果读缓冲区或 LFN 工作缓冲区的大小对于 LFN 不够或者对象是短文件名，一个空字符串将返回到 LFN 读缓冲区；如果 LFN 包含任何不能被 OEM 代码转换的字符，一个空字符串将被返回，但这不是针对 Unicode API 配置的情况；当 lfname 为 NULL 时，没有什么返回，当对象中没有 LFN 时，大小写字母都被包含在 SFN 中；当相对路径功能使能时（_FS_RPATH==1），将会影响 f_readdir 函数的读取，具体表现为"."和".."条目不会被过滤，它们将出现在读取条目中。*/
```

5.5 FATFS 文件系统使用示例

本节编写一个功能较为综合的示例代码，使用 FATFS 文件系统的 API 函数实现文件的复制功能。文件复制的原理很简单，只需要以只读方式打开源文件，以只写方式打开目标文件，然后循环读取源文件数据并写入目标文件，直到源文件数据读取到末尾。代码实现如下所示：

```
/*定义数组缓冲区，并且让地址为 4 字节对齐（aligned (4)）*/
static u8 fatfs_buffer[1024] __attribute__ ((aligned (4))) ;
FIL src_file, dst_file;                              /* 保存文件对象 */
int cp_file(const char *des, const char *src)
{
    FRESULT res;                                     /* 保存返回值 */
    long p1 = 0;                                     /* 保存读写位置 */
```

```
    UINT rb, wb, blen;                          /* 保存读、写、缓冲区大小*/

    blen = sizeof (fatfs_buffer);       /* 计算缓冲区大小，用来设置单次读取最大值 */
    /*只读方式打开源文件 */
    res = f_open(&src_file, src, FA_OPEN_EXISTING | FA_READ);
    if (res != FR_OK)
        return res;

    /*只写并且创建新文件方式打开目标文件 */
    res = f_open(&dst_file, des, FA_CREATE_ALWAYS | FA_WRITE);
    if (res != FR_OK)
    {
        f_close(&src_file);
        return res;
    }

    /*循环读取源文件数据，写入目标文件*/
    while(1)
    {
        res = f_read(&src_file, fatfs_buffer, blen, &rb); /* 读取文件数据 */
        if (res != FR_OK || !rb )       /* 读数据错误或读取到数据为 0 字节（已经到文件末尾） */
            break;

        res = f_write(&dst_file, fatfs_buffer, rb, &wb);    /* 写入文件 */
        if (res != FR_OK)
            break;                              /* 如果写错误，结束 */

        p1 += wb;                               /* 统计大小 */
        if (wb < rb)                            /* 如果写入数据小于源数据，表示磁盘满 */
            break;
    }

    printf("\n%lu bytes copied.\r\n", p1);
    f_close(&src_file);
    f_close(&dst_file);

    if (res != FR_OK)                           /* 如果错误，则下面输出错误信息 */
        put_rc(res);
    return res;                                 /* 返回错误码 */
}
```

要复制文件时，只需要调用该函数，参数 1 传递要复制的文件路径名（包含文件名），参数 2 传递新文件的路径名（包含文件名）即可，例如 cp_file("test 副本.txt", "test.txt")。

思考题及习题

5.1 移植 FATFS 文件系统到 STM32F407ZGT6。

5.2 使用 FATFS 文件系统的 API 函数实现创建目录、文件复制、删除文件、修改文件内容、重命名文件。

5.3 编写程序实现接收串口助手发送来的文件，并且保存到 SD 卡中。

第 6 章　Linux 系统开发环境

6.1　Linux 系统简介

6.1.1　Linux 系统特点

1．免费开源

Linux 系统是一款开源的免费的操作系统，开发者可以通过网络或者其他途径免费获得，并且可以按照自己的意愿修改其源码。

2．多用户支持

多用户是现代计算机最主要的特点之一，Linux 系统是多用户式系统，各用户对自己的文件有自己特殊的权利，在各个用户之间同时并独立运行多个程序，各用户之间互不影响。

3．良好的界面支持

Linux 系统同时支持字符界面和图形界面。在字符界面，用户可以通过键盘输入相应的指令来进行操作，与此同时，Linux 系统也提供了类似 Windows 图形界面的 X-Window 系统，用户可以使用鼠标对其进行操作。在 Linux 系统中，字符界面和图形界面之间能互相切换。例如，在 VMware 15 下的 Ubuntu 16.04 环境中，按下 Ctrl+Alt+F1～F6 组合键（每个 Fx 键就会打开一个字符终端）就切换到字符界面，而按下 Alt+F6～F12 组合键则切换回图形界面。需要注意的是：

① 如果按下 Ctrl+Alt+F1 组合键切换的字符界面，则需要按 Alt+F6 组合键切换回图形界面，依次类推。

② 不同版本的 VMware 和 Linux 系统，切换字符界面和图形界面的方法不相同，读者可以自行尝试。

4．支持多种硬件平台

Linux 系统可以在多种硬件平台上运行，如 x86、680x0、SPARC、Alpha、ARM 等处理器。在嵌入式产品中，如掌上电脑、机顶盒、游戏机等都是用 Linux 系统。

6.1.2　Linux 系统安装

Linux 程序只能在 Linux 环境下开发，当程序的开发环境和运行环境一致时，开发项目就会比较方便。在这种情况下，有多种安装 Linux 系统的方式：①一台计算机里只安装一个 Linux 系统，开机便进入 Linux 系统，这种方式虽然对开发项目比较方便，但是对于用惯了 Windows 系统的用户来说，日常工作用 Linux 系统不是很方便；②在一台计算机里安装两个系统，一个是 Windows 系统、一个是 Linux 系统，启动时选择其中之一，例如，开发用 Linux 系统、日常工作用 Windows 系统，频繁重启也会造成很多不便；③在 Windows 系统中使用虚拟机软件，虚拟出一台假的计算机，然后在这台虚拟计算机里安装 Linux 系统，这样 Linux 系统和 Windows 系统之间就可以快速切换开发和日常工作两不误。下面就介绍第③种方式。

6.2 VMware 的安装

6.2.1 VMware 的下载

登录 VMware 官网，找到 VMware-workstation 的下载页面进行软件的下载。因为是在 Windows 系统中安装 VMware 虚拟机，所以单击“Workstation 16 Pro for Windows 立即下载”，即可下载 Workstation 16 Pro，如图 6.1 所示。

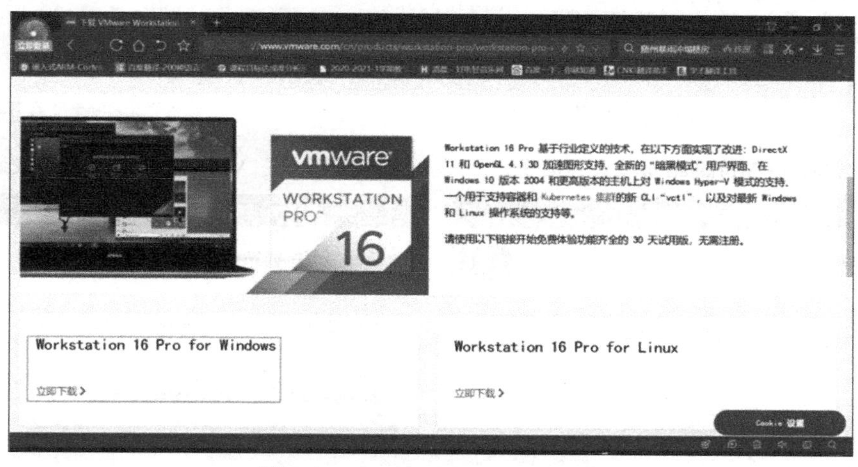

图 6.1　VMware Workstation 下载

6.2.2 VMware 的安装

（1）启动安装程序。双击.0-14665864.exe（注：不同时间下载的程序，后面的数字版本号可能不相同），会出现如图 6.2 所示启动页面。

（2）单击“下一步”按钮，根据提示选中“我接受许可协议中的条款”，单击“下一步”按钮，如图 6.3 所示。

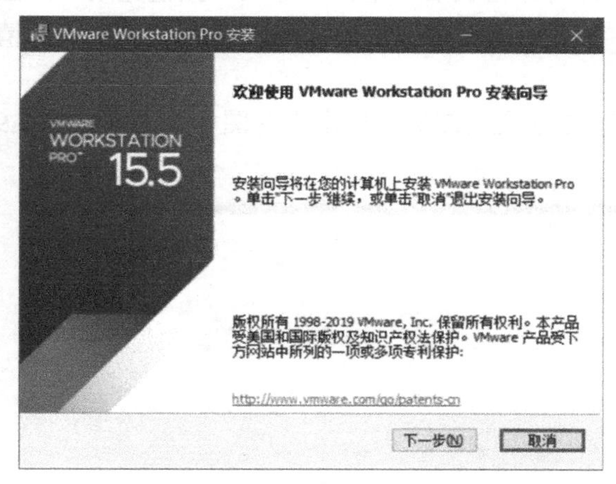

图 6.2　VMware Workstation 安装页面 1

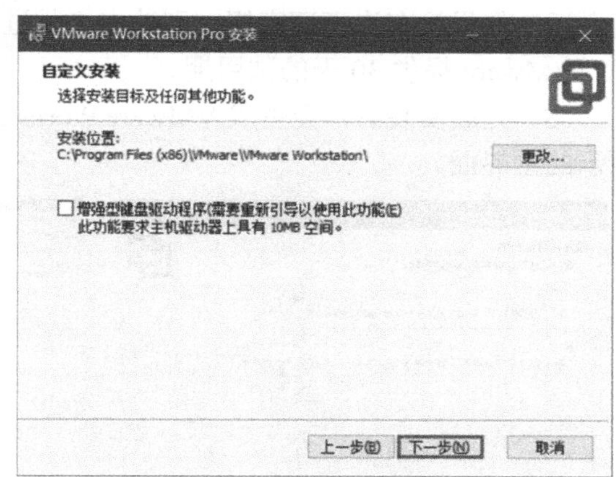

图 6.3　VMware Workstation 安装页面 2

（3）根据提示单击“下一步”按钮，如图 6.4 所示。

（4）根据提示单击“下一步”按钮，选择安装路径，建议使用默认路径，如图 6.5 所示。

（5）根据提示单击“安装”按钮，如图 6.6 所示。

（6）等待安装完成，如图 6.7 所示。

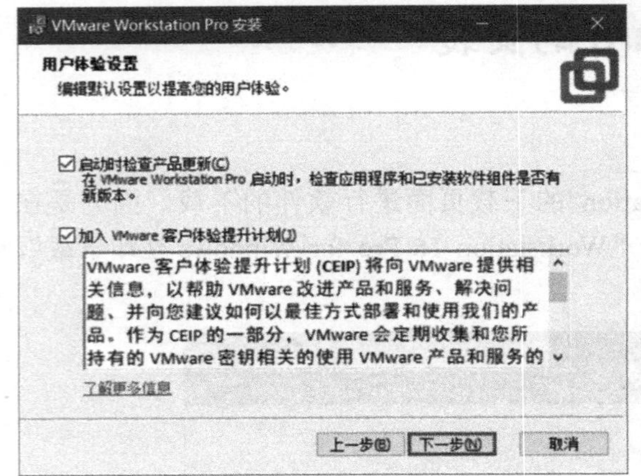

图 6.4　VMware Workstation 安装页面 3

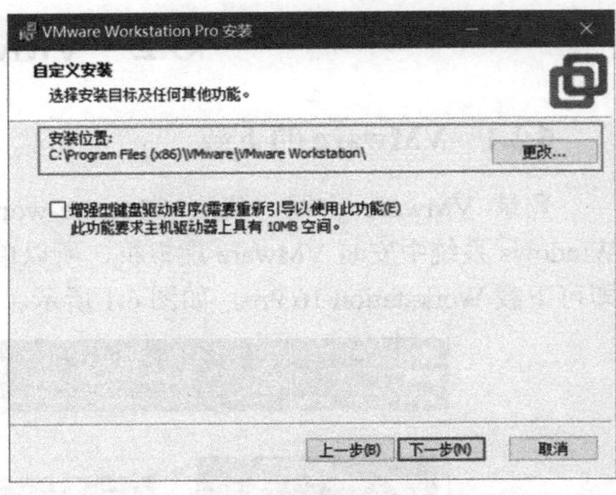

图 6.5　VMware Workstation 安装页面 4

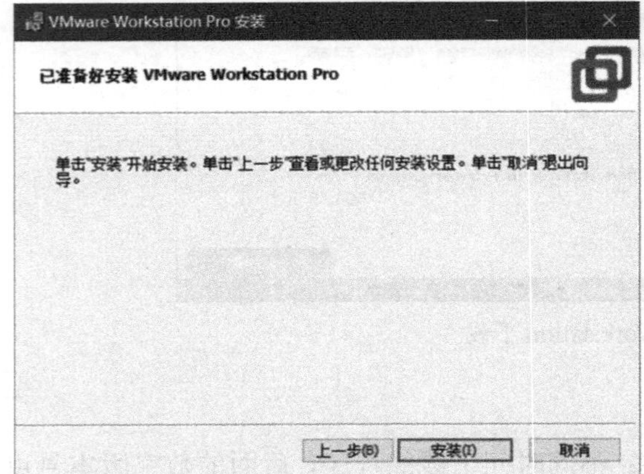

图 6.6　VMware Workstation 安装页面 5

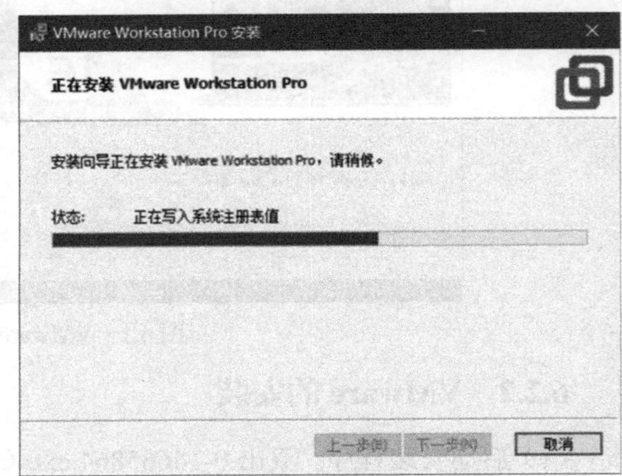

图 6.7　VMware Workstation 安装页面 6

（7）输入许可证密钥注册产品，如图 6.8 所示。

在图 6.8 中输入你购买的许可证密钥，输入许可证密钥后，单击“输入”按钮完成产品注册激活，如果没有许可证密钥，则单击“跳过”按钮结束注册页面。对于没有许可证密钥的情况，VMware 提供 30 天的试用期。

（8）完成安装后，会生成 VMware Workstation Pro 启动图标，单击启动图标，进入如图 6.9 所示的主界面。

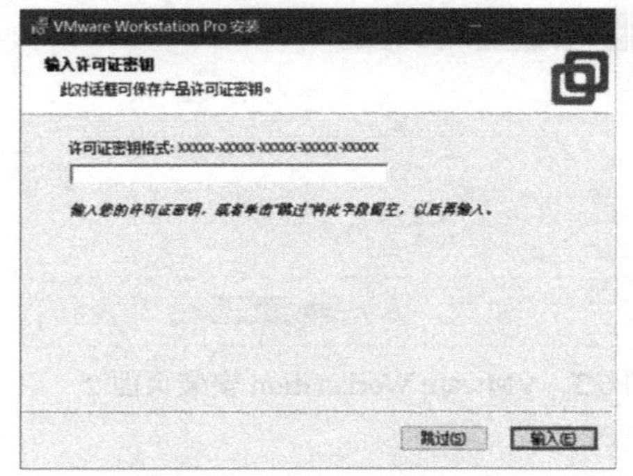

图 6.8　VMware Workstation 安装页面 7

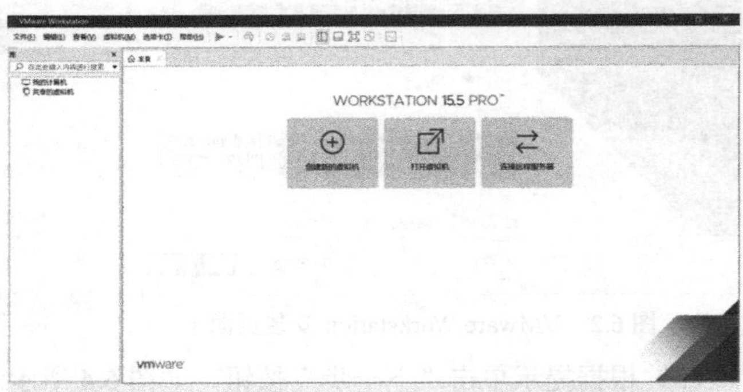

图 6.9　VMware Workstation 主界面

6.3 Ubuntu 安装到 VMware

6.3.1 创建虚拟机

（1）在 VMware 软件中，单击菜单“文件”→“新建虚拟机”，在弹出的对话框中选择“自定义（高级）”单选钮，然后单击“下一步”按钮，如图 6.10 所示。

（2）选择虚拟机硬件兼容性，在“硬件兼容性”下拉框中选择需要的目标版本，然后单击“下一步”按钮，如图 6.11 所示。

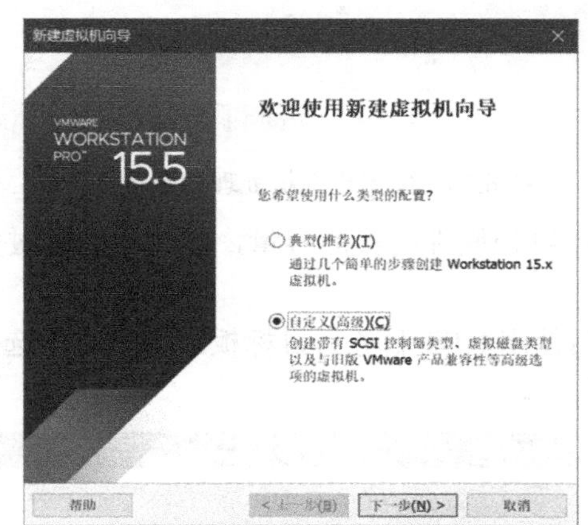

图 6.10　新建虚拟机页面

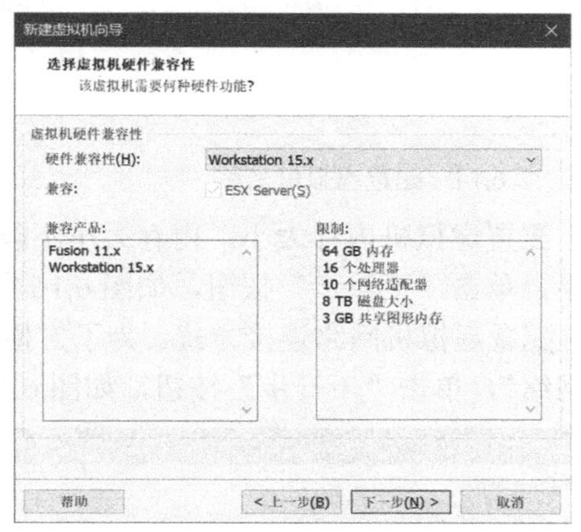

图 6.11　硬件兼容性选择

（3）在创建好虚拟机后，再安装操作系统，所以这里选择“稍后安装操作系统”，然后单击“下一步”按钮，如图 6.12 所示。

（4）我们需要安装 Ubuntu-16.04 64 位操作系统，因此在图 6.13 中选择“Linux”，在“版本”下拉框中选择“Ubuntu 64 位”，然后单击“下一步”按钮，如图 6.13 所示。

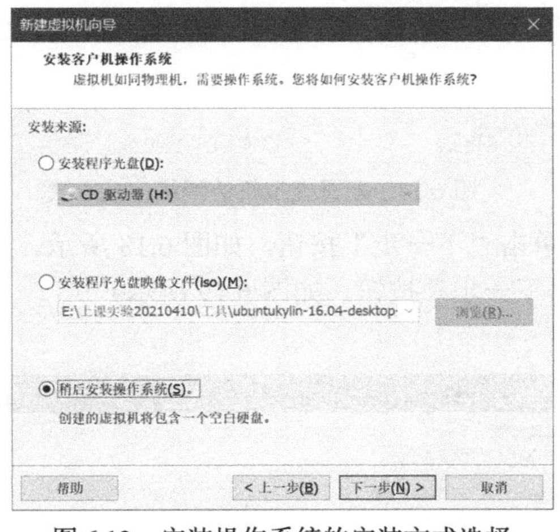

图 6.12　安装操作系统的安装方式选择

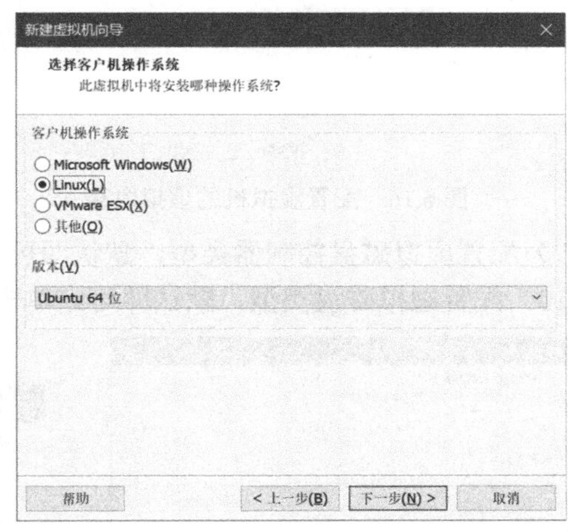

图 6.13　安装的操作系统类型的选择

（5）配置安装好的虚拟机名称。名称没有特殊限制，任意填写或者默认即可，但配置虚拟机安装存放路径要有足够的空闲空间，最好 20GB 以上。单击“下一步”按钮，如图 6.14 所示。

（6）配置虚拟机处理器数量，数量不能超过物理硬件的实际数量，如果超过，会有警告提示，单击“下一步”按钮，如图 6.15 所示。

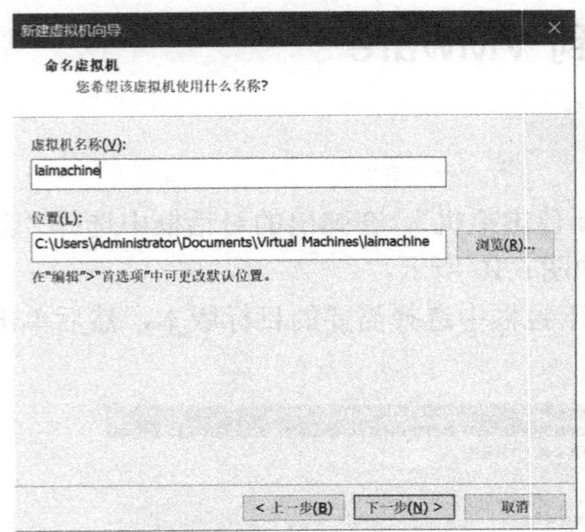

图 6.14　配置虚拟机名称

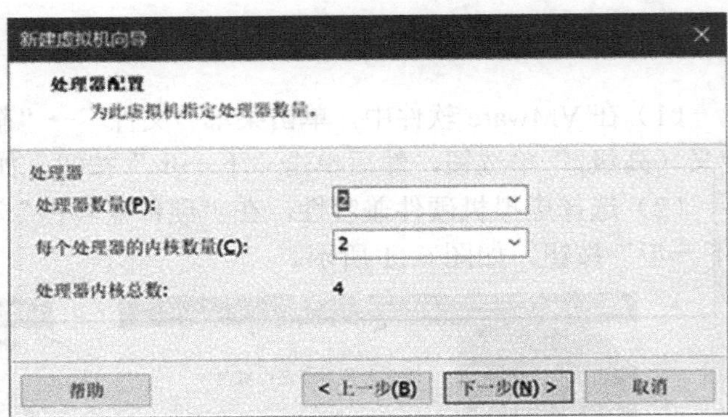

图 6.15　配置虚拟机处理器数量

（7）配置虚拟机内存大小，内存大小不能超过物理硬件的实际容量，建议不要超过实际内存的一半，单击“下一步”按钮，如图 6.16 所示。

（8）配置虚拟机网络连接方式。为了方便以后使用 NFS 服务与目标板通信，这里选择“使用桥接网络”，单击“下一步”按钮，如图 6.17 所示。

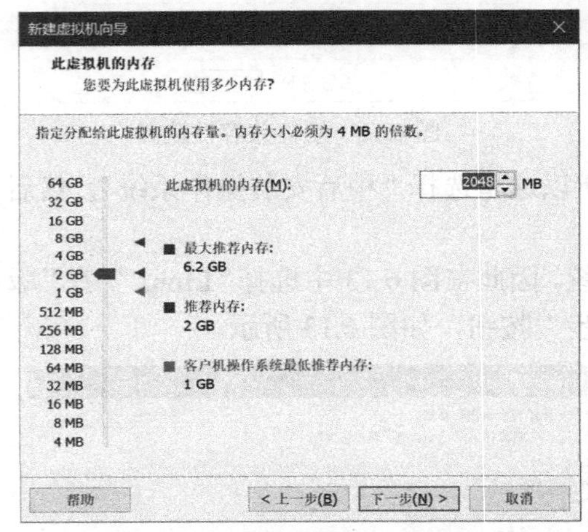

图 6.16　配置虚拟机的虚拟内存

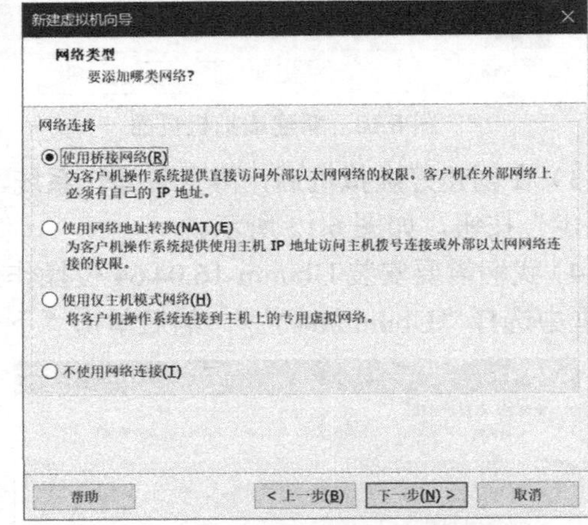

图 6.17　配置虚拟机的网络连接方式

（9）配置虚拟磁盘控制器类型，默认即可，单击“下一步”按钮，如图 6.18 所示。

（10）配置虚拟磁盘类型，默认即可，单击“下一步”按钮，如图 6.19 所示。

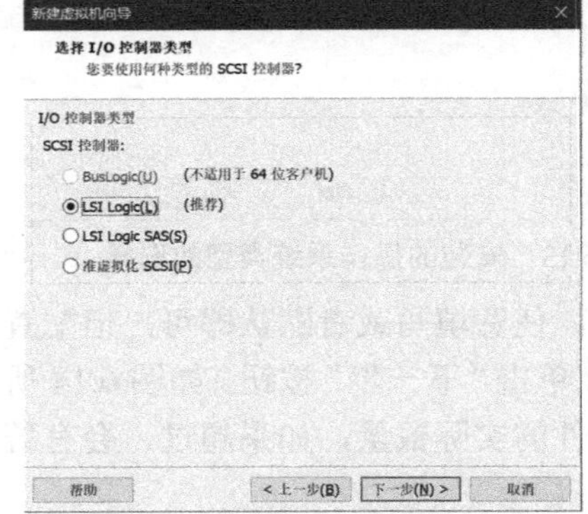

图 6.18　配置虚拟磁盘控制器类型

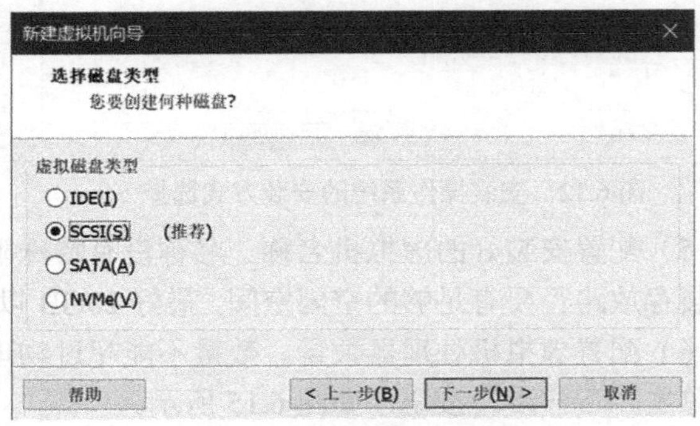

图 6.19　配置虚拟磁盘类型

（11）由于没有现成的虚拟磁盘可用，这里选择“创建新虚拟磁盘”，单击“下一步”按钮，如图 6.20 所示。

（12）分配虚拟磁盘容量大小，这个数值是虚拟机最大可用磁盘空间容量，建议配置不小于 50GB，如果配置太小，当空间不够需要进行扩容时就比较困难。单击“下一步”按钮，如图 6.21 所示。

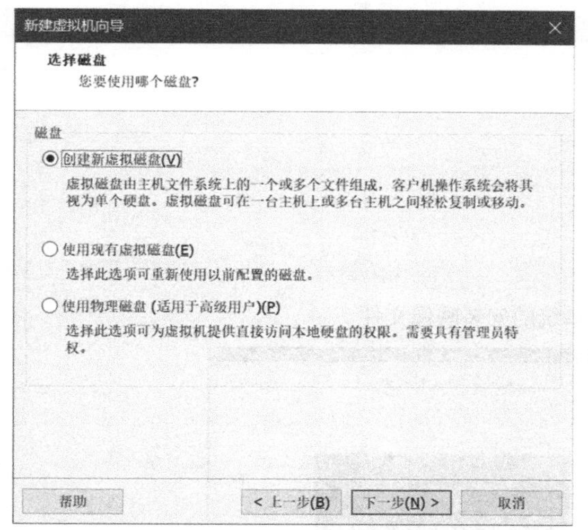

图 6.20　选择虚拟磁盘

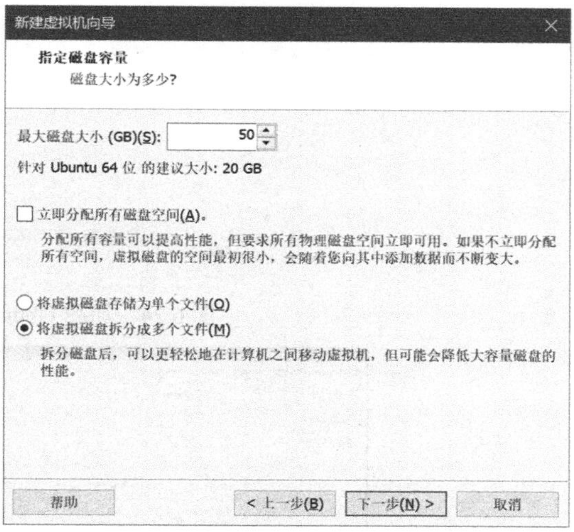

图 6.21　分配虚拟磁盘容量

（13）配置虚拟磁盘文件存放位置，不建议修改，默认即可，单击“下一步”按钮，如图 6.22 所示。

（14）进入“已准备好创建虚拟机”页面，如图 6.23 所示。

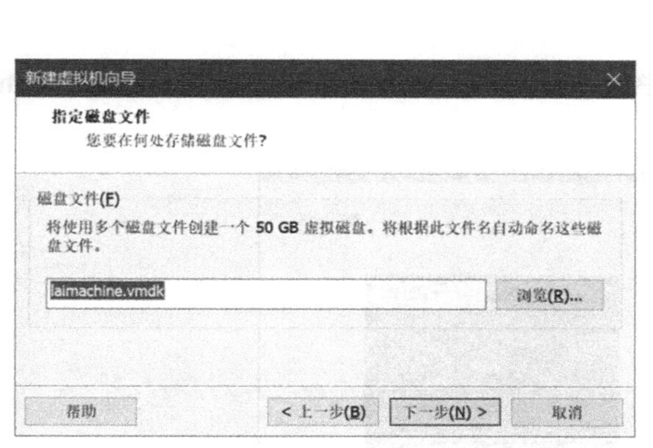

图 6.22　虚拟磁盘文件存放位置

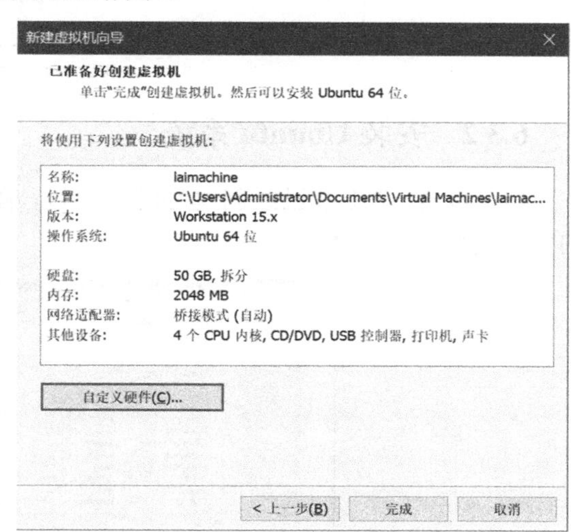

图 6.23　自定义硬件

单击“自定义硬件”按钮，进入“硬件”页面。单击“新 CD/DVD”，右边窗口选择“使用 ISO 映像文件”，如图 6.24 所示，这时单击“浏览”按钮，然后选择你要安装的 Ubuntu 系统映像文件。

（15）单击“关闭”按钮，回到图 6.23，单击“完成”按钮，结束虚拟机创建过程。虚拟机创建完成页面如图 6.25 所示。

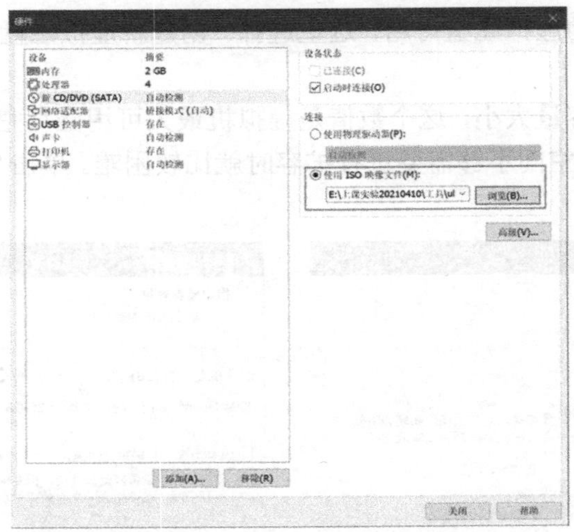

图 6.24　加载 Ubuntu 系统的安装映像文件

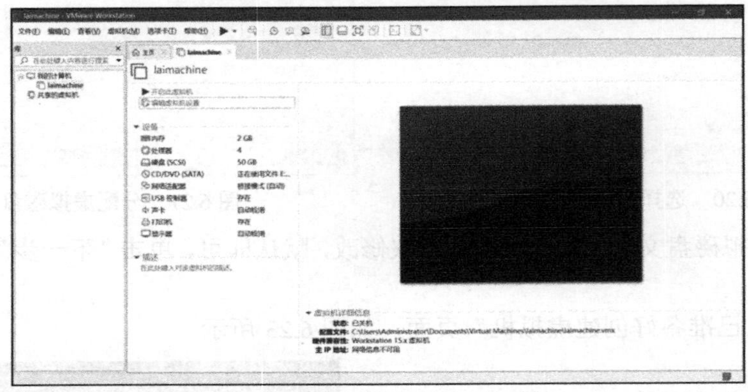

图 6.25　完成虚拟机创建

6.3.2　安装 Ubuntu 系统

（1）接着 6.3.1 节已经创建好的虚拟机，在图 6.25 中单击“▶开启此虚拟机”，启动 Ubuntu 的安装过程，如图 6.26 所示。

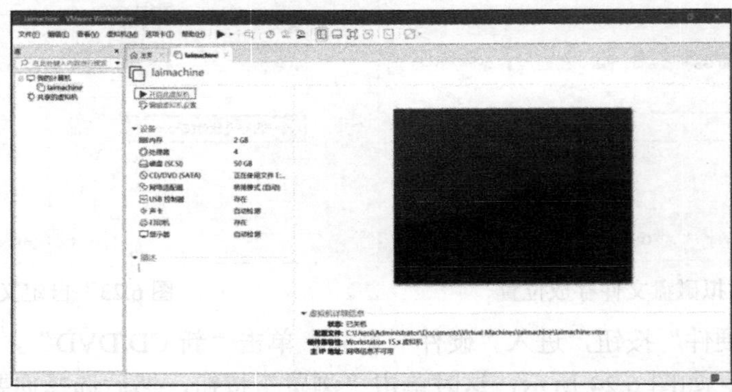

图 6.26　开启虚拟机

（2）单击“安装 Ubuntu Kylin”按钮，开始 Ubuntu 安装，如图 6.27 所示。

（3）选择是否联网更新软件再安装，这里不进行选择，直接单击“继续”按钮，如图 6.28 所示。

图 6.27　安装 Ubuntu Kylin

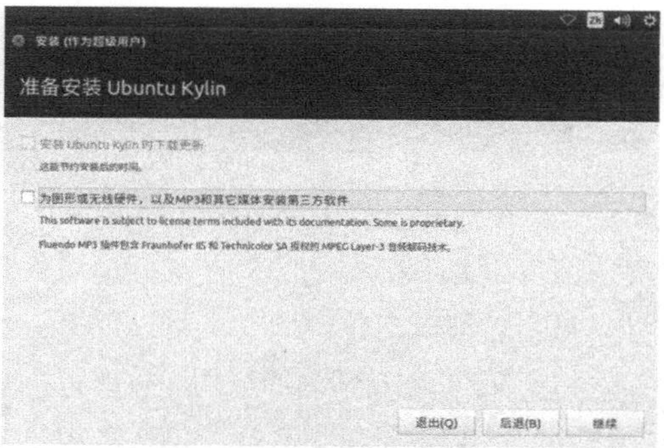

图 6.28　互联网更新选择

（4）选择安装类型，这里选择“清除整个磁盘并安装 Ubuntu Kylin”，单击“现在安装”按钮，如图 6.29 所示，弹出如图 6.30 所示页面，单击“继续”按钮即可。

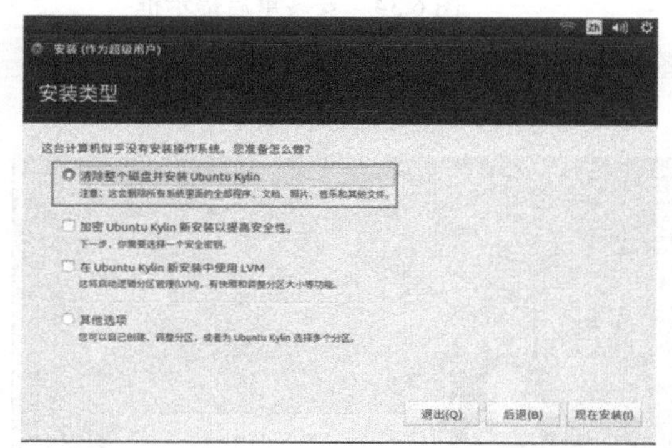

图 6.29　安装类型选择

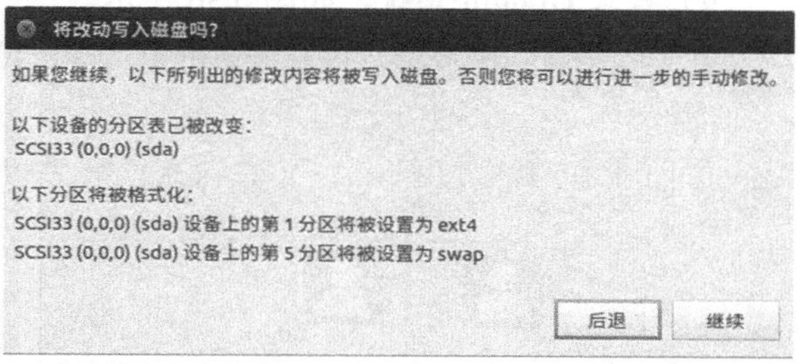

图 6.30　写入磁盘页面

（5）选择地区，选择上海“Shanghai”，单击“继续”按钮（图略）。选择键盘布局，选择“汉语”，单击“继续”按钮，如图 6.31 所示。

（6）创建登录用户，根据自己的需要填写计算机名、用户名、密码，在这里“您的姓名”可以任意，“您的计算机名”建议不要太长，“选择一个用户名”是登录用户名，不要使用中文，“选择一个密码”是登录密码，设置为常用密码，单击“继续”按钮，如图 6.32 所示。

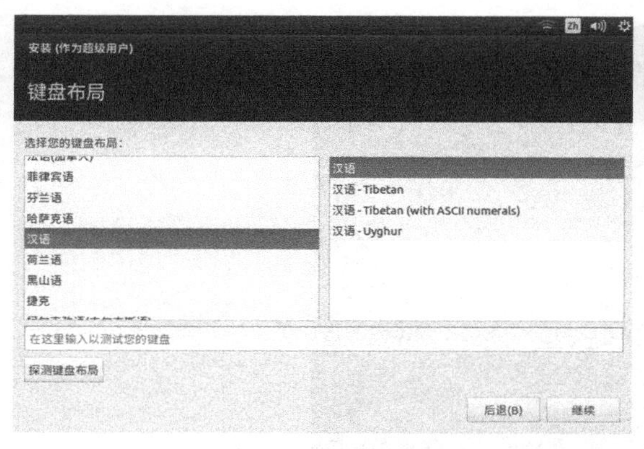

图 6.31　键盘布局

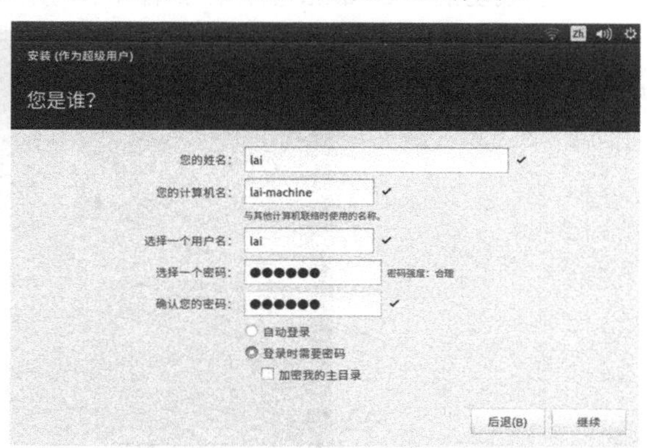

图 6.32　创建登录用户

（7）耐心等待安装完成，安装过程需要几分钟的时间。由于计算机的配置不同，完成安装时间不同，如图 6.33 所示。

（8）安装完成后，单击提示框中的“现成重启”按钮，如图 6.34 所示。

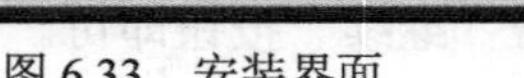

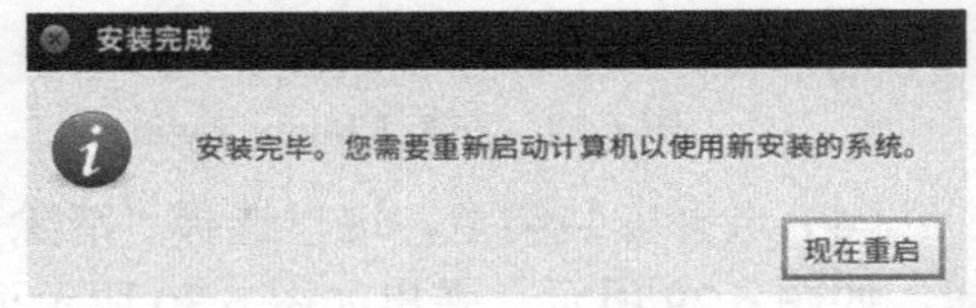

图 6.33　安装界面　　图 6.34　安装重启提示框

这样就可以进入 Ubuntu 系统登录界面了，如图 6.35 所示。

（9）登录 Ubuntu 系统，如图 6.36 所示。

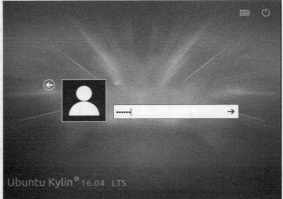

图 6.35　Ubuntu 系统登录界面　　图 6.36　登录 Ubuntu 系统

登录成功后，Ubuntu 主界面如图 6.37 所示。

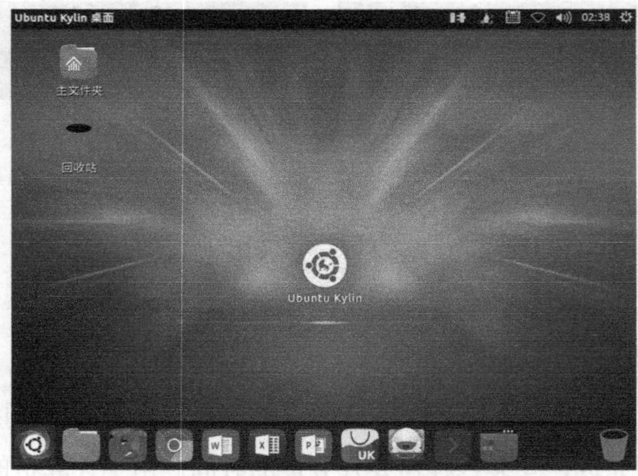

图 6.37　Ubuntu 主界面

6.3.3 安装 VMware Tools

在虚拟机中安装好的 Ubuntu 系统，与 Windows 系统之间不能进行数据复制、文件复制、文件共享等，这对实际工作和生活造成不便。要实现两个系统之间数据复制、文件复制、文件共享这些功能，就必须安装一个叫 VMware Tools 的工具，安装步骤如下。

（1）单击菜单“虚拟机”→“安装 VMware Tools”，如图 6.38 所示，自动加载 linux.iso 文件，弹出内容如图 6.39 所示。

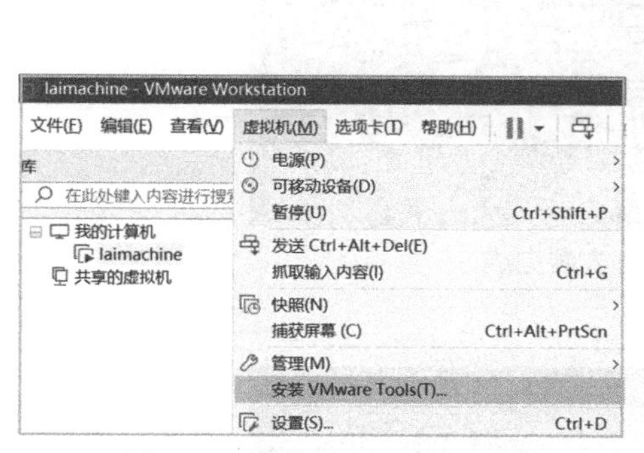

图 6.38 安装 VMware Tools

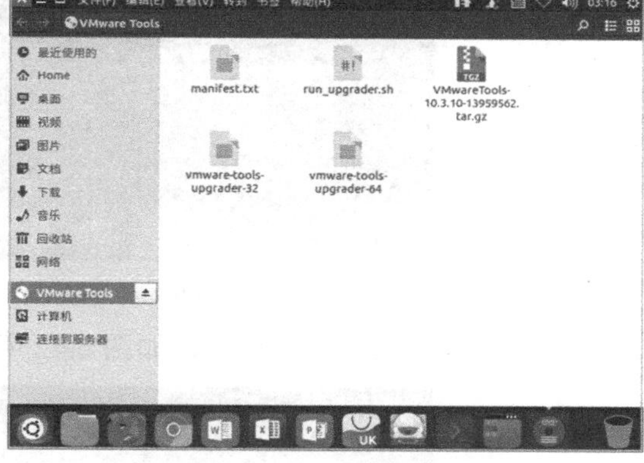

图 6.39 VMware Tools 压缩包

（2）在弹出窗口空白处单击右键，在弹出菜单中选择“在终端打开”，输入以下命令进行解压，其中$是命令提示符，如下所示：

```
$ tar  －xf VMwareTools-10.3.10-13959562.tar.gz  -C /tmp/
```

（3）启动安装程序，输入以下命令进行安装：

```
$ cd /tmp/vmware-tools-distrib/
$ sudo ./vmware-install.pl
```

接下来会提示输入密码，输入安装时设置的用户密码，按回车键即可。然后还会询问你是否安装该程序，在问题行的后面输入“yes”，然后按回车键进行安装，如图 6.40 所示。

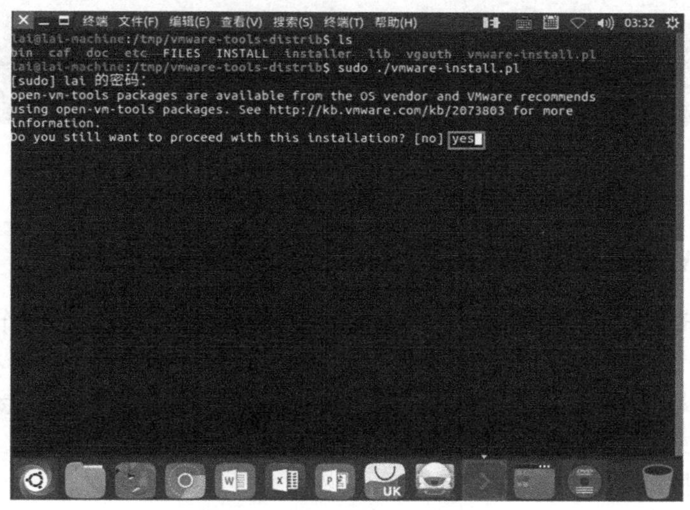

图 6.40 VMware Tools 安装

接下来还有很多问题需要用户确认，直接按回车键接受默认值即可，等待最后安装完成，如图 6.41 所示。

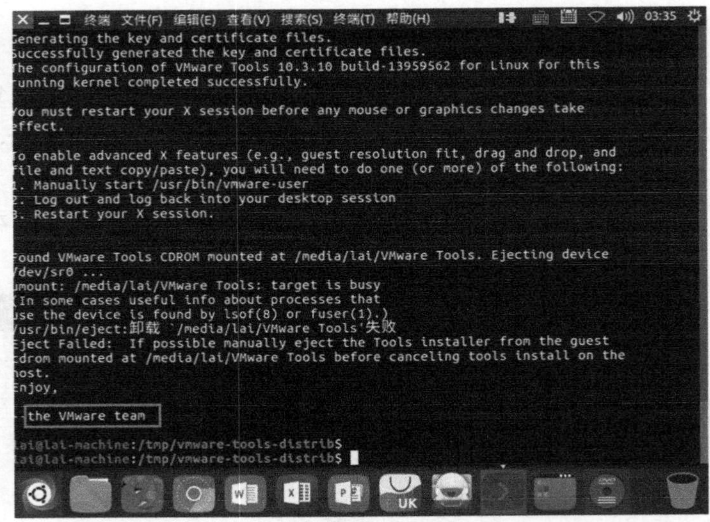

图 6.41 VMware Tools 安装完成

（4）注销系统，然后重新启动，如图 6.42 所示。

图 6.42 注销系统

（5）在 Ubuntu 和 Windows 之间进行复制文件和数据等的测试。

6.3.4 配置 Windows 共享目录

平时我们工作时，可能会频繁地在 Windows 和 Linux 两个系统之间操作文件，因此，可以把 Windows 的一个目录共享给 Linux，这样 Linux 就可以像使用本地目录一样访问 Windows 目录，Windows 也可以操作那个共享目录，这样就可以做到两个系统的无缝衔接，如图 6.43 所示。

设置共享文件夹如图 6.44 所示。

单击“添加”按钮，如图 6.45 所示。

图 6.45 中，“主机路径”是 Windows 系统要共享给 Ubuntu 的目录；而“名称”是在 Ubuntu 系统中看到的文件夹名称，可以修改，但不要有空格、中文及其他特殊符号。如果想添加多个共享文件夹，可以重复操作，如图 6.46 所示。

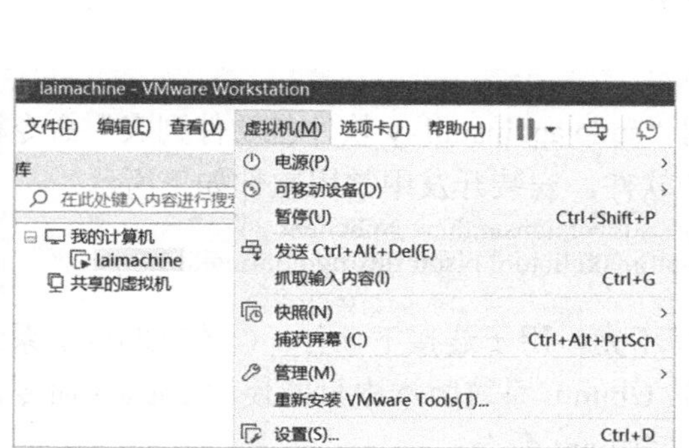

图 6.43　共享目录操作

图 6.44　设置共享文件夹

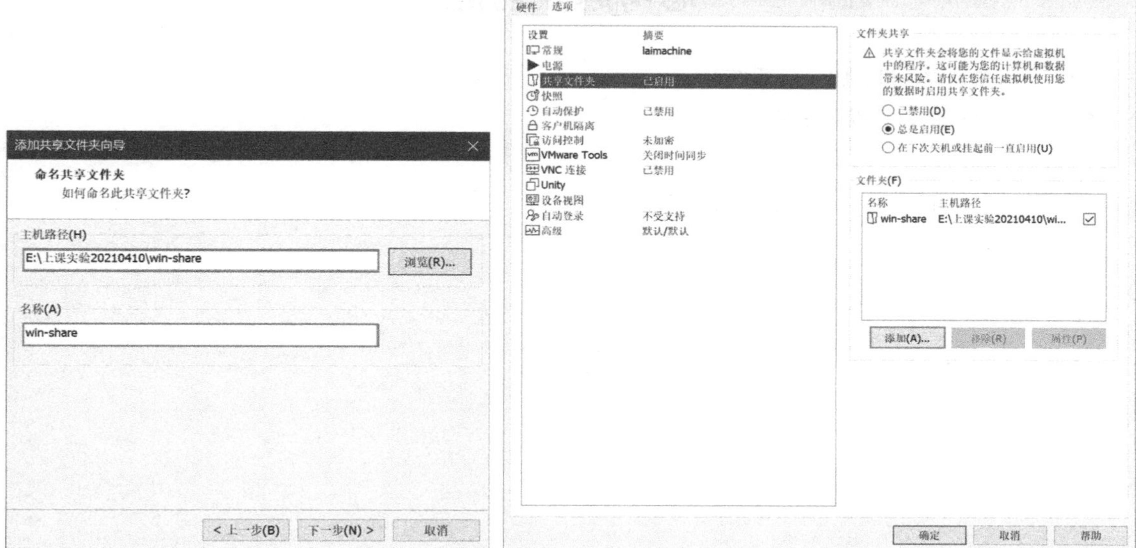

图 6.45　命名共享文件夹　　　　图 6.46　重复添加共享文件夹

在 Linux 系统中，可以查看前面添加的共享目录的路径：/mnt/hgfs/共享文件夹名称，如上面示例的路径是：/mnt/hgfs/win-share，可以用鼠标控制，也可以用命令操作。用 cd 命令操作进入共享目录，示例如下：

```
$ cd /mnt/hgfs/win-share/
```

进入共享目录后，可以使用各种 Linux 命令对这个目录的所有文件进行操作，但是需要注意的是，虽然 Linux 系统进入这个目录后可以像操作本地目录一样，但是不能在共享目录中编译 U-Boot、kernel、rootfs 等软件源码，因为 Linux 系统只要带有软链接的文件，即类似 Windows 系统的快捷方式的文件，都不能在共享分区中存在，而 U-Boot、kernel、rootfs 一定存在这种文件。另一个原因是，Linux 系统中文件名严格区分字母大小写，而 Windows 系统是不区分字母大小写的。因此，当 U-Boot、kernel 等软件源码在同级目录下存在文件名称相同但大小写不同的文件，解压/复制到 Windows 系统的分区目录中则会出现文件覆盖，导致文件丢失。

6.3.5 安装常用的软件

在进行嵌入式 Linux 系统开发时，需要编译 U-Boot、Linux 内核，移植第三方库操作，为了后续开发方便，可以先安装上常用的软件及依赖的库。这一步操作需要保证当前计算机处于联网状态，因此要先检查 Ubuntu 是否可以正常上网。

（1）更新软件仓库如下所示：

```
$ sudo apt update
```

（2）开发者根据需要安装软件，安装软件使用“sudo apt install -y 软件包软件列表”命令格式，可以一次安装单个软件，也可以一次安装多个软件。安装开发中常用软件如下所示：

```
$ sudo apt install -y vim net-tools    ctagscscopeastylegit    repo    subversionsamba    smbclient    \
libncurses5-dev    libssl-dev gcc-multilib    liblz4-toolautoconfautomakelibtool bison flex python-mako \
nfs-kernel-server nfs-common    lib32ncurses5    lib32z1
```

说明：①行末尾的“\”表示命令太长，一行写不完，用于连接下一行；②在 Ubuntu 系统中，在线安装软件使用 apt-get 或 apt 命令，在较低的 Ubuntu 系统版本中只能使用 apt-get 命令，不低于 Ubuntu-16 版本的系统二者都可使用，建议使用 apt 命令。

思考题及习题

6.1 学习安装虚拟机、Ubuntu 系统。

6.2 配置 Windows 系统共享目录。

第 7 章　Linux 系统命令及 Vim 使用

7.1　Linux 系统使用基础

7.1.1　Linux 系统基本使用方法

（1）打开命令终端有以下两种方法：一是右键单击空白地方，选择打开终端即可，注意这时终端打开的是当前目录；二是采用快捷方式 Ctrl+Alt+ T 快速打开，注意这时终端打开的是用户 Home 目录。

（2）有些命令在当前用户不可用，这时可以临时提升当前用户的权限，就是在终端输入命令之前加 sudo。

（3）更新本地软件源信息，如下所示：

```
$ sudo   apt-get   update
```

（4）在线安装软件，在 install 后面跟着的软件包名可以是多个，这样就可以同时安装多个软件包，软件包名之间使用空格分隔，格式为：$ sudo apt-get install 软件包名列表。例如，同时安装 vim 和 tree 两个软件包，如下所示：

```
$ sudo apt-get install vim tree
```

（5）卸载已安装的软件，在 purge 后面跟着的软件包名可以是多个，这样就可以同时卸载多个软件包，软件包名之间使用空格分隔，格式为：$ sudo apt-get purge 软件包名列表。例如，同时卸载 vim 和 tree 两个软件包，如下所示：

```
$ sudo apt-get purge vim tree
```

7.1.2　命令终端的快捷键

命令终端常用的快捷键如表 7.1 所示。

表 7.1　命令终端常用的快捷键

序号	快捷键	功能说明	序号	快捷键	功能说明
1	Ctrl+Alt+T	打开终端	8	Ctrl+A	移动到行首
2	Tab	自动补全命令或者文件名	9	Ctrl+E	移动到行末
3	Ctrl+ Shift+V	粘贴	10	Ctrl+C	终止当前任务
4	Ctrl+Shift+T	新建标签页	11	Ctrl+Z	把当前任务放到后台运行
5	Ctrl+D	关闭标签页	12	Ctrl+ Shift+ +（加号）	放大终端显示字体
6	Ctrl+L	清除屏幕内容	13	Ctrl+ -（减号）	缩小终端显示字体
7	Ctrl+R+输入要搜索的关键字	在输入历史中搜索			

说明：在 Linux 系统的命令窗口中，不需要复制这个动作，文本只要被选中，就自动被复制，就可以在需要的地方粘贴文本；Ctrl+Z 表示把当前任务放到后台运行，实际上是把程序暂停了，更好的方法是，在运行命令后面加上&，这样也不会占用终端。

7.1.3　桌面/窗口的快捷键

当活动窗口在桌面/窗口时，可以通过表 7.2 所示的快捷键快速对桌面/窗口进行操作，以提高工作效率。

表 7.2　桌面/窗口的快捷键

序号	快捷键	功能说明	序号	快捷键	功能说明
1	Alt + F1	聚焦到桌面左侧任务导航栏，可按上下键导航	4	Alt + Tab	切换窗口
2	Alt + F2	运行命令	5	Alt + 空格	打开窗口菜单
3	Alt + F4	关闭窗口	6	Print	桌面截图

7.1.4　gedit 文本编辑器的快捷键

启动 gedit 文本编辑器的方法如下：按下微软徽标+A，然后输入 gedit 并回车，选择 gedit，即可打开 gedit 文本编辑器。为提高工作效率，经常会在 gedit 文本编辑器中使用快捷键，一些常用的 gedit 文本编辑器快捷键如表 7.3 所示。

表 7.3　常用的 gedit 文本编辑器快捷键

序号	快捷键	功能说明	序号	快捷键	功能说明
1	Ctrl+N	新建文档	7	Ctrl+I	跳到某一行
2	Ctrl+W	关闭文档	8	Ctrl+C	复制
3	Ctrl+S	保存	9	Ctrl+V	粘贴
4	Ctrl+ Shift+S	另存为	10	Ctrl+X	剪切
5	Ctrl+F	搜索	11	Ctrl+Q	退出
6	Ctrl+H	搜索并替换			

7.1.5　Linux 系统使用注意事项

与 Windows 系统相比，在使用上 Linux 系统有以下需要注意的事项。

① Linux 系统中文件名是严格区分字母大小写的，而 Windows 系统不区分。

② Linux 系统中路径分割使用“/”，而 Windows 系统使用“\”，如 E:\class1\GDLG\。

③ Linux 系统中文件名建议不要带空格，否则在使用命令操作文件时容易出错。

④ Linux 系统对权限管理非常严格，普通用户对不属于自己的文件目录一般不具备写权限，因此，建议在自己的用户 Home 目录下开展工作。

⑤ 每个用户都有自己的 Home 目录，普通用户默认是“/home/用户名”这个目录，管理员用户是/root，当前用户对自己的 Home 目录具有最大权限，读写文件、执行文件的权限都是具备的。

⑥ 如果想在 Linux 系统下隐藏一个文件，只需要把文件名命名为“.”开头的文件即可。

⑦ Linux 系统不存在 Windows 系统一样的盘符，文件路径使用从“/”开始，/表示文件系统的最顶层。

⑧ Linux 系统中路径的表示方法有两种，一种叫相对路径，另一种叫绝对路径，其中，绝对路径是以“/”开头的路径，“/”开头相当于 Windows 系统的盘符开始，而只要不是以“/”开头的路径都是相对路径。

⑨ Linux 系统的权限问题。Linux 系统中对权限管理是很严格的，普通用户不能看其他用户的数据，并且很多系统目录是没有权限访问（读写）的。因此，建议把所有的工作都限定在用户的 Home 目录中。可以在 Home 目录下创建一个工作目录，然后工作目录中创建子目录，分类管理文件。例如：

```
/home/edu118/work/
                |...  tool
                |...  source
...
```

7.2 Linux 系统常用命令

7.2.1 Linux 系统命令使用基础

Linux 系统中命令终端是有工作路径的，在输入命令时必须清楚当前在哪里、操作的目标对象在哪里，或操作目标路径和当前工作路径的相对位置是什么，如何找到目标对象。

1．打开命令终端

① 在桌面或文件界面上右键单击，在弹出的选项中选中“在终端中打开”。

② 通过快捷键 Ctrl+Shit+T 打开一个命令终端。

2．使用命令

在 Linux 命令终端中输入命令后回车即可。

3．中断执行中的命令

在执行的命令终端中按下快捷键 Ctrl+C，可结束一个正在执行中的程序。

4．通配符

在描述文件时，有时在文件名部分要用到一些通配符，以加强命令的功能，其中？表示该位置可以是一个任意的单个字符，*表示该位置可以是若干个任意字符。

5．Linux 系统的特殊路径

.表示当前目录。

..表示上一级目录，可以使用“/”连接多个“..”，表示后退多层目录，如../..表示上两级目录，依次类推。

-表示上一次的工作目录。

~表示用户 Home 目录，普通用户的 Home 目录是“/home/用户名”，管理员 root 用户的 Home 目录是/root。

示例如下：

```
$ cd ../../../        说明：cd 是切换路径命令，这个命令表示返回上三级目录
$ cd  -               说明：cd 是切换路径命令，这个命令表示切换回上一次的工作目录
```

6．Linux 系统命令格式

Linux 系统命令通常由一个或几个字符串组成，中间用空格键分开，格式一般如下：

```
命令 选项 参数
```

示例如下：

```
rm   -rf   /home/hello
```

表示强制删除/home/hello 文件夹，rm 是删除命令，-r 表示递归删除文件，-f 表示强制删除，选项可以合起来写成-rf。

7.2.2 Linux 系统管理命令

1．man 命令

功能：man 命令用来查看命令或函数等的帮助信息，它从系统的帮助页面中找到用户所需要查询的内容，然后将其显示出来。使用 man 命令时，可以指定从哪一册开始查找内容，不指明起始册数，则默认从第 1 册开始查找。

格式：man [选项] 命令名/函数名

选项：帮助文档册数 1～9，其中各册文档包含内容如下：1，可执行程序或 shell 命令；2，系统调用（内核提供的函数）；3，库调用（程序库中的函数）；4，特殊文件（通常位于/dev）；5，文件格式和规范，如/etc/passwd；6，游戏；7，杂项（包括宏包和规范，如 man(7)，groff(7)）；8，系统管理命令（通常只针对 root 用户）；9，内核例程。

示例如下：

```
$ man open          表示从第 1 册开始搜索 open 命令或函数的帮助信息
$ man 2 write       表示从第 2 册开始搜索 write 函数的帮助信息
$ man 3 printf      表示从第 3 册开始搜索 printf 函数的帮助信息
```

说明：进入帮助界面后，用户可以用上下箭头或上下翻页来阅读相关信息，按 Q 键退出。

2．exit 命令

功能：退出当前的 shell。

格式：exit

示例如下：

```
$ exit
```

说明：其作用相当于按下组合键 Ctrl+D。

3．clear 命令

功能：执行命令后，命令窗口的内容会被清空，即清屏。

格式：clear

示例如下：

```
$ clear
```

说明：其作用相当于按下组合键 Ctrl+L。

4．sudo 命令

功能：可以针对单个命令授予临时权限。

格式：sudo 命令名

选项：无

示例如下：

```
$ sudo mkdir /test
```

说明：第一次使用 sudo 时需要输入密码。

5．useradd 命令

功能：在系统中创建新用户。

格式：useradd [选项] 新建用户名

选项：-m 自动建立用户的 Home 目录

示例如下：

```
$ sudo useradd －m stu test
```

说明：创建 stu 新用户，并创建用户的 Home 目录/home/stu，同时用户附加到 test 用户组。

6．passwd 命令

功能：root 用户可以使用 passwd 命令为普通用户设置或修改口令，而任何用户都可以使用该命令来修改自己的密码，命令中可以省略用户名。

格式：passwd[选项]用户名

选项：-S，显示用户状态信息。

-a，此选项只能和-S 一起使用，来显示所有用户的状态。

-d，删除用户密码，可以使用该方法来禁用一个用户。

示例 1：用户改变自己登录的口令。

```
$ passwd
```

示例 2：修改 root 用户密码。

```
$ sudo passwd root
```

说明：无。

7．userdel 命令

功能：用于删除给定的用户及与用户相关的文件，若不加选项，则仅删除用户账号，而不删除相关文件。

格式：userdel [选项] [用户名]

选项：-f，强制删除用户，即使用户当前已登录。

-r，删除用户的同时，删除与用户相关的所有文件。

示例 1：删除用户 student，但不删除其 Home 目录及文件。

```
$ userdel student
```

示例 2：删除用户 student，其 Home 目录及文件一并删除。

```
$ userdel －r student
```

说明：不要轻易使用-r 选项，如果用户目录下有重要的文件，切记在删除前要进行备份。

7.2.3 Linux 文件管理命令

1．ls 命令

ls 命令用来显示目录列表，它在 Linux 系统中是使用率较高的命令。ls 命令的输出信息可以进行彩色加亮显示，以分区不同类型的文件。

语法：ls [选项] [参数]

选项：

-a，显示包含隐藏文件“.”和“..”。一般情况下，这个参数基本上不使用。

-A：显示除隐藏文件“.”和“..”以外的所有文件列表。

-l：以长格式显示目录下的内容列表。输出的信息从左到右依次包括文件类型、权限模式、硬链接数、所有者、所属组、文件大小（字节为单位）、最后修改时间和文件名。

-F：在每个输出项后追加文件的类型标识符，具体含义为：*表示具有可执行权限的普通文件，/表示目录，@表示符号链接，|表示命令管道 FIFO，=表示 Sockets 套接字。当文件为普通文件时，不输出任何标识符。

-i：显示文件索引节点号（inode）。一个索引节点代表一个文件。

-k：与“-l”连用时，以 KB 为单位显示文件大小。示例如下：

```
[root@localhost /]# ls -lk
总用量 16310
lrwxrwxrwx    1    root  root   1   1月    4   01：54  20141227 ->
dr-xr-xr-x    2    root  root   4   1月   12   12：29  bin
dr-xr-xr-x    5    root  root   4   1月    2   02：55  boot
drwxr-xr-x   10    root  root   4   1月    2   02：55  cgroup
drwxr-xr-x   19    root  root   4   2月    3   18：07  dev
drwxr-xr-x  145    root  root  12   2月   28   09：50  etc
```

-s：显示文件和目录的大小，以块（1 块是 1KB）为单位。如果与-l 一起使用，则显示效果叠加，示例如下：

```
[root@localhost /]#ls -ls
总用量  16310
0  lrwxrwxrwx  1  root  root  19       1月   4  01：54  20141227->/mnt/hgfs/2014122
4  dr-xr-xr-x  2  root  root  4096     1月  12  12：29  bin
2  dr-xr-xr-x  5  root  root 1024      1月   2  02：55  boot
```

-h：与-l 或-s 联合使用才有效果，显示文件和目录的大小，会在文件大小数据后面添加 MB 或 KB 单位，这个比较直观，使用频率高。

-L：如果遇到性质为符号链接的文件或目录，直接列出该链接所指向的原始文件或目录。

-R：递归处理，将指定目录下的所有文件及子目录一并处理。

参数：指定要显示列表的目录，也可以是具体的文件。

示例：

显示当前目录下非隐藏文件与目录：$ls /home/

显示当前目录下包括隐藏文件在内的所有文件列表：$ls -a

显示递归文件：$ls -R

显示文件夹的详细信息（大小以字节为单位）：$ls -l

显示文件和文件夹的详细信息（文件大小以 KB 或 MB 为单位）：$ls -lh

显示指定文件夹的详细信息：$ls -ld /etc/

2．pwd 命令

功能：显示当前命令终端的工作目录。

格式：pwd [选项]

选项：-P，显示真实的物理路径，而不是逻辑路径。

示例：

```
$ pwd
```

说明：无。

3．cd 命令

功能：用来改变工作目录。

格式：cd ［目录］

示例 1：回到整个系统的根目录。

```
$ cd /
```

示例 2：回到 home 目录。

```
$ cd /home
```

示例 3：回到上一级目录。

```
$ cd ..
```

说明：在使用 cd 命令进入某个目录时，用户必须具有对该目录的读权限。

4．touch 命令

功能：用来创建普通文件。

格式：touch [选项]文件列表

示例 1：在当前目录下建立 1.c 和 2.txt 两个文件。

```
$ touch 1.c 2.txt
```

说明：无。

5．chmod 命令

如果当前用户对文件没有写权限，则不能修改文件内容；如果没有读权限，则不能查看文件内容。开发中经常需要修改文件权限，以适应开发需求。

chmod 命令用来变更文件或目录的权限。设置方式采用文字或数字代号皆可。

权限范围的表示法如下：

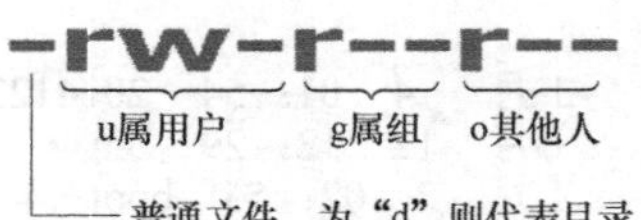

u 表示 User，即文件或目录的所有者；g 表示 Group，即文件或目录的所属组；o 表示 Other，除文件或目录所有者或所属组外，其他用户都属于这个范围；a 表示 All，即全部的用户，包含所有者、所属组及其他用户。

权限字符表示如下：r，读取权限，数字代号为“4”；w，写入权限，数字代号为“2”；x，执行或切换权限，数字代号为“1”；-，不具有任何权限，数字代号为“0”。

语法：chmod [选项] [参数]

选项:

R，递归处理，将指令目录下的所有文件及子目录一并处理。

-v，显示指令的执行过程。

<权限范围>+<权限字符>：开启权限范围的文件或目录的权限设置。

<权限范围>-<权限字符>：关闭权限范围的文件或目录的权限设置。

<权限范围>=<权限字符>：指定权限范围的文件或目录的权限设置。

参数：

权限模式：指定文件的权限模式。

文件：要改变权限的文件。

示例:

```
rwx   rw-   r--
$ chmod   u+x,g+wf01        #使用权限范围+权限字符法为文件 f01 开启所有者有 x 权限，组员有 w 权限
chmod   u-xf01              #使用权限范围-权限字符法关闭 f01 文件所属用户的执行权限
chmod   u=rwx,g=rw,o=r   f01     #为文件 f01 设置所有者有 rwx 权限，组员有 rw 权限，其他用户有 r 权限
chmod   a+x f01        #使用权限范围+权限字符法为文件 f01 的所有用户增加 x 权限
chmod   764 f01        #使用数值法为文件 f01 设置所有者有 rwx 权限，组员有 rw 权限，其他用户有 r 权限
```

6．mkdir 命令

功能：用来创建目录。

格式：mkdir [选项] 目录列表

选项：-p，添加创建深层目录依赖的父目录。

示例：在当前目录下创建新目录 dir1。

```
$ mkdir dir1   或   mkdir ./dir1
```

说明：无。

7．rm 命令

功能：用来删除文件和目录。

格式：rm [选项] 文件名

选项：-i，提示用户确认删除。这个选项可以避免误删文件。

-f，不提示地删除文件。

-r，将删除某个目录及其中所有的文件和子目录。

示例：删除用户 Home 目录下的 test 文件夹。

```
$ rm   -rf   ~/test/
```

8．cp 命令

功能：把源文件复制为目标文件或者把多个源文件复制到目标目录中。

格式：cp [选项] 源目标

选项：-r，递归复制文件。

-f，强制覆盖已有文件，不提示。

-i，提示是否覆盖同名文件。

示例 1：复制当前目录下 1.c 到当前目录中并且命名为 hello.c。

```
$ cp 1.c hello.c
```

示例 2：复制当前目录下 1.c 到 test 目录中，但不进行重命名。

```
$ cp 1.c ./test/   或   cp 1.c   test/
```

示例 3：复制当前目录下 1.c 到 test 目录，并重命名为 hello.c。

```
$ cp 1.c ./test/hello.c   或   cp 1.c   test/hello.c
```

示例 4：复制当前目录下的 dir1、1.txt、dir2 目录到当前目录下的 test 目录中。

```
$ cp -rf dir1 1.txtdir2   ./test/   或    cp -rf dir1 1.txt dir2   test/
```

说明：当源只有一个时，可以是单纯的复制或复制同时重命名，当源有多个时，目标必须是目录，用来存放复制的文件。

9. cat 命令

功能：将文件的内容显示到终端。

格式：cat [选项] [文件列表]

选项：-n，给所有行进行编号，包含空白行在内。

-s，合并连续的空白行为一个空白行，并进行编号（注意需要和-n 一起使用）。

-b，对非空白行进行编号。

示例 1：给 mytest.log 内容添加上行号并显示在终端上。

```
$ cat -n   mytest.log
```

示例 2：给 mytest1.log 和 mytest2.log 添加上行号并显示在终端上。

```
$ cat-n   mytest1.log   mytest2.log
```

10. ln 命令

功能：为文件创建链接文件。Linux 系统中分为硬链接和符号链接两种，较常用的是符号链接。

格式：ln [选项] 源文件链接名

选项：-s，给源文件创建符号链接。

示例：给 Windows 系统下的共享目录创建符号链接。

```
$ sudo ln -s /mnt/hgfs/share/ /win-share
```

说明：共享目录为/mnt/hgfs/share/，链接名为/win-share。

11. mv 命令

功能：对文件或目录进行重新命名，或者将文件从一个目录移到另一个目录中（也可以移动并且重命名）。

格式：mv [选项] 源 目标

选项：-f，若目标文件或目录与现有的文件或目录同名，则直接覆盖现有的文件或目录。

示例 1：将当前目录的文件 hello.c 改名为 new.c。

```
$ mv hello.c   new.c
```

示例 2：将目录~/student/移到当前目录（用.表示）中。

```
$ mv   ~/student/   .或   mv   ~/student/   ./
```

说明：命令中~表示当前用户的 Home 目录，如果目标文件是文件名，则在移动文件的同时将其改名为目标文件名，如果目标文件是目录名，则将源文件移动到目标目录中。

12. tar 命令

功能：用于压缩或解压文件，可以简单理解为 Windows 系统下解压缩软件一样的功能。

格式：解压 tar -xf[选项] 压缩包名（带路径） [-C 目标路径]

压缩 tar -cf[选项] 压缩包名（带路径） 要压缩的文件列表（空格分开）

选项：-C，指定解压出来的文件存放路径。

-x，解压压缩包文件。

-c，创建压缩包文件。

-f，指定解压缩文件（包含路径）。

-z，指定解压缩算法，常见的扩展名为 gz。

-j，指定解压缩算法，常见的扩展名为 bz2。

-v，显示指令执行过程（解压缩过程打印在终端上）。

示例 1：把 dir1、ysyn.mp3 打包压缩成 kk.tar.bz2，保存在当前目录下。

```
$ tar -cjf  kk.tar.bz2  dir1  ysyn.mp3
```

示例 2：把 dir1、ysyn.mp3 打包压缩成 kk.tar.gz，保存在当前目录下。

```
$ tar -czf  kk.tar.gz   dir1  ysyn.mp3
```

示例 3：把 kk.tar.gz 解压到当前目录下。

```
$ tar -xzf  kk.tar.gz
```

示例 4：把 kk.tar. bz2 解压到当前目录下。

```
$ tar -xjf  kk.tar.bz2
```

示例 5：把 kk.tar. bz2 解压到~/test/目录下。

```
$ tar -xjf  kk.tar.bz2  -C  ~/test
```

13. find 命令

find 命令用来在指定目录下查找文件。任何位于参数之前的字符串都将被视为欲查找的目录名。若使用该命令时不设置任何参数，则 find 命令将在当前目录下查找子目录与文件，并且将查找到的子目录和文件全部进行显示。在某个目录下查找带有某个字符串的文件最为常用。

语法：find [pathname] [选项] [参数]

pathname：find 命令所查找的目录路径。

选项：

-exec <执行指令>：假设 find 指令的回传值为 True，就执行该指令。

-name <字符串>：指定包含指定字符串。

-size <文件大小>：查找符合指定文件大小的文件。

-type <文件类型>：只寻找符合指定文件类型的文件。其中，文件类型参数有：f，普通文件；l，符号链接；d，目录；c，字符设备；b，块设备；s，套接字文件；p，管道文件。

参数：查找文件的起始目录。

示例：

① 列出当前目录及子目录下所有文件和文件夹：find 或 find . 或 find ./

② 在/home 目录查找以.txt 结尾的文件名（包含目录和文件）：find /home -name "*.txt"

③ 在当前目录下查找以 dglg 结尾的文件夹：find -type d -name "*dglg"

④ 在当前目录下查找以.txt 结尾的普通文件（不包含目录）：find -type f -name "*.txt"

⑤ 同上，但忽略大小写：find /home -iname "*.txt"

⑥ 在/usr/lib 目录下搜索以 lib 开头包含 so 字符在内的所有文件：find /usr/lib -name "lib*so"

⑦ 在当前目录及子目录下查找所有以.txt 和.pdf 结尾的文件：find ./ -type f -name "*.txt" -o -name "*.pdf"

⑧ 根据文件大小进行匹配：find . -type f -size 文件大小单元

文件大小单元为：b——块（512 字节）；c——字节；w——字（2 字节）；k——千字节；M——兆字节；G——吉字节。

搜索当前目录大于 10KB 的普通文件：find . -type f -size +10k

搜索当前目录小于 10KB 的普通文件：find . -type f -size −10k

搜索当前目录等于 10KB 的普通文件：find . -type f -size 10k

⑨ -exec 选项与其他命令结合使用

找出当前目录下所有的.c 文件，并把文件复制到~/work 目录中：

```
find ./ -type f   -name "*.c"   -exec   cp   {}   ~/work \;
```

例中{} 用于与-exec 选项结合使用来匹配所有文件，然后会被替换为相应的文件名。

⑩ 找出 Home 目录下所有的.txt 文件并删除：find ~ -name "*.txt" -ok rm {} \;

例中，-ok 和-exec 的行为一样，不过它会给出提示，是否执行相应的操作。

⑪ 使用 find 和 grep 命令搜索.h 文件中包含“DECLARE_WAIT_QUEUE_HEAD”字符串的行：

```
find ./ -name "*.h"   |xargs   grep -i   'DECLARE_WAIT_QUEUE_HEAD'   -nR
```

⑫ 当前目录及子目录中查找文件名以大写字母开头的文件：find ./ -name "[A-Z]*" -print

7.2.4 Linux 网络管理命令

1．ifconfig 命令

功能：查看和配置网络设备，当网络环境发生改变时，可通过此命令对网络进行配置。

格式：ifconfig [选项]

选项：up，启动指定网络设备/网卡。

down，关闭指定网络设备/网卡。

-a，显示全部接口信息。

netmask<子网掩码>，设置网卡的子网掩码。

示例 1：显示网络设备信息（激活状态的）。

```
$ ifconfig
```

示例 2：启动/关闭指定网卡（需要管理员权限）。

```
$ sudo ifconfig ens33 up            #启动 ens33 网卡
$ sudo ifconfig ens33 down          #关闭 ens33 网卡
```

示例 3：设置指定网卡的 IP 地址（需要管理员权限）。

```
$ sudo ifconfig ens33 192.168.1.133      #启动 ens33 网卡，IP 地址为 192.168.1.133
```

说明：通过上面命令配置的 IP 地址只是临时生效，重启系统会恢复成原来的 IP 地址。

2．ping 命令

功能：用来测试与目标主机的连通性。

格式：ping [选项] <主机名或 IP 地址>

示例 1：ping 命令检查本机和网络上指定主机是否连通。

```
$ ping     www.baidu.com        #检查本机是否可以连接百度，一般用来检测是否可以上外网
$ ping     192.168.1.111        #检查本机是否可以和 192.168.1.111 主机连通
```

说明：某些版本的 Ubuntu 系统默认不带 ping 命令，需要使用 apt 命令或 apt-get 命令在线安装，如下所示：

```
$ sudo apt-get install inetutils-ping
```

7.3 Vim 文本编辑器

Vim 是 Linux 系统的一种文本编辑器，具有很强的代码编辑能力，可以主动地以字体颜色辨别语法的正确性，对提高编程效率非常有帮助。

7.3.1 Vim 的安装

（1）在终端输入命令：sudo apt-get install vim

（2）输入 y 后回车，等待安装。

（3）在命令终端中输入 vim，检查安装是否成功，如图 7.1 所示。

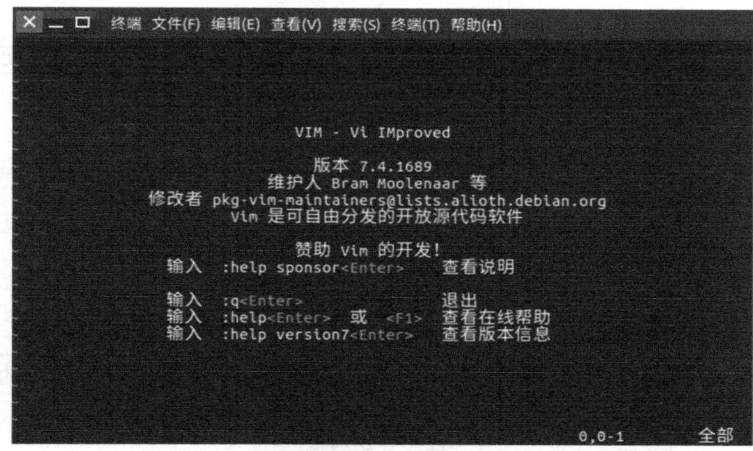

图 7.1 Vim 界面

7.3.2 Vim 的启动

Vim 启动来编辑一个文件有多种方式，启动后默认处于正常模式，在正常模式下是不能输入内容的。如表 7.4 所示是 Vim 启动来编辑文件的各种情况说明。

表 7.4 Vim 启动编辑文件

序号	Vim 启动编辑文件	功能说明
1	vim	没有文件名，这种情况下编辑文件后保存时必须指定文件名，例如，:wq 文件名
2	vim filename	以普通方式打开 filename 文件，打开的文件可读可写，并且文件可以是存在或不存在的
3	vim -R filename	以只读的方式打开 filename 文件，可以修改，普通方式不能保存，但是如果添加!，可以强制保存
4	vim -M filename	以只读方式打开 filename 文件，不能修改
5	vim + filename	打开 filename 文件，光标定位在文件的末尾
6	vim +num filename	打开 filename 文件，光标定在第 num 行
7	vim +/string filename	打开 filename 文件，并将光标定位在第一个找到的 string 上

7.3.3 Vim 的工作模式

Vim 的工作模式有 4 种，分别是正常模式、插入模式、命令模式和可视模式，每种模式下可以执行不同的操作。

1．正常模式

这是 Vim 启动进入的默认模式，并且在任何模式下按 Esc 键都可以返回到这个模式。该模式的主要特点是无法输入、编辑内容，但是可以阅读文件，输入快捷键可以控制 Vim 的行为。

2．插入模式

在正常模式下，按 i、I、a、A、o、O、s、S 键都可以进入插入模式。该模式的主要特点是可以编辑代码，具体 i、I、a、A、o、O、s、S 键的含义如下。

i：光标前面插入。　　　　I：光标移动到行首插入。

a：光标后面插入。　　　　A：光标移动到行尾插入。

o：光标下一行插入新行。　　　　　　O：光标上一行插入新行。

s：删除光标字符，进入插入模式。　S：删除光标所在行，进入插入模式。

3．命令模式

在正常模式下，输入：即进入命令模式，后面可以输入各种命令与 Vim 交互。

格式：:命令

示例：

```
:w                      #保存
:q                      #退出
:wq                     #保存并退出
:!                      #强制
:q!                     #强制退出，但不保存
:wq!                    #强制保存并退出
:x                      #保存并退出
:n1,n2   w   filename   #选择性保存从 n1 行到 n2 行的内容（包含 n1 和 n2 行）
:e   filename           #关闭当前编辑的文件，并开启新文件，如果未保存对当前文件的修改，Vim 会警告
:e!                     #放弃当前修改，重新加载当前文件
:e!                     #放弃对当前文件的修改，编辑新文件
:e+                     #开始新文件，并从文件尾开始编辑
:e+n                    #开始新文件，并从第 n 行开始编辑
:enew 或 Ctrl+W+N       #编辑一个未命名的新文件
:f 或 Ctrl+G            #显示文件名、内容是否修改和光标位置（列号）
:f   filename           #改变编辑的文件名，这时再保存相当于另存为
:saveasnewfilename      #另存为
```

4．可视模式

在正常模式下，按 v、V、Shift+V、Ctrl+V 键都可以进入可视模式。可视模式的主要功能是用于选择内容，然后便可以对内容进行操作，如复制、删除、粘贴等。可视模式有 3 种。

（1）普通选择模式

进入方式：按 v 键进入。

该模式功能：移动光标，可以从光标处开始选择内容。

（2）行选择模式

进入方式：按 V 键或按 Shift+V 键进入。

该模式功能：移动光标，可以从光标所在行开始以行进行选择。

（3）块选择模式

进入方式：按 Ctrl+V 键进入。

该模式功能：从光标移动处开始选择矩形块内容。

上面 3 种模式在选择内容后，可以按 y 键表示复制操作，按 d 键表示删除（剪切）操作，按 p 键表示粘贴操作。

7.3.4　Vim 的配置

Vim 可以通过配置工作参数让其变得更强大。

1．Vim 常用配置选项说明

在命令模式下输入以下命令，回车即可设置相应的功能，常用的 Vim 配置如表 7.5 所示。

除上面的设置外，Vim 还有很多选项，这里就不再一一列出。

2．Vim 配置文件

在命令模式中对 Vim 进行配置时，配置命令实际上只是临时有效，如果想要永久有效，需要把配置命令写在~/.vimrc 文件中。下面给出一个详细的配置文件示例，可以把以下内容写在~/.vimrc 文件中保存即可。这个文件已经设置好常用的配置选项，并且具有自动补全符号（<>、

表 7.5　命令模式下常用的 Vim 配置

序号	Vim 命令	功能说明	序号	Vim 命令	功能说明
1	set number，简写为：set nu	行号显示	7	set hsearch	高亮搜索
2	set nonumber，简写为：set nonu	取消显示行号	8	set nohlsearch	取消高亮搜索
3	set showmatch，简写为：set sm	括号高亮	9	syntax on	语法高亮
4	set nosm	取消括号高亮	10	syntax off	取消语法高亮
5	set ai	自动缩进	11	set ic	忽略字符大小写
6	set noai	取消自动缩进	12	set noic	取消忽略字符大小写

""、{}、()、'')、智能缩进、设置配色方案等功能，使得开发者在使用 Vim 时更方便。~/.vimrc 文件内容如下：

```
"设置字符编码
set fileencoding=utf-8
set fileencodings=utf-8,gb2312,gb18030,latin1
set termencoding=utf-8
set encoding=utf-8

"语法高亮
syntax on

"深色背景
color   peachpuff

"检测文件类型
filetype on

"根据文件类型加载对应的插件
filetype plugin on

"显示行号
set number

"在第 50 列显示竖线
"set cc=50

"高亮显示当前行
set cursorline

"设置各种缩进
set tabstop=4
set softtabstop=4
set shiftwidth=4
set autoindent
set smartindent
set cindent

"Tab 键转换为空格
set expandtab

"将 Esc 键映射为两次 j 键
inoremap jj <Esc>

"自动完成花括号
inoremap { {<CR>} <Esc>i

"自动完成方括号
inoremap [ []<Esc>i
```

```
"自动完成圆括号，
inoremap(()<Esc>i

"自动完成尖括号
" inoremap<<><Esc>i

"自动完成单引号
inoremap ' ''<Esc>i

"自动完成双引号
inoremap " ""<Esc>i

"鼠标可以选中 Vim 单个窗口且不包含行号的文本
set mouse=a

"普通模式下按 p 键，即可把系统缓冲区中的内容粘贴到 Vim 中，就像粘贴用 yy 命令得到的内容一样，并
"且格式不错乱
set clipboard=unnamed

"如果把上面的一行换成如下内容，普通模式下按 p 键，粘贴的内容就是系统剪切板中的内容了
"set clipboard=unnamedplus

"解决 Vim 插入模式下 Backspace 键无法删除字符的问题
set nocompatible

"设置 Backspace 的工作方式
set backspace=indent,eol,start
```

3．修改 Vim 的配色方案

Vim 支持配色方案存放在/usr/share/vim/vim74/colors/目录中（74 是用户的 Vim 版本，可根据实际情况修改）。

（1）查看当前支持的配色方案

```
root@lai-machine:/# ls /usr/share/vim/vim74/colors
blue.vimdesert.vimkoehler.vimpeachpuff.vimslate.vim
darkblue.vimelflord.vimmorning.vim    README.txt          torte.vim
default.vimevening.vimmurphy.vimron.vimzellner.vim
delek.vimindustry.vimpablo.vimshine.vim
```

（2）修改配色方案

打开~/.vimrc 文件，找到 color 关键字，并从/usr/share/vim/vim74/colors/目录中找出你喜欢的配色方案，将配色方案名写到 color 关键字后面，然后保存退出，重新启动 Vim，即可看到配色方案已经改变。

（3）快速测试配置方案的效果

如果想测试哪一个方案是自己最喜欢的，可以先打开 Vim 后进入命令模式，输入：

```
:color 配色方案名（不带.vim 后缀）
```

例如，color delek 就表示 delek.vim 这种颜色配置。

4．复制、粘贴操作

Vim 命令模式下复制、粘贴的按键操作如表 7.6 所示。

表 7.6　命令模式下复制、粘贴的按键操作

序号	按键操作	功能说明
1	y	复制一行
2	number+yy	复制当前行开始的 number 行
3	x	剪切当前光标处的字符
4	P（大写 P）	粘贴在当前行之上
5	p（小写 p）	粘贴在当前行之下

5. 删除、撤销操作

Vim 命令模式下删除、撤销的按键操作如表 7.7 所示。

表 7.7 命令模式下删除、撤销的按键操作

序号	按键操作	功能说明
1	dd	删除当前一行
2	number+dd	删除当前行开始的 number 行，如按下“5+dd”，表示删除当前行开始、向下共 5 行内容
3	d+w	删除当前位置开始至空格处
4	d+0 或 d+home 或 d+^	删除当前位置至行首
5	d+end 或 d+$	删除当前位置至行末
6	u	撤销上一步

思考题及习题

7.1 在 Ubuntu 系统中，使用命令创建用户（用户名为自己的姓名拼音）并附上详细的创建过程与截图。

7.2 根据以下步骤，使用命令补充对应的内容并附加截图。

进入根目录

cd /

① 进入 Home 目录（注意：Home 目录必须对应题 7.1 的用户）；

② 详细显示 Home 目录下所有的文件与文件夹；

③ 在当前目录下创建 1.txt；

④ 升级系统（当前系统必须正确联网），显示升级进度即可。

第 8 章　Linux 系统应用程序开发基础

8.1　Linux 系统应用程序设计

在 Windows 系统中，开发应用程序可使用集成开发环境 IDE 软件，如 Visual C++、Dev-Cpp、Visual Studio 2015/2019 等，其中包含了应用程序开发所需要的编辑器、编译器、链接器和调试器等。但是在 Linux 系统中，很少提供集成 IDE 开发环境 IDE 软件，应用软件开发工具由独立的模块组成，各自完成相应的软件工作，主要分为以下几类。

- 编辑器（如 emacs、Vim、gedit）：用于编辑程序。
- 编译器（如 GCC、mingw）：用于源码的预处理、编译、汇编、链接。
- 调试器（如 gdb）：用于调试程序。

本章重点讲解 Linux 程序开发中 GCC 编译器的使用方法，以及在 Linux 系统中 C/C++程序设计的方法。

8.1.1　Linux 系统中 C 程序标准 main 函数

在初学 C 语言阶段，编写的 main 函数原型都是 int main(void)或 void main(void)等形式，在单片机编程中的 main 函数原型也是这样的。但是，在操作系统如 Windows、Linux、UNIX 等中，标准的 main 函数原型应是 int main(int argc,char **argv)或 int main(int argc,char *argv[])，其中 argc 用于保存启动程序时传递给程序参数的个数，argv 是存储每个参数（命令行中以空格分隔）的字符串首地址，注意这里的程序名也是一个参数。例如，第 7 章介绍的 ls 命令，它运行时可以带很多个参数，如“ls　-lh　/home/”指令，其中 ls 命令实际的 main 函数参数 argc 值为 3，argv[0]首元素指针指向“ls”，argv[1]指向“-lh”，argv[2]指向“/home/”，如果有更多参数，依次类推。

示例：输出程序启动时的参数数量及参数信息。

```
/*
函数功能：Linux 的 main 函数
函数形参：argc，argv
函数返回值：0 表示正常返回，非 0 表示异常
*/
#include<stdio.h>
int main(int argc,char*argv[])
{
    int i=0;
    printf("argc:%d\r\n",argc);
    for(i=0;i<argc;i++){
        printf("argv[%d]:%s\r\n",i,argv[i]);
    }
    return 0;
}
```

以下开始进行编译、运行测试。

（1）编译

```
lai@lai-machine:~/work$ gccmain.c -o main
```

（2）运行测试

① 直接运行可执行程序，不传递参数：

```
lai@lai-machine:~/work$ ./main
argc:1
argv[0]:./main
```

② 运行可执行程序，传递 1 个参数“www”：

```
lai@lai-machine:~/work$ ./main www
argc:2
argv[0]:./main
argv[1]:www
```

③ 运行可执行程序，传递 2 个参数“www”和“dgeducation”：

```
lai@lai-machine:~/work$ ./main www dgeducation
argc:3
argv[0]:./main
argv[1]:www
argv[2]:dgeducation
```

④ 运行可执行程序，传递 3 个参数“www”“dgeducation”和“com”：

```
lai@lai-machine:~/work$ ./main www dgeducation com
argc:4
argv[0]:./main
argv[1]:www
argv[2]:dgeducation
argv[3]:com
```

通过以上示例，应该不难理解 main 函数原型参数的作用了。

8.1.2 GCC 编译器

GCC（GNU Compiler Collection）编译器是开源免费软件，该编译器支持的编程语言种类很多，不局限于 C/C++语言。对于.c 格式的 C 文件，可以采用 GCC 或 g++编译器编译，而对于.cc、.cpp 格式的 C++文件，应采用 g++编译器编译。

GCC 编译 C 文件到可执行程序的基本语法格式如下所示：

```
gcc  [可选选项] <源文件列表>
```

可选选项：像前面章节学习的 Linux 命令一样，GCC 编译器也有很多可选选项，可根据需要实现的功能调整选项参数，后面的内容会对常用选项及其含义进行介绍。

源文件列表：要编译的源文件，支持多个文件。如果是多个文件，则要使用空格分隔。

例如，项目中有两个 C 文件，一个是 main.c，另一个是 function.c，其中 main.c 调用了 function.c，现在对它们进行编译，生成可执行程序 main，把命令终端工作路径切换到源码所在目录，并执行以下命令进行编译：

```
$ gcc -o main main.c  function.c
```

上面的命令使用-o 来指定生成的可执行程序名为后面的参数 main。如果不指定-o main，也可以编译通过生成可执行程序，但是可执行程序名固定为 a.out，这个名字不能体现程序作用。因此，编译时一般会使用-o 指定最后生成的可执行程序名。

运行可执行程序：

```
$ ./main
```

说明：注意上面命令前面的$是命令终端的命令提示符，后面才是用户输入的命令。GCC 编译器支持的后缀名程序如表 8.1 所示。

另外，GCC 编译器的功能非常强大，选项非常多，常用选项如表 8.2 所示。

表 8.1　GCC 编译器支持的后缀名程序

序号	GCC 支持的后缀名	对应的语言程序	序号	GCC 支持的后缀名	对应的语言程序
1	.c	C 原始程序	6	.s/.S	汇编语言原始程序
2	.C/.cc/.cpp	C++原始程序	7	.h	预处理文件（头文件）程序
3	.m	Objective-C 原始程序	8	.o	目标文件程序
4	.i	已经预处理的 C 原始程序	9	.a /. so	编译后.a 是静态库程序，.so 是动态库程序
5	.ii	已经预处理的 C++原始程序			

表 8.2　GCC 编译器的常用选项

序号	GCC 的选项	对应选项的含义	序号	GCC 的选项	对应选项的含义
1	-v	查看编译器的版本信息，如：gcc -v	7	-static	链接静态库，默认只链接动态库（指定使用.a 文件提供的函数）
2	-c	只编译不链接，源文件编译成目标代码(.o)，生成 .o 文件	8	-I	指定编译时包含的头文件路径
3	-S	生成汇编代码	9	-L	指定链接时库文件的路径
4	-E	对源码进行预处理，生成预处理文件	10	-l	指定链接时库文件的名称
5	-g	添加调试信息到可执行文件，可以使用 gdb 进行源码调试	11	-D<宏名>	宏定义，如：-DJY="arm_test"，相当于全局宏定义#define JY "arm_test"
6	-o<file>	指定将 file 文件作为输出文件			

8.1.3　GCC 编译应用程序

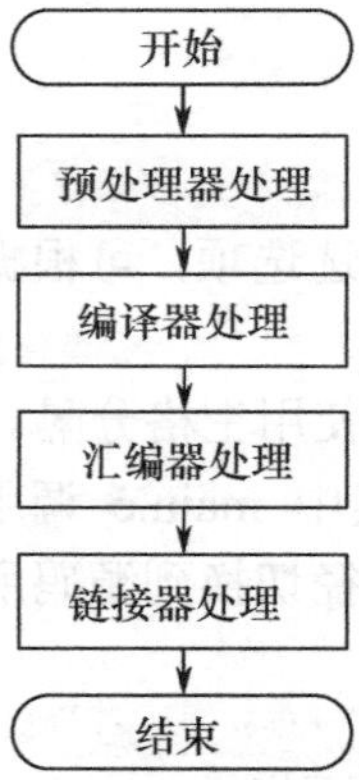

一个 C 源文件到可执行文件这中间需要经过 4 个阶段，分别是预编译、编译、汇编、链接，每个阶段用到的工具软件不一样，这些工具的集合称为编译工具链，其中包括：预处理器、编译器、汇编器、连接器，具体编译过程如图 8.1 所示。

首先，预处理器将源文件中的宏进行展开还原；

其次，编译器 GCC 将 C 源文件编译成汇编文件；

再次，汇编器将汇编文件编译成机器码；

最后，链接器将目标文件和符号进行链接，其中包括*.c 生成的*.o、引导代码、库函数代码，最终生成一个可执行二进制文件。

开始 → 预处理器处理 → 编译器处理 → 汇编器处理 → 链接器处理 → 结束

图 8.1　C 程序编译过程

1．分步编译测试

编写测试代码，以 main2.c 为例讲述代码的编译流程，如下所示：

```
#include<stdio.h>
#define WEBSITE    "arm_test"
int main(void)
{
    const char* url=WEBSITE;   //指针 url 指向字符"arm_test"
        printf("web url:%s\n",url); //打印字符
    return 0;
}
```

（1）预处理

执行指令如下所示：

```
lai@lai-machine:~/work$ gcc -E main2.c -o main2.i
```

执行以上的指令后，生成预处理后的文件 main2.i，查看 main2.i 如下所示：

```
...
int main(void)
{
    const char* url="arm_test";
    printf("web url:%s\n",url);
    return 0;
}
```

可以看到，C 代码宏定义 WEBSITE 出现的位置被 arm_test 替换了，其他的内容保持不变，就这是预处理器的功能。

（2）编译成汇编代码

对上一步生成的 main2.i 文件进行处理，使用 gcc -S 命令生成汇编文件，如下所示：

```
lai@lai-machine:~/work$ gcc -S main2.i -o main2.s
```

执行以上的指令后，生成预处理后的文件 main2.s，查看 main2.s 如下所示：

```
        .file  "main2.c"
        .section     .rodata
.LC0:
        .string       "arm_test"
.LC1:
        .string       "web url:%s\n"
        .text
        .globalmain
        .type main, @function
main:
.LFB0:
        .cfi_startproc
        pushq        %rbp
        .cfi_def_cfa_offset 16
        .cfi_offset 6, -16
…
        ret
        .cfi_endproc
.LFE0:
        .size  main, .-main
        .ident"GCC:(Ubuntu 5.4.0-6ubuntu1~16.04.12)5.4.0 20160609"
        .section     .note.GNU-stack,"",@progbits
```

如上所示，生成的.s 汇编文件就是使用汇编语言实现的。

（3）使用汇编器编译成机器码

利用 as 汇编器将汇编文件编译成机器码，得到目标文件 main2.o，如下所示：

```
lai@lai-machine:~/work$ as main2.s -o main2.o
```

main.o 是二进制文件，其中的内容就是机器码，但是这个文件现在还不能执行，还存在其他库函数的依赖，需要进行最后的链接，其中 main2.o 的内容如图 8.2 所示。

（4）使用链接器把目标文件链接成可执行文件

最后一步是将前面生成的所有.o 文件链接起来，生成一个可执行文件。因为本示例只有一个文件，所以这里只需要生成一个.o 文件即可，命令如下：

```
lai@lai-machine:~/work$ gcc -o main2 main2.o
```

执行上面的命令后，生成可执行文件 main2。注意，在 Linux 系统中，可执行文件扩展名是没有意义的，可以不写，这一点与 Windows 系统不同，其中 main2 的内容如图 8.3 所示。

最后，执行生成的可执行文件，查看输出结果和程序设计的目标结果是否一致。在 Linux 系统中，只需要写清楚可执行文件的路径即可，如果生成的可执行文件就在当前目录中，则只需要在命令终端中输入“./可执行文件名”即可，如下所示：

```
lai@lai-machine:~/work$ ./main2
web url:arm_test
```

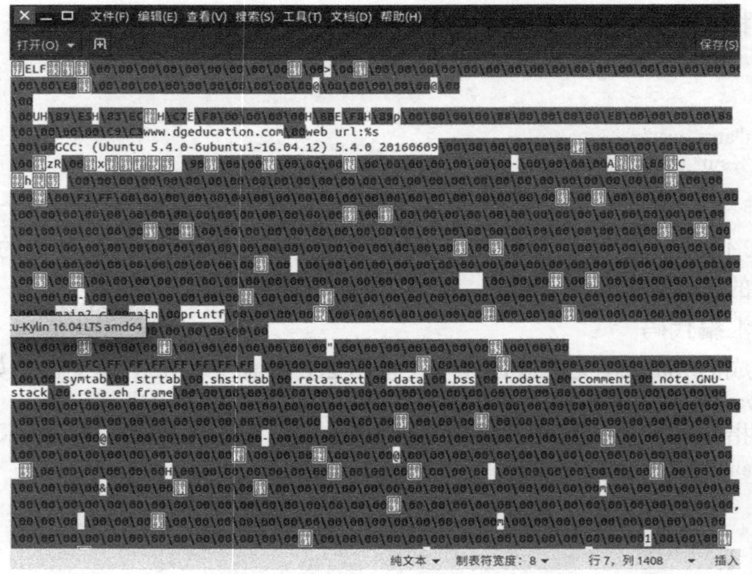

图 8.2　main2.o 的内容

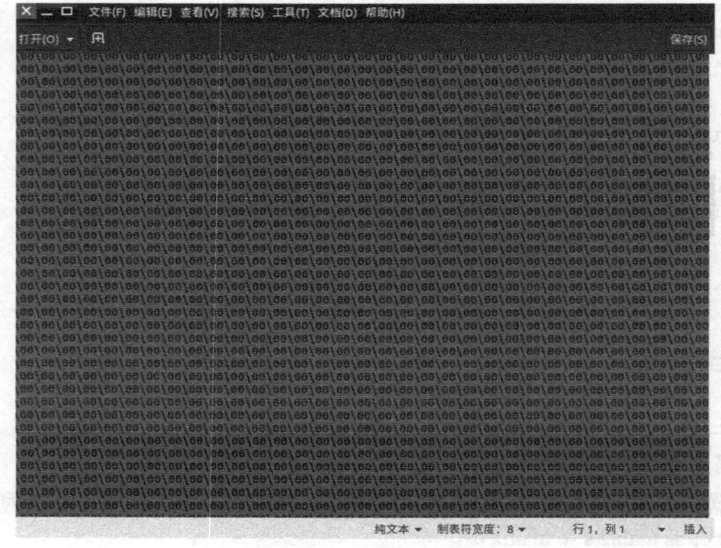

图 8.3　main2 的内容

从上面可以看到，结果和程序设计的目标结果相符。

2．快速编译测试

前面展示了一个 C 文件到可执行文件的分步编译过程，但是在实际使用中，可以一步到位地直接从 C 文件编译为可执行文件。下面以一个简单工程案例演示 GCC 编译器快速编译源码的方法，工程文件结构和代码清单如下：

```
lai@lai-machine:~/work/project_1$ tree
.
├── include
│   ├── add.h
│   └── sub.h
└── src
    ├── add.c
    ├── main.c
    └── sub.c
```

add.c 代码清单：

```
int add(int a,int b)
{
    int c;
    c=a+b;
    return c;
}
```

sub.c 代码清单：

```
int sub(int a,int b)
{
    int c;
    c=a-b;
    return c;
}
```

add.h 代码清单：

```
#ifndef __ADD_H__
#define __ADD_H__
int add(int a,int b);
#endif
```

sub.h 代码清单：

```
#ifndef __SUB_H__
#define __SUB_H__
int sub(int a,int b);
#endif
```

main.c 代码清单：

```
#include<stdio.h>
#include "add.h"
#include "sub.h"
int main(void)
{
    printf("2+1=%d;\r\n2-1=%d\r\n",add(2,1),sub(2,1));
    return 0;
}
```

在该工程案例中，main.c 函数包含 3 个头文件 stdio.h、add.h、sub.h，其中 add.h、sub.h 是自己写的，stdio.h 来自标准库函数。add、sub 两个函数来自外部，都在 main 函数中进行调用。

在命令终端切换到 src 源码目录，输入以下命令进行编译：

```
lai@lai-machine:~/work/project_1/src$ gcc main.c add.c sub.c -o main
main.c:2:17: fatal error: add.h:没有文件或目录
compilation terminated.
```

结果显示，找不到文件或目录，原因是 main 函数中包含了 add.h、sub.h，而它们不在与 main.c 同层的目录里，因此直接编译会报错。解决的方法是：在使用 GCC 编译器时，通过-I 选项直接指定编译包含的文件路径。对上面的编译命令进行改进，如下所示：

```
lai@lai-machine:~/work/project_1/src$ gcc main.c add.c sub.c -o main -I ../include/
```

编译成功后，即可生成可执行文件 main，可以在命令终端运行查看结果，如下所示：

```
lai@lai-machine:~/work/project_1/src$ ./main
2+1=3;
2-1=1
```

8.2 静态库和动态库

在实际项目开发中，通常会把一些常用的函数封装为一个函数库，以提供给其他程序调用。函数库分为两种，一种是静态库，一种是动态库。Linux 系统静态库文件相当于 Windows 系统下的.lib 文件，而 Linux 系统动态库文件相当于 Windows 系统下的.dll 文件。编译程序的链接阶段如果使用静态库，则会把被调用的函数代码复制一份到可执行程序中，这样编译出来的可执行文件在运行时不再依赖该静态库；如果使用动态库，则在链接生成可执行程序时，不会把被调用的函数代码复制一份到可执行程序中，而只是在最终生成的可执行文件存放被调用的函数的符号。在程序运行时，才会动态地加载所依赖的动态库到内存中，然后找到对应的函数代码执行。因此，在运行使用了动态链接生成的可执行程序时，必须保证在动态库搜索路径下所依赖库函数文件的存在。

在 Linux 系统中，函数库的命名是有规则的，静态库的命名格式是：libname.a；动态库的命名格式是：libname.so[.主版本号][.次版本号][.发行版本号]，其中，lib 是库文件头，真正的库名是 name。如在 C++库中，标准静态库是 libstdc++.a，在 Ubuntu 系统中完整的路径是：/usr/lib/gcc/x86_64-linux-gnu/5/libstdc++.a，而标准动态库是 libstdc++.so，在 Ubuntu 系统中完整的路径是：/usr/lib/gcc/x86_64-linux-gnu/5/libstdc++.so。需要注意的是，对于动态库，不带版本号的动态库名只是一个链接，会链接到带版本号的文件上，所以上面所说的 libstdc++.so 仅仅是一个链接，它链接到 libstdc++.so.6 文件上，如下所示：

```
lai@lai-machine:~$ ls -l   /usr/lib/gcc/x86_64-linux-gnu/5/libstdc++.so
lrwxrwxrwx 1 root root 40 10 月   5   2019 /usr/lib/gcc/x86_64-linux-gnu/5/libstdc++.so -> ../../../x86_64-linux-gnu/libstdc++.so.6
```

输出显示 libstdc++.so 链接到 libstdc++.so.6，而这个动态库主版本号是 6，没有次版本号，也是一个链接，如下所示：

```
lai@lai-machine:/usr/lib/x86_64-linux-gnu$ ls -l libstdc++.so.6
lrwxrwxrwx 1 root root 19 10 月   5   2019 libstdc++.so.6 ->libstdc++.so.6.0.21
```

如上输出的信息显示，libstdc++.so.6 也是一个链接文件，链接到当前目录的 libstdc++.so.6.0.21 这个真正的动态库文件上。我们可以查一下这个库文件的具体信息，如下所示：

```
lai@lai-machine:/usr/lib/x86_64-linux-gnu$ ls -lh libstdc++.so.6.0.21
-rw-r--r-- 1 root root 1.5M 10 月   5   2019 libstdc++.so.6.0.21
```

该文件大小为 1.5MB，各种权限如上所示，这才是真正的动态库文件。

Linux 系统采用这种命名方式，主要是为了在应用程序发布后，所依赖的动态库文件要升级或修复动态库文件的 BUG 时，不需要重新编译链接生成应用程序，只需要删除动态库链接文件，重新使用 ln -s 命令创建新的链接，链接到新升级的动态库文件即可，这样后期维护、升级等就非常方便，这也是采用动态库的一种优势。

8.2.1 静态库和动态库相关选项

（1）-statict 选项

如果 gcc 编译命令中指定该选项，表示代码中使用到来自第三方库的函数必须存在静态库，不能是动态库，否则链接失败。

（2）-shared 选项

如果 gcc 编译指令中指定该选项，表示优先使用动态库链接，即代码中使用来自第三方库的函数，如果同时存在动态库和静态库，会优先使用动态库链接，如果只存在静态库，才会使用静态库文件链接。

（3）-fPIC（或-fpic）选项

如果 gcc 编译指令中指定该选项，表示要生成相对地址位置无关的目标代码，通常使用-shared 选项把生成位置无关目标文件编译成动态库文件。

（4）-L<dir>选项

在使用第三方库时，如果没有把第三方库文件复制到系统存放库文件的标准路径中，则要在编译阶段使用-L 选项来指定第三方库的存放位置。而-I 后面跟着的是库文件存放路径，后面可以加空格，也可以不加空格而直接写库文件路径，路径可以使用相对路径，也可以使用绝对路径。

（5）-lname 选项

链接时，采用链接名为 libname.a 静态库或 libname.so 动态库的库文件或其中的一个。若两个库文件都存在，则根据编译时指定的选项(-static 或-shared 或不写)来进行链接。

8.2.2 静态库的创建及使用

静态库创建时，静态库文件实际上只是把生成的各个.o 文件打包成一个.a 文件，类似于压缩包文件，在.a 文件中存放着一份包含所有.o 文件定义的函数列表。静态库可供其他函数使用，在程序运行过程中，使用到.a 静态链接，程序先找到.a 文件所包含的函数列表，再找到函数列表里对应的.o 目标文件，再根据.o 目标文件找到所对应的函数实现代码，这样就完成静态库的调用过程。下面通过实际的简单工程案例演示静态库的创建与使用。

1．静态库的创建

（1）源码的编写

以 8.2.1 节的工程案例进行介绍，add.c、sub.c、add.h、sub.h 的代码清单如 8.2.1 节所示。

（2）编译成.o 目标文件

分别将 add.c、sub.c 编译成目标文件，如下所示：

```
lai@lai-machine:~/work/project_1/src$ gcc -c add.c -o add.o
lai@lai-machine:~/work/project_1/src$ gcc -c sub.c -o sub.o
```

（3）将.o 文件编译成.a 静态库文件

分别将目标文件 add.o、sub.o 编译成 libfunction.a 静态库文件，如下所示：

```
lai@lai-machine:~/work/project_1/src$ ar -crsv libfunction.a add.o sub.o
a - add.o
a - sub.o
```

（4）查看生成的静态库文件

可以查看到在目录下已生成了 libfunction.a 静态库文件，如下所示：

```
lai@lai-machine:~/work/project_1/src$ ls
add.c add.o libfunction.a main.c sub.c sub.o
```

2．静态库的使用

（1）编写工程应用代码

继续用 8.2.1 节所介绍的 main.c 函数，其代码清单如 8.2.1 节所示。

本例项目工程的结构如下所示：

```
lai@lai-machine:~/work/project_1$ tree
.
├── include
│   ├── add.h
│   └── sub.h
└── src
    ├── add.c
    ├── libfunction.a
    ├── main.c
    └── sub.c
```

本例中不需要 add.c、sub.c，可以删除，剩下的文件结构如下所示：

```
lai@lai-machine:~/work/project_1$ tree
.
├── include
│   ├── add.h
│   └── sub.h
```

```
└── src
    ├── libfunction.a
    └── main.c
```

（2）静态库的使用

方法 1：将静态库文件放在源文件的同层目录中，编译时直接把它当作源文件来编译，如下所示：

```
lai@lai-machine:~/work/project_1/src$ gcc -o main main.c libfunction.a -I ../include/
```

编译完成，直接测试成功，如下所示：

```
lai@lai-machine:~/work/project_1/src$ ./main
2+1=3;
2-1=1
```

方法 2：将静态库文件剪切到任意目录下，如/tmp/下面，编译时使用 gcc 选项指定链接路径为/tmp/，并指定静态库文件名，如下所示：

```
lai@lai-machine:~/work/project_1/src$ gcc -o main main.c -I ../include -L /tmp/ -lfunction
```

编译完成，直接测试成功。

方法 3：将静态库文件放在默认目录下，如下所示：

```
lai@lai-machine:~/work/project_1/src$ sudo cp libfunction.a /lib/
```

/lib/目录是编译器默认的库文件搜索路径之一，因此，此时不需要指明链接路径编译器也能找到它，这时编译命令如下所示：

```
lai@lai-machine:~/work/project_1/src$ gcc -o main main.c -lfunction -I ../include/
```

编译完了，直接测试成功。

8.2.3　动态库的创建及使用

动态库在程序编译时会被链接到目标代码中，因此，在程序运行之前，动态库首先被加载到内存，然后才能运行程序。

1．动态库的创建

继续使用 8.2.1 节的工程项目 project_1 来演示动态库的创建过程，工程文件结构见 8.2.1 节。

现在把 add.c、sub.c 制作成动态库文件，如下所示：

```
lai@lai-machine:~/work/project_1/src$ gcc -fPIC -c add.c
lai@lai-machine:~/work/project_1/src$ gcc -fPIC -c sub.c
lai@lai-machine:~/work/project_1/src$ gcc -o libfunction.so -shared add.o sub.o
```

也可以将上面的分步过程合成一步完成，如下所示：

```
lai@lai-machine:~/work/project_1/src$ gcc -o libfunction.so -shared -fPIC add.c sub.c
```

下面主要介绍在实际工作中如何使用这个动态库。

2．动态库的使用

动态库在编译阶段使用时有两种方法。

① 在链接阶段把动态库文件当作源文件使用，如下所示：

```
lai@lai-machine:~/work/project_1/src$ gcc -o main main.c libfunction.so -I ../include/
```

虽然编译成功，并生成了可执行文件 main，如下所示：

```
lai@lai-machine:~/work/project_1/src$ ./main
./main: error while loading shared libraries: libfunction.so: cannot open shared object file: No such file or directory
```

结果显示，运行失败了。原因是，可执行文件 main 运行时，由于程序中存在动态链接的库函数，但是在系统默认的动态库搜索路径中没有找到，因此需要加载动态库文件 libfunction.so 到内存。

② 使用 gcc 选项指定库路径，并指定库名进行编译链接，如下所示：

```
lai@lai-machine:~/work/project_1/src$ gcc -o main main.c -L ./ -lfunction -I ../include/
```

虽然编译和链接成功，并生成可执行文件 main，但也不能运行，原因和上面的一样。

如何才能让用动态库编译的可执行文件运行呢？使用动态链接方式生成的应用程序，程序中只包含调用函数的符号信息，具体实现代码还是在动态库中，要让程序正确执行位于动态库中的代码，必须先把硬盘上的动态库加载到内存中，然后才可以正确执行位于内存中的代码。默认情况下，Linux 系统会在默认的路径下搜索所需的动态库文件（如/lib 目录），如果动态库文件没有保存在系统默认搜索路径中，需要手动设置动态库文件所在的路径。有以下 3 种方法。

第一种方法：在命令终端临时修改 LD_LIBBRARY_PATH 环境变量。

在 Linux 系统中，修改环境变量使用 export 命令，如将 WEBSITE 变量赋值，如下所示：

```
lai@lai-machine:~/work/project_1/src$ export WEBSITE=www.dgeducation.com
```

上面的 WEBSITE 是自定义的变量名，Linux 系统中 shell 引用变量是在变量名前加$，即$变量名，可以使用 echo 命令查看环境变量的值，如下所示：

```
lai@lai-machine:~/work/project_1/src$ echo $WEBSITE
www.dgeducation.com
```

查看系统预定义的环境变量 PWD（PWD 记录了当前命令终端的工作路径），如下所示：

```
lai@lai-machine:~/work/project_1/src$ echo $PWD
/home/lai/work/project_1/src
lai@lai-machine:~/work/project_1/src$ pwd
/home/lai/work/project_1/src
```

需要注意的是，export 命令在命令终端中执行时，只对当前命令终端有效，而对新打开的命令终端无效。因此，在 Linux 系统中 LD_LIBRARY_PATH 是系统预定义的环境变量，其值表示程序运行时会追加到系统默认动态库搜索路径中，所以，只需要将当前目录路径添加到这个环境变量即可，如下所示：

```
lai@lai-machine:~/work/project_1/src$ export LD_LIBRARY_PATH=$PWD
lai@lai-machine:~/work/project_1/src$ echo $LD_LIBRARY_PATH
/home/lai/work/project_1/src
```

然后运行可执行文件 main，程序正常运行，如下所示：

```
lai@lai-machine:~/work/project_1/src$ ./main
2+1=3;
2-1=1
```

将 main 复制到其他目录下，也可以正常运行，如下所示：

```
lai@lai-machine:~/work/project_1/src$ cp main /tmp/
lai@lai-machine:~/work/project_1/src$ cd /tmp/
lai@lai-machine:/tmp$ ./main
2+1=3;
2-1=1
```

需要注意的是，该方法只是临时有效，并且仅在当前命令终端下有效。

第二种方法：将动态库文件复制到系统默认搜索路径下，即/lib/或/usr/lib/下。

为了验证第二种方法，先将环境变量 LD_LIBRARY_PATH 取消，然后运行程序，确认失败后，再测试第二种方法，如下所示：

```
lai@lai-machine:~/work/project_1/src$ export LD_LIBRARY_PATH=
lai@lai-machine:~/work/project_1/src$ echo $LD_LIBRARY_PATH
lai@lai-machine:~/work/project_1/src$ ./main
./main: error while loading shared libraries: libfunction.so: cannot open shared object file: No such file or directory
```

将 libfunction.so 动态库文件复制到系统动态库搜索路径下，然后运行测试程序，如下所示：

```
lai@lai-machine:~/work/project_1/src$ sudo cp libfunction.so /lib/
[sudo] lai 的密码：
lai@lai-machine:~/work/project_1/src$ ./main
2+1=3;
2-1=1
lai@lai-machine:~/work/project_1/src$ /tmp/main
2+1=3;
2-1=1
```

上面这种方法显示，把动态库文件复制到系统默认的搜索路径后，程序在任何地方都可以运行。

第三种方法：修改/etc/ld.so.conf 配置文件。

/etc/ld.so.conf 配置文件记录了动态库文件的路径，默认编译器只会使用/lib/和/usr/lib/这两个目录下的库文件，如果想添加更多的默认搜索路径，则可以运行 ld.so.conf，添加所需要的路径到这个文件中，再运行 ldconfig，让系统重新加载/etc/ld.so.conf 文件，如下所示：

```
lai@lai-machine:~/work/project_1/src$ sudovim /etc/ld.so.conf
//添加/home/lai/work/project_1/src
lai@lai-machine:~/work/project_1/src$ sudo ldconfig
```

删除第二种方法复制到/lib/目录的动态库文件，重新运行可执行文件 main，同样运行成功，如下所示：

```
lai@lai-machine:~/work/project_1/src$ sudo rm /lib/libfunction.so
lai@lai-machine:~/work/project_1/src$ ./main
2+1=3;
2-1=1
```

8.2.4 动态库与静态库的比较

使用动态库链接编译的程序，最终生成的可执行程序不包含来自动态库的函数实现代码，而是在程序运行时，再动态加载动态库的函数实现代码，所以，最终的可执行程序运行要依赖第三方动态库文件。单独复制程序到其他设备上运行是不可以的，需要将程序所依赖的库也一起复制过去，并且库文件存放在系统动态库搜索目录才能运行。

使用静态库链接编译的程序，最终生所的可执行程序包含静态库的函数实现代码，所以运行时不需要动态加载函数实现代码。使用静态库链接编译的可执行程序，代码比较多，并且难以升级，但是比较容易部署；与之相反，使用动态库链接编译的可执行程序，轻便且易于升级，但部署的难度高。

8.3 make 工程管理器和 Makefile 文件

使用 GCC 编译器编译源码，对于简单的工程来说，C 源文件不多、工作量不大时，可以通过命令终端执行，但对于源码数量很大的情况，每次按照“gcc -o 可执行程序名 C 源文件列表”的格式对源码进行编译链接，会耗费大量的精力，而且每次改动，都需要人工将所有列表的源码重新编译一次，效率低下。为了解决这个问题，Linux 系统引入了 make 工程管理器，该管理器可以根据目录文件最后更新的时间和所依赖文件的更新时间来计算出哪些文件需要重新编译、哪些文件不需要编译，并且编译器在编译时，只会重新编译被改动和被依赖的源文件，从而大大减少编译的工作量，同时，make 工程管理器通过读取源码目录下的 Makefile 文件，按照 Makefile 文件里自己编写的规则自动化地进行编译，这样就可以简化工程代码的管理，极大地提高开发效率。关于 make 工程管理器更详细的参考资料，读者可以到其官方网站浏览。

8.3.1 Makefile 文件的语法格式

Makefile 文件中使用“#”作为注释符，以下是 Makefile 文件编写的基本规则：

```
目标 1：依赖文件列表 A                    #目标名：依赖项，其中目标名自己定义
Tab 键命令    #必须以 Tab 键开头，然后写想要执行的命令

目标 2：依赖文件列表 B                    #目标名：依赖项，其中目标名自己定义
Tab 键命令    #必须以 Tab 键开头，然后写想要执行的命令
```

```
目标3：依赖文件列表C                    #目标名：依赖项，其中目标名自己定义
Tab键命令   #必须以Tab键开头，然后写想要执行的命令
...
```

需要特别注意的是，在写命令行时，必须要在前面按Tab键而不是按空格键，再写自己想要执行的命令。

要执行上面某一目标下的命令，则只需要在Makefile文件所在的目录打开命令终端，输入“make 目标名”，回车即可，make程序会找到指定目标对应的规则，先按顺利执行检测依赖文件和目标时间的关系，再决定是否执行对应的命令项。例如，要执行目标3下的命令，则在Makefile文件所在目录打开命令终端，输入“make 目标3”，回车即可执行目标3下对应的命令，前提是当前目标不存在或依赖文件比目标时间上更新。如果直接输入make，不带目标名，则make程序会默认执行Makefile文件上的第一个目标，例如上面代码中，如果在命令终端直接输入make，然后回车，则会执行目标1。

在Makefile文件中，make程序会把目标名视为硬盘上的一个真实文件，在执行“make 目标名”时，会先在硬盘上查找是否有这个名字的目标文件存在；如果这个文件存在，再判断其依赖文件是否有更新；如果其依赖文件被更新，则执行该目标下的命令；如果其依赖文件没有被更新，则不会执行该目标下的命令。

还有一种情况，在一类特殊的目标中，如果只想执行某些命令，并不需要在硬盘上生成文件，例如，Makefile文件中定义一个目标名为clean的编译规则，作用就是删除编译生成的中间文件，在这种情况下，就应该把clean声明为伪目标。目标分为伪目标和普通目标，后面以一个例子演示它们的执行过程。如果采用默认方式声明clean为普通目标，若当前目录下也存在一个名为clean的文件，在命令终端中输入clean，并不能执行clean下的命令，因为make程序已经检测到clean文件，并且该文件没有更新过；如果使用关键字.PHONY声明clean为伪目标，那么在执行“make clean”时，make程序并不会关心在同层目录下是否有clean文件存在，而直接执行后面依赖列表生成目标，并且接着会执行目标下的命令列表。

伪目标的语法如下所示：

```
.PHONY:目标名1 目标名2 …… 目标名N
```

.PHONY是Makefile文件的关键字，表示它后面列表中的目标均为伪目标。

8.3.2 Makefile编译C程序示例

8.2.1节示例代码中增加Makefile文件，通过Makefile文件编译代码。示例代码文件结构如下：

```
lai@lai-machine:~/work/project_1$ tree
.
├── include
│   ├── add.h
│   └── sub.h
└── src
    ├── add.c
    ├── main.c
    ├── Makefile
    └── sub.c
```

在上面的文件结构中，add.c、sub.c、main.c、add.h、sub.h的代码清单与8.2.1节相同。

Makefile文件的代码清单如下所示：

```
all:main
```

```
main:add.o sub.o main.o
        gcc main.o sub.o add.o -o main

add.o:add.c
        gcc -c add.c
sub.o:sub.c
        gcc -c sub.c
main.o:main.c
        gcc -c main.c    -I ../include/

.PHONY:clean
clean:
        rm -rf *.o main
```

上面的 Makefile 文件中第 1 个目标是 all，依赖只有一个 main，这个目录没有命令；第 2 个目标是 main；第 3 个目标是 add.o，依赖 add.c；第 4 个目标是 sub.o，依赖 sub.c；第 5 个目标 main.o，依赖 main.c；第 6 个目标是 clean，它被.PHONY 声明为伪目标，clean 目标没有依赖，其下命令是删除所有.o 文件及生成的可执行文件 main。Makefile 使用很简单，把命令终端切换到源码目录下，然后输入 make，即可执行第 1 个目标下定义的命令规则，或输入 make all 后回车，也是一样的效果，如下所示：

```
lai@lai-machine:~/work/project_1/src$ make
gcc -c add.c
gcc -c sub.c
gcc -c main.c    -I ../include/
gcc main.o sub.o add.o -o main
```

编译完成，可以使用 ls 命令查看生成的文件信息与 Makefile 文件代码是否一致，如下所示：

```
lai@lai-machine:~/work/project_1/src$ ls
add.c add.o main main.c main.o Makefile sub.c sub.o
```

如上所示，生成目标文件 add.o、sub.o、main.o 和可执行文件 main，与之前单步执行编译的结果一样，这样就能实现自动化编译，提高了工作效率。make 工程管理器具有智能推导的能力，它能根据 Makefile 文件所编写的规则与命令智能地执行编译过程。接下来对上面 Makefile 代码执行过程进行详细的分析，以加深对 Makefile 的认识。

① 第一次执行 make 或 make all 时，当前目录下没有名字为 all 的文件，这时在当前目录下搜索依赖文件 main，此时也不存在 main 文件，程序就在当前 Makefile 文件上查找实现 main 的目标。

② Makefile 中定义了 main 目标，程序找到该目标后，按前面的步骤在当前目录搜索第一个依赖文件 add.o，此时，也不存在 add.o，则程序就在当前 Makefile 文件上查找实现 add.o 的目标。

③ Makefile 中定义了 add.o 目标，程序找到该目标后，按前面的步骤在当前目录搜索第一个依赖文件 add.c，而 add.c 正好是当前目录下，不再需要从 Makefile 中搜索 add.c 实现的目标。

④ 这时，如果当前目录不存在 add.o 或存在 add.o 文件，但 add.c 比 add.o 新，则执行 gcc-c add.c 命令，生成新的 add.o 文件；如果 add.o 比 add.c 新，则不执行 gcc -c add.c 命令。

⑤ 到此为止，main 目标的第一个依赖文件已生成，以相同的方法继续生成第二个依赖文件 sub.o 文件、第三个依赖文件 main.o。

⑥ 当 add.o、sub.o、main.o 文件生成后，执行 main 目标下的命令 gcc main.o sub.o add.o -o main，从而生成可执行文件 main。

⑦ main 文件生成后，返回到最开始的第一个目标 all，准备执行其下定义的命令，但是由于 all 目标下没有定义任何命令，所以什么也不做，直到结束 all 目标的执行。

⑧ 这时再次输入 make 或 make all 命令，程序将不会再进行任何编译，因为 main 程序依

赖的文件都没有被更新过。但是如果随便更改任何一个依赖文件，输入 make 或 make all 命令会编译相关变动文件，最后重新生成 main 可执行文件。

相关测试如下所示：

```
lai@lai-machine:~/work/project_1/src$ make
make: Nothing to be done for 'all'.
lai@lai-machine:~/work/project_1/src$ gedit add.c
lai@lai-machine:~/work/project_1/src$ make
gcc -c add.c
gcc main.o sub.o add.o -o main
```

上面测试命令显示，如果没有更新 C 源码，执行 make 命令不会执行任何编译工作，而此时如果打开 add.c，并对其进行修改，再执行 make 命令时，编译器会执行 gcc-c add.c 和 gcc main.o sub.o add.o -o main 指令。

8.3.3 Makefile 文件的变量、规则与函数

随着项目越来越复杂，源文件数量越来越多，采用前面的方式来编写 Makefile 文件，将使 Makefile 文件越来越复杂，并难于维护。因此，可以通过 make 工程管理器支持的变量定义、规则和内置函数，写出通用性较强、易于维护的、具有通用性的 Makefile 文件。

1. 自定义变量

Makefile 文件有 4 种变量，分别是自定义变量、预定义变量、自动变量和环境变量。在 Makefile 文件中，变量就是用来代替一个文本字符串的符号，Makefile 中定义变量使用 shell 语言的定义方法。shell 语言是一种弱类型的语言，定义变量不像 C 语言那样需要添加类型，也不需要先定义再使用，而是使用字符作为变量名，想使用一个变量直接写出并且给它赋值即可。

（1）自定义变量且初始化的方法

第一种定义并初始化方法：变量名=变量值，这是基本的赋值方式。特别注意的是，最终变量的值等于整个 Makefile 文件展开后最后的赋值。

第二种定义并初始化方法：变量名:=变量值，这是最常用的赋值方式，类似于 C 语言的赋值语句，执行后会覆盖之前的值，通常在 Makefile 文件中采用这种方式。

第三种定义并初始化方法：变量名?=变量值，这是选择判断性的赋值方式。如果当前变量没有被赋值，那么这条赋值语句才会被执行，这种方式一般可以通过“make 变量名=新值”方式来覆盖 Makefile 文件中定义的变量名默认值。

第四种定义并初始化方法：变量名+=变量值，这是追加式的赋值方式。这种方式会保留原来的变量值，并且添加空格后以文本的方式追加在原内容后面。例如，第一行语句 var :=12345，第二行语句 var+=67890，那么第二行语句执行后的结果就是 12345 67890。这里特别要注意的是，这里的追加，不是算术上数值的相加，而是以文本方式加空格后拼接在一起。

（2）使用自定义变量

Makefile 中的变量要引用并读取变量值，可使用$(变量名)方式获得，这一点和 C 语言不一样，C 语言读取变量值可以直接通过写变量名获得。例如，把 X 变量的值取出来赋值给 Y 变量，如下所示：

```
X=888
Y=$(X)
```

Makefile 中有 4 种赋值符，分别是：=、:=、?=、+=，下面分别举例说明。

示例 1：=与:=赋值符号测试，Makefile 代码如下所示：

```
x=makefile
y=$(x)test
x=arm
```

```
all:
	@echo "x:$(x)"
	@echo "y:$(y)"
```

在 Makefile 目录中打开命令终端，输入 make 命令并回车，结果如下所示：

```
lai@lai-machine:~/work$ make
x:arm
y:armtest
```

如上所示，最后显示 y 的值是 Makefile 展开后的结果再连接上 test，如果把 y=$(x)test 改为 y:=$(x)test，则终端显示的结果如下所示：

```
lai@lai-machine:~/work$ make
x:arm
y:makefiletest
```

:=是立刻赋值，因此会立刻计算出$(x)的值"makefile"，再拼接上后面的"test"，而不需要等到整个 Makefile 展开后再赋值。

示例 2：?=与+=赋值符号测试，Makefile 代码如下所示：

```
x?=makefile
y=$(x)test
y+=www.dgeducation
all:
	@echo "x:$(x)"
	@echo "y:$(y)"
```

在 Makefile 目录中打开命令终端，输入 make 命令并回车，结果如下所示：

```
lai@lai-machine:~/work$ make
x:makefile
y:makefiletest www.dgeducation
```

另外，可以通过终端命令向 Makefile 文件传递参数，覆盖 Makefile 默认的变量，如下所示：

```
lai@lai-machine:~/work$ make x=website
x:website
y:websitetest www.dgeducation
```

从上面可以看出，在命令终端输入 make 命令时，传递的 x=website 覆盖了 Makefile 中的 x?=makefile 这个默认值。

示例 3：将 8.3.1 节项目的 Makefile 使用自定义变量进行改进，如下所示：

```
PROJECT_NAME ?=main
INCLUDE_DIR :=../include/
OBJECTS :=add.o sub.o main.o
all:$(PROJECT_NAME)

$(PROJECT_NAME):$(OBJECTS)
	gcc $(OBJCTS) -o $(PROJECT_NAME)
add.o:add.c
	gcc -c add.c
sub.o:sub.c
	gcc -c sub.c
main.o:main.c
	gcc -c main.c -I $(INCLUDE_DIR)
.PHONY:clean
clean:
	rm -rf   *.o   $(PROJECT_NAME)
```

上面代码把 add.o sub.o main.o 提取出到 OBJECTS 变量，头文件路径提取出到 INCLUDE_DIR 变量，可执行文件提取出到 PROJECT_NAME 变量，并且 PROJECT_NAME 变量使用?=赋值方式，这样编译时可以通过外部传递新的名称来替换原来的名称。下面是示例代码的文件结构：

```
lai@lai-machine:~/work/project_1$ tree
├── include
│   ├──add.h
│   └── sub.h
└── src
```

```
├──add.c
├──main.c
├──Makefile
    └── sub.c
```

第一种方式，使用 Makefile 默认值编译，生成的文件如下所示：

```
lai@lai-machine:~/work/project_1/src$ make
gcc -c add.c
gcc -c sub.c
gcc -c main.c -I ../include/
gcc add.o sub.o main.o -o main
lai@lai-machine:~/work/project_1/src$ ls
add.c add.o main main.c main.o Makefile sub.c sub.o
```

清除生成的文件，如下所示：

```
lai@lai-machine:~/work/project_1/src$ make clean
rm -rf *.o main
lai@lai-machine:~/work/project_1/src$ ls
add.c main.c Makefile sub.c
```

第二种方式，编译时命令终端传递参数给 Makefile，覆盖其默认值，如下所示：

```
lai@lai-machine:~/work/project_1/src$ make PROJECT_NAME=PROJECT_1
gcc -c add.c
gcc -c sub.c
gcc -c main.c -I ../include/
gcc add.o sub.o main.o -o PROJECT_1
lai@lai-machine:~/work/project_1/src$ ls
add.c add.o main.c main.o Makefile PROJECT_1 sub.c sub.o
```

清除生成的文件，如下所示：

```
lai@lai-machine:~/work/project_1/src$ make PROJECT_NAME=PROJECT_1 clean
rm -rf *.o PROJECT_1
lai@lai-machine:~/work/project_1/src$ ls
add.c main.c Makefile sub.c
```

2．自动变量

在 Makefile 文件中，有一类特殊符号代表着自动变量的特殊含义，编译时会自动用特定的值替换回来。常用的 Makefile 自动变量如表 8.3 所示。

表 8.3　Makefile 自动变量

序号	自动变量	功能说明
1	$@	表示当前规则的目标文件，如 main:add.o sub.o main.o 目标下的命令可使用$@代替 main
2	$<	表示当前规则的第一个依赖，如 main:add.o sub.o main.o 目标下的命令可使用$<代替 add.o
3	$^	当前规则的所有依赖，以空格分隔，如 main:add.o sub.o main.o 目标下的命令可以使用$^表示 add.o sub.o main.o
4	$?	规则中日期新于目标文件的所有相关文件列表，以空格分隔，如 main:add.o sub.o main.o 目标下的命令可以使用$？表示 add.o sub.o main.o 中哪一个文件比 main 文件新
5	$(@D)	目标的目录名部分，若目录名有路径，如 debbug/add.o，则$(@D)可以取出 debug 路径
6	$(@F)	目标的文件名部分，若目录名有路径，如 debbug/add.o，则$(@F)可以取出 add.o 文件名

根据上面描述的 Makefile 自动变量的内容，可以使用它优化上面的 Makefile 文件，让其通用性更强，修改后示例代码如下所示：

```
PROJECT_NAME?=main
INCLUDE_DIR :=../include/
OBJECTS :=add.o sub.o main.o
all:$(PROJECT_NAME)

$(PROJECT_NAME):$(OBJECTS)
	gcc $^ -o $@
```

```
add.o:add.c
	gcc -c $<-o $@
sub.o:sub.c
	gcc -c $<-o $@
main.o:main.c
	gcc -c $<-o $@ -I $(INCLUDE_DIR)
.PHONY:clean
clean:
	rm -rf *.o $(PROJECT_NAME)
```

3．模式规则

在上面的示例中，如果新增加 C 文件，则需要为每个 C 文件增加一个.o 文件生成规则，以及在 OBJECTS 变量后面增加对应的.o 文件名，使用起来比较不方便。make 工程管理器中有一个智能推导的功能，叫模式规则，它可以通过匹配方式找字符串。在 Makefile 中使用%符号可以匹配 1 个或者多个任意字符串，这个功能类似于 Windows 系统下通配符“*”的功能。模式规则的语法格式如下所示：

```
%.o:%.c
```

%.o 表示所有的.o 文件，%.c 表示所有的.c 文件，因此，可以使用模式规则进一步优化 Makefile 文件，修改后代码如下所示：

```
PROJECT_NAME?=main
INCLUDE_DIR :=../include/
OBJECTS :=add.o sub.o main.o
all:$(PROJECT_NAME)

$(PROJECT_NAME):$(OBJECTS)
	gcc $^ -o $@
%.o:%.c
	gcc -c $<-o $@ -I $(INCLUDE_DIR)
.PHONY:clean
clean:
	rm -rf *.o $(PROJECT_NAME)
```

从代码上看，如果添加了新的 C 文件，只需要修改 OBJS 变量即可，使用起来比较方便。

4．预定义变量

make 工程管理器中有一些预定义变量，其有特定的含义，有的变量有默认值，有的变量则没有默认值，表 8.4 列出了常见的预定义变量。

表 8.4　常见的预定义变量

序号	预定义变量	功能	默认值
1	AR	库文件打包程序	ar
2	AS	汇编程序	as
3	CC	C 编译器	cc
4	CPP	C 预编译器	$(CC) -E
5	CXX	C++编译器	g++
6	RM	删除功能	rm -f
7	ARFLAGS	库选项	无
8	ASFLAGS	汇编选项	无
9	CFLAGS	指定 C 编译器链接前的阶段使用的参数，通常用来指定头文件存放位置、优化等级等，如 CFLAGS=-I/home/mylib/include	无
10	LDFLAGS	指定 C 编译器链接阶段使用的参数，通常用来指定依赖库存放的位置，如 LDFLAGS=-L/home/mylib/lib	无

续表

序号	预定义变量	功能	默认值
11	LIBS	指定链接器要链接哪些库文件，如 LIBS=-lpthread	无
12	CPPFLAGS	C 预编译器选项	无
13	CXXFLAGS	C++编译器选项	无

可在前面示例的基础上，使用预定义变量优化 Makefile 文件，修改后代码如下所示：

```
PROJECT_NAME?=main                          #指定生成的可执行文件名
INCLUDE_DIR :=../include/                   #指定头文件路径，目前只能指定一个
OBJECTS :=add.o sub.o main.o                #指定源文件列表
CC ?=                                       #指定编译器名称
CFLAGS +=-O0 -Wall -I $(INCLUDE_DIR)        #指定依赖的第三方头文件或编译选项
LDFLAGS +=-L ./lib/                         #指定依赖的第三方库存放路径
LIBS +=-lpthread                            #指定依赖的第三方库
all:$(PROJECT_NAME)

$(PROJECT_NAME):$(OBJECTS)
	$(CC)$^ -o $@ $(LDFLAGS)$(LIBS)%.o:%.c
	$(CC)-c $<-o $@ $(CFLAGS)
.PHONY:clean
clean:
	rm -rf *.o $(PROJECT_NAME)
```

① 使用默认编译器编译测试，如下所示：

```
lai@lai-machine:~/work/project_1/src$ make clean
rm -rf *.o main
lai@lai-machine:~/work/project_1/src$ make
cc -c add.c -o add.o -O0 -Wall -I ../include/
cc -c sub.c -o sub.o -O0 -Wall -I ../include/
cc -c main.c -o main.o -O0 -Wall -I ../include/
cc add.o sub.o main.o -o main -L ./lib/ -lpthread
```

② 使用指定 GCC 编译器编译，如下所示：

```
lai@lai-machine:~/work/project_1/src$ make clean
rm -rf *.o main
lai@lai-machine:~/work/project_1/src$ make CC=gcc
gcc -c add.c -o add.o -O0 -Wall -I ../include/
gcc -c sub.c -o sub.o -O0 -Wall -I ../include/
gcc -c main.c -o main.o -O0 -Wall -I ../include/
gcc add.o sub.o main.o -o main -L ./lib/ -lpthread
```

8.3.4 Makefile 函数使用

在前面介绍的示例中，目标文件变量 OBJECTS 的文件列表还是需要人工修改，当文件数量增加时，还需要再修改 Makefile 文件，此时可以使用 Makefile 函数来遍历指定目录的 C 文件，然后把后缀名去掉，得到目标名文件列表，这样就可以得到更通用的 Makefile 代码模板，这对于后期维护非常方便。本节只介绍常用的两个 Makefile 函数：wildcard、patsubst。

1．wildcard（扩展通配符函数）

函数功能：根据匹配文件找出此模式的所有文件列表并使用空格分开。

函数返回值：所有文件列表并使用空格分开。

函数语法：$(wildcard PATTERN...)

示例：获得指定目录下所有 C 文件列表，匹配当前目录及 dgeducation 子目录下所有以.c 结尾的文件，生成一个以空格间隔的文件名列表，并赋值给 SRC 变量。

```
SOURCE=$(wildcard   *.c ./dgeducation/*.c)
```

2．patsubst（替换通配符函数）

函数功能：根据模式规则替换字符串。

函数返回值：返回被替换后的字符串。

函数语法：$(patsubst<pattern>,<replacement>,<text>)

备注：在<text>字符串列表中以单词（空格、Tab 键分割）为单位，查找是否有符合<pattern>匹配模式的字符串，如果存在，则替换<replacement>。通常使用“%”通配符，表示任意长度的字符串。

示例：把.c 文件列表替换为.o 文件列表，把字符串“main.c sub.c add.c”中符合模式%.c 的单词替换成%.o，因此结果是“main.o sub.o add.o”。

```
$(patsubst %.c,%.o, main.c sub.c add.c)
```

使用以上两个函数对 8.3.3 节的示例进行优化，得到一个相对简单和通用的 Makefile 文件。修改后的 Makefile 代码如下：

```
APP_NAME ?=main                              #指定生成的可执行文件名
INC_DIR   :=include/                         #指定头文件路径，目前只能指定一个
SRC       =$(wildcard   *.c)                 #指定源文件目录
OBJS      :=$(patsubst %.c,%.o,$(SRC))       #把$SRC 列表中的.c 替换为.o

CC        ?=                                 #指定编译器名称
CFLAGS     +=-O0 -Wall -I$(INC_DIR)          #指定依赖的第三方头文件或编译选项
LDFLAGS   +=-L./lib/                         #指定依赖的第三方库存放路径
LIBS      +=-lpthread                        #指定依赖的第三方库

all:$(APP_NAME)
$(APP_NAME):$(OBJS)
	$(CC) $^ -o $@ $(LDFLAGS) $(LIBS)
%.o:%.c
	$(CC) -c $<-o $@ $(CFLAGS)
.PHONY:clean
clean:
	$(RM) -r *.o $(APP_NAME)
```

由以上代码可以看出，Makefile 文件中已经没有具体的一个 C 文件，增加删除 C 文件时不需要改动 Makefile 文件，使用更方便快捷。

8.4 Linux 系统文件 I/O 编程

I/O 在这里不是指芯片的输入/输出引脚，而是 input 和 output 的简称，即输入和输出，从键盘获取数据输入，属于这里说的“I”，如标准 C 库函数 getchar、gets、scanf 等，而向屏幕输出数据显示信息，属于这里说的“O”，如标准库函数 putchar、puts、printf 等。

8.4.1 Linux 系统文件分类

在 Linux 系统中，一切皆文件，文件共分为 6 类，分别为：普通文件、设备文件、目录文件、链接文件、管道文件、套接字文件。

① 普通文件：也称为磁盘文件，这类文件存放在硬盘上，可以进行随机读写操作，用户大部分接触到的文件都属于这种类型的文件，如图片、电影、Word 文档、可执行文件、数据库文件等。

② 设备文件：在 Linux 系统中物理硬件也体现为一个文件，该类文件称为设备文件。但是这类文件又不同于普通文件，它在内核中体现为接口文件，通过这个接口文件，可以实现对硬

件设备进行操作，因此，对硬件设备的操作实质上就是对其设备文件进行操作。设备文件又分为字符设备和块设备两类，其中字符设备是以字节为单位进行顺序读写的设备，如打印机、鼠标、LED、按键、串口、定时器、ADC 等，而块设备是以块为基本单位、可随机读写的设备，它主要是指各类存储设备，如 SD 卡、TF 卡、硬盘、U 盘、EMMC 等。

③ 目录文件：即通常所说的文件夹，是 Linux 系统用来组织文件结构的一种特殊文件，它存储了目录中所有的文件列表信息。

④ 链接文件：类似于 Windows 系统的快捷方式文件，但是其内部实现和 Windows 系统不一样。Linux 系统的链接文件分为软链接文件和硬链接文件，但它不支持 Windows 系统下的 FATFS、NTFS 格式分区，不能在 Windows 系统分区的硬盘上创建、存在。

⑤ 管道文件：又称为先进先出（FIFO）文件，存在于 Linux 内核中，写入的数据和读出的数据顺序是相同的。管道文件就像是一根水管，一端输入数据，另一端取出数据，并且读取数据后，管道中的数据就消失了，这一点和普通文件不一样。

⑥ 套接字文件：在 Linux 系统中，套接字也可以当作文件来进行处理，主要用于不同计算机间进行网络通信，一般隐藏在/var/run/目录下。

对文件进行的操作一般有 3 个步骤：打开文件、读写文件、关闭文件，其中打开文件是第一步，为后续操作做准备。

8.4.2 Linux 系统 I/O 分类

Linux 系统按操作方式可把文件 I/O 分为非缓冲 I/O 和缓冲 I/O。在 Linux 系统中，地址空间被划分为内核空间和用户空间，这里所讲的缓冲指的是在用户空间中是否存在缓冲区。其实，不管是缓冲 I/O 还是非缓冲 I/O，在内核空间它们都是有缓冲区的，不同的只是缓冲 I/O 在用户空间也有缓冲区，而非缓冲 I/O 在用户空间没有缓冲区。

1. 非缓冲 I/O

非缓存 I/O 是指对设备文件读写操作时，数据在用户空间中没有缓冲区，直接写入内核空间缓冲区中。非缓冲 I/O 写数据的流程是：首先，用户将数据直接写入内核空间缓冲区中，等到缓冲区写满或者调用 fsync 函数强制刷新缓冲区，然后写入磁盘设备中。在 Linux 应用程序中，非缓冲 I/O 主要针对设备文件的读写操作，设备文件的数据一般都要求实时性较强，所以一般都不需要缓冲，如鼠标数据、串口数据、按键数据等都是有时效的，需要及时处理，不能被缓冲。

2. 缓冲 I/O

对于缓冲 I/O，在标准 C 库里有一套专门的读写函数，如 fread、fwrite 等。缓冲 I/O 写数据的流程是：首先用户将数据写入用户空间缓冲区，等到缓冲区写满或者调用 fflush 函数刷新缓冲区，才将数据写入内核空间缓冲区，然后等到缓冲区写满或者调用 fsync 函数强制刷新缓冲区，最后写入磁盘设备中。

当 CPU 主频与设备的主频不一致时，采用缓冲 I/O 的方式可以提高 CPU 对硬盘数据读写的效率。针对缓冲的大小，缓冲 I/O 可以分为行缓冲、全缓冲和无缓冲。

① 行缓冲：表示当遇到换行符(\n)或缓冲区满时，才会触发 I/O 操作，如标准输入函数 stdin、标准输出函数 stdout。

② 全缓冲：表示当缓冲区写满时，才会触发 I/O 操作，如对存放在硬盘上普通文件的操作一般都是全缓冲。

③ 无缓冲：表示 I/O 操作不设置缓冲功能，不对字符进行缓冲存储，如标准错误输出函数

stderr。注意这里所说的无缓冲，其实是指它的缓冲区大小被设置为 1，1 字节就不具备缓冲功能了。

注意：上面所说的 I/O 操作并不是读写磁盘，而是进行 read 或 write 函数时的系统调用。

8.4.3 Linux 系统非缓冲 I/O 操作

Linux 系统下非缓冲 I/O 操作是指通过 Linux 系统提供的一套基于文件描述符的系统调用函数，实现对文件的读写等操作。本节将介绍非缓冲 I/O 操作涉及的文件描述符、常用的系统调用函数这两个方面的内容。

1. 文件描述符

文件描述符是内核用于给进程打开文件的标识，本质上是一个非负整数，取值范围为 0～1023。当打开一个文件或创建一个新文件时，内核就会给相应的进程返回一个 0～1023 范围内最小并且未被使用过的数值作为文件描述符。Linux 系统下所有的非缓冲 I/O 的系统调用都依赖这个文件描述符。

另外，Linux 系统下任何一个进程默认情况下都会自动打开 3 个设备，分别是标准输入、标准输出、标准错误输出，其文件描述符分别是 0、1、2，所以后面打开的文件或创建的新文件所用的文件描述符就必须在这个基础上递增。内核使用 STDIN_FILENO、STDOUT_FILENO 和 STDERR_FILENO 这 3 个宏分别表示，并且这 3 个标准的文件描述符与标准 C 库实现的缓冲 I/O 中的标准输入流、标准输出流、标准错误输出流有对应的关系，如下所示：

- 文件描述符 0 与 C 库标准输入流关联；
- 文件描述符 1 与 C 库标准输出流关联；
- 文件描述符 2 与 C 库标准错误输出流关联。

2. 非缓冲 I/O 系统调用函数

Linux 系统提供的基于文件描述符的系统调用函数，可以实现文件打开、读、写、删除、关闭等操作。常用的函数有 open、creat、close、read、write、lseek、fsync、fstat、select 和 ioctl。

（1）打开、创建文件函数

```
/*
函数头文件：#include<sys/types.h>
#include<sys/stat.h>
#include<fcntl.h>
函数原型：int open(const char *pathname, int flags);
          int open(const char *pathname, int flags, mode_t mode)
          int creat(const char *pathname, mode_t mode)
函数功能：open、creat 两个函数实现文件的打开、创建。
函数形参：pathname：路径名指针。
flags：表示文件的打开方式。
    O_RDONLY：以只读的方式打开。
    O_WRONLY：以只写的方式打开。
    O_RDWR：以读写的方式打开。
    O_CREAT：如果文件不存在，则创建文件。
    O_EXCL：仅与 O_CREAT 连用，如果文件已存在，则强制 open 失败。
    O_TRUNC：如果文件存在，将文件的长度截至 0。
    O_APPEND：以追加方式打开文件，每次调用 write 函数时，文件指针先自动移到文件尾，用于多进程
              写同一个文件的情况。
    O_NONBLOCK：以非阻塞方式打开，无论有无数据读取或者等待，都会立即返回。
    O_SYNC：同步打开文件，写操作时，等待数据写入设备后才返回。
mode：表示文件的访问权限。
    S_IRWLRY：00700 权限，代表该文件所有者具有可读、可写及可执行的权限。
    S_IRUSR 或 S_IREAD：00400 权限，代表该文件所有者具有可读的权限。
    S_IWUSR 或 S_IWRITE：00200 权限，代表该文件所有者具有可写的权限。
    S_ILRYSR 或 S_IEXEC：00100 权限，代表该文件所有者具有可执行的权限。
```

```
        S_IRWXG：00070 权限，代表该文件用户组具有可读、可写及可执行的权限。
        S_IRGRP：00040 权限，代表该文件用户组具有可读的权限。
        S_IWGRP：00020 权限，代表该文件用户组具有可写的权限。
        S_IXGRP：00010 权限，代表该文件用户组具有可执行的权限。
        S_IRWXO：00007 权限，代表其他用户具有可读、可写及可执行的权限。
        S_IROTH：00004 权限，代表其他用户具有可读的权限。
        S_IWOTH：00002 权限，代表其他用户具有可写的权限。
        S_IXOTH：00001 权限，代表其他用户具有可执行的权限。
函数返回值：>0：函数调用成功，返回值为文件描述符，后面可以通过它对文件进行读、写等操作。
            -1：函数调用失败，失败原因对应的错误码会保存在系统全局变量 errno 中，具体错误描述可以使
               用 perror 函数输出。
备注：①使用 open 打开不存在的文件，在 flags 参数中必须包含 O_CREAT 选项，否则会打开失败。
      ②creat 函数等价于 open(pathname,O_CREAT|O_TRUNC|O_WRONLY,mode) 。
      ③mode 参数仅当创建新文件时才会生效，用于指定文件的访问权限，如果打开的文件已存在，则会忽略
        这个参数。
*/
```

（2）读文件 read 函数

```
/*
函数头文件：#include<unistd.h>
函数原型：ssize_t read(int fd,void *buf, size_t count);
函数功能：从 fd 关联文件当前读写指针的位置开始，读取到的数据保存至 buf 缓冲区中，最多能读取 count 个
字节，当文件数据少于要读取的数量时，read 函数只能读取到文件结束就返回，读数据成功后，文件的读写位
置指针可以形象类比为编辑器中看到的光标，会相应增加到最后成功读取到的字节后面。
函数形参：fd：表示文件描述符，是由 open 或 creat 函数打开或创建文件时的返回值。
          buf：保存数据的指针。
          count：读取数据数量。
函数返回值：>=0：读成功，数值表示成功读取的字节数，0 表示已经读到了文件末尾。
            -1：读失败，对应错误码存储在全局变量 errno 中，错误描述可以使用 perror 函数输出。
备注：无。
*/
```

（3）写文件 write 函数

```
/*
函数头文件：#include<unistd.h>
函数原型：write(int fd, const void *buf, size_t count);
函数功能：把 buf 指针所指向的数据写入以 fd 关联的文件指针开始位置的空间里，最多写入 count 个字节，当
文件暂时不可写或空间不足时，只能最多写入剩余空间的字节数量，当写入数据成功后，文件的读写位置指针
可以类比为编辑器中看到的光标，会相应增加到最后成功写入的字节后面。
函数形参：fd：表示文件描述符，是由 open 或 creat 函数打开或创建文件时的返回值。
          buf：源数据指针。
          count：保存数据数量。
函数返回值：>=0：写操作成功，数值表示成功写入的字节数，0 表示什么都没有做，当前设备不可写；
            -1：写失败，对应错误码存储在全局变量 errno 中，错误描述可以使用 perror 函数输出。
*/
```

（4）移动读写位置指针 lseek 函数

```
/*
函数头文件：#include<sys/types.h>
            #include<unistd.h>
函数原型：off_t lseek(int fd, off_t offset, int whence);
函数功能：根据 offset 和 whence 调整 fd 关联的文件当前的读写指针位置。
函数形参：fd：表示文件描述符，即 open 或 creat 函数成功调用时的返回值。
          offset：表示要调整的文件读写指针位置的偏移量，该值可正可负，与 whence 参数配合使用。
          whence：调用文件读写位置指针偏移量的参考点，决定如何使用参数 offset 的值，可取值为。
                  SEEK_SET：以文件头为参考点，最后的文件读写指针位置等于 offset 的值。
                  SEEK_CUR：以当前文件指针位置为参考点，文件读写指针位置等于当前读取指针位置
                            加上 offset 的值。
                  SEEK_END：以文件末尾为参考点，文件读写指针位置等于文件大小加上 offset 的值。
函数返回值：>=0：表示指针移动成功。
            -1：表示调用失败，对应错误码存储在全局变量 errno 中，错误描述可以使用 perror 函数输出。
备注：read、write 函数成功调用后，文件读写指针位置会发生相应的改变。如果想对前面内容进行修改或对当
前读写指针位置后的内容进行读写操作，就需要调整文件读写指针位置。
*/
```

（5）关闭文件 close 函数

```
/*
函数头文件：#include<unistd.h>
函数原型：int close(int fd);
函数功能：关闭文件描述符为 fd 的文件。
函数形参：fd：表示文件描述符，是由 open 或 creat 打开或创建文件时的返回值。
函数返回值：0：成功；-1：失败。
备注：当不想对一个文件进行操作时，可以使用 close 函数关闭它。
*/
```

3．非缓冲 I/O 编程举例

示例 1：在命令终端创建一个 1.txt 的空文件，用命令终端向 1.txt 写入 123456789，编写一个程序，实现复制 1.txt 的内容到 2.txt，再用命令终端查看 2.txt 的内容，最后用命令比较 1.txt 和 2.txt 的大小是否相同。编写代码如下所示：

```
#include<stdio.h>
#include<stdlib.h>
#include<sys/types.h>
#include<sys/stat.h>
#include<fcntl.h>
#include<errno.h>
#include<unistd.h>
int main(int argc,char **argv)
{
    char buffer[1024]={0};
    int fd_source,fd_target;
    //检测参数是否合法
    if(argc !=3)
    {
        printf("请输入%s 的格式：%s 源文件目标文件\r\n",argv[0],argv[0]);
        return 0;
    }
    //打开源文件
    fd_source=open(argv[1], O_RDONLY);
    if(fd_source<0 )
    {
        perror("open source file failed!\n");
        exit(-1);
    }
    //打开目标文件
    fd_target=creat(argv[2], 0755);        //创建文件
    //或 fd_dst=open(FILENAME2, O_WRONLY | O_CREAT);
    if(fd_target<0 )
    {
        perror("open targetfile failed!\n");
        exit(-1);
    }

    int ret=0;
    while((ret=read(fd_source, buffer, sizeof(buffer)))> 0)
    {
        ret=write(fd_target, buffer, ret);   //向目标写入数据
        if(ret<0 )
    {
        perror("write targetfile failed!\n");
        exit(-1);
        }
    }
    close(fd_source);          //退出源文件
    close(fd_target);          //退出目标文件
    return 0;
}
```

编译程序，如下所示：

```
lai@lai-machine:~/work$ gcc main.c -o main
```

运行程序，如下所示：

```
lai@lai-machine:~/work$ ./main
请输入./main 的格式：./main 源文件目标文件
```

创建测试文件，如下所示：

```
lai@lai-machine:~/work$ echo 1234567890 > 1.txt
```

传递源文件和目标文件，如下所示：

```
lai@lai-machine:~/work$ ./main 1.txt 2.txt
```

查看复制后的文件内容，如下所示：

```
lai@lai-machine:~/work$ cat 2.txt
1234567890
```

用 diff 命令比较两个文件是否相同，若没有输出则表示相同，如下所示：

```
lai@lai-machine:~/work$ cat 2.txt
1234567890
lai@lai-machine:~/work$ diff 1.txt 2.txt
lai@lai-machine:~/work$
```

示例 2：在当前文件夹下通过命令终端创建一个 1.txt 的文件，往 1.txt 里写入任意内容，编写一个程序，通过命令参数将一串字符写到 1.txt 文件内容的后面，并将内容全部打印出来。

```
#include<stdio.h>
#include<stdlib.h>
#include<string.h>
#include<sys/types.h>
#include<sys/stat.h>
#include<fcntl.h>
#include<errno.h>
#include<unistd.h>
int main(int argc,char **argv)
{
    int ret;
    char buffer[1024]={0};
    int fd_source;
    off_t offset;
    //检测参数是否合法
    if(argc !=3)
    {
        printf("请输入%s 的格式：%s 源文件一串字符\r\n",argv[0],argv[0]);
        return 0;
    }
    //以可读写方式打开源文件
    fd_source=open(argv[1], O_RDWR);
    if(fd_source<0 )
    {
        perror("open source file failed!\n");
        exit(-1);
    }
    //把文件读写指针位置移回到文件末尾位置，让后面的写操作把数据追加到文件末尾
    offset=lseek(fd_source,0,SEEK_END);
    printf("offset:%ld\r\n",offset);
    //把命令行参数传递的内容写入文件后面
    ret=write(fd_source,argv[2],strlen(argv[2]));
    if(ret<0 )
    {
        perror("write source file failed!\n");
        exit(-1);
    }
    //把文件读写指针位置移回 0 位置，否则后面的读操作无法读取到数据
    offset=lseek(fd_source,0,SEEK_SET);
    //将源文件读到 buffer
```

```
    ret=read(fd_source, buffer, sizeof(buffer)-1);
    //在 buffer 后面补 0，形成字符串
    buffer[ret]='\0';
    printf("data:%s\r\n",buffer);
    //关闭源文件
    close(fd_source);
    return 0;
}
```

编译程序，如下所示：

```
lai@lai-machine:~/work$ gcc -o main main.c
```

运行并测试程序，如下所示：

```
lai@lai-machine:~/work$ ./main
请输入./main 的格式：./main 源文件一串字符
```

创建测试文件 1.txt，并写入内容 123456789，如下所示：

```
lai@lai-machine:~/work$ echo 123456789 > 1.txt
```

按照上面的提示，正确输入 main 程序格式，并写入参数 www.dgeducation.com，如下所示：

```
lai@lai-machine:~/work$ ./main 1.txt www.dgeducation.com
offset:10
data:123456789
www.dgeducation.com
```

查看 1.txt 中的内容，测试成功，如下所示：

```
lai@lai-machine:~/work$ cat 1.txt
123456789
www.dgeducation.com
```

8.4.4 Linux 系统缓冲 I/O 操作

缓冲 I/O 操作是标准 C 库实现的一组基于文件指针的文件操作函数，常用的函数有 fopen、fread、fwrite、fseek、fclose 等。

1. 缓冲 I/O 文件指针

每打开一个文件，函数就会返回一个指针，类型是 FILE，称为文件指针。这个指针指向该文件相关的所有信息，即可以用这个指针代表这个文件，并且通过这个指针对这个打开的文件进行各种操作。

2. 缓冲 I/O 标准输入/输出

Linux 系统为每个进程预先打开了 3 个特殊文件，对应这 3 个特殊文件的指针分别为：stdin（标准输入）、stdout（标准输出）、stderr（标准错误输出），它们在头文件<stdio.h>中，使用 FILE *类型的全局文件指针进行定义。stdin 默认情况下从键盘读取输入数据，stdout 和 stderr 默认向屏幕输出数据。

3. 缓冲 I/O 常用函数

缓冲 I/O 是由标准 C 库实现的，使用时需要包含头文件#include<stdio.h>。标准 C 库中缓冲 I/O 函数较多，下面介绍几个常用的缓冲 I/O 函数。

（1）文件的打开/创建 fopen 函数

```
/*
函数原型：FILE *fopen(const char *path,const char *mode);
函数功能：以缓冲 I/O 方式打开或创建新文件。
函数形参：path：指向路径的指针；mode：模式指针。
函数返回值：调用成功，返回文件对应的 FILE*指针。
备注：在 Linux 系统中，mode 取值中的'b'表示二进制方式，可以去掉，但是为了保持与其他系统的兼容性，建议保留。特别注意的是，ab 和 a+b 为追加模式，使用该模式打开或创建的文件，不管文件读写指针位置是什么，写数据时都是将数据追加到文件末尾。
示例：FILE *fp;
    fp=fopen("a.txt", "a+b");      //追加模式，可读可写方式打开，文件不存在时会创建新文件
```

```
或 fp=fopen("b.txt", "wb");  //以只写方式打开，文件不存在时会创建新文件
或 fp=fopen("c.txt", "w+b"); //追加模式，可读可写方式打开，文件不存在时会创建新文件
*/
```

mode 用于指定文件的打开方式，其中 Y 表示支持该功能，N 表示不支持该功能，具体含义如表 8.5 所示。

表 8.5　mode 的含义

mode 取值	可读	可写	创建	截断原内容	读写位置
rb	Y	N	N	N	文件头
r+b	Y	Y	N	N	文件头
wb	N	Y	Y	Y	文件头
w+b	Y	Y	Y	Y	文件头
ab	N	Y	Y	N	文件尾
a+b	Y	Y	Y	N	文件尾

（2）读数据 fread 函数

```
/*
函数原型：size_t fread(void *ptr, size_t size, size_t nmemb, FILE *stream);
函数功能：从 stream 指向的文件当前读写位置处开始以每块 size 字节为单位，读取共 nmemb 块数据，保存到
ptr 指向的缓冲区中，成功读取数据后，文件读写位置值相应增加读取到的字节数。
函数形参：ptr：指向存放读取到的数据缓冲区首地址。
          size：指定每次读取数据块的字节数，即块大小。
          nmemb：指定本次要读取的数据块数量。
          stream：指向读取数据的文件。
函数返回值：成功时返回读取的数据块数量，如果全部读取成功，则返回值等于参数 nmemb；当返回值小于要
读取的总块数时，表示发生错误了，此时可以用 feof 和 ferror 函数来检测发生了什么错误。
*/
```

（3）写数据 fwrite 函数

```
/*
函数原型：size_t fwrite(const void *ptr, size_t size, size_t nmemb, FILE *stream);
函数功能：把 ptr 指向的内存数据以每块 size 字节，共 nmemb 块写入 stream 指向的文件，从文件当前读写位置
处开始写入，即以追加模式固定在文件尾部写入，成功写入后，文件读写位置值相应增加写入的字节数。
函数形参：ptr：指向存放等待写入文件的数据缓冲区首地址。
          size：指定每次写入数据块的字节数，即块大小。
          nmemb：指定本次要写入的数据块数量，每块大小由 size 参数决定。
          stream：指向写入数据的文件。
函数返回值：成功时返回写入的数据块数量，如果全部写入成功，则返回值等于参数 nmemb 的值；当返回值小
于要写入的总块数时，表示发生了错误。
*/
```

（4）移动文件读写位置 fseek 函数

```
/*
函数原型：int fseek(FILE *stream, long offset, int whence);
函数功能：根据 offset 和 whence 调整 stream 关联文件当前的读写指针位置
函数形参：stream：文件数据指针，即 fopen 函数成功调用时的返回值。
          offset：要调整的读写指针位置偏移量，可正可负，与 whence 配合使用确定位置。
          whence：调用文件读写位置指针偏移量的参考点，配合 offset 使用，可取值为。
                  SEEK_SET：以文件头为参考点，最后的文件读写指针位置等于 offset。
                  SEEK_CUR：以当前文件读写指针位置为参考点，最后的文件读写指针位置等于当前读
                            取指针位置加上 offset 的值。
                  SEEK_END：以文件末尾为参考点，最后的文件读写位置等于文件大小加上 offset 的值。
函数返回值：-1：函数调用失败，错误码存储在全局变量 errno 中，错误描述可以使用 perror 函数输出。
            0：调用成功，该函数与 lseek 函数的返回值不相同，并不返回调整后的文件读写位置。
备注：fread、fwrite 函数成功调用后，文件读写指针位置会发生变化，如果想对前面内容进行修改或对当前读
写指针位置后的内容进行读写，就需要调整文件读写指针位置的值，标准 C 库提供 fseek 函数来实现这个功能。
*/
```

（5）获取当前读写位置 ftell 函数

```
/*
函数原型：long ftell(FILE *stream);
函数功能：获取 stream 文件当前读写指针位置值。
```

```
函数形参：stream：源文件指针。
函数返回值：>=0：获取文件读写指针位置值成功，具体值就是当前文件读写指针的位置。
            -1：调用失败，对应错误码存储在全局变量 errno 中，错误描述可以使用 perror 函数输出。
备注：结合 fseek 和 ftell 函数可以间接获得文件大小。
示例：fseek(stream, 0,SEEK_END);
      size=ftell(stream)//位置等于字节数
*/
```

（6）判断文件结尾 feof 函数

```
/*
函数原型：int feof(FILE * stream);
函数功能：检查文件流是否读到了文件尾，当调用 fread 函数读取数据，返回要读取的块数量时，有可能到文
          件末尾，也有可能发生错误未到文件末尾，此时需要使用这个函数来检测是否是已达到文件末尾而
          导致函数返回的。
函数形参：stream：源文件指针。
函数返回值：返回非零值表示已到达文件末尾。
*/
```

（7）格式化读 fscanf 函数

```
/*
函数原型：int fscanf(FILE *stream, const char *format, ...);
函数功能：从一个文件流中执行格式化输入，fscanf 函数遇到空格和换行时结束。注意空格时也结束，这与 fgets
函数有区别，fgets 函数遇到空格不结束。
函数形参：stream：一个 FILE 型的指针。
          format：char 型指针，输出格式，和 printf 函数的参数一样。
函数返回值：正数：表示成功返回参数数目，注意不是字节数。
            -1：表示失败，错误原因保存在 errno 变量中。
*/
```

（8）格式化写 fprintf 函数

```
/*
函数原型：int fprintf(FILE *stream, const char *format, ...);
函数功能：格式化数据输出到一个 stream 指向的文件。
函数形参：stream：一个 FILE 型的指针。
          format：char 型指针，输出格式，和 printf 函数的参数一样。
函数返回值：正数：成功格式化的字节数。
            负数：格式化转换失败。
*/
```

（9）文件关闭 fclose 函数

```
/*
函数原型：int fclose(FILE *stream);
函数功能：关闭 stream 指向的文件。
函数形参：stream：源文件指针。
函数返回值：0：关闭成功。
            EOF：关闭失败，这是一个负值，错误码存储在 errno 变量中。
*/
```

示例 1：文件块读写函数测试，使用 fread、fwrite 函数实现文件复制功能，如下所示：

```
#include<stdio.h>
#include<stdlib.h>
#include<errno.h>
int main(int argc,char **argv)
{
    int ret=0;
    char buffer[1024]={0};
    FILE* fd_source,*fd_target;
    //检测参数是否合法
    if(argc !=3)
    {
        printf("请输入%s 的格式：%s 源文件目标文件\r\n",argv[0],argv[0]);
        return 0;
    }

    //打开源文件
    fd_source=fopen(argv[1], "rb");
```

```
    if(fd_source==NULL )
    {
        perror("open source file failed!\n");
        exit(-1);
    }
    //创建文件
    fd_target=fopen(argv[2], "wb");
    if(fd_target==NULL )
    {
        perror("open dest file failed!\n");
        exit(-1);
    }
    while(feof(fd_source)==0)
    {
        ret=fread(buffer,1,sizeof(buffer),fd_source);
        if(ret<0 )
        {
            perror("freaddest file failed!\n");
            exit(-1);
        }

        ret=fwrite(buffer,1,ret,fd_target);
        if(ret<0 )
        {
            perror("fwritedest file failed!\n");
            exit(-1);
        }
    }
    //关闭源文件、目标文件
    fclose(fd_source);
    fclose(fd_target);
    return 0;
}
```

编译程序，如下所示：

```
lai@lai-machine:~/work$ gcc -o main main.c
```

运行程序，如下所示：

```
lai@lai-machine:~/work$ ./main
请输入./main 的格式：./main 源文件目标文件
```

查看测试用的源文件 testfile.exe，如下所示：

```
lai@lai-machine:~/work$ ls -hs
总用量 5.2M
 12K main    4.0Kmain.c    4.0K project_1    5.1M testfile.exe
```

按照上面所提供的格式，使用正确的参数传递，运行 main 程序，如下所示：

```
lai@lai-machine:~/work$ ./main testfile.exe testfile-new.exe
```

查看运行程序后的信息，如下所示：

```
lai@lai-machine:~/work$ ls -hs
总用量 11M
 12K main        4.0K project_1        5.1M testfile-new.exe
4.0K main.c    5.1M testfile.exe
```

使用 diff 命令，测试 testfile.exe 与复制的 testfile-new.exe 是否相同，如下所示：

```
lai@lai-machine:~/work$ diff testfile.exe testfile-new.exe
```

没有输出，表示相同，测试成功。

示例 2：打开一个文件，写入一段数据，然后将指针移到开头，将所有数据显示到命令终端上，如下所示：

```
#include<stdio.h>
#include<stdlib.h>
#include<string.h>
#include<errno.h>
int main(int argc,char **argv)
```

```
{
    int ret;
    char buffer[1024]={0};
    FILE* fd_source;
    //检测参数是否合法
    if(argc !=3){
        printf("请输入%s 的格式：%s 源文件一串字符\r\n",argv[0],argv[0]);
        return 0;
    }
    //可读可写方式打开源文件
    fd_source=fopen(argv[1], "r+b");
    if(fd_source==NULL )
    {
        perror("open source file failed!\n");
        exit(-1);
    }
    //将指针位置移到最后
    ret=fseek(fd_source,0,SEEK_END);
    if(ret<0 )
    {
        perror("fseek file failed!\n");
        exit(-1);
    }
    //把命令行参数传递的内容写在文件后面
    ret=fwrite(argv[2],1,strlen(argv[2]),fd_source);
    if(ret<0 )
    {
        perror("write target file failed!\n");
        exit(-1);
    }
    ret=fseek(fd_source,0,SEEK_SET);
    ret=fread(buffer,1,sizeof(buffer)-1,fd_source);
    buffer[ret]='\0';
    if(ret<0 )
    {
        perror("read source file failed!\n");
        exit(-1);
    }
    printf("data:%s\r\n",buffer);
    fclose(fd_source);
    return 0;
}
```

编译程序，如下所示：

```
lai@lai-machine:~/work$ gcc -o main main.c
```

直接运行程序，如下所示：

```
lai@lai-machine:~/work$ ./main
请输入./main 的格式：./main 源文件一串字符
```

创建测试文件 1.txt，内容为 123abc，如下所示：

```
lai@lai-machine:~/work$ echo 123abc > 1.txt
```

正确运行 main，传递参数 1.txt 及写入 www.dgeducation.com，如下所示：

```
lai@lai-machine:~/work$ ./main 1.txt www.dgeducation.com
data:123abc
www.dgeducation.com
```

查看 1.txt 的内容，测试成功，如下所示：

```
lai@lai-machine:~/work$ cat 1.txt
123abc
www.dgeducation.com
```

示例 3：使用 fscanf 函数从特定数据格式的文件中读取内容至内存变量，即先新建立数据文件 testdata.in，在其中按键特定格式下输入内容，如下所示：

```
aodi   444.44
benchi   888.88
baoma   999.99
```

main 函数代码如下所示：

```
#include<stdio.h>
#include<stdlib.h>
int main(void)
{
    int ret=0;
    char memory_name[100]={0};
    double car_price;
    FILE* stream;
    stream=fopen("data.in", "r");
    if(!stream)
    {
        perror("data.in fopen error!!");
        return -1;
    }
    while(feof(stream)==0)
    {
        ret=fscanf(stream, "%s%lf\n",memory_name,&car_price);
        printf("ret:%d\r\n",ret);
        printf("memory_name:%s,car_price:%0.2lf\r\n",memory_name,car_price);
    }
    fclose(stream);
    return 0;
}
```

编译程序，如下所示：

```
lai@lai-machine:~/work$ gcc -o main main.c
```

运行 main，符合预期结果，如下所示：

```
lai@lai-machine:~/work$ ./main
ret:2
memory_name:aodi,car_price:444.44
ret:2
memory_name:benchi,car_price:888.88
ret:2
memory_name:baoma,car_price:999.99
```

示例 4：使用 fprintf 函数格式化数据输出到文件，如下所示：

```
#include<stdio.h>
#include<stdlib.h>
int main(void)
{
    int ret;
    int i=10;
    double fp=1.5;
    char *s="this is a string";
    char c='\n';
    FILE* stream;
    stream=fopen("fprintf.out", "w");
    if(!stream)
    {
        perror("fopen");
        return -1;
    }
    ret=fprintf(stream, "%s%c", s, c);
    printf("ret=%d\r\n",ret);
    ret=fprintf(stream, "%d\n", i);
    printf("ret=%d\r\n",ret);
    ret=fprintf(stream, "%f\n", fp);
    printf("ret=%d\r\n",ret);
    fclose(stream);
    return 0;
}
```

编译、运行程序，如下所示：

```
lai@lai-machine:~/work$ gcc -o main main.c
lai@lai-machine:~/work$ ./main
ret=17      //这个长度是“%s%c”对应字符串的长度
ret=3       //这个长度是“%d\n”对应字符串的长度
ret=9       //这个长度是“%f\n”对应字符串的长度
```

8.4.5 Linux 系统文件信息获取

Linux 系统提供了获得文件类型、权限、修改时间等信息相关的 API 函数。

1．stat 函数

```
/*
函数头文件：#include<sys/stat.h>
#include<unistd.h>
函数原型：int stat(const char *file_name, struct stat *buf);
函数功能：通过文件名获取文件信息，并保存在 buf 所指的结构体 stat 中。
函数形参：file_name：文件名指针；buf：结构体类型指针。
函数返回值：0：表示执行成功；-1：表示执行失败，错误码存于 errno 变量中。
备注：参数 buf 结构体类型 struct stat 说明如下：
struct stat {
        dev_t st_dev;               //文件的设备编号
        in o_t st_ino;              //节点
        mode_t st_mode;             //文件的类型和存取权限
        nlink_t st_nlink;           //连接到该文件的数目，刚建立的文件值为 1
        uid_t st_uid;               //用户 ID
        gid_t st_gid;               //组 ID
        dev_t st_rdev;              //(设备类型)若此文件为设备文件，则为其设备编号
        off_t st_size;              //文件字节数(文件大小)
        unsigned long st_blksize;           //块大小(文件系统的 I/O 缓冲区大小)
        unsigned long st_blocks;            //块数
        time_t st_atime;            //最后一次访问时间
        time_t st_mtime;            //最后一次修改时间
        time_t st_ctime;            //最后一次改变时间(指属性)
};
*/
```

2．access 函数

```
/*
函数头文件：#include<unistd.h>
函数原型：int access(const char *pathname，int mode);
函数功能：Linux 系统中不同用户对同一文件，会有不同的操作权限，access 函数可检测当前用户，即运行这个程序的用户，对某个文件是否有某种权限。
函数形参：pathname：要检测的文件名（带路径）。
          mode：要检测的权限，可以是以下宏：
                R_OK：读权限；W_OK：写权限；
                X_OK：执行权限；F_OK：可测试文件是否存在。
函数返回值：0：有相应的权限；-1：没有相应的权限。
*/
```

示例 1：stat 函数应用示例，如下所示：

```
#include<sys/types.h>
#include<sys/stat.h>
#include<time.h>
#include<stdio.h>
#include<stdlib.h>
int main(int argc, char *argv[])
{
        struct stat sb;
        if(argc !=2)
        {
              fprintf(stderr, "格式用法: %s  带路径文件名\n", argv[0]);
              return -1;
        }
        if(stat(argv[1], &sb)==-1)
```

```
    {
        perror("stat error!!!");
        return -1;
    }
    printf("File type:                    ");
    switch(sb.st_mode& S_IFMT)
    {
        case S_IFBLK:   printf("block device\n");          break;
        case S_IFCHR:   printf("character device\n");      break;
        case S_IFDIR:   printf("directory\n");             break;
        case S_IFIFO:   printf("FIFO/pipe\n");             break;
        case S_IFLNK:   printf("symlink\n");               break;
        case S_IFREG:   printf("regular file\n");          break;
        case S_IFSOCK: printf("socket\n");                 break;
        default:        printf("unknown?\n");              break;
    }
    printf("I-node number:              %ld\n",(long)sb.st_ino);
    printf("Mode:                       %lo(octal)\n",(unsigned long)sb.st_mode);
    printf("Link count:                 %ld\n",(long)sb.st_nlink);
    printf("Ownership:                  UID=%ld     GID=%ld\n",(long)sb.st_uid,(long)sb.st_gid);
    printf("PreferredI/Oblock size: %ld bytes\n",(long)sb.st_blksize);
    printf("File size:                  %lld bytes\n",(long long)sb.st_size);
    printf("Blocks allocated:           %lld\n",(long long)sb.st_blocks);
    printf("Last status change:         %s", ctime(&sb.st_ctime));
    printf("Last file access:           %s", ctime(&sb.st_atime));
    printf("Last file modification:     %s", ctime(&sb.st_mtime));
    return 0;
}
```

编译程序，如下所示：

```
lai@lai-machine:~/work$ gcc -o main main.c
```

直接运行程序，由于不符合用法，则会提示使用方法，如下所示：

```
lai@lai-machine:~/work$ ./main
格式用法: ./main 带路径文件名
```

正确传递参数，运行 main 函数，可以查看当前 main.c 的文件信息，如下所示：

```
lai@lai-machine:~/work$ ./main main.c
File type:                regular file
I-node number:            817659
Mode:                     100664(octal)
Link count:               1
Ownership:                UID=1000     GID=1000
PreferredI/Oblock size:   4096 bytes
File size:                1644 bytes
Blocks allocated:         8
Last status change:       Thu Aug 19 08:49:26 2021
Last file access:         Thu Aug 19 08:49:46 2021
Last file modification:   Thu Aug 19 08:49:26 2021
```

示例 2：使用 access 函数实现当前用户对指定文件的权限，如下所示：

```
#include<unistd.h>
#include<stdio.h>
void permission(char *filename);
int main(int argc, char *argv[])
{
        permission(argv[1]);
        return 0;
}
void permission(char *filename)
{
        if(access(filename, F_OK)==0)//判断文件是否存在
        {
            if(access(filename, R_OK)==0) //是否有读权限
                printf("r");
```

```
            else
                printf("-");
            if(access(filename, W_OK)==0) //是否有写权限
                printf("w");
            else
                printf("-");
            if(access(filename, X_OK)==0)   //是否有执行权限
                printf("x");
            else
                printf("-");                    //否则无权限
        }
        else
            printf("file not exist!\n");
            printf("\n");
}
```

编译程序，如下所示：

```
lai@lai-machine:~/work$ gcc -o main main.c
```

使用 ls 命令查看/etc/shadow 文件权限，如下所示：

```
lai@lai-machine:~/work$ ls -l /etc/shadow
-rw-r----- 1 root shadow 1394 8 月    15 09:54 /etc/shadow
```

运行程序，查看当前用户对文件 shadow 拥有的权限，如下所示：

```
lai@lai-machine:~/work$ ./main /etc/shadow
---
```

使用 ls 命令查看当前目录下 main.c 文件的权限，如下所示：

```
lai@lai-machine:~/work$ ls -l main.c
-rw-rw-r-- 1lailai 582 8 月    19 09:05 main.c
```

运行程序查看当前目录下 main.c 文件的权限，如下所示：

```
lai@lai-machine:~/work$ ./main main.c
rw-
```

对比分析结果，不难理解 access 函数确实可以检测当前用户对指定文件拥有的操作权限。

8.4.6 Linux 系统目录操作

Linux 系统目录操作相关的函数包括 getcwd、chdir、chmod、mkdir、rmdir、opendir、readdir、rewinddir、closedir 等 API 函数，这些函数相关的头文件包含：

```
#include<sys/stat.h>
#include<sys/types.h>
#include<unistd.h>
```

1. 获取当前工作目录 getcwd 函数

```
/*
函数原型：char *getcwd(char *buf, size_t size);
函数功能：获得当前工作目录的绝对路径，保存到 buf 所指的内存空间。
函数参数：buf：存放工作路径缓冲区指针；size：size 为 buf 的空间大小。
函数返回值：成功，则返回当前工作目录字符串指针；失败，返回 NULL。
备注：
    （1）buf 的补充说明：
    ①buf 所指的内存空间要足够大，当前路径被复制到 buf 中；
    ②当前工作目录绝对路径的字符串长度超过参数 size 的大小，返回 NULL，errno 变量的值则为 ERANGE；
    ③buf 为 NULL，getcwd 函数会根据参数 size 的大小自动配置内存，其中使用 malloc 函数；
    ④buf、size 都为 0，则 getcwd 函数会根据实际路径占用大小自动分配内存空间，进程可以在使用完此字符串后自动利用 free 函数来释放此空间，所以常用的形式为：getcwd(NULL, 0);
    （2）在某些类 UNIX 系统中，如果任何父目录没有设定可读权限，getcwd 函数可能返回 NULL。
*/
```

2. 获取目录 chdir 函数

```
/*
函数原型：int chdir(const char *path);
函数功能：用来将当前的工作目录变成以参数 path 所指的目录
函数参数：path：新工作路径。
```

```
函数返回值：0：成功；-1：失败，并且把失败错误码保存在 errno 变量中。
示例：
    #include<unistd.h>
    #include<stdio.h>
    int main(void)
    {
        chdir("/tmp");
        printf("当前工作目录: %s\n",getcwd(NULL,0));
        return 0;
    }
*/
```

3．改变目录或文件的访问权限 chmod 函数

```
/*
函数原型：int chmod(const char* path, mode_t mode);
函数功能：修改一个目录或文件的访问权限。
函数参数：path：目录或文件路径字符串指针。
          mode：使用数字表示的权限值，如 0777。
函数返回值：0：成功；-1：失败。
```

4．创建目录 mkdir 函数

```
/*
函数原型：int mkdir(const char *pathname, mode_t mode);
函数功能：创建一个指定权限的目录。
函数参数：pathname：要创建的目录路径，可以是相对路径，也可以是绝对路径。
          mode：用来设置创建的文件夹权限值，最终创建的文件夹权限是 mode & ~umask。
函数返回值：0：表示创建文件夹成功。
            -1：创建文件夹失败，错误码保存在 errno 变量中，使用 perror 函数以输出出错描述。
*/
```

5．删除目录 rmdir 函数

```
/*
函数原型：int rmdir(const char *pathname);
函数功能：删除目录。
函数参数：pathname：要删除的目录路径，可以是相对路径，也可以是绝对路径。
函数返回值：0：删除文件夹成功。
            -1：删除文件夹失败，错误码保存在 errno 变量中，使用 perror 函数以输出出错描述。
*/
```

6．打开目录 opendir 函数

```
/*
函数原型：DIR *opendir(const char *name);
函数功能：打开一个目录，打开成功返回目录结构指针。
函数参数：name：要打开的目录路径，可以是相对路径，也可以是绝对路径。
函数返回值：非 NULL：成功打开的目录结构指针，通过它可以获取存储在该目录下的文件信息。
            NULL：打开失败，错误码保存在 errno 变量中，使用 perror 函数以输出出错描述。
*/
```

7．读取目录信息 readdir 函数

```
/*
函数原型：struct dirent *readdir(DIR *dir);
函数功能：读取已经打开的目录信息。
函数参数：dir：已打开的目录结构指针。
函数返回值：NULL：读取目录信息失败，表示该目录下所有文件已经读取完成。
            非 NULL：读取到该目录下的一个文件信息。
备注：返回值类型结构如下所示：
    struct dirent
    {
        ino_td_ino;
        off_t d_off;
        unsigned short d_reclen;        //这个成员并不表示当前文件名的实际长度，一般不使用这个成员
        unsigned char   d_type;         //文件类型
        char d_name[256];               //文件名
    };
其中，它的常用成员含义如下：
d_name：记录当前文件的文件名。
```

```
d_type：指示当前文件的类型，系统为每种类型都规定好对应的值，类型定义如下：
        DT_BLK，块设备文件；DT_CHR，字符设备文件；DT_DIR，目录文件；DT_FIFO，管道（FIFO）
        文件；DT_LNK，链接文件；DT_REG，常规文件；DT_SOCK，UNIX 域套接字文件；DT_UNKNOWN，
        文件类型未知。
*/
```

8．关闭目录 closedir 函数

```
/*
函数原型：int closedir(DIR *dir);
函数功能：关闭打开的目录。
函数参数：dir：要关闭的目录结构指针。
函数返回值：0：关闭目录成功。
        -1：关闭目录失败，错误码存储在 errno 变量中，具体错误描述可通过 perror 函数输出。
*/
```

读取目录文件内容的步骤如下：

① 用 opendir 函数打开目录；

② 用 readdir 函数循环读取目录的内容，直到返回 NULL，表示目录下文件已经遍历完成；

③ 用 closedir 函数关闭目录。

下面用编程示例演示 Linux 系统目录操作。

示例 1：遍历单层目录所有文件，通过参数指定要遍历的目录，如果不指定，则默认遍历当前目录，代码如下所示：

```
#include<stdio.h>
#include<stdlib.h>
#include<sys/types.h>
#include<dirent.h>
void check_file_type(int d_type);
int main(int argc,char **argv)
{
    DIR *target_dir;
    struct dirent* target_dir_info;
    if(argc<2)
    {
        target_dir=opendir(".");//打开当前目录
    }
    else if(argc==2)
    {
        target_dir=opendir(argv[1]);
    }
    else
    {
        printf("格式:%s 目录路径\r\n",argv[0]);//打开自定义目录
        return 0;
    }
    if(target_dir==NULL)
    {
        perror("opendirfail!!!");//打开目录失败
        return -1;
    }
    while((target_dir_info=readdir(target_dir))!=NULL)
    {
        printf("%-20s ",target_dir_info->d_name);
        check_file_type(target_dir_info->d_type);
        printf("\r\n");
    }
    return 0;
}
void check_file_type(int d_type)
{
    switch(d_type)
    {
```

```
            case    DT_BLK:printf("该文件是块设备文件!");    break;
            case    DT_CHR:printf("该文件是字符设备文件!");break;
            case    DT_DIR:printf("该文件是目录文件!");      break;
            case    DT_FIFO:printf("该文件是管道文件!");     break;
            case    DT_LNK:printf("该文件是链接文件!");      break;
            case    DT_REG:printf("该文件是常规文件!");      break;
            case    DT_SOCK:printf("该文件是套接字文件!"); break;
            default:printf("该文件未知文件类型!");           break;
        }
}
```

编译程序，如下所示：

```
lai@lai-machine:~/work$ gcc -o main main.c
```

运行、测试程序，遍历当前目录内容，如下所示：

```
lai@lai-machine:~/work$ ./main
project_1                  该文件是目录文件!
main.c 该文件是常规文件!
.                          该文件是目录文件!
..                         该文件是目录文件!
main                       该文件是常规文件!
```

运行、测试程序，遍历/bin/下面所有的内容，程序测试成功，如下所示：

```
lai@lai-machine:~/work$ ./main /bin/
which                      该文件是常规文件!
ls                         该文件是常规文件!
...
systemd 该文件是链接文件!
.                          该文件是目录文件!
...
domainname 该文件是链接文件!
mv                         该文件是常规文件!
...
```

示例 2：以树形结构输出指定目录下的所有文件，如下所示：

```
#include<stdio.h>
#include<stdlib.h>
#include<string.h>
#include<dirent.h>
#include<unistd.h>
#include<sys/stat.h>
void print_dir_file(const char * dir, int depth)
{
    struct dirent * dir_info;
    struct stat sbuf;
    DIR * pdir=opendir(dir);
    if(pdir==NULL)
    {
        fprintf(stderr, "cannot open directory: %s\n", dir);
        return;
    }
    chdir(dir);
    while((dir_info=readdir(pdir))!=NULL)
    {
        stat(dir_info->d_name, &sbuf);
        if(S_ISDIR(sbuf.st_mode))
        {
            if(strcmp(".", dir_info->d_name)==0 || strcmp("..", dir_info->d_name)==0)
            {
                continue;
            }
        printf("%*s%s/\n", depth+2, " ├──", dir_info->d_name);
        print_dir_file(dir_info->d_name, depth + 4);
        }
        else
```

```
            {
                printf("%*s%s\n", depth, "", dir_info->d_name);
            }
        }
chdir("..");
closedir(pdir);
}
int main(int argc, char ** argv)
{
    const char * dir_path;
    if(argc<2)
    {
        dir_path="./";
    }
    else
    {
        dir_path=argv[1];
    }
    print_dir_file(dir_path, 0);
    return 0;
}
```

编译程序，如下所示：

```
lai@lai-machine:~/work/project_1/src$ gcc -o main main.c
```

运行程序，查看当前目录文件，如下所示：

```
lai@lai-machine:~/work/project_1/src$ ./main
main.c
add.c
sub.o
sub.c
add.o
main
main.o
Makefile
```

运行程序，查看上一层目录的目录，如下所示：

```
lai@lai-machine:~/work/project_1/src$ ./main ..
 ├─include/
sub.h
add.h
 ├─src/
main.c
add.c
sub.o
sub.c
add.o
    main
main.o
Makefile
```

8.4.7 Linux 系统时间和日期相关函数

在 Linux 系统中，日历时间是从 1970 年 1 月 1 日 00:00:00 到现在所经过的秒数，系统中用 time_t 数据类型来表示，并提供了获得本机当前日历时间的函数。在时间表示上分为格林尼治时间和本地时间，其中格林尼治时间即国际标准时间，而本地时区的时间指的是哪个时区的时间，全球分为 24 个时区，中国是东 8 区。

```
/*
函数头文件：#include<time.h>
函数原型：time_t time(time_t *t);
          struct tm *gmtime(const time_t *timep);
          struct tm *localtime(const time_t *timep);
函数功能：time：获取当前日历时间，即从 1970 年 1 月 1 日 00:00:00 到现在所经过的秒数。
```

```
            gmtime：将日历时间转换为格林尼治时间（世界标准时间）。
            localtime：将日历时间转换为本地时间。
函数参数：t：现在时间；                time_t：日历时间。
函数返回值：time：返回从 1970 年 1 月 1 日 00:00:00 到现在所经过的秒数。
            gmtime：返回格林尼治时间格式的时间。
            localtime：返回本地时间。
备注：结构体类型成员如下所示：
    struct tm
    {
            int tm_sec;      //秒，范围为 0~59
            int tm_min;      //分，范围为 0~59
            int tm_hour;     //时，范围为 0~23
            int tm_mday;     //日，范围为 1~31
            int tm_mon;      //月，范围为 0~11
            int tm_year;     //从 1900 年算起至今的年数
            int tm_wday;     //星期，从星期一算起，范围为 0~6
            int tm_yday;     //一年第几天
            int tm_isdst;    //是否为夏令时，1 表示夏令时，0 表示非夏令时，-1 表示不确定
    };
*/
```

示例：读取当前系统时间并转换为格林尼治时间和本地时间输出，代码如下所示：

```
#include<stdio.h>
#include<time.h>
int main(void)
{
    const char *wday[]={"Sunday", "Monday", "Tuesday", "Wednesday", "Thursday", "Friday", "Saturday"};
    time_t   tv=time(NULL);          //获取系统当前日历时间
    printf("日历时间是: %lu\n", tv);
    struct tm   *ptm=gmtime(&tv);    //将日历时间转换为格林尼治时间（世界标准时间）
    printf("国际时间:%4d-%d-%d %s %d:%d:%d \n", 1900+ ptm->tm_year, 1+ ptm->tm_mon,
            ptm->tm_mday, wday[ptm->tm_wday],ptm->tm_hour,ptm->tm_min, ptm->tm_sec);
    ptm=localtime(&tv);              //将日历时间转换为本地时间
    printf("北京时间:%4d-%d-%d %s %d:%d:%d\n", 1900+ ptm->tm_year, 1+ ptm->tm_mon,
            ptm->tm_mday, wday[ptm->tm_wday],ptm->tm_hour, ptm->tm_min, ptm->tm_sec);
    return 0;
}
```

程序说明：由于 struct tm 结构中，年是从 1900 年开始计算的，因此要显示完整的年份需要加 1900；而月份的下标是从 0 开始计算的，所以加 1；中国是东 8 区，所以显示的本地时间比国际标准时间多 8 小时。

编译程序，运行测试正常，如下所示：

```
lai@lai-machine:~/work/project_1$ gcc -o main main.c
lai@lai-machine:~/work/project_1$ ./main
日历时间是: 1629380502
国际时间:2021-8-19 Thursday 13:41:42
北京时间:2021-8-19 Thursday 21:41:42
```

思考题及习题

8.1　C 语言从源码到可执行文件需要经历哪 4 个相互关联的步骤？

8.2　写出 Makefile 文件格式。

8.3　总结缓冲 I/O 和非缓冲 I/O 的特点。

8.4　统计一级深度目录的所有文件大小，目录名通过运行程序时在命令行传入。

第 9 章　嵌入式 Linux RK3399 开发环境构建

9.1　RK3399 开发环境及系统烧写

RK3399 是瑞芯微（Rockchip）公司产品线中性能最高的芯片之一，该芯片采用先进的核心架构，并采用双核 Cortex-A72、4 核 Cortex-A53 共 6 核结构，采用新一代高端图像处理器，集成了较多的带宽压缩技术，并支持较多的图形和计算接口。

9.1.1　RK3399 开发板平台介绍

1．开发平台配件说明

本章采用基于 RK3399 的开发板平台（有需要的读者，可联系本书作者），该平台主要包括以下配件：RK3399 主板 1 块、7 英寸屏 1 块、USB 转串口模块及排线 1 个、100M/1000M 以太网线缆 1 根、Type-C 数据线 1 根、12V/2A 电源适配器 1 个、16GB TF 卡 1 张、读卡器 1 个。

2．开机运行开发板

确认主板配件连接无误后，将电源适配器插入带电的插座上，电源线接口插入开发板，长按电源键 3s 后开机，LCD 屏将点亮。

9.1.2　USB 升级固件

本节主要介绍如何将计算机的固件通过 Type-C 数据线，烧写到开发板的 eMMC 中。升级时，需要根据主机操作系统和固件类型来选择合适的升级方式。

1．准备工作

（1）硬件

① RK3399 开发板套件；

② USB 转串口线，连接开发板和计算机；

③ Type-C 数据线，连接开发板和计算机。

（2）软件

软件主要是待下载的出厂系统固件。

其中，固件一般分为两种：一种是单个统一固件，如 update.img，它将启动加载器、参数和所有分区镜像都打包到一起，用于固件发布；另一种是多个分区固件，如 kernel.img、boot.img、rootfs.img 等，这些镜像文件都是在开发阶段生成的。

2．系统烧写

（1）安装 RK USB 驱动

烧写 RK 系列产品的固件，需要用到以下两种工具：

① 量产工具 RKBatchTool，用于烧写统一固件；

② 开发者工具 RKDevelopTool，可单独烧写各分区固件。

后来，瑞芯微公司发布了 AndroidTool 工具，在可单独烧写各分区固件的 RKDevelopTool 基础上增加了对烧写统一固件（update.img）的支持，因此现在仅需要这个工具即可。

安装 RK USB 驱动的步骤：首先解压 Release_DriverAssistant.zip，然后运行其中的

DriverInstall.exe，为了使所有设备都使用最新的驱动，单击“驱动卸载”按钮，如图 9.1 所示。

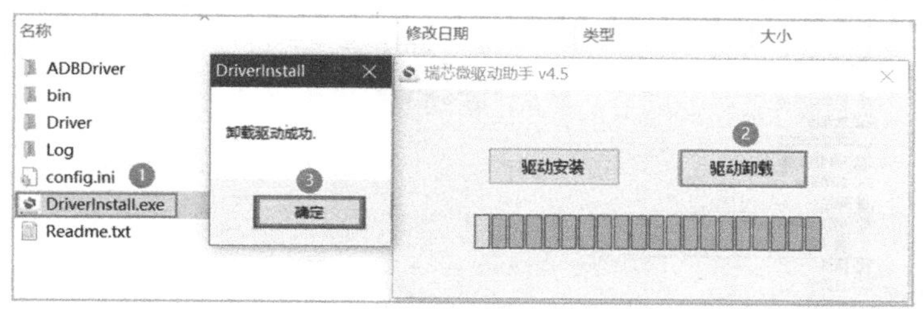

图 9.1　RK USB 驱动卸载

然后单击“驱动安装”按钮，如图 9.2 所示。

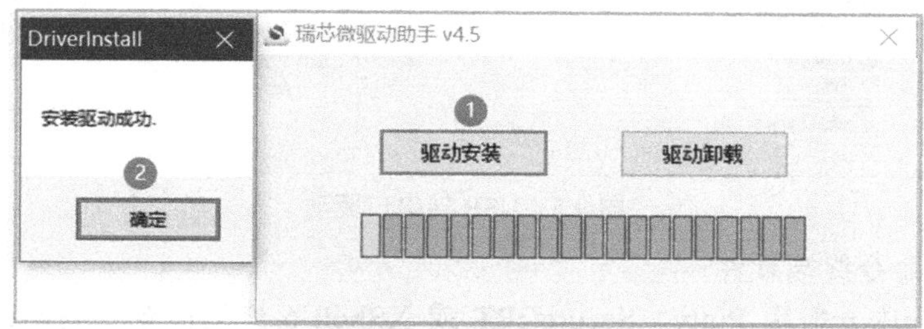

图 9.2　RK USB 驱动安装

（2）安装 USB 转串口驱动

① CH340 驱动下载

用户可根据自己使用的 USB 转串口芯片型号下载相应驱动程序并安装到 Windows 系统。CH340 驱动可到官网上下载，下载界面如图 9.3 所示。

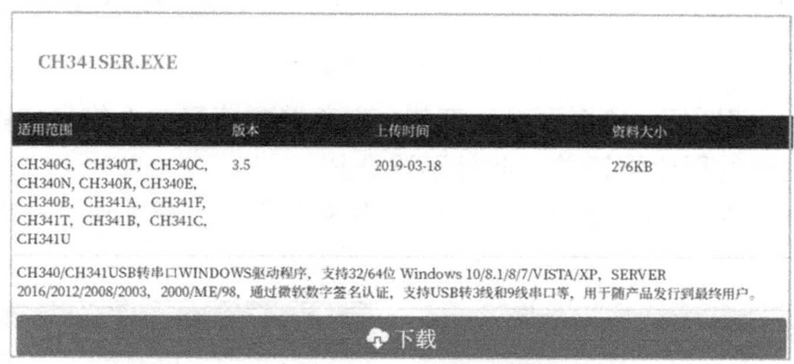

图 9.3　CH340 驱动下载界面

② CH340 驱动安装

双击下载的驱动软件，单击“安装”按钮，如图 9.4 所示。

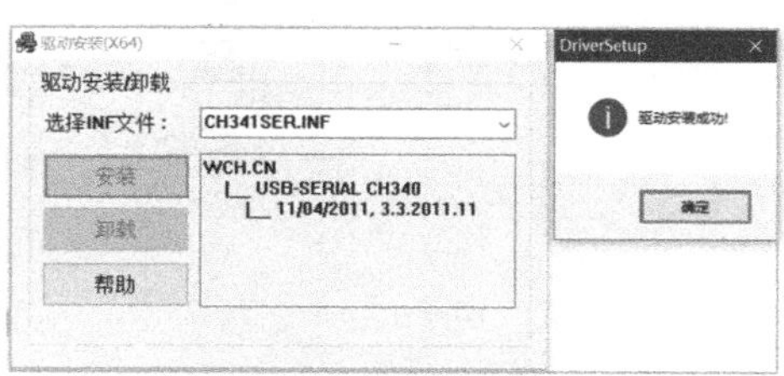

图 9.4　CH340 驱动安装界面

插入适配器后，系统会提示发现新硬件并初始化。可以在“设备管理器”找到对应的 COM 端口，如图 9.5 所示。

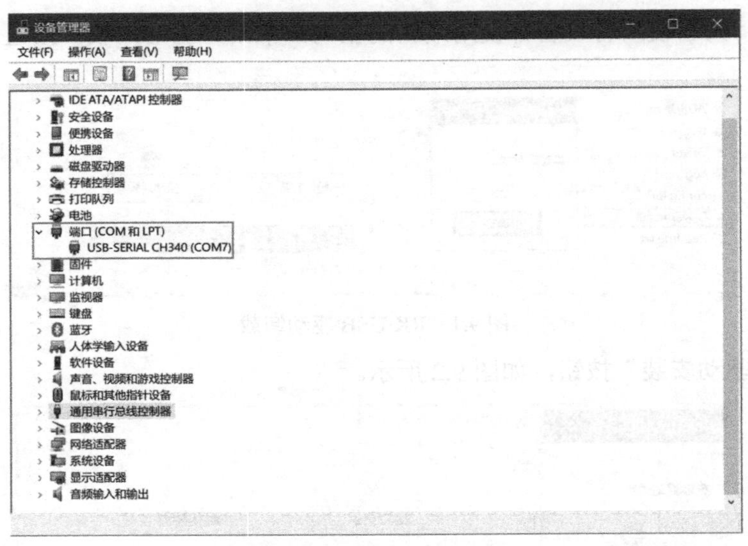

图 9.5 USB 转串口驱动

③ 安装串口命令终端软件

Windows 系统中一般用 Putty、SecureCRT 或 XShell 6 作为命令终端调试软件，这里介绍 XShell 和 SecureCRT。

XShell 软件的下载界面如图 9.6 所示。

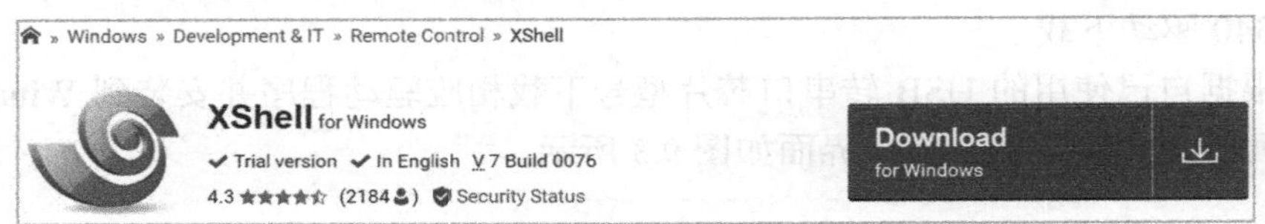

图 9.6 XShell 下载界面

单击 Download 下载图标，按页面提示下载，注意需要填写个人信息才能下载。下载后就能安装使用了，软件安装过程比较简单，此处不再介绍。

SecureCRT 类似于 XShell。新建串口连接如图 9.7 所示，配置端口及串口参数如图 9.8 所示。

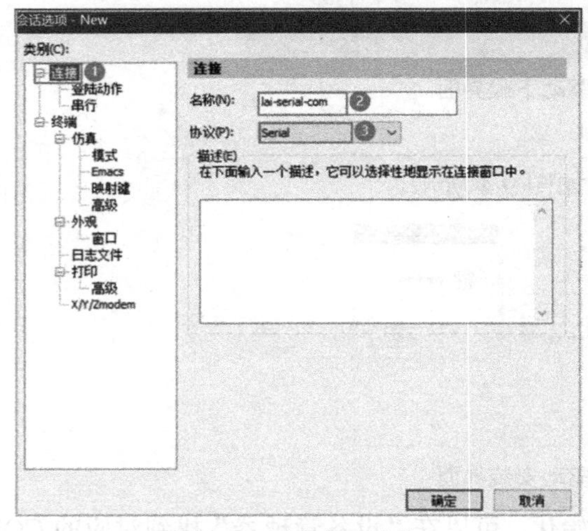

图 9.7 新建串口连接

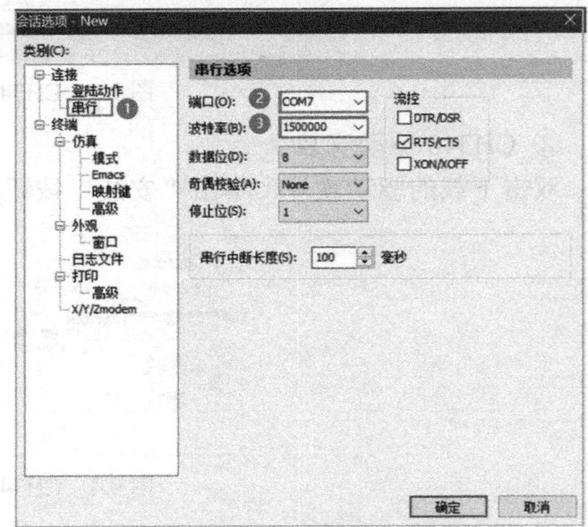

图 9.8 配置端口及串口参数

④ 计算机连接开发板

计算机连接开发板有两种方法。

第一种，需要先断开开发板的电源，接着将 USB 数据线一端连计算机，另一端连开发板的 Type-C 接口，按住开发板上的恢复键（Recovery）后打开开发板的电源，保持大约 2s，松开恢复键即可。

第二种，不需要先断开开发板的电源，先将 USB 数据线一端连计算机，另一端连开发板的 Type-C 接口，按住开发板上的恢复键（保持 2s）给开发板通电，同时按一下复位键（Reset）后松开，然后松开恢复键即可。

这时计算机会提示发现新硬件并配置驱动，打开“设备管理器”，会看到新设备“Rockusb Device”，如图 9.9 所示。如果没有新设备，则需要返回上一步重新安装驱动。

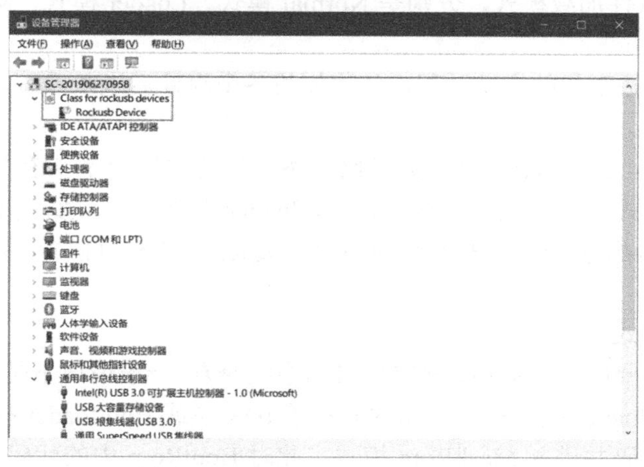

图 9.9　新设备“Rockusb Device”

⑤ 在计算机中烧写分区映像

运行 AndroidTool_Release 目录中的 AndroidTool.exe，注意，如果是 Windows 7/8 及以上版本，需要以管理员身份运行。如图 9.10 所示。

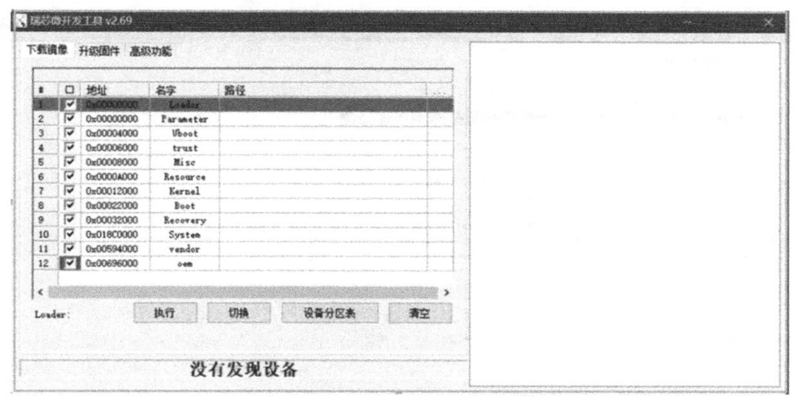

图 9.10　AndroidTool 软件界面

烧写分区映像的步骤：首先打开 AndroidTool 软件，切换到“下载镜像”页，勾选需要烧写的分区，单击“路径”右边的空白单元格来选择所需要烧写的对应文件，最后单击“执行”按钮开始烧写。等待烧写完成，在软件界面的右边会显示相关进度信息。烧写完成后，设备会自动重启。

9.1.3 启动模式说明

RK3399 有灵活的启动方式，一般情况下，除非硬件损坏，否则 RK3399 开发板一般都是可以修复好的，如在升级过程中出现意外，Bootloader 损坏，导致无法重新升级，此时可以进入 MaskRom 模式来修复。

1．硬件加载方式

RK3399 有 32KB 的 BootRom 和 200KB 的内部 SRAM，支持从 SPI 接口、eMMC 接口、DMMC 接口等设备加载系统，即支持从 Nand Flash、SPI Flash、eMMC Flash、SD 卡启动。另外，RK3399 还支持从 USB Type-C 接口加载系统。

2．软件加载模式

RK3399 有 3 种软件加载模式，分别是 Normal 模式、Loader 模式、MaskRom 模式。

（1）Normal 模式

Normal 模式就是按正常的启动过程，依次加载各个组件后进入系统。

（2）Loader 模式

在 Loader 模式下，Bootloader 会进入升级状态，等待主机命令，该方式用于固件升级等。

要进入 Loader 模式，USB 线要连接好，Bootloader 在启动时，按下开发板上的恢复键后不放手，同时按下复位键并马上放开复位键，并保持恢复键 2s 左右，再松开恢复键即可进入 Loader 模式。

（3）MaskRom 模式

MaskRom 模式主要用于 Bootloader 损坏时的系统修复。一般情况下是不需要进入 MaskRom 模式的，只有在 Bootloader 校验失败（如读取不了 IDR 块或 Bootloader 损坏）的情况下，才会运行 BootRom 中的代码并进入 MaskRom 模式，此时 BootRom 中的代码等待主机通过 USB 接口传送 Bootloader 固件，加载并运行。

要进入 MaskRom 模式，如果插有 TF 卡，首先需要拔出 TF 卡，用 USB Type-C 线连接好开发板和计算机，打开开发板电源，按开机键开机，同时按下开发板上的 Boot 键和复位键，然后先松开复位键，大约 3s 后再松开 Boot 键，这时设备进入 MaskRom 模式，如图 9.11 所示。

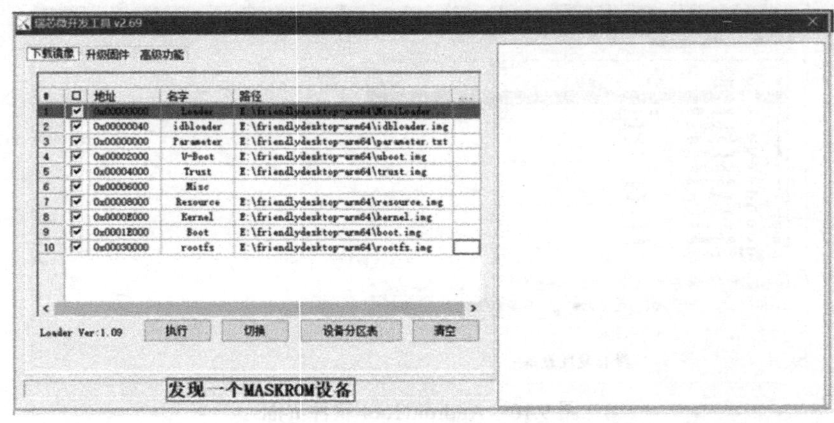

图 9.11 MaskRom 模式界面

3．软件启动顺序

① 开发板上电，BootRom 中的代码在 SRAM 中运行，用以校验存储设备的 Bootloader。

② 校验通过后，加载并运行 Bootloader 中的引导代码，这个引导代码主要是初始化 DDR 内存。

③ 加载 Bootloader 完整的代码到外扩的 DDR 内存中并运行。

④ Bootloader 加载 Linux 内核代码到外扩的 DDR 内存。

⑤ Bootloader 启动已经加载到 DDR 内存中的 Linux 内核，将执行权交给 Linux 内核。

9.1.4 Parameter 参数设置文件说明

Parameter.txt 文件里的内容如下所示：

```
FIRMWARE_VER: 6.0.1
MACHINE_MODEL: RK3399
MACHINE_ID: 007
MANUFACTURER: RK3399
MAGIC: 0x5041524B
ATAG: 0x00200800
MACHINE: 3399
CHECK_MASK: 0x80
PWR_HLD: 0,0,A,0,1
#KERNEL_IMG: 0x00280000
#FDT_NAME: rk-kernel.dtb
#RECOVER_KEY: 1,1,0,20,0
#in section; per section 512(0x200)bytes
CMDLINE: root=/dev/mmcblk1p7 rwrootfstype=ext4  consoleblank=0 cgroup_enable=cpusetcgroup_memory=1 cgroup_enable=memory  swapaccount=1  mtdparts=rk29xxnand:0x00002000@0x00002000(uboot),0x00002000@0x00004000(trust),0x00002000@0x00006000(misc),0x00006000@0x00008000(resource),0x00010000@0x0000e000(kernel),0x00010000@0x0001e000(boot),-@0x00030000(rootfs)
```

其含义如下：

① FIRMWARE_VER: 6.0.1，表示固件版本，打包 update.img 时会用到，升级工具根据这个识别固件版本。

② MACHINE_MODEL: RK3399，表示机型，打包 update.img 时会用到，用于升级工具显示。

③ MACHINE_ID: 007，表示产品 ID，为数字或字母组合，打包 update.img 时使用。

④ MANUFACTURER: RK3399，表示机型，打包 update.img 时会用到，用于升级工具显示。

⑤ MAGIC: 0x5041524B，无法修改。

⑥ ATAG: 0x00200800，无法修改。

⑦ MACHINE: 3399，无法修改，内核识别用。

⑧ CHECK_MASK: 0x80，无法修改。

⑨ PWR_HLD: 0,0,A,0,1，控制 GPIO A0 输出高电平，最后一位用于电平判断：1，表示解析参数时输出高电平；2，表示解析参数时输出低电平；3，表示在 Loader 需要控制电源时输出高电平；0，表示在 Loader 需要控制电源时输出低电平。

⑩ #KERNEL_IMG: 0x00280000，内核地址，Bootloader 将加载此地址。如果 Kernel 编译地址改变，需要修改此值。

⑪ #FDT_NAME: rk-kernel.dtb，FDT 名字。

⑫ #RECOVER_KEY: 1,1,0,20,0，第一位数字表示按键类型，0 表示普通 GPIO 按键，1 表示 A/D 按键；后面 4 位一组，根据不同的按键类型有不同的含义。

普通 GPIO 按键：GPIO 组编号，GPIO 组内编号，有效电平，比如 0、4、C、5、0，代表普通 GPIO 按键，GPIO4 C5，低电平有效。

A/D 按键：A/D 按键，ADC 通道 1，下限值，上限值，保留位。比如 1、1、0、200、0，代表 A/D 按键，ADC 通道 1，下限值为 0，上限值为 200，即 A/D 值在 0～200 之间的按键都认为是 RECOVER_KEY。

⑬ 启动参数，传递给内核的，内容如下：

```
#in section; per section 512(0x200)bytes
CMDLINE: root=/dev/mmcblk1p7 rwrootfstype=ext4 consoleblank=0 cgroup_enable=cpusetcgroup_memory=1 cgroup_enable=memory swapaccount=1 mtdparts=rk29xxnand:0x00002000@0x00002000(uboot),0x00002000@0x00004000(trust),0x00002000@0x00006000(misc),0x00006000@0x00008000(resource),0x00010000@0x0000e000(kernel),0x00010000@0x0001e000(boot),-@0x00030000(rootfs)
```

CMDLINE 值的说明：root 表示指定 Linux 根文件系统分区，rootfstype 表示指定 Linux 根文件系统分区文件系统类型，mtdparts 表示 MTD 分区类型，RK30xx、RK29xx 和 RK292x 都用 rk29xxnand 作为标识，@符号前是分区的大小，@符号后是分区的起始地址，括号里是分区的名称，单位都是扇区（512B），比如 uboot 起始地址为第 0x2000 个扇区（4MB）的位置，大小为 0x2000 扇区。另外，需要注意的是，Flash 最大的块是 4MB（0x2000 扇区大小），所以每个分区需要 4MB 对齐，即每个分区必须为 4MB 的整数倍。

9.2 RK3399 U-Boot 裁剪和编译

本节在 RK3399 开发板平台上，构建完整的嵌入式 Linux 平台，学习 U-Boot、Linux 内核裁剪、编译、下载。在完成嵌入式 Linux 硬件平台搭建后，为下一章学习 Linux 内核模块编程、GPIO 设备驱动奠定基础。

9.2.1 Linux 系统组成

完整的 Linux 系统包括三大部分，分别是 Bootloader、Kernel、Rootfs，其中 Bootloader 是启动引导程序，相当于计算机主板的 BIOS，它有很多种，其中最常用的一种是 U-Boot；Kernel 是操作系统内核，可以和 Windows 系统的内核类比，是 Linux 系统的核心；Rootfs 是根文件系统，相当于 Windows 系统安装完成后 C 盘下的系统文件、程序文件、程序运行的库文件，它的作用是存放系统运行时所需要的各种命令、命令运行时所需要的各种库文件，以及系统软件配置的信息、安装信息。我们平时常用的 Linux 命令如 cp、mv、rm 等，本质上都是一个独立的程序，独立于内核之外，存放在 Rootfs 中。如果想要得到 Bootloader、Kernel、Rootfs 源码，则需要到网站去下载并完成移植工作，然后安装好编译器，再将它们编译，最后生成映像文件下载到开发板中去运行。

9.2.2 U–Boot 源码获得

1. U-Boot 官方网站

U-Boot 官方网站如图 9.12 所示。

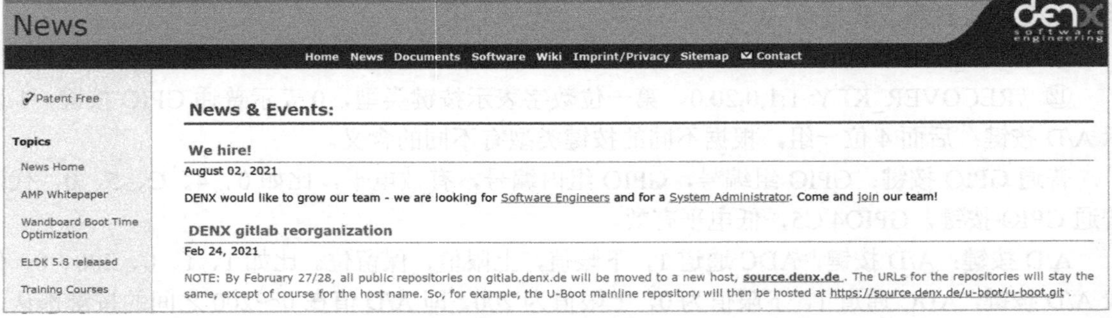

图 9.12 U-Boot 官方网站

源码可使用 git 方式到官方网站下载，如图 9.13 所示。

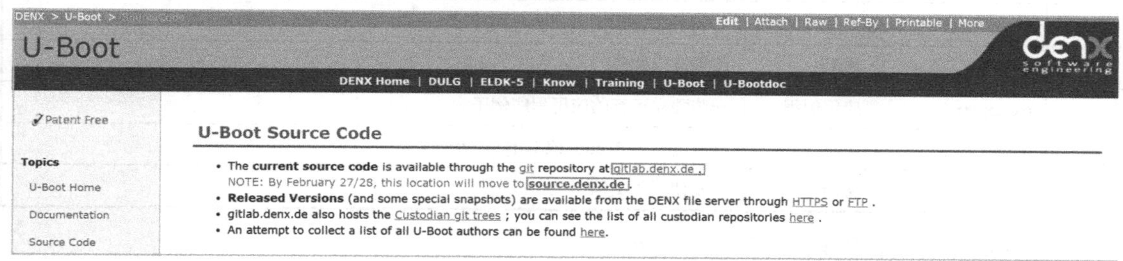

图 9.13　U-Boot 源码下载网址

2. 已经发布的 U-Boot 版本列表

已经发布的 U-Boot 版本列表可以用 ftp 直接下载：ftp://ftp.denx.de/pub/u-boot/，如下所示：

```
FTP 目录 /pub/u-boot/位于 ftp.denx.de
转到高层目录
12/17/2002 12:00 上午        2,799,527 u-boot-0.2.0.tar.bz2
03/14/2003 12:00 上午        2,914,373 u-boot-0.2.3-2003-03-14.tar.bz2
04/09/2003 12:00 上午        3,003,753 u-boot-0.3.0.tar.bz2
...
10/04/2021 05:10 下午        17,358,295 u-boot-2021.10.tar.bz2
10/04/2021 05:10 下午        458 u-boot-2021.10.tar.bz2.sig
```

从官方网站上下载的源码中，如果不直接支持你的开发板，则需要先下载下来，再修改移植。修改工作要求开发者对目标板 CPU 的启动流程、时钟配置、DDR 时序配置等底层技术和 U-Boot 源码启动流程、框架等都比较熟悉，才会高效完成。一般情况下，芯片厂家本身会提供 demo，并提供配套的 U-Boot，开发者为提高效率，一般也会先参考官方提供的 demo。

9.2.3　U–Boot 目录介绍

U-Boot 源码按作用分别存放和管理，大致可以分为 3 类：第一类是与处理器体系结构或开发板硬件直接相关的；第二类是一些通用的函数或驱动程序；第三类是 U-Boot 的应用程序、工具或文件。部分 U-Boot 源码顶层目录如表 9.1 所示。

表 9.1　部分 U-Boot 顶层目录说明

序号	目录	特性	说　明
1	board	平台依赖	存放开发板相关的目录文件
2	arch	构架相关	存放各种芯片构架相关的文件
3	api	通用	存放 U-Boot 提供的接口函数
4	common	通用	通用的代码，涵盖各个方面，以命令行处理为主
5	disk	通用	磁盘分区相关代码
6	lib	通用	存放 U-Boot 源码中使用的库函数
7	nand_spl	通用	NAND 存储器启动相关代码
8	include	通用	头文件和开发板配置文件，所有板的配置文件都在 configs 目录下
9	common	通用	通用的多功能函数实现，U-Boot 各种命令实现
10	net	通用	存放网络相关程序
11	fs	通用	存放文件系统相关程序
12	post	通用	存放上电自检程序
13	drivers	通用	通用的设备驱动程序，主要的驱动是以太网接口

续表

序号	目录	特性	说　明
14	disk	通用	硬盘接口程序
15	examples	应用例程	一些独立运行的应用程序例子
16	tools	工具	存放制作 S-Record 或 U-Boot 等的工具
17	doc	文档	开发使用的文档

下面介绍 U-Boot 重要的文件夹和文件。

① rk 平台公共配置文件，如下所示：

```
include/configs/rk_default_config.h
```

② rk33xx 系列平台配置文件，如下所示：

```
include/configs/rk33plat.h
```

③ rk33xx 系列平台架构头文件夹，如下所示：

```
arch/arm/include/asm/arch-rk33xx/
```

④ rk33xx 系列平台架构文件夹，包括 clock、irq、timer 等实现，如下所示：

```
arch/arm/cpu/armv8/rk33xx/
```

⑤ 板级平台核心文件夹，分类存放各芯片厂家制作的各种开发板驱动文件，与本书相关的是 board/rockchip/rk33xx/文件夹，如下所示：

```
board/rockchip/rk33xx/
```

⑥ 各种接口驱动文件夹，如 LCD、RTC、SPI、I^2C、USB 等驱动，如下所示：

```
drivers/
```

9.2.4　ARM Linux GCC 交叉编译器安装

如果想快速安装，则可以直接使用终端命令：sudo apt install gcc-aarch64-linux-gnu 安装，如图 9.14 所示。但是这样安装时，编译器的版本不能选择。

```
lai@lai-machine:~$ sudo apt install gcc-aarch64-linux-gnu
正在读取软件包列表... 完成
正在分析软件包的依赖关系树
正在读取状态信息... 完成
建议安装：
  gdb-aarch64-linux-gnu gcc-doc
下列【新】软件包将被安装：
  gcc-aarch64-linux-gnu
升级了 0 个软件包，新安装了 1 个软件包，要卸载 0 个软件包，有 808 个软件包未被升级。
需要下载 1,312 B 的归档。
解压缩后会消耗 23.6 kB 的额外空间。
获取:1 http://mirrors.aliyun.com/ubuntu xenial/main amd64 gcc-aarch64-linux-gnu amd64 4:5.3.1-1ubuntu1 [1,312 B]
已下载 1,312 B，耗时 0秒 (8,011 B/s)
正在选中未选择的软件包 gcc-aarch64-linux-gnu。
(正在读取数据库 ... 系统当前共安装有 183190 个文件和目录。)
正准备解包 .../gcc-aarch64-linux-gnu_4%3a5.3.1-1ubuntu1_amd64.deb  ...
正在解包 gcc-aarch64-linux-gnu (4:5.3.1-1ubuntu1) ...
正在处理用于 man-db (2.7.5-1) 的触发器 ...
正在设置 gcc-aarch64-linux-gnu (4:5.3.1-1ubuntu1) ...
lai@lai-machine:~$
```

图 9.14　快速安装编译器

（1）下载编译器

可以直接到 https://releases.linaro.org/components/toolchain/binaries/找到各个 ARM 版本的编译器，如图 9.15 所示。

其中，ARM64 版本的编译器下载页面如图 9.16 所示，网址：https://releases.linaro.org/components/toolchain/binaries/7.3-2018.05/aarch64-linux-gnu/。本书已配套好的编译器压缩包是 gcc-linaro-7.3.1-2018.05-x86_64_aarch64-linux-gnu.tar.xz。

对于编译器的选择，如果 Ubuntu 系统是 32 位的，则不能安装 64 位的编译器；如果 Ubuntu 系统是 64 位的，则可以安装 32 位或 64 位的编译器。

Name	Last modified	Size
Parent Directory		
4.9-2016.02	-	
4.9-2017.01	-	
5.1-2015.08	-	
5.2-2015.11	-	
5.2-2015.11-1	-	
5.2-2015.11-2	-	
5.3-2016.02	-	
5.3-2016.05	-	
5.4-2017.01	-	
5.4-2017.05	-	
5.5-2017.10	-	
6.1-2016.08	-	
6.2-2016.11	-	
6.3-2017.02	-	
6.3-2017.05	-	

图 9.15　ARM 版本编译器

Name	Last modified	Size	License
Parent Directory			
gcc-linaro-7.3.1-2018.05-i686-mingw32_aarch64-linux-gnu.tar.xz	20-Jun-2018 00:08	350.5M	open
gcc-linaro-7.3.1-2018.05-i686-mingw32_aarch64-linux-gnu.tar.xz.asc	19-Jun-2018 11:34	97	open
gcc-linaro-7.3.1-2018.05-i686_aarch64-linux-gnu.tar.xz	20-Jun-2018 00:08	110.4M	open
gcc-linaro-7.3.1-2018.05-i686_aarch64-linux-gnu.tar.xz.asc	19-Jun-2018 11:37	89	open
gcc-linaro-7.3.1-2018.05-linux-manifest.txt	19-Jun-2018 11:37	11.0K	open
gcc-linaro-7.3.1-2018.05-win32-manifest.txt	19-Jun-2018 11:38	11.0K	open
gcc-linaro-7.3.1-2018.05-x86_64_aarch64-linux-gnu.tar.xz	20-Jun-2018 00:08	109.4M	open
gcc-linaro-7.3.1-2018.05-x86_64_aarch64-linux-gnu.tar.xz.asc	19-Jun-2018 11:41	91	open
runtime-gcc-linaro-7.3.1-2018.05-aarch64-linux-gnu.tar.xz	20-Jun-2018 00:08	6.5M	open
runtime-gcc-linaro-7.3.1-2018.05-aarch64-linux-gnu.tar.xz.asc	19-Jun-2018 11:42	92	open
sysroot-glibc-linaro-2.25-2018.05-aarch64-linux-gnu.tar.xz	20-Jun-2018 00:08	44.9M	open
sysroot-glibc-linaro-2.25-2018.05-aarch64-linux-gnu.tar.xz.asc	19-Jun-2018 11:43	221	open

图 9.16　ARM64 版本的编译器

（2）安装编译器

准备 ARM 编译器压缩包：gcc-linaro-7.3.1-2018.05-x86_64_aarch64-linux-gnu.tar.xz。

① 在 Linux 系统中解压并复制到/usr/下：

在命令终端输入 cd 命令，切换到 gcc-linaro-7.3.1-2018.05-x86_64_aarch64-linux-gnu.tar.xz 所在目录，执行以下命令：

```
$sudo tar -xf gcc-linaro-7.3.1-2018.05-x86_64_aarch64-linux-gnu.tar.xz -C /usr/
```

② 进编译器所在的目录，并将编译器可执行程序路径添加到系统环境变量中

首先，进入编译器目录，显示当前路径，查看当前目录文件。可以看到有很多 aarch64-linux-gnu-开头的可执行程序，这些可执行程序就是编译工具，如图 9.17 所示。

```
lai@lai-machine:/$ cd /usr/gcc-linaro-7.3.1-2018.05-x86_64_aarch64-linux-gnu/bin/
lai@lai-machine:/usr/gcc-linaro-7.3.1-2018.05-x86_64_aarch64-linux-gnu/bin$ pwd
/usr/gcc-linaro-7.3.1-2018.05-x86_64_aarch64-linux-gnu/bin
lai@lai-machine:/usr/gcc-linaro-7.3.1-2018.05-x86_64_aarch64-linux-gnu/bin$ ls
```

```
终端 文件(F) 编辑(E) 查看(V) 搜索(S) 终端(T) 帮助(H)

lai@lai-machine:/$ cd /usr/gcc-linaro-7.3.1-2018.05-x86_64_aarch64-linux-gnu/bin/
lai@lai-machine:/usr/gcc-linaro-7.3.1-2018.05-x86_64_aarch64-linux-gnu/bin$ pwd
/usr/gcc-linaro-7.3.1-2018.05-x86_64_aarch64-linux-gnu/bin
lai@lai-machine:/usr/gcc-linaro-7.3.1-2018.05-x86_64_aarch64-linux-gnu/bin$ ls
aarch64-linux-gnu-addr2line  aarch64-linux-gnu-gcc-ar      aarch64-linux-gnu-ld.gold
aarch64-linux-gnu-ar         aarch64-linux-gnu-gcc-nm      aarch64-linux-gnu-nm
aarch64-linux-gnu-as         aarch64-linux-gnu-gcc-ranlib  aarch64-linux-gnu-objcopy
aarch64-linux-gnu-c++        aarch64-linux-gnu-gcov        aarch64-linux-gnu-objdump
aarch64-linux-gnu-c++filt    aarch64-linux-gnu-gcov-dump   aarch64-linux-gnu-ranlib
aarch64-linux-gnu-cpp        aarch64-linux-gnu-gcov-tool   aarch64-linux-gnu-readelf
aarch64-linux-gnu-dwp        aarch64-linux-gnu-gdb         aarch64-linux-gnu-size
aarch64-linux-gnu-elfedit    aarch64-linux-gnu-gfortran    aarch64-linux-gnu-strings
aarch64-linux-gnu-g++        aarch64-linux-gnu-gprof       aarch64-linux-gnu-strip
aarch64-linux-gnu-gcc        aarch64-linux-gnu-ld
aarch64-linux-gnu-gcc-7.3.1  aarch64-linux-gnu-ld.bfd
lai@lai-machine:/usr/gcc-linaro-7.3.1-2018.05-x86_64_aarch64-linux-gnu/bin$
```

图 9.17　编译工具

如果还没有添加系统环境变量，直接输入命令，会显示没有安装这个命令，那么需要将编译器所在的目录添加到系统环境变量中。首先，使用文本编辑器打开，如图 9.18 所示。

```
lai@lai-machine:/$ gedit ~/.bashrc&
```

```
文件(F) 编辑(E) 查看(V) 搜索(S) 工具(T) 文档(D) 帮助(H)
打开(O) ▾                                                    保存(S)
if ! shopt -oq posix; then
  if [ -f /usr/share/bash-completion/bash_completion ]; then
    . /usr/share/bash-completion/bash_completion
  elif [ -f /etc/bash_completion ]; then
    . /etc/bash_completion
  fi
fi

export PATH=/usr/gcc-linaro-7.3.1-2018.05-x86_64_aarch64-linux-gnu/bin/:$PATH

                    sh ▾  制表符宽度：8 ▾    行 120，列 1   ▾  插入
```

图 9.18　添加路径到环境变量

③ 让环境变量生效。让环境变量生效有 3 种方法：一是重启或注销 Linux 系统；二是关闭当前终端，并重新打开一个终端；三是在当前命令终端中输入 source ~/.bashrc 命令。

④ 查看编译器版本信息。如果要查看编译器版本信息，在命令终端中输入如下命令：

```
lai@lai-machine:/$ aarch64-linux-gnu-gcc -v
```

编译器版本信息如图 9.19 所示。

```
终端 文件(F) 编辑(E) 查看(V) 搜索(S) 终端(T) 帮助(H)
lai@lai-machine:/$ aarch64-linux-gnu-gcc -v
Using built-in specs.
COLLECT_GCC=aarch64-linux-gnu-gcc
COLLECT_LTO_WRAPPER=/usr/gcc-linaro-7.3.1-2018.05-x86_64_aarch64-linux-gnu/bin/../libexec/gcc/a
arch64-linux-gnu/7.3.1/lto-wrapper
Target: aarch64-linux-gnu
Configured with: '/home/tcwg-buildslave/workspace/tcwg-make-release/builder_arch/amd64/label/tc
wg-x86_64-build/target/aarch64-linux-gnu/snapshots/gcc.git~linaro-7.3-2018.05/configure' SHELL=
/bin/bash --with-mpc=/home/tcwg-buildslave/workspace/tcwg-make-release/builder_arch/amd64/label
/tcwg-x86_64-build/target/aarch64-linux-gnu/_build/builds/destdir/x86_64-unknown-linux-gnu --wi
th-mpfr=/home/tcwg-buildslave/workspace/tcwg-make-release/builder_arch/amd64/label/tcwg-x86_64-
build/target/aarch64-linux-gnu/_build/builds/destdir/x86_64-unknown-linux-gnu --with-gmp=/home/
tcwg-buildslave/workspace/tcwg-make-release/builder_arch/amd64/label/tcwg-x86_64-build/target/a
arch64-linux-gnu/_build/builds/destdir/x86_64-unknown-linux-gnu --with-gnu-as --with-gnu-ld --d
isable-libmudflap --enable-lto --enable-shared --without-included-gettext --enable-nls --with-s
ystem-zlib --disable-sjlj-exceptions --enable-gnu-unique-object --enable-linker-build-id --disa
ble-libstdcxx-pch --enable-c99 --enable-clocale=gnu --enable-libstdcxx-debug --enable-long-long
 --with-cloog=no --with-ppl=no --with-isl=no --disable-multilib --enable-fix-cortex-a53-835769
--enable-fix-cortex-a53-843419 --with-arch=armv8-a --enable-threads=posix --enable-multiarch --
enable-libstdcxx-time=yes --enable-gnu-indirect-function --with-build-sysroot=/home/tcwg-builds
lave/workspace/tcwg-make-release/builder_arch/amd64/label/tcwg-x86_64-build/target/aarch64-linu
x-gnu/_build/sysroots/aarch64-linux-gnu --with-sysroot=/home/tcwg-buildslave/workspace/tcwg-mak
e-release/builder_arch/amd64/label/tcwg-x86_64-build/target/aarch64-linux-gnu/_build/builds/des
tdir/x86_64-unknown-linux-gnu/aarch64-linux-gnu/libc --enable-checking=release --disable-bootst
rap --enable-languages=c,c++,fortran,lto --build=x86_64-unknown-linux-gnu --host=x86_64-unknown
-linux-gnu --target=aarch64-linux-gnu --prefix=/home/tcwg-buildslave/workspace/tcwg-make-releas
e/builder_arch/amd64/label/tcwg-x86_64-build/target/aarch64-linux-gnu/_build/builds/destdir/x86
_64-unknown-linux-gnu
Thread model: posix
```

图 9.19　编译器版本信息

9.2.5　U-Boot 裁剪和编译过程

（1）复制 U-Boot 源码包到 Linux 系统中

```
lai@lai-machine:/mnt/hgfs/win-share/source$ cp u-boot.tar.bz2 ~/work/RK3399_project/
```

（2）解压文件

```
lai@lai-machine:~/work/RK3399_project$ tar -xf u-boot.tar.bz2
```

（3）查看 RK3399 的配置文件

```
lai@lai-machine:~/work/RK3399_project$ cd u-boot/
lai@lai-machine:~/work/RK3399_project/u-boot$ find -name "*3399*_defconfig"
./configs/rk3399_defconfig
./configs/rk3399-fpga_defconfig
./configs/rk3399_linux_defconfig
./configs/rk3399_box_defconfig
```

（4）配置 U-Boot 支持 RK3399

① 加载基础配置，如下所示：

```
lai@lai-machine:~/work/RK3399_project/u-boot$ make rk3399_linux_defconfig
...
# configuration written to .config
```

② 进入配置界面进行二次配置，并配置 U-Boot 子版本号。在进行配置前，系统必须安装

ncurses-devel 库，如果没有安装，那么可以使用 sudo apt-get install libncurses5-dev 进行安装。下面使用 menuconfig 配置方式进行二次配置，如图 9.20 所示。

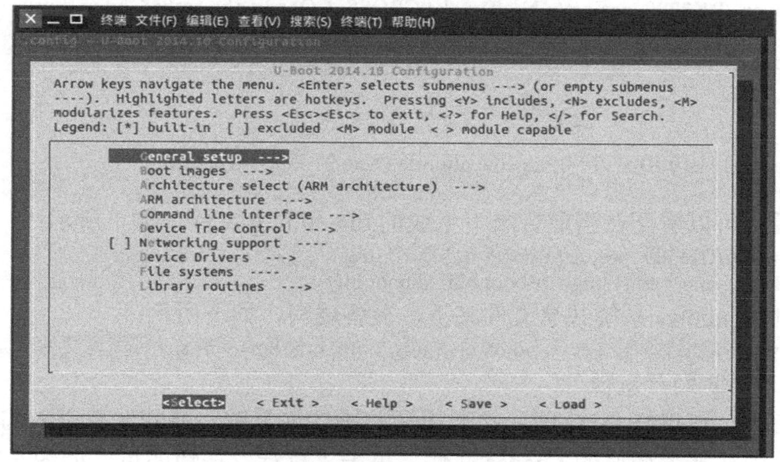

图 9.20　menuconfig 页面

找到以下选项：

```
General setup--->
                    --->Local version - append to U-Boot release
```

将其配置为一个本地版本号，如-dgeducation-lai，如图 9.21 所示。

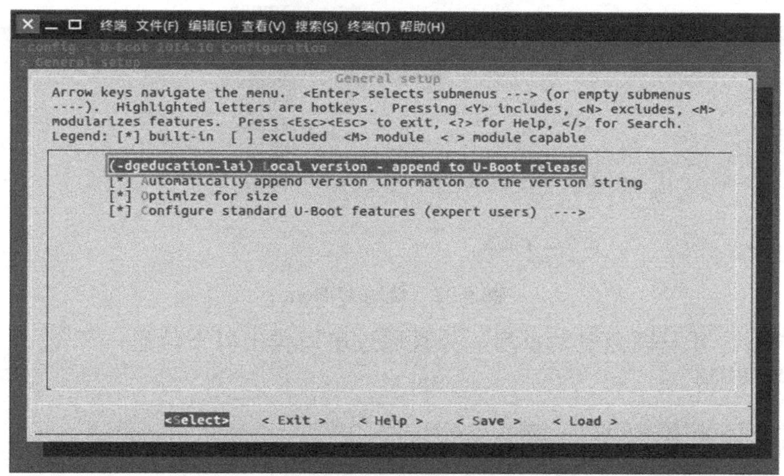

图 9.21　本地版本号

（5）修改 U-Boot 启动延时时间

当前 U-Boot 版本启动延时的时间为 1s，启动时可能来不及按键进入命令行模式，如果系统在开发阶段进入命令行模式，需要修改 u-boot/include/configs/rk33plat.h 文件，找到 CONFIG_BOOTDELAY 宏，修改其值，使用 Vim 打开 include/configs/rk33plat.h 文件，直接跳转到第 202 行，如下所示：

```
lai@lai-machine:~/work/RK3399_project/u-boot$vim include/configs/rk33plat.h +202
```

将 CONFIG_BOOTDELAY 的值修改为大于 0 的数字，这个数字表示延时启动的秒数，如下所示：

```
#define   CONFIG_BOOTDELAY             5
```

如果将 CONFIG_BOOTDELAY 的值修改为 0，则启动时系统不进入命令行模式。

（6）编译 U-Boot

配置完成后，就可以编译了。编译命令如下所示：

```
lai@lai-machine:~/work/RK3399_project/u-boot$ make CROSS_COMPILE=aarch64-linux-gnu-
...
  OBJCOPY u-boot.bin
...
out:trust.img
...
ubootVersion: U-Boot 2014.10-RK3399-06-dgeducation-lai(Aug 21 2021 - 10:20:26)
pack uboot.img success!
```

编译完成后，可以看到在当前目录下生成的.bin 和.img 文件，如下所示：

```
lai@lai-machine:~/work/RK3399_project/u-boot$ ls *.bin *.img
rk3399_loader_v1.12.109.bin    trust.img    u-boot.bin    uboot.img
```

将其复制到 Windows 系统共享文件夹下，准备烧写，如下所示：

```
lai@lai-machine:~/work/RK3399_project/u-boot$ cp *.img *.bin /mnt/hgfs/win-share/烧写文件/
```

（7）烧写 U-Boot 到开发板

打开烧写工具，连接好 OTG 线，接通电源前按住恢复键，使开发板进入 U-Boot 的下载模式，在烧写工具中选择编译好的 Loader 文件，单击“执行”按钮即可，如图 9.22 所示。

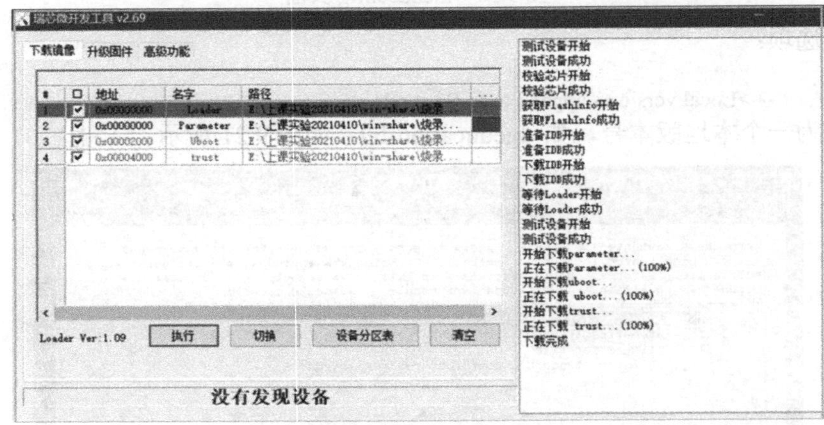

图 9.22　烧写 U-Boot

当烧写完成后，开发板会自动重启，并且通过串口输出以下信息：

```
DDRVersion 1.12 20180518
…
pmugrf_os_reg[2]=0x3AA0DAA0, stride=0xD
OUT
Boot1: 2017-06-09,Version: 1.09
CPUId=0x0
…
U-Boot 2014.10-RK3399-06-xinyingda-chenzhifa(Nov 07 2018 - 12:07:31)
…
```

如果已经成功烧写最新编译的 Loader 文件，那么在串口开机信息中会出现以下信息：

```
U-Boot 2014.10-RK3399-06-dgeducation-lai(Aug 21 2021 - 12:20:31)
```

以上 U-Boot 版本的子版本号和前面配置的相同，说明 u-boot.img 已经升级为自己的编译固件了。以下是串口输出信息，在这里倒计时 0 前，可以按下回车键进入命令模式，如下所示：

```
?           - alias for 'help'
bmp         - manipulate BMP image data
bootm       - boot application image from memory
...
version - print monitor, compiler and linkerVersion
```

可以查看环境变量，如下所示：

```
rkboot # printenv
baudrate=1500000                              //波特率
bootcmd=bootrk                                //默认启动命令
bootdelay=5                                   //延时启动
cpuid#=544e4d3237302e3030000000000e0583
dtb_name=rk3399-nanopi4-rev00.dtb             //设备树文件名
ethaddr=ee:f7:85:85:32:39
fastboot_unlocked=0
initrd_high=0xffffffffffffffff=n
panel=HD702E
serial#=941cf6684c82249
```

9.3 RK3399 Linux 内核裁剪和编译

9.3.1 Linux 内核源码获得

Linux 内核官网页面如图 9.23 所示。

图 9.23 Linux 官网

各个版本的 Linux 内核源码官方网站如图 9.24 所示，有需要的可以下载测试。

```
../
Historic/                          20-Mar-2003 22:38
SillySounds/                       16-Feb-2021 21:57
crypto/                            24-Nov-2001 14:54
firmware/                          18-Aug-2021 11:16
next/                              02-Sep-2021 06:18
people/                            06-Nov-2019 18:24
ports/                             13-Mar-2003 01:34
projects/                          18-Sep-2012 20:27
testing/                           14-Feb-2002 05:32
tools/                             03-Oct-2018 20:58
uemacs/                            20-Mar-2003 23:31
v1.0/                              20-Mar-2003 22:58
v1.1/                              20-Mar-2003 22:58
v1.2/                              20-Mar-2003 22:58
v1.3/                              20-Mar-2003 23:02
v2.0/                              08-Feb-2004 09:17
v2.1/                              20-Mar-2003 23:12
v2.2/                              24-Mar-2004 19:22
v2.3/                              20-Mar-2003 23:23
v2.4/                              01-May-2013 14:14
v2.5/                              14-Jul-2003 03:50
v2.6/                              08-Aug-2013 19:12
v3.0/                              11-Jun-2020 18:22
v3.x/                              11-Jun-2020 18:22
v4.x/                              26-Aug-2021 13:48
v5.x/                              30-Aug-2021 05:49
v6.x/                              20-Feb-2019 22:45
```

图 9.24 各个版本的 Linux 内核源码官方网站

和 U-Boot 一样，官方网站上下载的内核不一定完全支持你的需求，一般都需要移植以适配你的开发板。因此，为了提高开发效率，直接下载芯片公司和开发板公司提供的配套 Linux 内核源码，然后进行二次开发。

9.3.2 Linux 内核源码目录结构

进入 Linux 内核源码顶层目录，可查看顶层部分目录文件，如表 9.2 所示。

表 9.2 Linux 内核源码顶层目录文件

序号	名称	说明
1	fs	内核支持文件系统代码
2	security	主要包含 SELinux(Security-Enhanced Linux)模块，SELinux 是美国国家安全局（NSA）对于强制访问控制的实现
3	block	块设备 I/O 调度支持代码，如 SD 卡等设备
4	include	包括编译所需要的大部分头文件，例如与平台无关的头文件在 include/linux 子目录下， include/scsi 目录则是有关 SCSI 设备的头文件目录
5	Makefile	用来组织内核的各模块，记录各个模块相互之间的联系和依赖关系，编译时使用。一般在每个目录下都有一个.depend 文件和一个 Makefile 文件，这两个文件都是编译时使用的辅助文件
6	sound	音频子系统实现，ALSA、OSS 音频设备的驱动核心代码和常用设备驱动文件
7	init	Linux 系统初始化文件，其中 main.c 是 Linux 进入 C 代码阶段的入口，也是 Linux 启动的第一个进程
8	mm	内存管理相关代码
9	ipc	进程间通信相关代码
10	net	核心的网络部分代码，实现了各种常见的网络协议，其每个子目录对应于网络的一个方面
11	crypto	常用加密和散列算法，如 AES、SHA 等，还有一些压缩和 CRC 校验算法
12	Documentation	内核使用说明书
13	tools	编译内核需要使用的工具
14	drivers	各种硬件或软件设备驱动代码
15	kernel	Linux 内核的核心文件
16	samples	部分 Linux 底层 API 函数使用的例子
17	lib	Linux 内核实现需要使用的与平台无关的核心的库代码
18	usr	用户程序相关代码
19	scripts	裁剪配置内核选项时使用的脚本文件
20	firmware	以固件的形式存放硬件驱动文件
21	arch	存放架构相关的文件夹，其中 32 位/64 位 ARM 处理器的目录分别是 arch/arm/和 arch/arm64/

ARM64 位处理器的目录文件如下所示：

```
lai@lai-machine:~/work/RK3399_project/kernel-rockchip$ ls arch/arm64/
boot      crypto    KconfigKconfig.platformskvmMakefile    net
configs   includeKconfig.debug   kernel                lib   mm       xen
```

ARM64 位处理器的配置文件如下所示：

```
lai@lai-machine:~/work/RK3399_project/kernel-rockchip$ ls arch/arm64/configs
defconfig                   ranchu64_defconfig        rockchip_defconfig
lsk_defconfig               rk3308_linux_defconfig    rockchip_linux_defconfig
nanopi4_linux_defconfig     rk3326_linux_defconfig    xyd_rk3399_linux_defconfig
px30_linux_defconfig        rockchip_cros_defconfig
```

本书测试用的开发板使用的基础配置文件是 nanopi4_linux_defconfig，用来配置内核的功能，用户可根据基本配置进行二次裁剪以实现所需要的功能。

9.3.3 Linux 内核使用帮助说明

Linux 内核提供的编译目标及支持的开发板配置文件等可以通过“make ARCH=芯片架构

名 help”命令查看，如查看 ARM64 位芯片构架的内核帮助说明，如下所示：

```
lai@lai-machine:~/work/RK3399_project/kernel-rockchip$ make ARCH=arm64 help
```

内核帮助说明信息如图 9.25 所示。

```
lai@lai-machine:~/work/RK3399_project/kernel-rockchip$ make  ARCH=arm64 help
Cleaning targets:
  clean           - Remove most generated files but keep the config and
                    enough build support to build external modules
  mrproper        - Remove all generated files + config + various backup files
  distclean       - mrproper + remove editor backup and patch files

Configuration targets:
  config          - Update current config utilising a line-oriented program
  nconfig         - Update current config utilising a ncurses menu based
                    program
  menuconfig      - Update current config utilising a menu based program
  xconfig         - Update current config utilising a Qt based front-end
  gconfig         - Update current config utilising a GTK+ based front-end
  oldconfig       - Update current config utilising a provided .config as base
  localmodconfig  - Update current config disabling modules not loaded
  localyesconfig  - Update current config converting local mods to core
  silentoldconfig - Same as oldconfig, but quietly, additionally update deps
  defconfig       - New config with default from ARCH supplied defconfig
  savedefconfig   - Save current config as ./defconfig (minimal config)
  allnoconfig     - New config where all options are answered with no
  allyesconfig    - New config where all options are accepted with yes
  allmodconfig    - New config selecting modules when possible
  alldefconfig    - New config with all symbols set to default
```

图 9.25　内核帮助说明信息

输出的帮助信息很多，下面对重要的内容进行说明。对于 32 位 ARM 芯片内核，使用以下命令查看帮助：

```
lai@lai-machine:~/work/RK3399_project/kernel-rockchip$ make ARCH=arm help
```

如果不想传递 ARCH 参数，需要修改内核源码顶层目录下的 Makefile 文件，然后直接输入“make help”命令即可。要修改 Makefile 文件，首先找到内核源码顶层目录下的 Makefile 文件，打开并找到以下内容：

```
ARCH            ?=$(SUBARCH)
CROSS_COMPILE   ?=$(CONFIG_CROSS_COMPILE:"%"=%)
```

找到 ARCH 变量，修改如下：

```
ARCH            ?=arm64
CROSS_COMPILE   ?=aarch64-linux-gnu-
```

ARCH 与 CROSS_COMPILE 代码位置如图 9.26 所示。

```
ARCH                ?= arm64
ARCH                ?= $(SUBARCH)
ifeq ($(ARCH),arm64)
ifneq ($(wildcard $(srctree)/../prebuilts/gcc/linux-x86/aarch64/gcc-
linaro-6.3.1-2017.05-x86_64_aarch64-linux-gnu),)
CROSS_COMPILE   ?= $(srctree)/../prebuilts/gcc/linux-x86/aarch64/gcc-
linaro-6.3.1-2017.05-x86_64_aarch64-linux-gnu/bin/aarch64-linux-gnu-
endif
ifneq ($(wildcard $(srctree)/../prebuilts/gcc/linux-x86/aarch64/aarch64-linux-
android-4.9),)
CROSS_COMPILE   ?= $(srctree)/../prebuilts/gcc/linux-x86/aarch64/aarch64-linux-
android-4.9/bin/aarch64-linux-android-
endif
endif
ifeq ($(ARCH),arm)
ifneq ($(wildcard $(srctree)/../prebuilts/gcc/linux-x86/arm/gcc-linaro-6.3.1-2017.05-
x86_64_arm-linux-gnueabihf),)
CROSS_COMPILE   ?= $(srctree)/../prebuilts/gcc/linux-x86/arm/gcc-
linaro-6.3.1-2017.05-x86_64_arm-linux-gnueabihf/bin/arm-linux-gnueabihf-
endif
ifneq ($(wildcard $(srctree)/../prebuilts/gcc/linux-x86/arm/arm-linux-
androideabi-4.9),)
CROSS_COMPILE   ?= $(srctree)/../prebuilts/gcc/linux-x86/arm/arm-linux-
androideabi-4.9/bin/arm-linux-androidkernel-
endif
endif
CROSS_COMPILE   ?= $(CONFIG_CROSS_COMPILE:"%"=%)

# Architecture as present in compile.h
```

图 9.26　ARCH 与 CROSS_COMPILE 代码位置

9.3.4 Linux 内核裁剪

（1）内核基础配置

使用 nanopi4_linux_defconfig 作为基本配置，在 Linux 内核源码根目录中输入以下命令：

```
lai@lai-machine:~/work/RK3399_project/kernel-rockchip$ make ARCH=arm64 nanopi4_linux_defconfig
```

使用 menuconfig 对内核进行二次配置，命令如下所示：

```
lai@lai-machine:~/work/RK3399_project/kernel-rockchip$ make ARCH=arm64 menuconfig
```

（2）配置交叉编译器前缀

找到编译器选项，根据自己使用的编译器前缀进行配置，如图 9.27 所示。

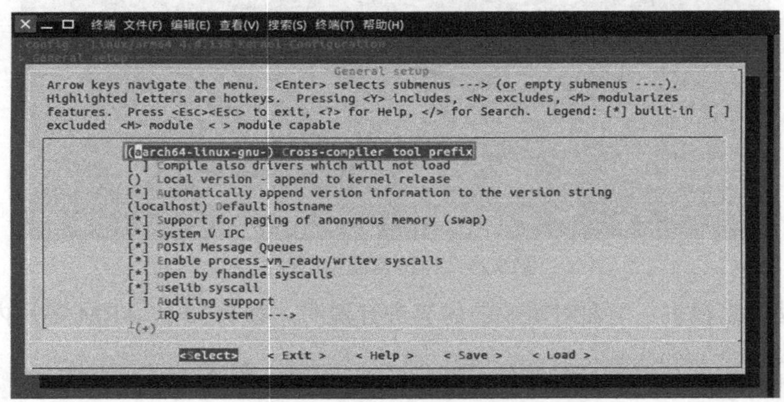

图 9.27 编译器前缀配置

（3）配置 Linux 本地版本号

该项是可选的，可在本地版本号后面添加后缀，如 4.4.168-dgeducation，如图 9.28 所示。

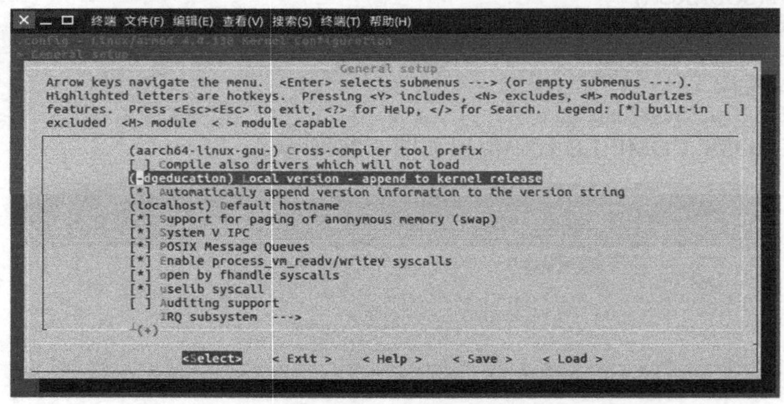

图 9.28 添加版本号后缀

（4）配置支持模块机制

Linux 内核驱动程序都是以模块的形式编写的，可以将模块编译到内核中，也可以不将模块编译至内核中。当需要内核在后期支持模块加载功能时，就必须配置内核模块加载功能。内核模块功能子菜单也必须配置，如图 9.29 和图 9.30 所示。

（5）配置设备驱动菜单

驱动菜单选项很多，需要根据自己的硬件进行选择，此处不予介绍。

（6）配置文件系统支持

配置文件系统支持 ext2、ext3、ext4，如图 9.31 所示。

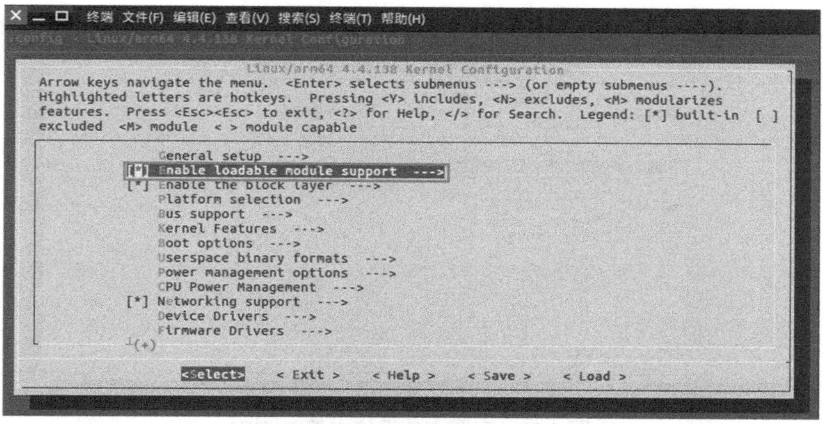

```
终端 文件(F) 编辑(E) 查看(V) 搜索(S) 终端(T) 帮助(H)
.config - Linux/arm64 4.4.138 Kernel Configuration
                    Linux/arm64 4.4.138 Kernel Configuration
 Arrow keys navigate the menu.  <Enter> selects submenus ---> (or empty submenus ----).
 Highlighted letters are hotkeys.  Pressing <Y> includes, <N> excludes, <M> modularizes
 features.  Press <Esc><Esc> to exit, <?> for Help, </> for Search.  Legend: [*] built-in  [ ]
 excluded  <M> module  < > module capable

            General setup  --->
        [*] Enable loadable module support  --->
        [*] Enable the block layer  --->
            Platform selection  --->
            Bus support  --->
            Kernel Features  --->
            Boot options  --->
            Userspace binary formats  --->
            Power management options  --->
            CPU Power Management  --->
        [*] Networking support  --->
            Device Drivers  --->
            Firmware Drivers  --->
        (+)

        <Select>    < Exit >    < Help >    < Save >    < Load >
```

图 9.29　可加载模块支持功能

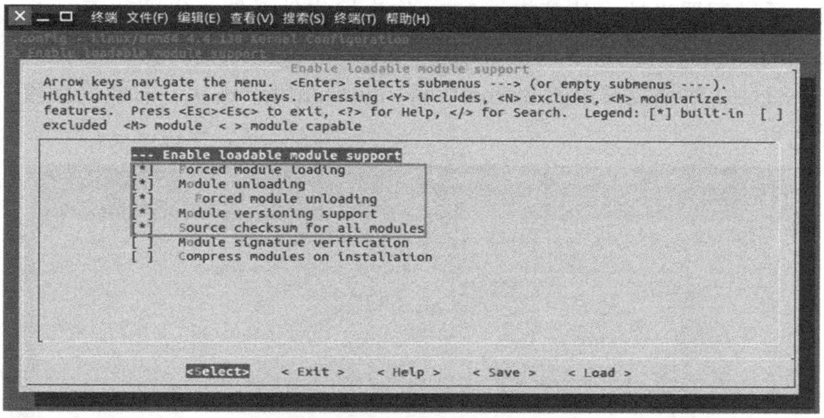

```
终端 文件(F) 编辑(E) 查看(V) 搜索(S) 终端(T) 帮助(H)
.config - Linux/arm64 4.4.138 Kernel Configuration
> Enable loadable module support
                    Enable loadable module support
 Arrow keys navigate the menu.  <Enter> selects submenus ---> (or empty submenus ----).
 Highlighted letters are hotkeys.  Pressing <Y> includes, <N> excludes, <M> modularizes
 features.  Press <Esc><Esc> to exit, <?> for Help, </> for Search.  Legend: [*] built-in  [ ]
 excluded  <M> module  < > module capable

        --- Enable loadable module support
        [*]   Forced module loading
        [*]   Module unloading
        [*]     Forced module unloading
        [*]   Module versioning support
        [*]   Source checksum for all modules
        [ ]   Module signature verification
        [ ]   Compress modules on installation

        <Select>    < Exit >    < Help >    < Save >    < Load >
```

图 9.30　内核模块加载功能

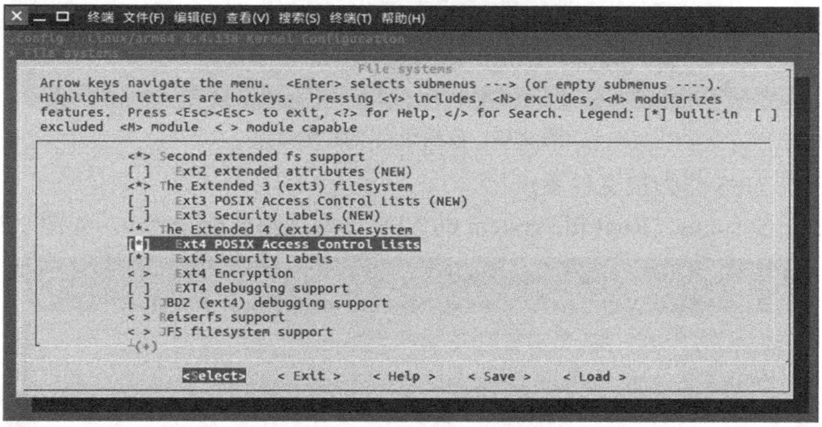

```
终端 文件(F) 编辑(E) 查看(V) 搜索(S) 终端(T) 帮助(H)
.config - Linux/arm64 4.4.138 Kernel Configuration
> File systems
                    File systems
 Arrow keys navigate the menu.  <Enter> selects submenus ---> (or empty submenus ----).
 Highlighted letters are hotkeys.  Pressing <Y> includes, <N> excludes, <M> modularizes
 features.  Press <Esc><Esc> to exit, <?> for Help, </> for Search.  Legend: [*] built-in  [ ]
 excluded  <M> module  < > module capable

        <*> Second extended fs support
        [ ]   Ext2 extended attributes (NEW)
        <*> The Extended 3 (ext3) filesystem
        [ ]   Ext3 POSIX Access Control Lists (NEW)
        [ ]   Ext3 Security Labels (NEW)
        -*- The Extended 4 (ext4) filesystem
        [*]   Ext4 POSIX Access Control Lists
        [*]   Ext4 Security Labels
        < >   Ext4 Encryption
        [ ]   EXT4 debugging support
        [ ] JBD2 (ext4) debugging support
        < > Reiserfs support
        < > JFS filesystem support
        (+)

        <Select>    < Exit >    < Help >    < Save >    < Load >
```

图 9.31　配置文件系统支持

（7）配置文件系统类型支持

配置 Linux 内核支持访问常用的 FATFS 文件系统，如图 9.32 所示。

（8）配置 Linux 内核支持 NFS 根文件系统

RK3399 配套的 Linux 源码内核 4.4.138 默认不支持 NFS 作为根文件系统，因此挂接 NFS 根文件系统会出现错误，如下所示：

```
VFS: Cannot open root device "nfs" or unknown-block(0,255): error -6
[1.703568] Please append a correct "root=" boot option; here are the available partitions:
```

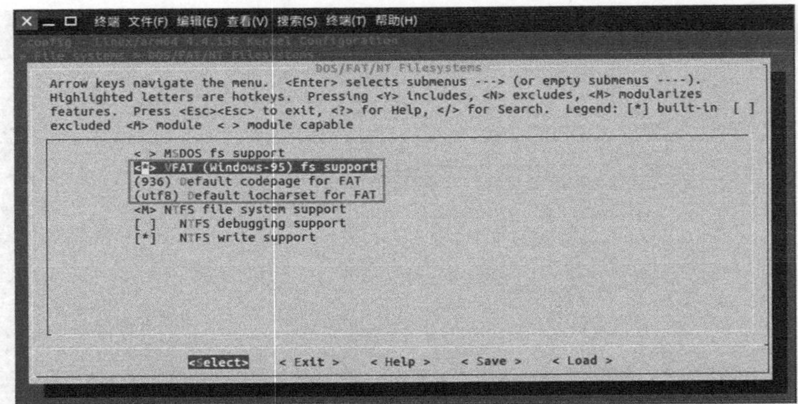

图 9.32　配置文件系统支持 FATFS

解决方法是通过配置内核，让其支持 NFS 作为根文件系统，步骤如下：

① Networking suport、TCP/IP networking、kernel level autoconfiguration 这 3 项都需要配置为 y。需要注意的是，如果没有配置 kernel level autoconfiguration，后面要配置的项将看不到。如图 9.33 所示。

```
终端 文件(F) 编辑(E) 查看(V) 搜索(S) 终端(T) 帮助(H)
                         Networking options
Arrow keys navigate the menu.  <Enter> selects submenus ---> (or empty submenus ----).
Highlighted letters are hotkeys.  Pressing <Y> includes, <N> excludes, <M> modularizes
features.  Press <Esc><Esc> to exit, <?> for Help, </> for Search.  Legend: [*] built-in  [ ]
excluded  <M> module  < > module capable
            ^(-)
            [ ] Transformation migrate database
            [ ] Transformation statistics
            <*> PF_KEY sockets
            [ ]   PF_KEY MIGRATE
            [*] TCP/IP networking
            [*]   IP: multicasting
            [*]   IP: advanced router
            [ ]     FIB TRIE statistics
            [ ]     IP: policy routing
            [ ]     IP: equal cost multipath
            [ ]     IP: verbose route monitoring
            [*]   IP: kernel level autoconfiguration
            [ ]     IP: DHCP support (NEW)
            ⌊(+)
        <Select>    < Exit >    < Help >    < Save >    < Load >
```

图 9.33　内核级自动配置功能

② 配置支持 NFS 作为根文件系统

Network File Systems、Root file system on NFS 这两项都要配置为 y，如图 9.34 所示。

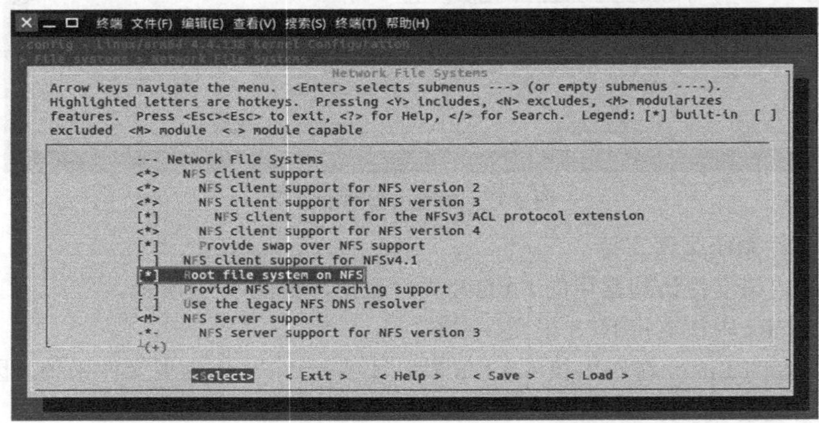

图 9.34　配置 NFS 作为根文件系统

总之，Network File Systems 配置如下所示：

```
    --- Network File Systems
<*>     NFS client support
<*>     NFS client support for NFSVersion 2
<*>     NFS client support for NFSVersion 3
            [*]     NFS client support for the NFSv3 ACL protocol extension
<*>     NFS client support for NFSVersion 4
            [*]     Provide swap over NFS support
            [*]     NFS client support for NFSv4.1
            [*]     Root file system on NFS
```

（9）配置本地语言编码支持

配置简体中文如图 9.35 所示，其他语言根据需要配置。

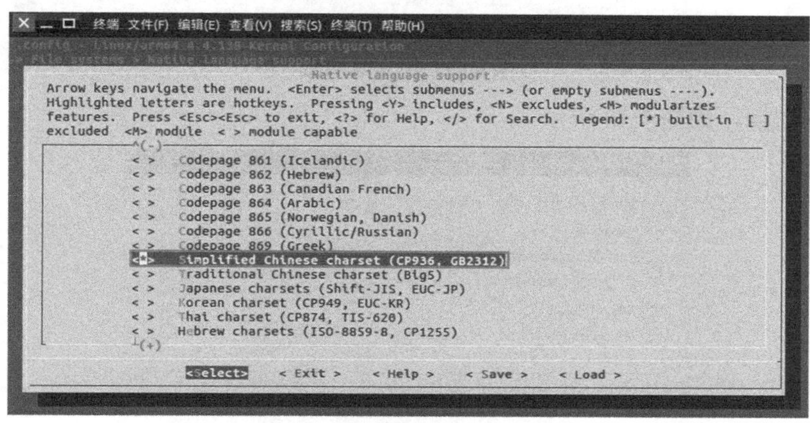

图 9.35　配置简体中文

（10）配置 UTF-8 编码支持

配置 UTF-8 编码支持如图 9.36 所示。

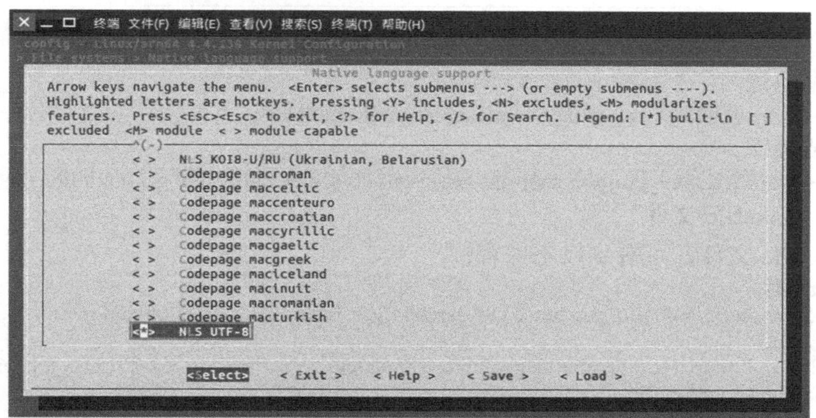

图 9.36　配置 UTF-8 编码支持

（11）配置时间戳

配置时间戳如图 9.37 所示。

9.3.5　Linux 编译内核

（1）安装依赖的库

在 Ubuntu 系统中编译内核需要安装 libssl-dev、liblz4-tool、gcc-multilib 库。使用在线安装时，建议先更换国内源，再更新本地源，最后安装依赖库。

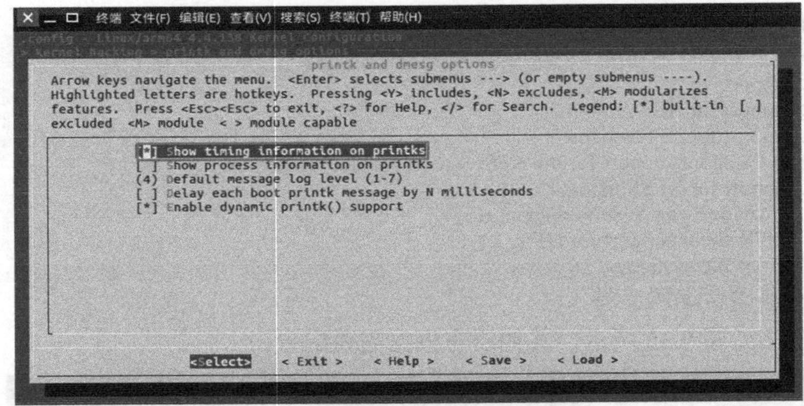

图 9.37 配置时间戳

① 更换国内源，如图 9.38 所示。

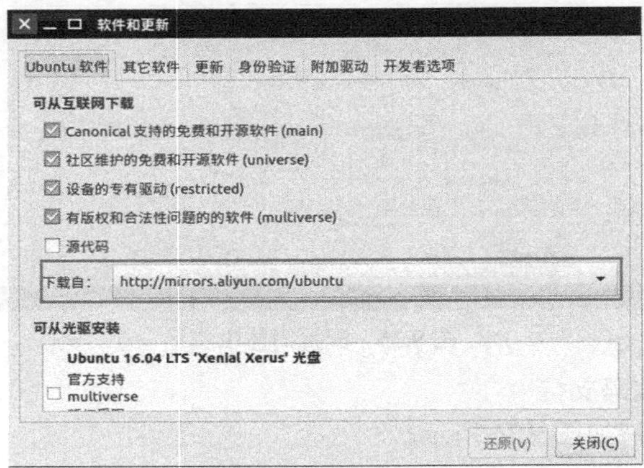

图 9.38 更换国内源

② 更新本地源

```
lai@lai-machine:~/work/RK3399_project/kernel-rockchip$ sudo apt update
```

③ 安装依赖库

```
lai@lai-machine:~/work/RK3399_project$ sudo apt-get install libssl-dev liblz4-tool gcc-multilib
```

（2）修改 Makefile 文件

找到 Makefile 文件，可看到以下内容：

```
ifeq($(ARCH),arm64)
ifneq($(wildcard $(srctree)/../prebuilts/gcc/linux-x86/aarch64/gcc-linaro-6.3.1-2017.05-x84_6
4_aarch64-linux-gnu),)
CROSS_COMPILE    ?=$(srctree)/../prebuilts/gcc/linux-x86/aarch64/gcc-linaro-6.3.1-2017.05-x86_6
4-linux-gnu/bin/aarch64-linux-gnu-
endif
```

修改为：

```
ifeq($(ARCH),arm64)
CROSS_COMPILE    ?=aarch64-linux-gnu-
endif
```

（3）配置内核

① 加载基础配置，如下所示：

```
lai@lai-machine:~/work/RK3399_project/ kernel-rockchip $ make nanopi4_linux_defconfig
```

② 如需二次配置，则根据需要进行配置，配置完后，保存并退出配置界面，如下所示：

```
lai@lai-machine:~/work/RK3399_project/ kernel-rockchip $ make menuconfig
```

（4）编译内核

标准内核编译方法是“make ARCH=架构 CROSS_COMPILE=编译器前缀”，或采用默认值，如下所示：

```
lai@lai-machine:~/work/RK3399_project/ kernel-rockchip $ make ARCH=arm64
```

编译会生成 Image 或 zImage 内核映像文件，但是 RK3399 开发板需要的文件不是直接使用 Image，而是把 Image 进行打包生成 kernel.img 文件。对于 RK3399 内核，在 arch/arm64/Makefile 中定义如下：

```
kernel.img: Image.lz4
$(Q)$(srctree)/scripts/mkkrnlimg$(objtree)/arch/arm64/boot/Image $(objtree)/kernel.img>/dev/null
@echo '    Image:    kernel.img is ready'
```

因此，编译 RK3399 内核配置命令如下所示：

```
lai@lai-machine:~/work/RK3399_project/kernel-rockchip$ make ARCH=arm64 nanopi4-images -j8
```

最后编译生成的内核映像文件如图 9.39 所示。

```
lai@lai-machine:~/work/RK3399_project/kernel-rockchip$ make ARCH=arm64 nanopi4-images -j8
  CHK     include/config/kernel.release
  CHK     include/generated/uapi/linux/version.h
  CHK     include/generated/utsrelease.h
  CHK     scripts/mod/devicetable-offsets.h
  CHK     include/generated/timeconst.h
  CHK     include/generated/bounds.h
  CHK     include/generated/asm-offsets.h
  CALL    scripts/checksyscalls.sh
make[1]: 'include/generated/vdso-offsets.h' is up to date.
  CHK     include/generated/compile.h
  LZ4C    arch/arm64/boot/Image.lz4
  Image:  kernel.img is ready
  CHK     include/config/kernel.release
  CHK     include/generated/uapi/linux/version.h
  CHK     include/generated/utsrelease.h
  CHK     scripts/mod/devicetable-offsets.h
  CHK     include/generated/timeconst.h
  CHK     include/generated/bounds.h
  CHK     include/generated/asm-offsets.h
  CALL    scripts/checksyscalls.sh
make[2]: 'include/generated/vdso-offsets.h' is up to date.
  Building modules, stage 2.
  MODPOST 80 modules
Pack to resource.img successed!
  Image:  resource.img (with rockchip/rk3399-nanopi4-rev*.dtb logo.bmp logo_kernel.bmp) is ready
lai@lai-machine:~/work/RK3399_project/kernel-rockchip$
```

图 9.39　生成的内核映像文件

编译生成 kernel.img 和 resource.img 两个内核映像文件，把这两个文件复制到共享目录中，并烧写到开发板上，如下所示：

```
lai@lai-machine:~/work/RK3399_project/kernel-rockchip$ cp *.img /mnt/hgfs/win-share/烧写文件/
```

9.3.6　烧写内核到开发板

按照前面升级固件的方法，把新生成的 kernel.img、resource.img 文件烧写到开发板中，如图 9.40 所示。

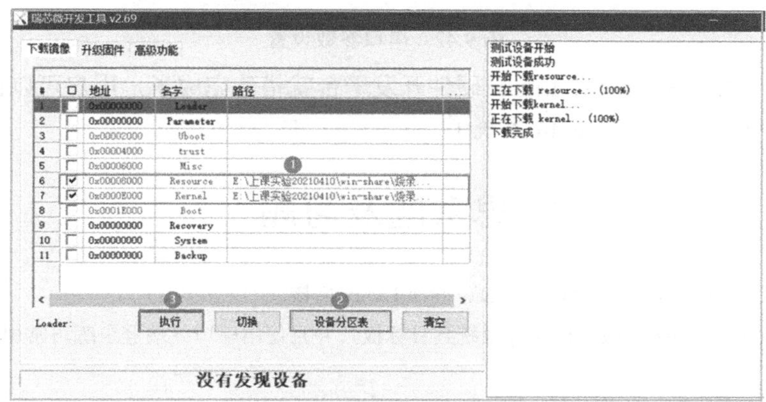

图 9.40　烧写内核映像文件

启动开发板，引导内核，在串口终端可以看到启动信息，最后在串口终端输入用户名和密码即可以登录，如图 9.41 所示。

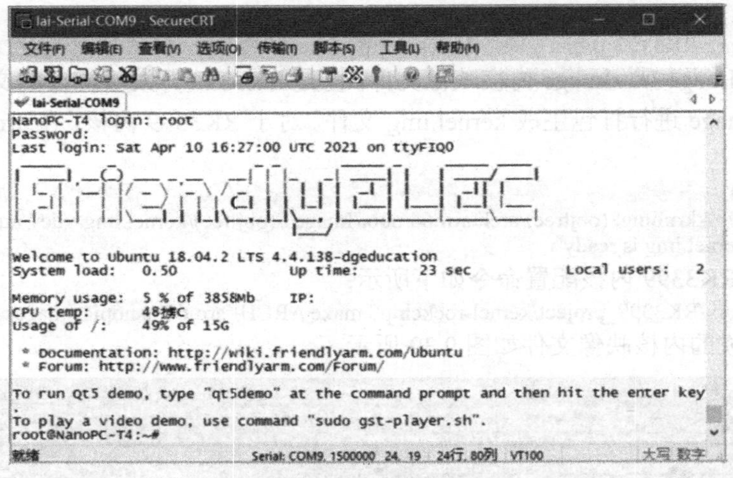

图 9.41　系统登录

如果发现无法从键盘输入，则修改串口参数配置，将“流控”复选框都取消选中，如图 9.42 所示。

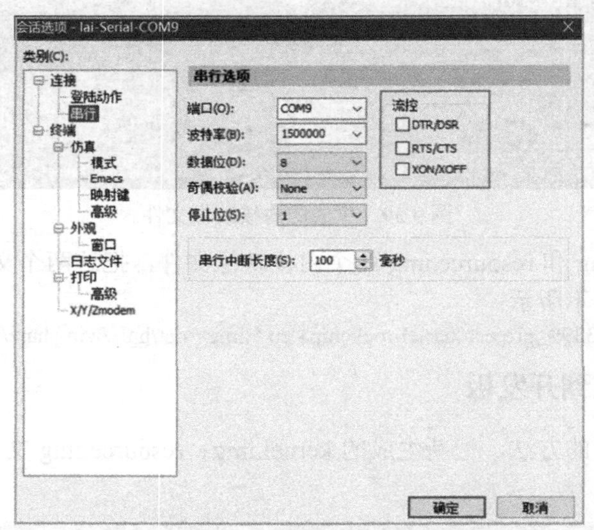

图 9.42　串口参数设置

至此，基于 ARM 的嵌入式 Linux 硬件开发平台就搭建完成了，用户可以像在计算机上一样来使用 RK3399 开发板的 Ubuntu 系统了。

思考题及习题

9.1　安装 GCC 交叉编译器、编译 U-Boot、编译 Linux 内核。

9.2　烧写 U-boot、Linux 内核和根文件系统到目标板，并且使用串口终端登录练习常用命令。

第 10 章　嵌入式 Linux 系统驱动程序设计

10.1　Linux 设备驱动基础

高端的 CPU 一般有两种工作模式，一种是普通模式，另一种是特权模式，如 ARM 处理器有 7 种模式，其中用户模式工作在普通模式下，而另外的 6 种模式都属于特权模式，分别是系统模式、一般中断模式、快速中断模式、管理模式、中止模式、未定义指令中止模式。通常系统运行在用户模式下，如果发生了异常或硬件发生了中断，系统就会进入特权模式。程序运行在普通模式或特权模式下的主要区别是对硬件的访问权限不同，普通模式下程序对硬件的访问是有限制的，而特权模式下程序对硬件的访问拥有更多的权限，如表 10.1 所示。

表 10.1　处理器工作模式

序号	处理器模式名称	处理器工作模式	说　明
1	用户模式	普通	用户程序运行模式
2	系统模式	特权	运行特权级的操作系统
3	一般中断模式		普通中断模式
4	快速中断模式		快速中断模式
5	管理模式		提供操作系统使用的一种保护模式
6	中止模式		虚拟内存管理和内存数据访问保护
7	未定义指令中止模式		支持通过软件仿真硬件的协处理

Linux 系统把 CPU 可以访问的地址空间划分为两层，一层是用户空间，另外一层是内核空间，其中普通应用程序运行在用户空间中，而内核代码、驱动程序运行在内核空间。以 32 位操作系统为例，操作系统可以访问的地址空间范围是 0～4GB，其中可以访问到内核空间范围是 3～4GB，这是属于内核代码、驱动程序运行的空间，这时 CPU 处于特权模式；另外，用户空间可以访问的范围是 0～3GB，我们常用的应用程序如 QQ、微信、音乐播放器、Word 等就运行在该地址空间中。

Linux 系统对空间这样划分，主要有以下目的。

① 保护操作系统：应用程序运行在普通模式下，限制了它对硬件的直接访问，防止它意外破坏操作系统或其他软件的运行。

② 保护进程数据：每个程序运行起来成为进程后，在系统中都拥有自己的私有地址空间和数据，一个进程造成的破坏会被限定在进程本身的空间中，而不会影响到操作系统的内核或其他进程的数据。

③ 防止恶意修改：划分用户空间和内核空间后，应用程序不能直接访问硬件，防止应用程序恶意或意外去修改硬件的工作参数，导致系统的不稳定或崩溃。

10.1.1　Linux 系统调用接口

在很多应用场景中，应用程序需要获得硬件服务才可以正常工作，如上网就需要获得网卡硬件服务、播放音乐就需要获得声卡硬件服务等，Linux 系统的分层机制使得应用程序不能直接访问硬件，所以应用程序要获得硬件服务，唯一的途径就是通过 Linux 系统提供的函数接口进入内核空间，由内核对硬件进行合法、有限的功能访问，等内核处理完成后再返回用户空间，这组接口函数称为 Linux 系统调用函数。

Linux 系统调用函数大约有 250 个，按照功能可以分为进程控制、进程间通信、文件系统控制、存储管理、网络管理、套接字控制、用户管理等几大类。

10.1.2　Linux 系统设备分类

Linux 系统中一切都是文件。Linux 系统中有 3 类设备，分别是字符设备、块设备、网络设备。

① 字符设备：以字节为单位，进行顺序读写的硬件设备。对这类设备的读写是实时的，在/dev/目录下会有一个设备文件与之相对应。属于字符设备的硬件非常多，如鼠标、键盘、LED、按键、定时器等，实际上我们看到的大部分硬件都属于字符设备，因此字符设备驱动是学习的重点。

② 块设备：以块为单位，可以进行随机读写的硬件设备。对这类设备的读写一般都是带有缓冲区功能的，在/dev/目录下会有一个设备文件与之相对应。属于块设备的硬件一般都是存储类设备，如硬盘、U 盘、SD 卡、eMMC 等。

③ 网络设备：面向网络数据的接收和发送而设计的设备，一般是针对网络通信类设备，如以太网控制器、Wi-Fi 无线网卡、NFC、CanBus、蓝牙等，这类硬件设备在 Linux 系统中比较特殊，在/dev/目录下并不存在与之相对应的设备文件，而是由系统分配给它们唯一的名字，如 eth0、ens33 等，通过 ifconfig 命令可以查看。

字符设备和块设备都是通过文件系统的系统调用接口函数如 open、close、write、read、lseek、ioctl 等调用它们的驱动程序，实现访问硬件设备的。

10.1.3　Linux 系统设备文件

在 Linux 系统中，物理硬件在系统中体现为一个设备文件。设备文件和普通文件不同，设备文件有设备号，但是没有文件大小，而普通文件有文件大小，但是没有设备号。设备号分为主设备号和次设备号，其中主设备号用来描述一类设备，系统查找设备的驱动程序就是通过主设备号来查找的，而次设备号是用来描述一类设备中具体的哪一个设备，和主设备号一起，提供给系统查找设备的驱动程序。

设备号是设备驱动程序成功加载到内核后，由系统分配给当前设备的唯一编号。不同的硬件其主设备号是不相同的，如 RK3399 开发板上有 5 个 UART 设备，它们物理上是独立的，寄存器也是独立的，但是控制逻辑是相同的，所以内核就可以公用同一个驱动程序，驱动程序通过次设备号来区别当前要操作哪一个 UART 设备。例如，可以使用 ls -l /dev/ttyS*命令查看它们的设备信息，如下所示：

```
root@NanoPC-T4:~# ls -l /dev/ttyS*
crw-rw---- 1 root dialout 4, 64 Apr 10 16:23 /dev/ttyS0
crw-rw---- 1 root dialout 4, 65 Jan 28    2018 /dev/ttyS1
crw-rw---- 1 root dialout 4, 66 Jan 28    2018 /dev/ttyS2
crw-rw---- 1 root dialout 4, 67 Jan 28    2018 /dev/ttyS3
crw-rw---- 1 root dialout 4, 68 Jan 28    2018 /dev/ttyS4
```

如上所示，5 个 UART 设备的主设备号都是 4，而次设备号却不相同，分别为 64～68。

10.1.4　Linux 系统内核框架

Linux 系统框架如图 10.1 所示。

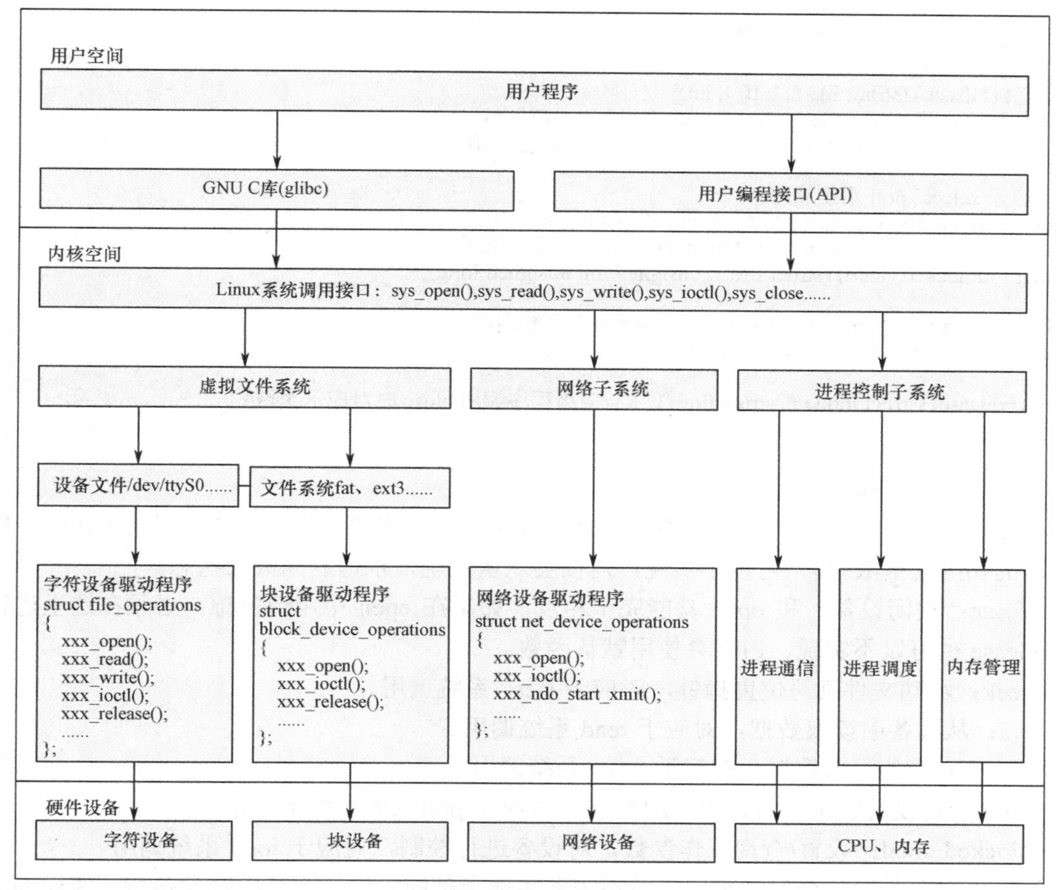

图 10.1 Linux 系统框架

用户空间和内核空间是相互独立的，应用程序运行在用户空间中，每个运行起来的程序称为进程，每个进程都有相互独立的虚拟地址空间。从图 10.1 中可以看出，应用程序并不能直接接触硬件，对硬件进行读写、控制等操作直接接触的是设备驱动程序。用户空间的应用程序要切换到内核空间来执行驱动程序有两种途径，一种是调用 glibc 库函数，如 fread、fwrite 等函数，从存储设备中读写数据，就需要调用与之相对应的驱动程序来读写存储设备；另一种是通过 Linux 系统调用接口函数，如 open、read、write、ioctl、lseek、close 等，调用时就会引发进程由用户空间切换到内核空间中运行驱动程序。

图 10.1 中，虚拟文件系统提供了一个通用的接口抽象，对用户空间提供统一的文件访问接口，屏蔽了不同文件系统数据存储方式的差异性，对任何类型的文件系统都使用相同的访问接口来交换数据。

设备驱动程序加载到内核之后，在 Linux 文件系统的/dev/目录下会自动创建设备文件（网络设备除外），也可以手动创建设备文件，命令如下所示：

```
mknod   <设备文件名>      c      <主设备号>   <次设备号>
```

注意：使用 mknod 命令在/dev 目录创建设备文件需要 root 权限时，可临时使用 sudo 提供权限。

10.1.5 Linux 字符设备文件操作方法结构

由图 10.1 可知，编写字符设备驱动程序的核心工作是实现设备的文件操作方法，内核使用如下结构来描述设备支持的方法：

```
struct file_operations {
    loff_t (*llseek) (struct file *, loff_t, int);
    ssize_t (*read) (struct file *, char __user *, size_t, loff_t *);
    ssize_t (*write) (struct file *, const char __user *, size_t, loff_t *);
    …
   //对应于 select , poll 系统调用
    unsigned int (*poll) (struct file *, struct poll_table_struct *);
    //对应于 int ioctl(int fd, unsigned long request, ...); 系统调用
    long (*unlocked_ioctl) (struct file *, unsigned int, unsigned long);
    …
    //对应于 int open(const char *pathname, int flags);系统调用
    int (*open) (struct inode *, struct file *);
    …
    int (*release) (struct inode *, struct file *);     //应用程序调用 close 时对应这个函数
    …
};
```

常用成员说明如下。

open：打开设备，对应于 open 系统调用，如果设备不需要初始化工作（初始化代码一般写在模块的初始化函数中），可以不实现，内核会默认实现，永远返回成功状态。

release：关闭设备，和 open 功能完全相反，如果在 open 中申请资源，必须在这里进行释放。release 也可以不实现，内核会使用默认函数。

llseek：移动文件读写位置指针，对应于 lseek 系统调用。

read：从设备中读取数据，对应于 read 系统调用。

write：向设备写入数据，对应于 write 系统调用。

poll：查询设备状态（可读/可写/异常），对应于 poll/select 系统调用。

unlocked_ioctl：设置/查询工作参数，对设备进行控制，对应于 ioctl 系统调用。

说明：对于具体一个设备来说，并不需要实现全部的接口，而是根据设备特征实现部分接口即可，举例如下。

UART 驱动：发送数据时，实现 write 接口；接收数据时，实现 read 接口；设置工作参数，如波特率、数据位长、校验方式、停止位长度时，实现 unlocked_ioctl 接口。

LED 驱动：应具有亮、灭控制，查询状态，此时实现 write、read、open（可选）、release（可选）。

按键驱动：应具有读取按键值功能，此时实现 read、open（可选）、release（可选）接口。

PWM 驱动：应具体停止、周期、启动、修改占空比功能，此时实现 unlocked_ioctl/write（使用 unlocked_ioctl 更好）、open（可选）、release（可选）接口。

10.2　Linux 系统内核模块编程

Linux 系统内核的驱动程序是以内核模块来实现的，在学习设备驱动程序开发前，先学习 Linux 内核模块的相关知识。Linux 中所说的内核模块，是指驱动程序以外部模块文件形式动态安装及动态卸载的驱动实现方式，和 Widows 系统下的驱动程序相似，操作系统可以通过后期安装新的硬件驱动程序，达到随时扩展计算机功能的效果。当不想使用某个硬件时，也可以随时卸载对应的驱动程序，以节省硬件空间。这种通过后期安装驱动程序达到扩展系统硬件的功能，可以理解为模块形式，它极大地提高了设备使用的灵活性，即用户只需拿到相关驱动模块，将其安装到内核中，即可使用该设备。

使用 Linux 内核模块的优点：

① 用户可以随时扩展 Linux 系统的功能；

② 系统要更新硬件驱动程序，只需要卸载旧的驱动程序，安装新的驱动程序即可；

③ 系统要使用新的硬件模块，不必重新编译内核、重新安装操作系统，只需安装相应的驱动程序即可；

④ 当不需要使用某个硬件驱动程序时，可以随时卸载驱动程序，减小 Linux 内核模块的体积，节省存储空间。

10.2.1 Linux 内核模块代码模板

在 Linux 系统中，Linux 内核模块是代码上特定的框架，硬件设备的驱动程序就是在 Linux 内核模块代码模板基础上增加设备驱动相关的调用函数，因此，掌握 Linux 内核模块代码模板很重要，它是编写驱动程序的基础。Linux 模块代码模板 hello.c 如下所示：

```
#include<linux/module.h>
#include<linux/init.h>
static int __init   hello_init(void)
{
        printk("Hello world!\n");
        return 0;
}
static void __exit hello_exit(void)
{
        printk("Goodbye,cruel world! \n");
}
module_init(hello_init);
module_exit(hello_exit);
MODULE_LICENSE("Dual BSD/GPL");
MODULE_AUTHOR("BENSON");
MODULE_DESCRIPTION("dgeducation_MODULE");
```

说明：

module_init()函数表示用来指定哪个函数在安装模块时被执行，该函数也被称为模块初始化函数；

module_exit()函数表示用来指定哪个函数在卸载模块时被执行，该函数也被称为模块卸载函数；

MODULE_LICENSE()宏用来指明代码发布的协议类型；

MODULE_AUTHOR()宏用来指明作者；

MODULE_DESCRIPTION()宏用来指明模块的功能说明。

其中，初始化函数和卸载函数前的__exit、__init 是可选的，特别需要注意以下两个方面。

① Linux 内核模块的驱动代码不能使用标准 C 库函数，如果需要使用与标准 C 库同名的函数，需用户自己使用 C 代码实现，并且不能有浮点运算。

② Linux 内核模块代码及后面要学习的驱动程序，不能使用 printf 函数，打印输出要使用 printk 函数。

10.2.2 Linux 内核模块编译

当编写好一个 Linux 内核模块后，需要把它编译为二进制文件，编译内核模块比编译应用程序要复杂些。编译内核模块必须依赖特定的 Linux 内核源码，使用 Linux 内核源码顶层目录 Makefile 文件中编译内核模块的目标规则来编译。这时，需要在内核模块源码同层目录下编写一个 Makefile 文件，在 Makefile 文件中借用 Linux 内核源码的 Makefile 文件编译内核模块。在

Linux 2.6 以下版本的内核中，编译内核模块的方法是通用的，因此可以编写一个通用的 Makefile 文件来编译内核模块。编译内核模块的 Makefile 文件代码模板如下所示：

```
# Makefile 2.6
# hello 是模块名，也是对应的 c 文件名
obj-m +=hello.o
#指定交叉编译器名称前缀，根据实际情况修改，如果 Makefile 不指定，需要编译模块时指定
CROSS_COMPILE=aarch64-linux-gnu-
# KDIR 内核源码路径，根据自己需要设置
# X86 源码路径统一是/lib/modules/$(shell uname -r)/build
#如果要编译 ARM 的模块，则修改成 ARM 的内核源码路径
KDIR   :=/home/education/work/nanopi4/kernel-rockchip
all:
	@make -C $(KDIR)M=$(PWD) modules
clean:
	@rm -f *.ko *.o *.mod.o *.mod.c   *.bak *.symvers *.markers *.unsigned *.order *~
```

“make -C $(KDIR)M=$(PWD) modules”命令表示改变目录到-C 选项指定的位置，即内核源码目录，其中保存有内核的顶层 Makefile 文件；“M=选项”表示让该 Makefile 文件在构造 modules 文件目标之前返回到内核模块源码目录。

打开命令终端窗口，把工作目录切换到内核模块源码目录，输入 make 命令回车即可。编译通过后，会在当前目录下生成扩展名为.ko 的文件，这个文件就是 Linux 内核模块的二进制文件，可以在 Linux 系统中使用命令动态安装、卸载该文件。

10.2.3 Linux 内核模块相关命令

Linux 内核模块相关的命令主要有 4 个，包括查看当前系统已经安装了哪些模块命令、查看模块信息命令、安装模块命令、卸载模块命令。

① 查看模块命令：lsmod

② 查看模块信息命令：modinfo 模块名.ko

③ 安装模块命令：insmod 模块名.ko

④ 卸载模块命令：rmmod 模块名.ko

10.3 Linux 杂项设备驱动模型

Linux 系统采用面向对象思想来设计设备的驱动程序，每一类设备都会定义一个结构体，这个结构体包含设备的基本信息及设备的操作方法，因此，编写驱动程序很重要的一个任务就是实现这类设备对应的核心结构体变量，然后将实现的核心结构体变量使用设备驱动模型对应的注册函数注册到内核即可。所以学习设备驱动程序编写，第一步要学习该设备对应的核心数据结构，弄清楚成员的含义、作用及是否是必须实现的成员；第二步要学习该设备驱动模型相关的内核 API 函数。

在 Linux 系统中，主要有 3 种常用的字符设备驱动模型：第一种是杂项设备驱动模型；第二种是早期经典的标准字符设备驱动模型；第三种是 Linux 2.6 标准字符设备驱动模型。本节介绍最常用的杂项设备驱动模型。

10.3.1 Linux 设备驱动基础知识

① Linux 系统中一切都是文件，其中各种硬件设备体现的文件在/dev/目录下，操作硬件与操作文件一样，可以使用 ls /dev/ -l 命令查看设备文件的详细信息。

② 文件操作方法的流程是：首先打开文件，然后进行各种操作，如读、写等，最后关闭文件。对于打开文件操作，不同的文件打开方法是不同的，如.pdf 使用 PDF 阅读器打开、.jpeg 文件使用看图软件打开、.doc 使用 Word 文件打开等。

③ 由前面所学的知识可知，应用程序要得到硬件服务，只有两种方法可以进入内核空间调用驱动程序。

- 通过和硬件有关的某些标准 C 库函数进入内核空间。如 printf 打印函数，输出到具体的硬件设备上，即需要得到硬件服务，进入内核调用硬件驱动程序；而对于字符复制函数 strcpy，不需要得到硬件服务，因此，不会进入内核空间。
- 通过系统调用接口函数如 open、read、write、lseek、close 等，这类函数只能在 Linux 系统上使用，并且这些函数和驱动程序有一对一的关系，对应于驱动程序 struct file_operations 中的文件操作函数。

④ 物理地址和虚拟地址的转换，在 Linux 系统中不能直接访问物理地址，CPU 发出的地址都是虚拟地址，而 MMU 会把虚拟地址和物理地址做一个映射。一个虚拟地址和对应的物理地址往往是不相同的，因此，在写驱动程序时必须把物理地址转换为对应的虚拟地址。虚拟地址即理论上能达到的地址，如 32 位 CPU，理论上最大地址空间是 4GB；物理地址即真实存在可用的地址。如 RK3399 的 GPIO 模块，在 Linux 驱动程序中要读写它的寄存器，不能像裸机一样直接定义指向物理地址的指针来访问寄存器，需要把物理地址转换为虚拟地址，然后使用虚拟地址读写寄存器，内核提供专用的地址转换函数实现这个需求，如下所示：

```
/*
函数原型：void __iomem * ioremap(phys_addr_t offset, size_t size);
          void __iomem * ioremap_nocache(phys_addr_t offset, size_t size)
函数功能：把物理地址转换为虚拟地址。
函数形参：offset：物理地址起始地址；
          size：要映射地址空间大小。
函数返回值：NULL：映射失败；
            非 NULL：映射成功，并返回指向物理地址的对应虚拟地址。
备注：和这个映射函数相反的一个函数是 iounmap(void __iomem * addr)，其作用是当不需要再使用映射地址时，调用这个函数可以把映射取消，释放内存空间。
*/
```

10.3.2 杂项设备的核心结构

内核使用 miscdevice 结构体类型描述一个杂项设备驱动程序，驱动程序开发者要编写一个杂项设备驱动程序，核心工作就是实现这个结构体中必需的成员，然后使用杂项注册函数把它注册到 Linux 内核中。以下是杂项设备结构体类型定义，如下所示：

```
struct miscdevice
{
        int minor;                              //次设备号
        const char *name;                       ///dev/下的设备节点名
        const struct file_operations *fops;     //设备文件操作方法
        ...
};
```

其中，重要成员说明如下。

minor：表示次设备号，每个驱动程序具有唯一的次设备号，不能相同，范围为 0～255，当传递 255 时，内核会自动分配一个可用的次设备号。

name：/dev/下的设备节点名，必须实现。

fops：文件操作方法结构体指针，必须实现，它是驱动程序开发中最核心的一个环节，即实现硬件的初始化、读、写、控制等操作函数。它定义了一系列的操作设备的函数指针，用户可根据自己需要实现所需要功能的指针成员，其结构定义在 include\linux\fs.h 文件，如下所示：

```
struct file_operations
{
        struct module *owner;
        loff_t(*llseek)(struct file *, loff_t, int);
        ssize_t(*read)(struct file *, char __user *, size_t, loff_t *);
        ssize_t(*write)(struct file *, const char __user *, size_t, loff_t *);
        ...
        unsigned int(*poll)(struct file *, struct poll_table_struct *);
        long(*unlocked_ioctl)(struct file *, unsigned int, unsigned long);
        ...
        int(*open)(struct inode *, struct file *);
        int(*flush)(struct file *, fl_owner_t id);
        int(*release)(struct inode *, struct file *);
        ...
};
```

其中，常用成员说明如下。

llseek：移动文件读写位置函数指针，指向对应 Linux 系统调用接口的 lseek 函数。

read：读数据函数指针，指向对应 Linux 系统调用接口的 read 函数。

write：写数据函数指针，指向对应 Linux 系统调用接口的 write 函数。

poll：轮询函数指针，指向对应 Linux 系统调用接口的 poll 函数或 select 函数。

unlocked_ioctl：I/O 控制函数指针，指向对应 Linux 系统调用接口的 ioctl 函数。

open：打开设备函数指针，指向对应 Linux 系统调用接口的 open 函数。

release：关闭设备函数指针，指向对应 Linux 系统调用接口的 close 函数。

部分文件操作函数如下所示：

```
//xxx_open 函数打开硬件设备函数，一般用于初始化，对应于系统调用 open 函数
int xxxx_open(struct inode *pinode, struct file *pfile)
{
    ...
}
//xxx_read 函数读取硬件设备数据，对应于系统调用 read 函数
int xxxx_read(struct file *pfile, const char __user *buf, size_t size, loff_t *off)
{
    ...
}
//xxx_write 函数把数据写入硬件设备中，对于系统调用 write 函数
int xxxx_write(struct file *pfile, const char __user *buf, size_t size, loff_t *off)
{
    ...
}
```

驱动程序实现文件操作方法，假设驱动实现以下接口，如下所示：

```
.open=xxxx_open,        //open 成员指向 xxxx_open 函数
.read=xxxx_read,        //read 成员指向 xxxx_read 函数
.write=xxxx_write,      //read 成员指向 xxxx_write 函数
...
```

当 main 函数调用 open 函数时，内核会找到对应的驱动程序，其中找到 struct file_operations 结构体程序，并且通过结构体中找到的 open 成员指针，指向函数 xxxx_open，运行 xxxx_open 函数，从而实现对硬件设备打开初始化。同理，当应用程序调用 read 函数时，会调用驱动程序中的 xxxx_read 函数，实现从硬件中读取数据。

10.3.3 杂项设备号

设备号分为主设备号和次设备号，杂项设备的主设备号固定为 10，次设备号的取值范围为 0～255，每个杂项设备的次设备号不能相同，当用户不能确定哪一个次设备号可用的情况下，

可以使用 255 个次设备号，这时，内核会自动分配可用的次设备号。

如何查找已经使用过的次设备号呢？例如，可以查找/dev/目录下已经用了的主设备号是 10 的杂项设备列表，如下所示：

```
root@NanoPC-T4:~# ls /dev/ -l | grep 10,
crw-------    1 root root       10, 235 Jan 28   2018 autofs
crw-------    1 root root       10,  62 Jan 28   2018 cachefiles
crw-------    1 root root       10,  61 Jan 28   2018 cpu_dma_latency
...
```

说明："grep 10,"用于内容过滤，只显示包含杂项设备中主设备是"10,"字符串的行，让输出内容更有针对性。

10.3.4 杂项设备驱动模型特征

在 3 种常用的字符设备驱动模型中，杂项设备驱动模型、早期经典的标准字符设备驱动模型和 Linux 2.6 标准字符设备驱动模型都有各自的特征，本节只介绍杂项设备驱动模型的特征。

杂项设备驱动模型的特征有两个：第一个特征是安装杂项设备会自动在/dev/目录下生成设备文件，而早期经典的标准字符设备驱动模型和 Linux 2.6 标准字符设备驱动不会自动生成设备文件；第二个特征是每调用一次 misc_register 杂项设备注册函数，只会占用一个次设备号。

10.3.5 杂项设备驱动注册/注销函数

编写杂项设备驱动程序时，在实现 struct miscdevice 结构体变量必需的成员后，还需要使用内核设备驱动模型对应的注册函数向系统注册，这样才完成杂项设备驱动的编程，其中，杂项设备注册函数信息如下所示：

```
/*
函数原型：int misc_register(struct miscdevice * misc);
函数功能：向内核注册一个杂项字符设备。
函数参数：misc：已经实现好 minor、name、fops 三个成员的 struct miscdevice 结构体变量的地址。
函数返回值：0：注册成功；<0：失败，返回失败错误码。
*/
```

杂项设备注销函数如下所示：

```
/*
函数原型：void misc_deregister(struct miscdevice *misc);
函数功能：注销一个已经注册到内核中的杂项字符设备。
函数参数：misc：已经注册的 struct miscdevice 结构体变量的地址
函数返回值：无
*/
```

10.3.6 杂项设备驱动代码模板

编写驱动前，要理解以下知识点：

- 驱动程序以内核模块形式编写，要编写驱动程序，首先编写一个模块文件作为起点；
- 每类设备都有一个核心结构，必须定义核心结构体的变量；
- 编写一类设备驱动程序的本质就是实现其核心结构必需的成员；
- 把实现好的核心结构体变量向内核注册，可在模块加载函数中注册；
- 在模块卸载函数中把核心结构体变量注销。

1. 杂项设备驱动程序代码模板

从 Linux 内核模块代码模板延伸到杂项设备驱动代码模板，就是在 Linux 内核模块代码模板的基础上增加杂项设备的特征，如 open、read、write、llseek、release、unlock_ioctl 都是空函数，当要编写一个具体的硬件设备驱动程序时，只需要在 open、read、write、llseek、release、 unlock_ioctl 函数中添加对应的硬件操作代码，即可成为硬件设备驱动程序。杂项设备驱动代码模板 lai_miscname.c 如下所示：

```
#include<linux/module.h>
#include<linux/init.h>
//杂项设备必须包含的头文件
#include<linux/fs.h>
#include<linux/miscdevice.h>
//以下是文件操作方法的具体实现代码：
//打开函数
static int xxx_open(struct inode *pinode, struct file *pfile )
{
    printk("line:%d, %s is call\n", __LINE__, __FUNCTION__);
    return 0;
}
//读函数
static ssize_t xxx_read(struct file *pfile, char __user *buf, size_t count, loff_t *poff)
{
    printk("line:%d, %s is call\n", __LINE__, __FUNCTION__);
    return count;
}
//写函数
static ssize_t xxx_write(struct file *pfile, const char __user *buf, size_t count, loff_t *poff)
{
    printk("line:%d, %s is call\n", __LINE__, __FUNCTION__);
    return count;
}
//移动指针函数
static loff_txxx_llseek(struct file *pfile, loff_t off, int whence)
{
    printk("line:%d, %s is call\n", __LINE__, __FUNCTION__);
    return off;
}
//关闭函数
static int xxx_release(struct inode *pinode, struct file *pfile)
{
    printk("line:%d, %s is call\n", __LINE__, __FUNCTION__);
    return 0;
}
//I/O 控制函数
static long xxx_unlocked_ioctl(struct file *pfile, unsigned int cmd, unsigned long args)
{
    printk("line:%d, %s is call\n", __LINE__, __FUNCTION__);
    return 0;
}
//文件操作方法集合指针
static const struct file_operations   laimisc_fops=
{
    .open           =       xxx_open,
    .read           =       xxx_read,
    .write          =       xxx_write,
    .llseek         =       xxx_llseek,
    .release        =   xxx_release,
    .unlocked_ioctl=        xxx_unlocked_ioctl,
};
//定义核心结构体类型
static struct miscdevice laimisc=
{
    .minor   =255,
    .name    ="lai_miscname",                 //dev 目录下的设备名
    .fops    =&laimisc_fops,
};
//杂项设备模块初始化函数
static int __init   laimisdevice_init(void)
```

```
{
    int ret;
    ret=misc_register(&laimisc);      //注册核心结构
    if(ret<0)
    {
    printk("misc_register error！ \n");
        return ret;
    }
        printk("misc_register   ok！ \n");
        return 0;
    }
//杂项设备模块卸载函数
static void __exit laimisdevice_exit(void)
{
        misc_deregister(&laimisc);   //注销核心结构
        printk("misc_deregister ok！ \n");
}
module_init(laimisdevice_init);
module_exit(laimisdevice_exit);
MODULE_LICENSE("GPL");
```

2．应用程序调用驱动程序

驱动程序安装到系统中，驱动程序的各种文件操作方法，如 open、read、write、llseek、release、unlock_ioctl 等函数是不会自动调用的，应用程序通过系统调用接口才会调用驱动程序，因此，在编写好驱动程序后，开发者还需要编写一个应用程序。下面以 app.c 为例介绍系统调用，如下所示：

```
#include<stdio.h>
#include<sys/types.h>
#include<sys/stat.h>
#include<fcntl.h>
#include<unistd.h>                               //lseek
#include<sys/ioctl.h>                            //ioctl
//使用方法:$ ./app   /dev/lai_miscname,laimiscname 是设备名
int main(int argc , char* argv[])
{
    int ret;
    int fd;                                      //存放文件描述符号
    char save_buffer[1024]={0};          //存放数据
    if(argc !=2){
    printf("格式用法:%s /dev/xxxx", argv[0]);
    return 0;
    }
    fd=open(argv[1], O_RDWR);            //以读写方式进行打开
     if(fd<0)
     {
        perror("open error!\r\n");
        return -1;
    }
    printf("fd=%d\r\n", fd);                  //成功时输出文件描述符
    ret=read(fd, save_buffer, 1024); //读操作
    if(ret<0)
     {
        perror("read error!\r\n");
        return -1;
    }
    write(fd, "Output test！ \r\n", sizeof("Output test！ \r\n")); //写操作
    lseek(fd, 0, SEEK_SET);                   //移动文件指针操作
    ioctl(fd, 0, 0);                          //I/O 控制操作
    close(fd);                                //关闭文件
    return 0;                                 //正常返回
}
```

3．编译驱动程序和应用程序的 Makefile 文件

编写好驱动程序和应用程序后，就要开始编写 Makefile 文件。Makefile 文件代码清单如下所示：

```
# lai_miscname 是模块名，也是对应的 c 文件名，可以根据自己的实际情况修改
obj-m +=lai_miscname.o
#应用程序源文件列表，ARM 的内核源码路径根据自己的实际情况修改
APP_SRC :=app.c
#应用程序名
APP_NAME:=app
#编译器，根据自己的实际情况修改
cc:=aarch64-linux-gnu-gcc
# KDIR 内核源码路径，根据自己需要设置
# X86 源码路径统一为/lib/modules/$(shell uname -r)/build
# ARM 的内核源码路径，根据自己的实际情况修改
KDIR    :=/home/lai/work/RK3399_project/kernel-rockchip

#根文件系统路径，根据自己的实际情况修改
ROOTFS :=/home/lai/work/RK3399_project/rootfs

#内核驱动模块最终存放
DEST_DIR :=$(ROOTFS)/home

all:
	@make ARCH=arm64    -C $(KDIR)M=$(PWD)    modules
	@$(cc)    $(APP_SRC)    -o    $(APP_NAME)
	@cp -fv*.ko    $(APP_NAME)        ${DEST_DIR}

clean:
	@make ARCH=arm64    -C $(KDIR)    M=$(PWD) modules    clean
	@rm -f *.ko    $(APP_NAME)*.o *.mod.o *.mod.c    *.bak *.symvers *.markers *.unsigned *.order *~
```

开发板测试结果如下所示：

```
root@NanoPC-T4:/home# ls /dev/lai_miscname
ls: cannot access '/dev/lai_miscname': No such file or directory
```

安装后生成设备文件，通过这个文件可以找到这份驱动程序的文件操作方法，如下所示：

```
root@lai-arm-machine:/home# insmod lai_miscname.ko
misc_register    ok !
root@lai-arm-machine:/home# ls /dev/lai_miscname -l
crw------- 1 root root 10, 54 Apr 10 17:31 /dev/lai_miscname
```

卸载后，设备文件自动删除，如下所示：

```
root@lai-arm-machine:/home# rm    lai_miscname.ko
misc_deregister    ok !
root@lai-arm-machine:/home# ls lai_miscname
ls: cannot access 'lai_miscname': No such file or directory
```

查看杂项设备的主、次设备号，可以看出主设备号是 10，次设备号是 54，是内核自动分配的，如下所示：

```
root@lai-arm-machine:/home# insmod lai_miscname.ko
misc_register    ok !
root@ lai-arm-machine:/home# ls /dev/lai_miscname -l
crw------- 1 root root 10, 54 Apr 10 17:40 /dev/lai_miscname
```

运行应用程序，测试应用程序是否可以调用驱动程序实现的文件操作方法函数，注意参数传递要打开的设备名，如下所示：

```
root@ lai-arm-machine:/home# ./app /dev/lai_miscname
```

10.4 用户空间和内核空间的数据交换

内核驱动代码的 read、write 函数不能直接使用用户空间的指针来存取数据，因为来自用户

空间的数据指针有可能是非法的，安全的做法是通过专用的函数来完成数据的交换。内核提供的 API 函数定义在 linux\uaccess.h 文件中。

10.4.1 从用户空间复制数据到内核空间

原型：unsigned long __must_check copy_from_user (void *to, const void__user *from, unsigned long n)

功能：从用户空间把数据复制到内核空间，在驱动程序的 write 接口中使用。

参数：to，内核空间的缓冲区指针；from，用户空间的缓冲区指针；n，要复制的字节数。

返回值：未复制成功的数量（正数），表示复制失败；0，表示复制成功。

10.4.2 从内核空间复制数据到用户空间

原型：unsigned long__must_check copy_to_user (void__user *to, const void *from, unsigned long n)

功能：把数据复制到用户空间，在驱动程序的 read 接口中使用。

参数：to，用户空间的缓冲区指针；from，内核空间的缓冲区指针；n，要复制的字节数。

返回值：未复制成功的数量（正数），表示复制失败；0，表示复制成功。

10.5 Linux GPIO 内核 API 函数

Linux 内核专门针对 GPIO 的操作提供了一套 API 函数，使用这些 API 函数可以很方便地对 GPIO 进行输出控制及读取 GPIO 的电平状态，这套 API 函数只能用于 Linux 设备驱动，不能在应用程序中配置、读写 GPIO 端口。

这套 GPIO 函数参数涉及的 GPIO 端口编号，并不是芯片物理上的编号，而是 Linux 内核中计算映射好的虚拟 GPIO 编号。对于 RK3399 芯片，其 GPIO 编号规则是：芯片共有 4 组 GPIO，分别是 GPIO0、GPIO1、GPIO2、GPIO3，每组 GPIO 最多有 32 个引脚，把每组 GPIO 按每 8 个引脚一组进行命名，分别是 GPIOA[7:0]、GPIOB[15:8]、GPIOC[23:16]、GPIOD[31:24]。例如，GPIO0_B4 其对应的编号是 8+4=12，其中 8 是因为 GPIO0_B4 属于 GPIO0 的 B 组，而 4 是因为 B4 后面的 4。

Linux GPIO 内核常用 API 函数如下所示。

（1）申请 GPIO 端口

```
/*
函数原型：int gpio_request(unsigned int GPIO, const char *label);
函数功能：申请 GPIO 端口。
函数参数：GPIO：内核中统一的 GPIO 编号。
          label：GPIO 使用者名字，只用于内核登记，名字自定。
函数返回值：0，GPIO 端口申请成功；<0，GPIO 端口申请失败。
*/
```

（2）配置 GPIO 为输入方向

```
/*
函数原型：int gpio_direction_input(unsigned int GPIO)
函数功能：配置 GPIO 端口为输入方向。
函数参数：GPIO，内核中统一的 GPIO 编号。
函数返回值：0，配置成功；<0，配置失败。
*/
```

（3）配置 GPIO 为输出方向

```
/*
函数原型：int gpio_direction_output(unsigned int GPIO, int Value)
```

```
函数功能：配置 GPIO 端口为输出方向。
函数参数：GPIO，内核中统一的 GPIO 编号。
函数返回值：0：GPIO 配置成功；<0：GPIO 配置失败。
*/
```

（4）读取 GPIO 电平状态

```
/*
函数原型：int gpio_get_value(unsigned int GPIO)
函数功能：读取 GPIO 端口引脚的电平值。
函数参数：GPIO，内核中统一的 GPIO 编号。
函数返回值：0、1，读取成功，值表示电平情况；<0：读取失败。
*/
```

（5）设置 GPIO 电平状态

```
/*
函数原型：void gpio_set_value(unsigned int GPIO, int Value)
函数功能：设置输出方向的 GPIO 端口引脚电平。
函数参数：GPIO，内核中统一的 GPIO 编号。
          Value，要输出的电平值。
函数返回值：无。
*/
```

（6）获得外部中断编号

```
/*
函数原型：int gpio_to_irq(unsigned int GPIO)
函数功能：获得指定编程 GPIO 端口对应的外部中断编号。
函数参数：GPIO，内核中统一的 GPIO 编号。
函数返回值：>0，外部中断编号；<0，获得失败。
*/
```

（7）释放 GPIO

```
/*
函数原型：void gpio_free(unsigned int GPIO)
函数功能：释放 GPIO 端口。
函数参数：GPIO，内核中统一的 GPIO 编号。
函数返回值：无。
*/
```

10.6 Linux GPIO LED 驱动

下面以 RK3399 开发板上的 LED 为例，编写配套的驱动程序及应用程序，编译后在 RK3399 开发板上使用 insmod 命令安装到 Linux 系统中，并且运行配套的应用程序，应用程序通过调用驱动程序实现对 LED 的控制。

10.6.1 硬件原理图分析

RK3399 开发板上自定义了一个引脚控制的 LED，如图 10.2 所示。GPIO0_B5 输出高电平时，LED 就会被点亮；输出低电平时，LED 就会熄灭。

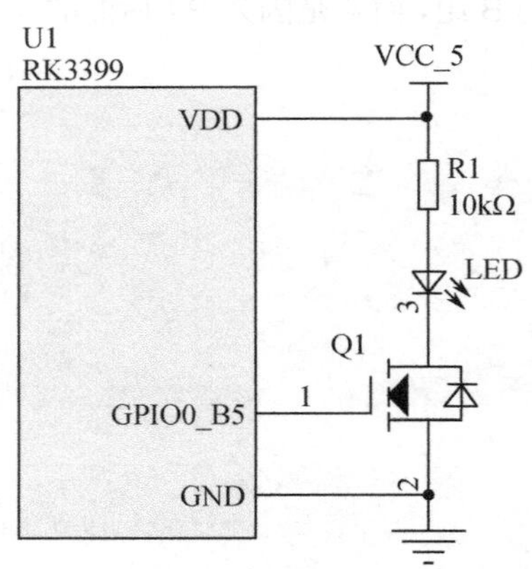

图 10.2 控制 LED 硬件原理图

10.6.2 软件分析

1. LED 的驱动程序

LED 驱动程序 drv_leds.ko 代码清单如下所示：

```
#include<linux/module.h>
#include<linux/init.h>
#include<linux/fs.h>
```

```
#include<linux/miscdevice.h>
#include<asm/uaccess.h>
#include<asm/io.h>
#include<linux/gpio.h>
#define     DEV_NAME                    "dgeducation_leds"          //定义 LED 设备名
#define     LED_NUM                     (ARRAY_SIZE(leds_data)) //定义 LED 数量
//定义 LED 数据结构
struct led_info
{
    int id;                                 //id，可选
    char *name;                             //名字，可选
    unsigned int gpio;                      //GPIO 编号
};
//实例化定义一个指针变量 leds_data
static struct led_info leds_data[]=
{
    {0,"led-0",8+5}                         //GPIO0_B5
};
//驱动程序的写函数，对应应用程序的 read 函数
static ssize_t xxx_read(struct file *pfile,char __user *buf, size_t count, loff_t *poff)
{
    int i;
    char kbuffer[10]={0};
    //进行参数修正
    if(count > LED_NUM)
    {
        count=LED_NUM;
    }
    if(count==0)
    {
        return 0;
    }
    //准备数据：读取 4 个 LED 状态
    for(i=0; i<count; i++)
    {
        //灭：返回 0，使用正逻辑方式，要和 write 逻辑也相同
        if(gpio_get_value(leds_data[i].gpio)){
            kbuffer[i]='1';   //高电平 LED 亮
        }
        //亮：返回 1，使用正逻辑方式，要和 write 逻辑也相同
        else {
            kbuffer[i]='0'; //低电平 LED 灭
        }
    }
    //复制数据给用户空间。注意，返回值非 0 表示复制失败
    if(copy_to_user(buf,kbuffer, count))
    {
        printk(" error: copy_to_user!\r\n");
        return -EFAULT;
    }
    return count;
}
//驱动程序的写函数，对应应用程序的 write 函数
static ssize_t xxx_write(struct file *pfile,const char__user *buf, size_t count, loff_t *poff)
{
    int i=0;
    char kbuffer[10]={0};
    //进行参数修正
    if(count > LED_NUM)
    {
        count=LED_NUM;
    }
    if(count==0)
    {
```

```
        return 0;
    }
    //使用专用的函数进行复制，注意，返回值非 0 表示复制失败
    if(copy_from_user(kbuffer, buf, count))
    {
        printk(" error: copy_from_user!\r\n");
        return -EFAULT;
    }
    //根据用户空间传递来的内容进行处理
    for(i=0; i<count; i++)
    {
        if(kbuffer[i]=='0')
        {
            //熄灭第 i 个 LED：通过配置数据寄存器
            gpio_set_value(leds_data[i].gpio, 0);        //把第 i 个 GPIO 端口配置为低电平
        }
        else if(kbuffer[i]=='1')
        {
            //点亮第 i 个 LED：通过配置数据寄存器
            gpio_set_value(leds_data[i].gpio, 1);        //把第 i 个 GPIO 端口配置为高电平
        }
    }
    return count;
}
//驱动程序的移动文件读写位置函数，对应应用程序的 lseek 函数
static loff_t xxx_llseek(struct file *pfile, loff_t off, int whence)
{
    return off;
}
//驱动程序的关闭函数，对应应用程序的 close 函数
static int xxx_release(struct inode *pinode, struct file *pfile)
{
    return 0;
}
//驱动程序的打开函数，对应应用程序的 open 函数
static int xxx_open(struct inode *pinode, struct file *pfile)
{
    return 0;
}
//驱动程序的 I/O 控制函数，对应应用程序的 ioctl 函数
static long xxx_unlocked_ioctl(struct file *pfile,unsigned int cmd, unsigned long args)
{
    printk("line:%d, %s is call\n", __LINE__, __FUNCTION__);
    return 0;
}
//文件操作方法集合指针
static const struct file_operations xxx_fops=
{
    .open           = xxx_open,
    .release        = xxx_release,
    .read           = xxx_read,
    .write          = xxx_write,
    .llseek         = xxx_llseek,
    .unlocked_ioctl= xxx_unlocked_ioctl,
};

//定义杂项设备核心结构，并且初始化必要成员
static struct miscdevice xxx_device=
{
    .minor   =255,
    .name    =DEV_NAME,
    .fops    =&xxx_fops,
};
//模块初始化函数
```

```
static int __init dgeducation_rk3399_led_init(void)
{
	int ret=0,i;
	for(i=0;i<ARRAY_SIZE(leds_data);i++)
	{
		ret=gpio_request(leds_data[i].gpio, leds_data[i].name);
		if(ret<0)
		{
			printk("gpio_request error!\n");
			gotoerror_gpio_request;
		}
		gpio_direction_output(leds_data[i].gpio, 0);	//配置为输出方向，输出低电平
	}
	ret=misc_register(&xxx_device);			//注册杂项设备
	if(ret<0)
	{
		printk("misc_register error!\n");
		gotoerror_misc_register;
	}
	printk("device name:/dev/%s\r\n",DEV_NAME);
	return 0;
error_misc_register:
error_gpio_request:
	while(--i>=0)
	{
		gpio_free(leds_data[i].gpio);
	}
	return ret;
}
//模块卸载函数
static void __exit dgeducation_rk3399_led_exit(void)
{
	int	i;
	misc_deregister(&xxx_device);			//注销杂项设备
	for(i=0;i<ARRAY_SIZE(leds_data);i++)
	{
		gpio_set_value(leds_data[i].gpio, 0);		//设置为输出低电平
		gpio_direction_input(leds_data[i].gpio);	//配置为输入方向
		gpio_free(leds_data[i].gpio);			//释放 GPIO 端口
	}
}
module_init(dgeducation_rk3399_led_init);
module_exit(dgeducation_rk3399_led_exit);
MODULE_LICENSE("GPL");
MODULE_AUTHOR("dgeducation");
MODULE_DESCRIPTION("dgeducation	rk3399	led driver ");
```

2. LED 的应用程序

LED 驱动程序实现了 LED 的 read、write 方法，因此在应用程序中可以通过 write 函数控制 LED 的亮、灭，通过 read 函数获得 LED 的亮、灭状态。LED 的应用程序 app.c 代码清单如下所示：

```
#include<stdio.h>
#include<string.h>
#include<sys/types.h>
#include<sys/stat.h>
#include<fcntl.h>
#include<unistd.h>
#define	LED_NUM	1				//LED 数量
#define	DEFAULT_DEV_LED	"/dev/dgeducation_leds"	//默认打开的设备名
int main(int argc, char* argv[])
{
	unsigned int i=0;
	int ret, nr=0, fd;
	char save_buf[10]={0};				//存放数据使用
```

```
    //传递 1、0 表示对 LED 的控制命令，其中 1 表示 LED 亮，0 表示 LED 灭
    char t_buf[100]={'0','1'};                    //需要的 LED 状态是亮、灭、亮、灭
    fd=open(DEFAULT_DEV_LED, O_RDWR);
    if(fd<0)
    {
        perror("open error!");
        return -1;
    }
    //判断读取回来的结果
    for(i=0;;i++)
    {
        write(fd,&t_buf[i%2],1);              //写入 LED 的控制状态：亮、灭、亮、灭
        read(fd ,&save_buf,1);                //回读当前的 LED 状态
        if(save_buf[0]=='0')
            printf("led %d off!\n",0);
        else if(save_buf[0]=='1')
            printf("led %d on!\n",0);
        sleep(1);
    }
    close(fd);                                    //关闭文件
    return 0;
}
```

10.6.3 LED 读写测试步骤

① 进入源码目录，根据前面所学知识修改 Makefile 文件，其中重点是根据自己的内核源码路径和根文件系统路径修改 Makefile 文件的 KDIR 和 ROOTFS。

② 用 make 命令编译。

③ 启动 RK3399 开发板，在 Xshell 串口终端登录开发板的 Linux 系统。

④ 下载编译生成的驱动程序（drv_leds.ko 文件）和应用程序（app.c 文件）到开发板上。

⑤ 在 RK3399 开发板的 Xshell 串口终端使用 insmod 命令，安装 LED 驱动程序，并运行 LED 应用程序进行测试。

10.6.4 LED 读写测试结果

观察开发板上的 LED 状态，LED 会以 1s 频率闪烁，这时按下 Ctrl+C 键，可以中止当前运行的应用程序。

```
root@ lai-arm-machine: #cd /home/
root@ lai-arm-machine:/home# insmod drv_leds.ko
root@ lai-arm-machine:/home# ./app
led 0 off!
led 0 on!
...
```

10.7 Linux 按键中断编程

在嵌入式程序开发中，无论是单片机裸机编程还是 Linux 系统驱动程序开发，中断编程都非常重要。对硬件的访问，使用中断方式来编写驱动程序可以最大限度地解放 CPU，提高 CPU 的综合运行效率。本节介绍 Linux 系统中如何使用中断方式来访问硬件。

10.7.1 中断驱动编程基础

1. Linux 中断基础

在 Cortex-M4 开发中，CPU 硬件中断支持嵌套，但是 Linux 系统中内核不支持中断嵌套，

它没有提供配置中断优先级的 API 函数。Cortex-M4 系列处理器的中断控制器一般都使用 NVIC 控制器，每个外设都有一个中断入口，而 ARM9/Cortex-A 系列处理器的中断控制器不是 NVIC 控制器，而是 GIC 控制器（简称通用中断控制器），所有外设中断分为两类：FIQ、IRQ，其中 IRQ 称为普通中断，FIQ 称为快速中断，所有的片上外设中断都公用一个入口，入口的中断处理函数是内核实现的，不需要用户自己编写，用户只需要编写一个普通函数，该函数的原型是固定的，并且有参数、有返回值，该函数会被 IRQ 中断服务程序调用。

2．Linux 中断顶半部和底半部

为保证系统的实时性，中断服务程序必须足够短，但在实际编程中，当发生中断时必须处理大量的事务，这时如果都在中断服务程序中完成、Linux 内核又不支持中断嵌套的情况下，其他硬件中断无法响应，这会严重降低系统的实时性。为了解决这个问题，Linux 系统提出了一个新概念，把中断服务程序划分为顶半部和底半部两部分。

① 中断顶半部：执行耗时短、紧急的代码，并且登记、启动中断底半部代码。

② 中断底半部：发生中断时可以推后执行的非紧急代码，即发生中断时必须要执行的耗时代码，但这个代码是可推后执行又不会出现异常的代码。

10.7.2 Linux 内核中断 API 函数

Linux 系统中有专门的中断子系统，其实现原理非常复杂，开发者在初级阶段可以不深究其实现的具体细节，但应熟悉如何使用该子系统提供的 API 函数来编写中断相关驱动代码。中断常用的 API 函数如下所示。

（1）request_irq 函数

```
/*
函数头文件：linux/interrupt.h
函数原型：int   request_irq(unsigned int irq, irq_handler_t handler,
                          unsigned long flags, const char *name,void *dev)
函数功能：向内核注册一个中断服务函数，当发生中断号为 irq 的中断时，会执行 handler 指针。
函数参数：irq，中断编号（每个中断源有唯一的编号）。
          handler，中断服务函数指针，原型为 typedef   irqreturn_t(*irq_handler_t)(int,void *)
          flags，中断属性，如快中断、共享中断，外部中断还有上升沿、下降沿触发中断这类标志。
          name，中断名字，注册后会在/proc/irq/irq/ name 文件夹中出现。
          dev，传递给中断服务函数的参数。对共享中断来说，该参数是必需的，当注销共享中断中的其中一
          个时，用来标识要注销哪一个；对于有唯一入口的中断，可以传递 NULL，但是一般来说都会传递
          一个有意义的指针在中断服务程序中使用，以方便编程。
函数返回值：0，表示成功；-EINVAL，表示中断号无效；-EBUSY，表示中断已经被占用。
*/
```

（2）free_irq 函数

```
/*
函数头文件：linux\interrupt.h
函数原型：void free_irq(unsigned int irq,void *dev_id)
函数功能：从内核中断链表上删除一个中断。
函数参数：irq，中断编号；dev_id，和 request_irq 函数的最后一个参数 dev 相同。
函数返回值：无。
*/
```

（3）disable_irq、disable_irq_nosync 函数

```
/*
函数原型：void disable_irq(unsigned int irq)
          void disable_irq_nosync(unsigned int irq)
函数功能：关闭指定的中断。
函数参数：irq，中断号。
函数返回值：无。
备注：disable_irq 函数不能在中断服务程序中调用来禁止本中断。
*/
```

（4）enable_irq 函数

```
/*
函数原型：void enable_irq(unsigned int irq)
函数功能：使能指定的中断。
函数参数：irq，中断号。
函数返回值：无
*/
```

10.7.3 RK3399 虚拟中断编号

request_irq 函数中的中断编号 irq 是 CPU 数据手册上描述的中断编号经过映射后的编号，这个编号和物理上的中断编号有一定的关系，但并不相同。

RK3399 内核源码引入了 DTS 方式来描述设备信息，对于所有的片上外设，中断编号都已经在其对应的 DTS 文件中配置完成，一般不需要自己去计算虚拟中断编号 irq。在 arch\arm64\boot\dts\rockchip\rk3399.dtsi 文件中可以看到各种外设都已经配置了中断编号属性，对于外部中断，Linux 内核通过 gpio_to_irq 函数把 GPIO 编号转换为中断编号。

10.8 Linux GPIO 按键中断驱动

下面以 RK3399 开发板上的 GPIO 按键为实现对象，编写配套驱动程序及应用程序，编译后在 RK3399 开发板上使用 insmod 命令安装到 Linux 系统中，并且运行配套的应用程序，应用程序通过调用驱动程序获得按键的状态。

10.8.1 硬件原理图分析

RK3399 开发板上定义了一个连接 GPIO 的按键，如图 10.3 所示。按键分别连接在 GPIO0_A5 引脚和 GND 引脚上，按键按下去时为低电平，松开时为高电平。

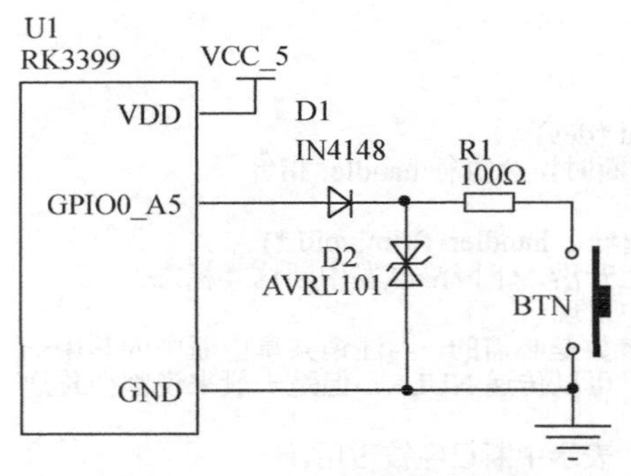

图 10.3 按键中断硬件原理图

10.8.2 按键中断服务程序的实现

对于按键驱动程序的编写，在字符设备驱动模板的基础上添加中断注册和中断服务函数，而 struct file_operations 文件操作方法接口只需要实现 read 接口，因为只需要获取按键按下或松开的状态，并不需要代码控制按键。

1．按键中断驱动程序

按键中断驱动程序 drv_btn.ko 代码如下所示：

```
#include<linux/module.h>
#include<linux/fs.h>
#include<linux/miscdevice.h>
#include<asm/uaccess.h>
#include<linux/interrupt.h>
#include<linux/irq.h>
#include<linux/gpio.h>
#include<linux/slab.h>
#define LEDS_MINOR      255
#define DEVICE_NAME     "dgeducation-buttons"
#ifndef ARRAYSIZE
#define ARRAYSIZE(a)    (sizeof(a)/ sizeof(a[0]))       //计算按键数组元素个数
```

```
#endif
//使用面向对象思想设计按键，把一个按键信息进行封装
struct key_info
{
        int id;                         //按键编号
        int   gpio;                     //统一的 GPIO 编号
        unsigned long flags;            //触发方式
        char *name;                     //按键名
        int   irq;                      //中断编号
};
//实例化对象
static struct key_infokeys[]=
{
        [0]={
                .id=0,
                .gpio=5,
                .flags=IRQF_TRIGGER_FALLING | IRQF_TRIGGER_RISING,
                .name="key-0",
        },
        //或者{0,5,IRQF_TRIGGER_FALLING | IRQF_TRIGGER_RISING,"key-0"}
};
//按键数量，在模块初始化函数中进行计算
static int key_size;
//按键缓冲区，一个元素存放一个按键值，1 表示按下，0 表示松开
//在模块的初始化函数中分配缓冲区空间
static char *keys_buf;
//按键中断函数，设置了双边触发，按下和松开都会进入这个函数
irqreturn_t btns_irq_handler(int irq,void *devid)
{
        int s;
        struct key_info *pdata=(struct key_info *)devid;
        //printk("id:%d,name:%s,irq:%d\r\n",pdata->id,pdata->name,pdata->irq);
        //检测当前的电平状态
        s=!gpio_get_value(pdata->gpio);  //按下是低电平
        keys_buf[pdata->id]='0' + s;     //保存状态
        return IRQ_HANDLED;
}
static ssize_t xxxx_read(struct file *pfile, char _ _user *buf, size_t count, loff_t * off)
{
        int ret=0;
        //检测用户空间传递来的参数是否合法，并尝试对参数进行修正
        if(count >key_size)
        {
                count=key_size;
        }
        if(count==0)
        {
                return 0;
        }
        //准备数据，但是按键数据在中断中实时更新，不需要在这里读取
        //复制数据到用户空间
        ret=copy_to_user(buf, keys_buf, count);
        if(ret)
        {
                printk("error copy_to_user!");
                ret=-EFAULT;
                gotoerror_copy_to_user;
        }
        return count;
error_copy_to_user:
        return ret;
}
static const struct file_operations dev_fops=
{
```

```
        .read = xxxx_read,
        .owner= THIS_MODULE,
};
static struct miscdevice xxx_device=
{
        .minor=LEDS_MINOR,  //次设备号
        .name=DEVICE_NAME,  //设备名
        .fops=&dev_fops,  //文件操作方法
};
static int _ _init dgeducation_btn_init(void)
{
        int i,ret;
        //计算按键数量
        key_size=ARRAY_SIZE(keys);
        //分配按键缓冲区
        keys_buf=kzalloc(key_size, GFP_KERNEL);
        if(keys_buf==NULL)
        {
                return   -EFAULT;
        }
        //循环注册中断
        for(i=0; i<key_size; i++)
        {
                keys[i].irq=gpio_to_irq(keys[i].gpio);
                if(keys[i].irq<0)
                {
                        printk("error request_irq!\r\n");
                        gotoerror_gpio_to_irq;
                }
                printk("irq:%d\r\n",keys[i].irq);
                //传递每个按键结构变量地址，发生中断时可以通过参数取得
                ret= request_irq(keys[i].irq, btns_irq_handler, keys[i].flags, keys[i].name,(void *)&keys[i]);
                if(ret<0)
                {
                        printk("error request_irq!\r\n");
                        gotoerror_request_irq;
                }
        }
        ret=misc_register(&xxx_device);                         //注册杂项设备
        if(ret<0)
        {
                printk("error misc_register!\r\n");
                gotoerror_misc_register;
        }
        return 0;
error_misc_register:
error_request_irq:
        while(--i>=0){
                free_irq(keys[i].irq,(void *)&keys[i]);         //注销中断
        }

        kfree(keys_buf);                                        //释放按键缓冲区空间
error_gpio_to_irq:
        return ret;
}
static void __exit dgeducation_btn_exit(void)
{
        int i=key_size;
        while(--i>=0)
        {
                free_irq(keys[i].irq,(void *)&keys[i]);         //注销中断
        }
        misc_deregister(&xxx_device);                           //注销杂项设备
        kfree(keys_buf);                                        //释放按键缓冲区空间
```

```
}
module_init(dgeducation_btn_init);
module_exit(dgeducation_btn_exit);
MODULE_LICENSE("GPL");
MODULE_AUTHOR("DG");
MODULE_DESCRIPTION("RK3399 buttons driver test!");
```

2. 按键中断应用程序

应用程序打开按键设备文件，读取按键状态，当按键状态发生变化时，在终端上输出当前的按键状态。按键中断应用程序 app_btn.c 代码如下所示：

```
#include<stdio.h>
#include<stdlib.h>
#include<string.h>
#include<sys/types.h>
#include<sys/stat.h>
#include<fcntl.h>
#include<unistd.h>
#include<sys/ioctl.h>
#include<sys/types.h>
#include<errno.h>//全局变量 errno
#include<poll.h>
#include<sys/select.h>
#include<sys/time.h>
#include<sys/types.h>
#include<unistd.h>
#define   BTN_SIZE        1                                      //按键数量
#define   DEV_NAME      "/dev/dgeducation-buttons"      //默认设备名
int main(int argc, char *argv[])
{
      int fd, ret, i;
      const char *devname;
      unsigned char pre_buf[BTN_SIZE+1],recv_buf[BTN_SIZE+1];
      memset(pre_buf,'0',BTN_SIZE);
      memset(recv_buf,0,BTN_SIZE);
      //参数检测，根据参数设置设备名
      if(argc==1)
      {
            devname=DEV_NAME;
      }
      else if(argc==2)
      {
            devname=argv[1];
      }
      else
      {
            printf("Usage:%s devname\r\n", argv[0]);
            return 0;
      }
      fd=open(devname, O_RDWR);
      if(fd<0)
      {
            perror("open");
            return -1;
      }
      //本次读取状态和上次状态对比，不同说明变化，再根据本次读取到的状态判断是松开还是按下
      while(1)
      {
            ret=read(fd, recv_buf, BTN_SIZE);    //读取按键数据
            if(ret<0 ){
                  if( errno !=EAGAIN){
                        perror("read");
                        exit(-1);
                  }else {
```

```
                continue;
            }
        }
        //只在状态发生变化时才输出
        for(i=0; i<BTN_SIZE; i++)
        {
            //分别判断每一个按键状态是否发生变化
            if(recv_buf[i] !=pre_buf[i]){
                //更新当前状态为上一次状态
                pre_buf[i]=recv_buf[i];
                //判断这次变化是按下还松开
                if(recv_buf[i]=='1'){
                    printf("K%d is press!\r\n", i + 1);
                } else {
                    printf("K%d is up!\r\n", i + 1);
                }
            }
        }
    }
    return 0;
}
```

10.8.3　按键中断测试步骤

① 进入源码目录，根据前面所学知识修改 Makefile 文件，其中重点是根据自己的内核源码路径和根文件系统路径修改 Makefile 文件的 KDIR 和 ROOTFS。

② 用 make 命令编译。

③ 启动 RK3399 开发板，在 Xshell 串口终端登录开发板的 Linux 系统。

④ 下载编译生成的驱动程序（drv_btn.ko 文件）和应用程序（app_btn 文件）到开发板上。

⑤ 在 RK3399 开发板的 Xshell 串口终端使用 insmod 命令，安装按键中断驱动程序，并运行按钮中断应用程序进行测试。

10.8.4　按键中断测试结果

观察 Xshell 串口终端的输出信息，按下 Ctrl+C 键，可以中止当前运行的应用程序。

```
root@ lai-arm-machine: #cd /home/
root@ lai-arm-machine:/home# insmod drv_btn.ko
root@ lai-arm-machine:/home# ./app-btn
K1 is press !
led is up !
...
```

思考题及习题

10.1　详细描述主设备号、次设备号的用途。

10.2　写出初始化 LED1、LED2、LED3、LED4 对应 I/O 引脚的驱动代码。

10.3　编写一个综合应用程序分别调用 LED 驱动程序和按键驱动程序，实现按键控制 LED 的亮、灭。

10.4　编写一个 AT24C02 和 UART 设备驱动，一般需要实现哪些文件操作接口？

第 11 章　嵌入式 Linux Qt 应用开发

嵌入式 Linux 系统因其功能强大、易于移植而被广泛采用，但其内核本身并没有存储人机交互的图形界面，用户一般都是通过字符界面、命令与设备进行交互的，这种命令操作对于普通用户来说要求太高，而且易用性差，在实际中希望嵌入式产品能够拥有和 PC 或智能手机一样简单、易用的人机交互界面，即图形用户界面（GUI）。GUI 拥有人性化、直观性、易用性等特征，使用 GUI 已经成为人与设备沟通的主要方式，嵌入式产品的 GUI 实现一般都涉及显示设备和输入设备。显示设备一般指产品上的 LCD 屏，用于显示图形界面信息，输入设备一般采用触摸屏，它是贴在 LCD 屏上的一个设备，用于触控操作。当然，输入设备还有如鼠标、键盘等。

Linux 系统中提供了多种功能强大的第三方 GUI 库，我们可以把它移植到嵌入式 Linux 系统中，使用 GUI 库的 API 函数来实现复杂的 GUI 设计。Linux 系统中常见的 GUI 库有 Qt/Embedded、MicroWindows、OpenGUI、MiniGUI 和 AWTK 等，本章主要介绍目前流行的嵌入式 Qt 软件在 RK3399 开发板上的应用。

11.1　Linux 系统安装 Qt 软件

11.1.1　Qt 软件下载

Qt 软件可以从 Qt 的官方网站上下载，网址可以通过搜索引擎搜索“qt 官方下载”关键字就可以找到。本书下载 Qt 软件安装包 qt-opensource-linux-x64-5.12.0.run 进行安装、测试，如图 11.1 所示。

Name	Last modified	Size	Metadata
Parent Directory		-	
submodules/	05-Dec-2018 09:39	-	
single/	05-Dec-2018 09:47	-	
qt-opensource-windows-x86-5.12.0.exe	05-Dec-2018 09:51	2.8G	Details
qt-opensource-mac-x64-5.12.0.dmg	05-Dec-2018 09:48	3.2G	Details
qt-opensource-linux-x64-5.12.0.run	05-Dec-2018 09:45	1.3G	Details
md5sums.txt	05-Dec-2018 09:55	207	Details

图 11.1　Qt 软件下载

11.1.2　安装 Qt Creator

1．进入程序目录，增加执行权限

把下载好的 qt-opensource-linux-x64-5.12.0 程序复制到 Ubuntu 系统中，打开命令终端，给它增加执行权限，如下所示：

```
lai@lai-machine:~/work/source$ ls
qt-opensource-linux-x64-5.12.0.run
lai@lai-machine:~/work/source$ chmod +x qt-opensource-linux-x64-5.12.0.run
```

2．运行安装程序

在命令终端中输入：

```
lai@lai-machine:~/work/source$ ./qt-opensource-linux-x64-5.12.0.run
```

安装启动界面如图 11.2 所示。

单击 Next 按钮，进入安装账号设置，如图 11.3 所示。

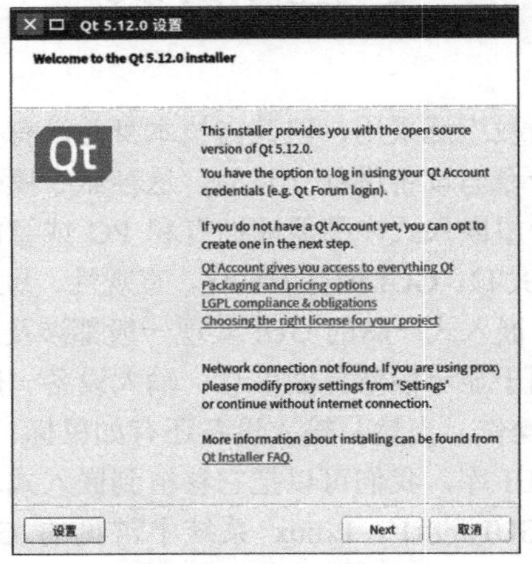

图 11.2　安装启动界面

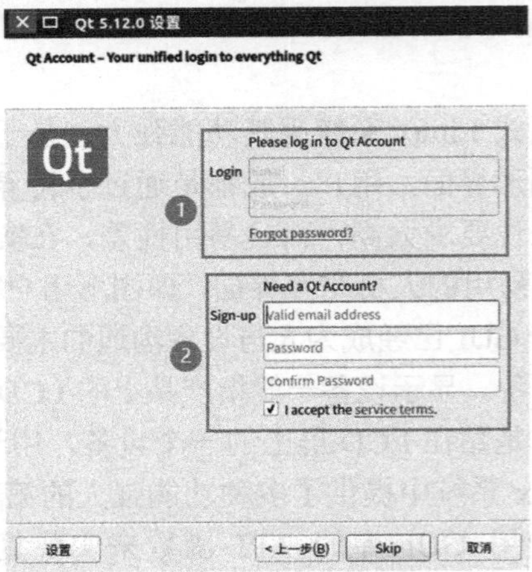

图 11.3　安装账号设置

注意：这一步须确保 Ubuntu 系统是可以联网的，因为需要登录 Qt 账号才可以完成安装。如果已经有了 Qt 账号，则在图 11.3 的①中输入账号和密码，单击 Next 按钮进行下一步操作；如果没有 Qt 账号，则在图 11.3 的②中注册一个新账号，这个新账号的邮箱必须是真实的，且设定一个复杂的 Qt 账号密码，否则会提示不合法，单击 Next 按钮进入下一步。Qt 系统会将用户信息发送到上面所填写的邮箱，用户可根据邮件中的提示完成注册，如图 11.4 所示。

然后输入前面设置的账号和密码进行登录测试，如图 11.5 所示。

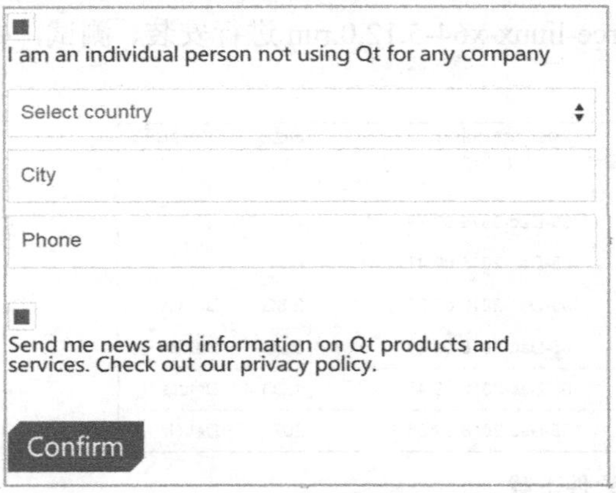

图 11.4　Qt 账号确认界面

图 11.5　登录界面

注册、登录成功后，单击“下一步”按钮，进入安装路径设置，一般不建议修改安装路径，如图 11.6 所示。

单击“下一步”按钮，进行安装组件的选择设置，如图 11.7 所示。

最后，单击“完成”按钮，安装完成，如图 11.8 所示。

3. 安装完成其他插件

打开 Qt Creator，单击打开模拟时钟工程，如图 11.9 所示。

在弹出的帮助文件中关闭它，如图 11.10 所示。

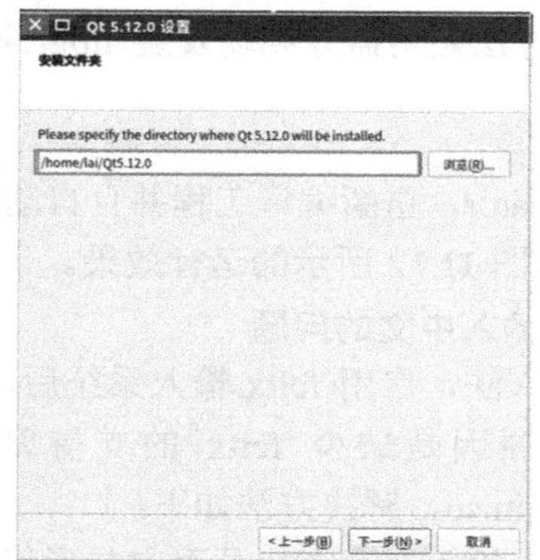

图 11.6　安装路径设置

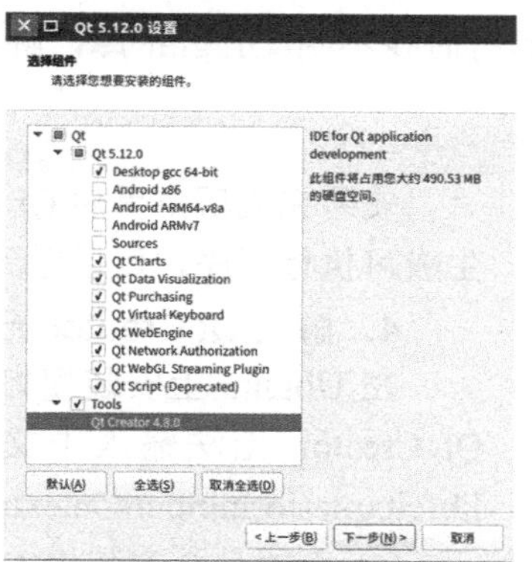

图 11.7　安装组件设置

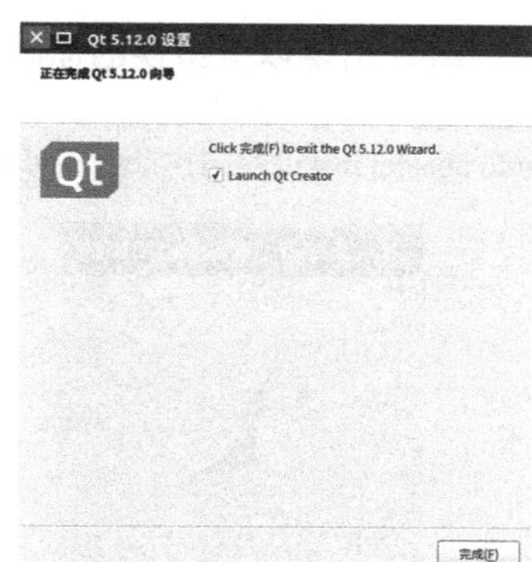

图 11.8　安装完成

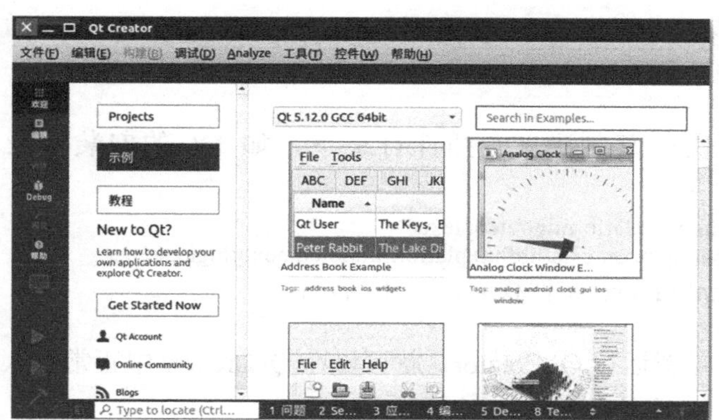

图 11.9　模拟时钟工程

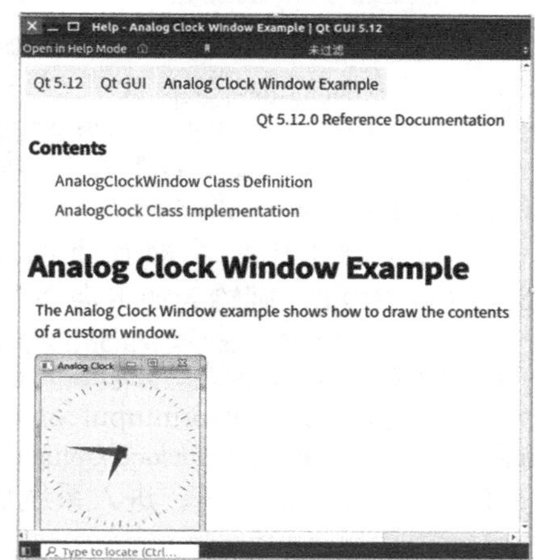

图 11.10　模拟时钟工程帮助文件

完成工程配置，单击编译工程，如图 11.11 所示。

图 11.11　编译工程

这时，可能会出现如下错误：

```
compilation terminated.
...
../../../../5.12.0/gcc_64/include/QtGui/qopengl.h:141:22: fatal error: GL/gl.h: No such file or directory
compilation terminated.
make: *** [rasterwindow.o] Error 1
make: *** Waiting for unfinished jobs...
make: *** [main.o] Error 1
```

编译出现以上错误的原因是运行时找不到 GL/gl.h 库，解决方法是用命令终端安装 libgl1-mesa-dev 库，如下所示：

```
sudo apt-get install libgl1-mesa-dev -y
```

安装完成后，重启 Qt Creator，重新编译工程并且自动生成可执行程序，可以看到如图 11.12 所示的运行效果。

图 11.12　模拟时钟运行效果

4．解决 Qt Creator 无法输入中文的问题

在 Ubuntu 上安装搜狗输入法，启用 fcitx 输入系统后，Qt Creator 无法输入中文，原因是缺少 fcitx 的支持库 libfcitxplatforminputcontextplugin.so，解决方法如下：

① 查找是否安装相关库。输入命令查找是否安装了相关的库，如果有类似以下内容输出，则表示系统已经安装了输入法插件，如下所示：

```
$ dpkg -L fcitx-frontend-qt5 | grep .so
$ cp/usr/lib/x86_64-linux-gnu/qt5/plugins/platforminputcontexts/libfcitxplatforminputcontextplugin.so
```

如果没有，则下载安装相关库，如下所示：

```
sudo apt-get install fcitx-frontend-qt5
```

② 将步骤①中所示路径下的库文件复制到 Qt 插件目录下，如 Qt 的安装目录是 /home/lai/Qt5.12.0，则输入如下命令：

```
$ cd /home/lai/Qt5.12.0/Tools/QtCreator/lib/Qt/plugins/platforminputcontexts/
$ cp/usr/lib/x86_64-linux-gnu/qt5/plugins/platforminputcontexts/libfcitxplatforminputcontextplugin.so ./
```

③ 修改 libfcitxplatforminputcontextplugin.so 文件权限，如下所示：

```
$ chmod +x libfcitxplatforminputcontextplugin.so
```

④ 重启 Ubuntu 系统，进入系统后重新运行 Qt Creator，就可以在 Qt Creator 中正常输入中文了。

11.1.3　安装格式化工具

Qt Creator 可安装第三方代码格式化工具，使用第三方代码格式化工具可以让代码排版更规范、标准。本节介绍 Qt Creator 中集成的 Artistic Style 格式化工具来实现代码的自动格式化排版。

1．Artistic Style 下载

开发者可以根据自己的系统选择合适的格式化插件版本，Artistic Style 可以通过搜索引擎搜索“Artistic Style”即可找到，如图 11.13 所示。

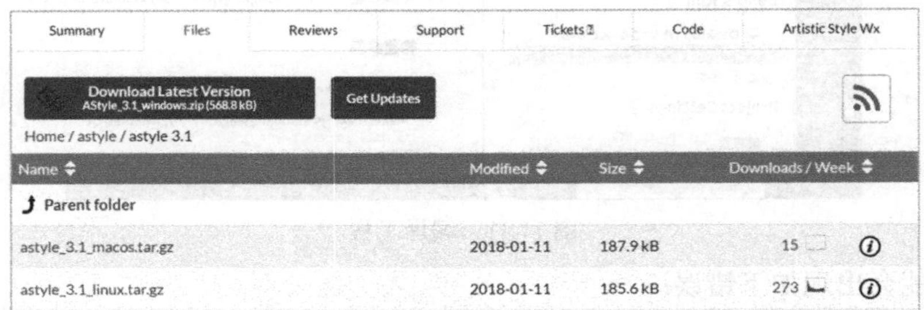

图 11.13　Artistic Style 下载页面

2．编译生成 Artistic Style 格式化程序

将 astyle_3.1_linux.tar.gz 复制到 Linux 用户的 Home 目录中进行解压，使用 cd 命令进入解压出来的 Artistic Style 源码目录的 build/gcc 目录，输入 make 命令进行编译，然后输入 sudo make install 进行安装，最后可以看到软件被安装到/usr/bin 目录中，如下所示：

```
lai@lai-machine:~$ cd astyle/build/gcc
lai@lai-machine:~/astyle/build/gcc$ make
lai@lai-machine:~/astyle/build/gcc$ sudo make install
[sudo] lai 的密码：
install -o root -g root -m 755 -d /usr/bin
install -o root -g root -m 755 -d /usr/share/doc/astyle
```

3．Qt Creator 中添加格式化插件

（1）使能 Beautifier 插件

打开 Qt Creator，单击帮助→关于插件→C++选项，勾选 Beautifier(experimental)，然后单击“关闭”按钮。使能 Beautifier 插件界面如图 11.14 所示。

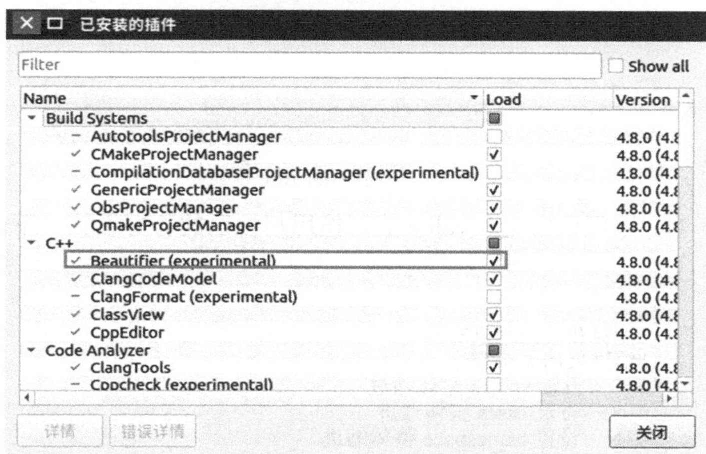

图 11.14　使能 Beautifier 插件界面

（2）设置代码格式化

打开工具→选项→Beautifier，Beautifier 插件的具体设置如图 11.15 所示。

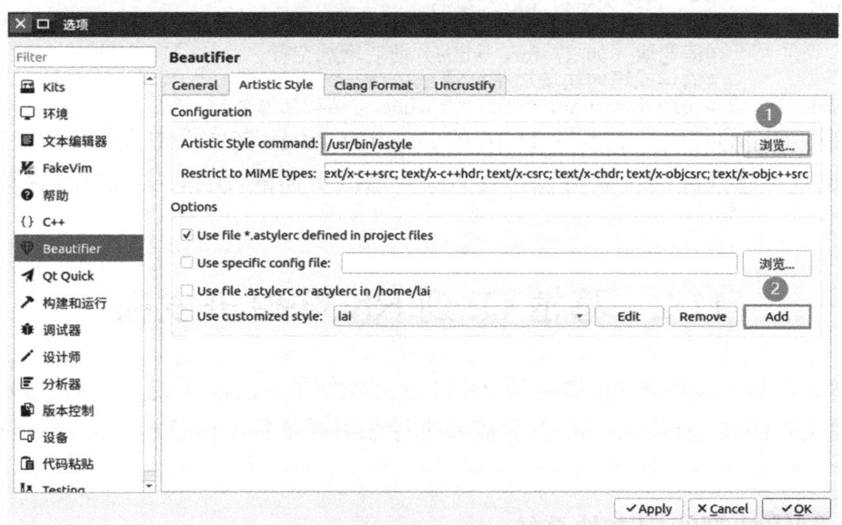

图 11.15　Beautifier 插件的具体设置

单击 Add 按钮，进入如图 11.16 所示界面。

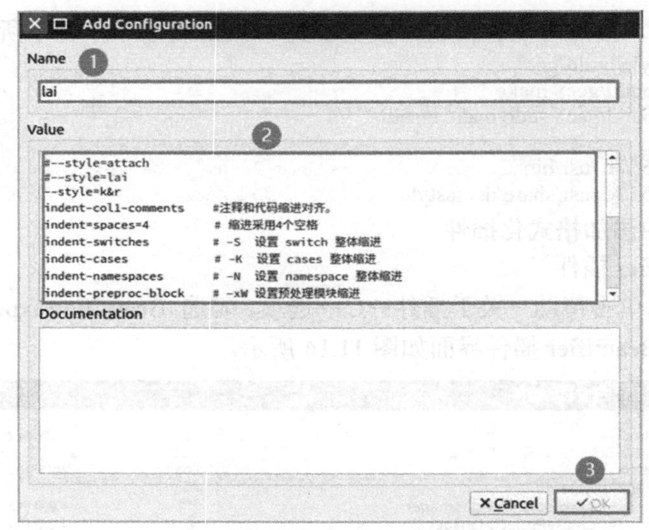

图 11.16　Beautifier Add 配置

在图 11.16 中，Name 可以自定，Value 值可按用户自己的喜好设置，下面给出一些例子：

```
#--style=attach
#--style=lai
--style=k&r
indent-col1-comments        #注释和代码缩进对齐
indent=spaces=4             #缩进采用 4 个空格
indent-switches             # -S  设置 switch 整体缩进
indent-cases                # -K  设置 cases 整体缩进
indent-namespaces           # -N  设置 namespace 整体缩进
indent-preproc-block        # -xW  设置预处理模块缩进
indent-preproc-define       # -w  设置宏定义模块缩进
pad-oper                    # -p  操作符前后填充空格
delete-empty-lines          # -xe  删除多余空行
add-braces                  # -j  单行语句加上花括号
align-pointer=name          # *、&这类字符靠近变量名
#align-pointer=type         *、&这类字符靠近类型
break-blocks                #语句块（如 if，for，while）前后增加空行
add-braces                  #语句或语句块增加花括号
attach-closing-while        #使用 do-while 语句时，将 while 与结束括号放同一行
```

可以直接将上面的代码复制到图 11.16 的 Documentation 文本框中进行保存。当然，Artistic Style 有很多选项，感兴趣的读者可以自行查阅，修改上面的配置，实现自己喜欢的代码格式风格。

11.2　移植 Qt 到 RK3399 开发板

本节讲述如何将开源版本 Qt 移植到 RK3399 开发板的 Linux 系统上。RK3399 开发板使用触摸屏来实现交互操作，因此在移植 Qt 前需要进行触摸屏插件库的移植，然后移植 Qt 到 RK3399 开发板上。

11.2.1　制作精简的根文件系统

在嵌入式 Linux 产品中，如果不需要安装庞大的 Ubuntu 系统，可以使用 busybox 制作一个精简根文件系统然后将其打包为 ext4 格式的根文件系统，并下载到开发板以替换出厂时系统中的根文件系统的映像文件，U-Boot 和 Kernel 映像文件不需要替换。使用这个精简的根文件系

统，就可以在上面移植 Qt，编写图形界面程序。

（1）复制精简根文件系统到 Ubuntu 系统

把本节配套资料（可到华信教育资源网 www.hxedu.com.cn 上下载）的 rootfs-busybox-snd-ok-rk3399.tar.bz2 压缩包和 make-rootfs.sh 复制到 Ubuntu 系统的工作目录下（保持它们在同级目录下），这里复制到~/work/nanopc-t4 目录下（即用户 Home 目录下的 work/nanopc-t4）。

（2）解压精简根文件系统压缩包

```
$ cd ~/work/nanopc-t4/
$ tar xf rootfs-busybox-snd-ok-rk3399.tar.bz2
```

解压完成后，会在当前目录得到名为 rootfs 的目录，该文件夹就是做好的精简根文件系统，其完整路径是~/work/nanopc-t4/rootfs。要记住这个目录，后面的操作会使用到。

（3）给打包脚本增加可执行权限

```
$ chmod +x make-rootfs.sh
```

（4）打包根文件系统生成映像文件

使用复制的打包脚本，可以很轻松地把 rootfs 文件夹内的文件打包为 ext4 格式的根文件系统，操作如下：

```
$ ./make-rootfs.sh rootfs
…
[sudo] edu118 的密码：          #此处需要输入用户密码，因为需要临时提升权限
…
```

执行完成后，会在当前目录生成一个 Image-rk3399-rootfs 文件夹，其中存放着生成的根文件系统映像文件 linux-rootfs.img，操作如下所示：

```
$ ls                                       #查看当前文件夹中的文件情况
Image-rk3399-rootfs    make-rootfs.sh rootfs
$ ls Image-rk3399-rootfs/                  #查看生成的根文件系统映像文件
linux-rootfs.img
```

接下来，将根文件系统映像文件复制到 Windows 共享目录中（也可以单击鼠标右键进行复制操作，然后粘贴到 Windows 系统中）：

```
$ cp Image-rk3399-rootfs/ /mnt/hgfs/rk3399/ -rf
```

说明：上面命令中的/mnt/hgfs/rk3399/是 Windows 共享目录路径，用户请根据自己的实际情况进行修改。

（5）下载根文件系统映像文件到开发板

下载做好的根文件系统映像文件到开发板上，方法和 9.1.2 节中介绍的方法相同，不过仅需更新其中 rootfs 部分的固件即可，详细过程不再赘述。

连接好开发板，并且使用 Type-C 数据线把开发板和计算机相连，打开 Android Tool 工具，同时按下开发板上的复位键和恢复键，然后先松开复位键，2s 后松开复位键，让开发板进入 Loader 模式。

注意：启动 AndroidTool 工具，默认选项可能没有图 11.17 中的 rootfs 选项，用户需要自己先增加这一栏，再单击“设备分区表”按钮。

读取完分区表后，勾选 rootfs 栏前面的复选框，并且单击该栏右边的空格，加载上面做好的根文件系统映像文件，最后单击“执行”按钮开始下载根文件系统，如图 11.18 所示。

下载好根文件系统后，系统自动重启，在开发板的串口终端上输入用户名和密码登录开发板，然后使用命令和开发板进行交互。

```
输入几次回车……
edu118 login: root               # 输入 root 用户名
Password:                        # 输入 root 用户密码，配套的系统是 123456
login[233]: root login on 'console'
[root@edu118 ~]#                 # 密码正确，就可以成功登录
```

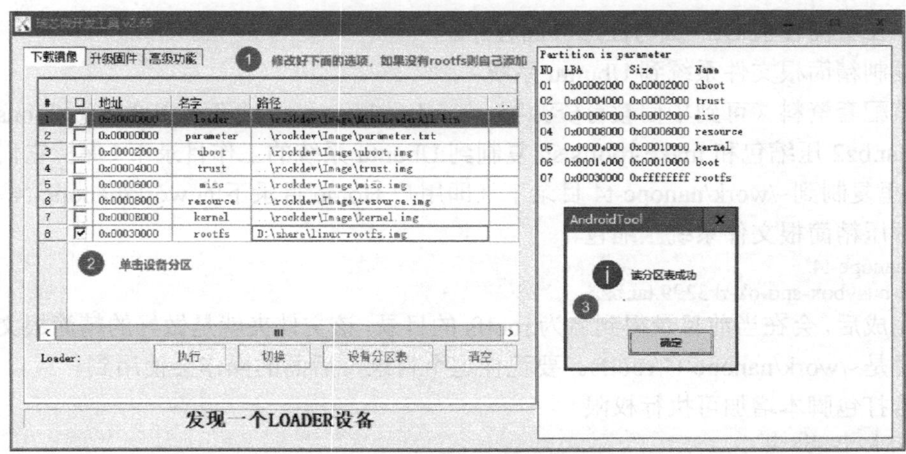

图 11.17　AndroidTool 读取分区表

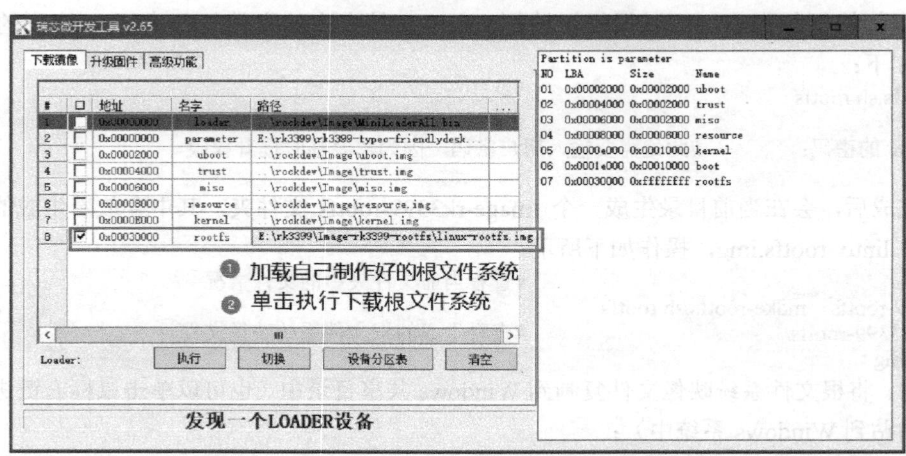

图 11.18　AndroidTool 加载根文件系统映像文件

特别说明：使用 busybox 制作的精简根文件系统，进入后开发板的 LCD 屏上没有图形显示。图形显示需要我们编写应用程序，应用程序运行后，结果就会显示在开发板的 LCD 屏上。

11.2.2　移植 tslib 库到 RK3399 开发板

（1）下载 tslib 库源码

tslib 库源码可以在其官网上下载，在搜索引擎里直接搜索“tslib”，即可以找到其官网。本节下载其中的一个版本 tslib-1.20.tar.gz，将其复制到 Linux 系统中解压，如下所示：

```
lai@lai-machine:~/work/source/tslib-1.20$ ls
tslib-1.20.tar.bz2
lai@lai-machine:~/work/source/tslib-1.20$ tar -xf tslib-1.20.tar.bz2
lai@lai-machine:~/work/source/tslib-1.20$ cd tslib-1.20/
```

（2）安装 autoconf 软件包

Ubuntu 系统移植 tslib 库前需要安装 autoconf 软件包，如果没有安装 autoconf，在配置./autogen.sh 时会报错，如下所示：

```
lai@lai-arm-machine:~/work/source/tslib-1.20$    ./autogen.sh
./autogen.sh: 4: ./autogen.sh: autoreconf: not found
```

解决方法是安装对应的库，如下所示：

```
lai@lai-arm-machine:~/work/source/tslib-1.20$ sudo apt-get install autoconf
```

（3）配置 tslib 库

配置 tslib 库，在命令终端中输入如下内容：

```
lai@lai-machine:tslib-1.20$ ./autogen.sh
...
lai@lai-arm-machine:tslib-1.20$ ./configure \
--prefix=/opt/tslib \
--host=aarch64-linux-gnu \
--enable-static --enable-shared \
CC=aarch64-linux-gnu-gcc \
CPP="aarch64-linux-gnu-gcc -E"
```

（4）安装 tslib 库

由于交叉编译器的环境变量是在普通用户的~/.bashrc 文件中导出的，只在当前用户环境下才有效，当使用 sudo 后就会找不到编译器，因此可以给 sudo 设置一个别名，让它可以携带当前用户的环境变量。要注意的是，该命令只对当前命令终端临时生效，如下所示：

```
lai@lai-arm-machine:tslib-1.20$ alias sudo='sudo env PATH=$PATH'
```

执行编译和安装命令：

```
lai@lai-arm-machine:tslib-1.20$ make -j8
lai@lai-arm-machine:tslib-1.20$ sudo make install
```

注意：由于在普通用户下操作，安装到/opt 目录需要有 root 权限，因此执行安装命令时前面需要添加 sudo 以临时提升权限。

经过这一步，tslib 库会被安装到/opt/tslib 下。

（5）修改 tslib 库配置文件内容

把/opt/tslib/etc/ts.conf 的内容全部删除，如下所示：

```
module_raw input
module pthrespmin=1
module variance delta=30
module dejitter delta=100
module linear
```

当然，也可以直接使用命令来修改文件内容，操作如下：

```
tslib-1.20$ sudo sed -i s/'# module_raw input'/'module_raw input'/g/   opt/tslib/etc/ts.conf
```

（6）将生成的 tslib 库相关文件复制到开发板的根文件系统中

把编译生成的/opt/tslib 文件夹复制到根文件系统 opt 目录中，此处~/work/nanopc-t4/rootfs 是根文件系统路径，用户可根据实际情况进行修改，如下所示：

```
lai@lai-arm-machine:tslib-1.20$ cp /opt/tslib   ~/work/nanopc-t4/rootfs/opt/ -rf
```

（7）设置 tslib 库的系统环境变量

首先启动开发板，然后在开发板的串口终端中输入命令以确认触摸屏设备，如下所示：

```
[root@lai-arm-machine~]# cat /proc/bus/input/devices
I: Bus=0018 Vendor=dead Product=beef Version=28bb
N: Name="goodix-ts"
P: Phys=input/ts
S: Sysfs=/devices/virtual/input/input1
U: Uniq=
H: Handlers=event1 cpufreqdmcfreq
```

在输出信息中找到包含 Name 值为“goodix-ts”的一组设备信息（注意，不同开发板，触摸屏的名称可能不一样，请确认自己使用的开发板对应的触摸屏名称），查看“Handlers”值中“event”后面的数字，由输出信息可知该开发板的触摸屏设备是/dev/input/event1，用户可根据自己的实际情况修改后面的配置内容。

接下来在虚拟机的 Ubuntu 系统中操作，在前面解压出的根文件系统 rootfs 文件夹的 opt/目录中创建 tslib-env.sh 文件，如下所示（如不熟悉 Vim，也可以使用 gedit 编辑器）：

```
$ vim ~/work/nanopc-t4/rootfs/opt/tslib-env.sh
```

注意：~/work/nanopc-t4/rootfs/是此处的根文件系统路径，用户可根据实际情况进行修改，并添加以下内容：

```
#!/bin/sh
#注意：event1 是此系统中触摸屏的设备名称，可根据实际情况修改
export TSLIB_TSDEVICE=/dev/input/event1
#注意：/opt/tslib 是前面移植好的 tslib 库存放在开发板根文件系统的目标路径
export TSLIB_ROOT=/opt/tslib
#这个是存放校正参数的文件
export TSLIB_CALIBFILE=/etc/pointercal
#存放配置信息文件，不需要修改
export TSLIB_CONFFILE=$TSLIB_ROOT/etc/ts.conf
#存放插件库路径，不需要修改
export TSLIB_PLUGINDIR=$TSLIB_ROOT/lib/ts
export TSLIB_CONSOLEDEVICE=none
#LCD 屏显示设备名称，根据实际情况修改，一般也是 fb0
export TSLIB_FBDEVICE=/dev/fb0
#导出搜索触摸屏插件库路径到环境变量，不需要修改
export LD_LIBRARY_PATH=$LD_LIBRARY_PATH:$TSLIB_ROOT/lib
#导出触摸屏测试程序路径到环境变量，不需要修改
export PATH=$PATH:$TSLIB_ROOT/bin
```

保存退出后，给文件增加可执行权限：

```
$ sudo chmod +x ~/work/nanopc-t4/rootfs/opt/tslib-env.sh
```

编辑开发板根文件系统 etc/profile 文件，导入前面写好的触摸屏环境变量初始化脚本，如下操作：

```
$ vim ~/work/nanopc-t4/rootfs/etc/profile
```

添加内容，如下所示：

```
source /opt/tslib-env.sh
```

（8）打包文件系统，下载到开发板上

参考 11.2.1 节的方法把添加了触摸屏功能的根文件系统生成映像文件，并下载到开发板上。

下载完成，重新启动开发板，在串口终端进行登录操作，操作如下：

```
输入几次回车……
lai-arm-machine login: root          # 输入 root 用户名
Password:                            # 输入 root 用户密码，配套的系统是 123456
login[233]: root login on 'console'
[root@lai-arm-machine ~]#            # 密码正确，就可以成功登录
```

（9）校正触摸屏

登录开发板成功后，运行触摸屏校正程序。首先使用 cd 命令进入/opt/tslib/bin/目录，在命令终端中输入./ts_calibrate，LCD 屏上会出现十字坐标，依次单击触摸屏上出现的十字坐标中心，单击 5 个点后完成触摸屏校正，校正完成后会在根文件系统的 etc 目录下生成一个名为 pointercal 的校正文件，如下所示：

```
[root@lai-arm-machine~]#./ts_calibrate
xres=800, yres=1280
Took 1 samples...
Top left : X= 64 Y= 82
Took 1 samples...
Top right : X=764 Y= 52
Took 1 samples...
Bot right : X=768 Y=1242
Took 1 samples...
Bot left : X= 51 Y=1240
Took 1 samples...
Center : X=417 Y=649
-10.217748 0.987889 0.003702
-24.352638 0.019623 1.004981
Calibration constants: -669630 64742 242 -1595974 1285 65862 65536
```

（10）测试多点触摸功能

在开发板上运行触摸屏多点触摸测试程序，然后根据触摸屏显示图像在屏上进行绘制操作（支持多个手指同时绘制图像），命令如下所示：

```
[root@lai-arm-machine~]#./ts_test_mt
```

11.2.3 移植 Qt5.12.0 到 RK3399 开发板

（1）解压源码

将 Qt 源码复制到 Ubuntu 系统的工作目录中，然后进行解压，如下所示：

```
lai@lai-machine:qtdev$ tar -xf qt-everywhere-src-5.12.0.tar.xz
```

解压后，进入解压得到的目录：

```
lai@lai-machine:qtdev$ cd qt-everywhere-src-5.12.0/
```

（2）修改编译配置

① 查看并打开编译器配置，如下所示：

```
lai@lai-machine:qt-everywhere-src-5.12.0$ ls    qtbase/mkspecs
linux-aarch64-gnu-g++         linux-arm-gnueabi-g++
...
```

打开配置文件：

```
$ gedit qtbase/mkspecs/linux-arm-gnueabi-g++/qmake.conf
```

② 把编译器 linux-arm-gnueabi 全部修改为 aarch64-linux-gnu，并且增加触摸屏支持功能，即下面代码中的“-lts”，修改后的代码如下所示：

```
# qmake configuration for building with aarch64-linux-gnu-g++

MAKEFILE_GENERATOR       =UNIX
CONFIG                   +=incremental
QMAKE_INCREMENTAL_STYLE=sublib

include(../common/linux.conf)
include(../common/gcc-base-unix.conf)
include(../common/g++-unix.conf)

# modifications to g++.conf
QMAKE_CC                        =aarch64-linux-gnu-gcc -lts
QMAKE_CXX                       =aarch64-linux-gnu-g++ -lts
QMAKE_LINK                      =aarch64-linux-gnu-g++ -lts
QMAKE_LINK_SHLIB                =aarch64-linux-gnu-g++ -lts

# modifications to linux.conf
QMAKE_AR                        =aarch64-linux-gnu-ar cqs
QMAKE_OBJCOPY                   =aarch64-linux-gnu-objcopy
QMAKE_NM                        =aarch64-linux-gnu-nm -P
QMAKE_STRIP                     =aarch64-linux-gnu-strip
load(qt_config)
```

说明：aarch64-linux-gnu 是此处使用的 ARM 编译器，若不是这个编译器，用户可根据实际情况修改。

（3）配置 Qt

① 查看帮助信息，如下所示：

```
lai@lai-machine:qt-everywhere-src-5.12.0$ ./configure -h
```

执行命令后，输出很多相关配置说明，此处略去。

②根据需要进行配置

可以把配置信息写成一个脚本，方便以后多次使用，如下所示：

```
lai@lai-machine:qt-everywhere-src-5.12.0$ vim build.sh
```

添加以下内容，如下所示：

```
./configure \
-release -v \
-opensource -confirm-license \
-silent \
-no-opengl \
-shared \
-xplatform    linux-arm-gnueabi-g++ \
-make libs \
-gif \
-ico \
-qt-libjpeg \
-qt-libpng \
-prefix /opt/Qt-5.12.0 \
-linuxfb \
-tslib \
-no-ssl \
-no-alsa \
-no-use-gold-linker\
-no-sse2 -no-sse3 -no-ssse3 -no-sse4.1 -no-sse4.2 \
-nomake examples \
-make tools \
-nomake tests \
-qt-zlib \
-I/opt/tslib/include \
-L/opt/tslib/lib
```

增加权限并运行脚本进行配置，如下所示：

```
lai@lai-machine:qt-everywhere-src-5.12.0$ chmod +x build.sh
lai@lai-machine:qt-everywhere-src-5.12.0$ ./build.sh
```

（4）编译、安装 Qt

经过大约 1 小时编译完成，这时在/opt/Qt-5.12.0 目录下就会生成编译好的 ARM64 版本的 Qt。由于交叉编译器的环境变量是在普通用户的~/.bashrc 文件中导出的，只在当前用户环境下才有效，当使用 sudo 后就会找不到编译器，因此可以给 sudo 设置一个别名，让它携带当前用户的环境变量，如下所示：

```
lai@lai-machine:qt-everywhere-src-5.12.0$alias sudo='sudo env PATH=$PATH'
```

注意：该命令只对当前命令终端临时生效，打开新的命令终端或重启系统后就失效了。如果要永久有效，可以把命令写在~/.bashrc 文件中。

编译和安装 Qt 的命令如下所示：

```
lai@lai-machine:qt-everywhere-src-5.12.0$ make -j8 && sudo make install -j8
```

注意：由于在普通用户下操作，安装到/opt 目录需要有 root 权限，因此执行安装命令时前面需要添加 sudo 以临时提升权限。

（5）复制 Qt 到开发板

把生成的/opt/Qt-5.12.0 整个目录复制到开发板根文件系统的 opt 目录下（~/work/nanopc-t4/rootfs/opt/），并在 Qt-5.12.0/lib 目录下创建 fonts/目录，然后复制中文字体文件 benmo.ttf（或在 C:\Windows\Fonts 目录中找一个你喜欢的中文字体文件）到~/work/nanopc-t4/rootfs/opt/Qt-5.12.0/lib/fonts 目录中。操作如下：

```
$ cp /opt/Qt-5.12.0/ ~/work/nanopc-t4/rootfs/opt/ -rf
```

在 opt/Qt-5.12.0/lib/目录中创建字体目录：

```
$ mkdir ~/work/nanopc-t4/rootfs/opt/Qt-5.12.0/lib/fonts
```

把字体文件 benmo.ttf 复制到字体目录：

```
$ cp ~/work/nanopc-t4/benmo.ttf ~/work/nanopc-t4/rootfs/opt/Qt-5.12.0/lib/fonts
```

（6）配置开发板 Qt 的环境变量

在~/work/nanopc-t4/rootfs/opt/目录下创建环境变量配置文件 env-qt.sh，使用 Vim 或 gedit 编

辑器创建：

```
$ vim ~/work/nanopc-t4/rootfs/opt/env-qt.sh
```

添加以下内容，并注意修改触摸屏设备文件及 LCD 屏的分辨率，如下所示：

```
#!/bin/sh
export T_ROOT=/opt/tslib
export PATH=$PATH:$T_ROOT/bin                                  #把 tslib/bin 加入 env 中
export LD_LIBRARY_PATH=$T_ROOT/lib:$LD_LIBRARY_PATH            #把 tslib 库加入 env 中
export TSLIB_CONSOLEDEVICE=none                                #不使用 tslib 控制台
export TSLIB_FBDEVICE=/dev/fb0                                 #tslib 的图像输出
export TSLIB_TSDEVICE=/dev/input/event1                        #触摸屏节点
export TSLIB_CALIBFILE=/etc/pointercal                         #触摸屏校正文件
export TSLIB_CONFFILE=$T_ROOT/etc/ts.conf                      #触摸屏的配置文件
export TSLIB_PLUGINDIR=$T_ROOT/lib/ts/                         #触摸屏的插件文件
export QT_ROOT=/opt/Qt-5.12.0                                  #Qt 的位置
export QT_QPA_PLATFORM_PLUGIN_PATH=$QT_ROOT/plugins            #指定 Qt 插件的目录
export LD_LIBRARY_PATH=$QT_ROOT/lib:$LD_LIBRARY_PATH           #添加 Qt 库路径到 env
export QT_QPA_FONTDIR=$QT_ROOT/lib/fonts/                      #指定字体在哪个目录
export QT_QPA_EVDEV_MOUSE_PARAMETERS=tslib:/dev/input/event1   #触摸屏节点
export QML_IMPORT_PATH=$QT_ROOT/qml                            #qml 的目录
export QML2_IMPORT_PATH=$QT_ROOT/qml                           #qml2 的目录
export QWS_MOUSE_PROTO=tslib:/dev/input/event1                 #指定触摸屏节点
export QT_QPA_GENERIC_PLUGINS=tslib                            #使用 tslib 作为触摸屏插件
#默认以 linuxfb 运行
exportQT_QPA_PLATFORM=linuxfb:fb=/dev/fb0:size=800×1280:mmsize=214×217:offset=0x0:tty=/dev/tty1
```

注意：以上内容前面部分是 tslib 的环境变量配置，需要保持和前面 tslib 移植时相同；后面部分是 Qt 的环境变量，其中有 3 个变量指定触摸屏设备，要根据自己的触摸屏设备名称进行相应修改，这三个地方是：

```
export TSLIB_TSDEVICE=/dev/input/event1                        #触摸屏节点
export QT_QPA_EVDEV_MOUSE_PARAMETERS=tslib:/dev/input/event1#触摸屏节点
export QWS_MOUSE_PROTO=tslib:/dev/input/event1                 #指定触摸屏节点
```

最后面一行：

```
QT_QPA_PLATFORM=linuxfb:fb=/dev/fb0:size=800×1280:mmsize=214×217
```

其中，800×1280 是 LCD 屏的分辨率，用户需要根据自己的硬件情况进行修改；mmsize=214×217 则为 LCD 屏的物理尺寸大小，单位为 mm，该数据可以从 LCD 屏的数据手册中查阅得到。

在~/work/nanopc-t4/rootfs/etc/profile 文件中导入 Qt 环境变量，操作如下：

```
vim ~/work/nanopc-t4/rootfs/etc/profile
```

在文件最后添加以下内容：

```
source /opt/env-qt.sh
```

（7）打包根文件系统，下载到开发板上

参考 11.2.1 节的方法把移植了 Qt5.12.0 的根文件系统生成映像文件，并且下载到开发板上。下载完成后重启开发板，输入用户名和密码登录系统。

```
输入几次回车……
lai-arm-machine login: root              #输入 root 用户名
Password:                                #输入 root 用户密码，配套的系统是 123456
login[233]: root login on 'console'
[root@lai-arm-machine ~]#                #密码正确，就可以成功登录
```

至此，Qt5.12.0 移植到 RK3399 开发板完成。

11.3 配置 RK3399 Qt 编译环境

本节介绍把编译好的嵌入式版本 Qt-5.12.0 添加到 Qt Creator 中。

11.3.1 增加 RK3399 Qt 配置

1. 确认 Qt 安装目录

前面移植的嵌入式版本 Qt-5.12.0 安装在/opt/Qt-5.12.0 目录中，后面配置需要使用到这个目录。

2. 配置 Qt Creator 软件

（1）添加 ARM 版本编译器

依次打开 Qt Creator 的"工具→选项→Kits"，打开"编译器"选项卡，如图 11.19 所示。

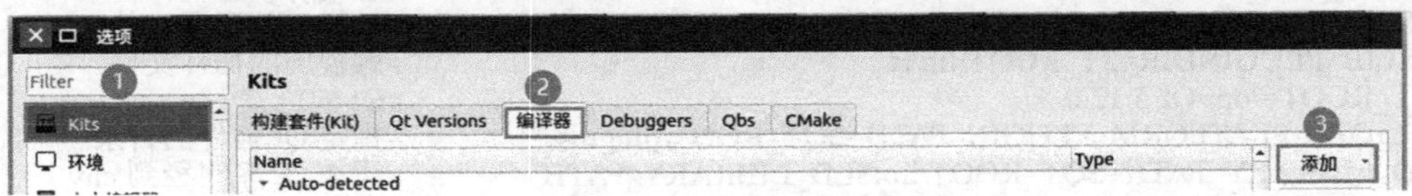

图 11.19 添加编译器

单击"添加"按钮，弹出如图 11.20 所示对话框。

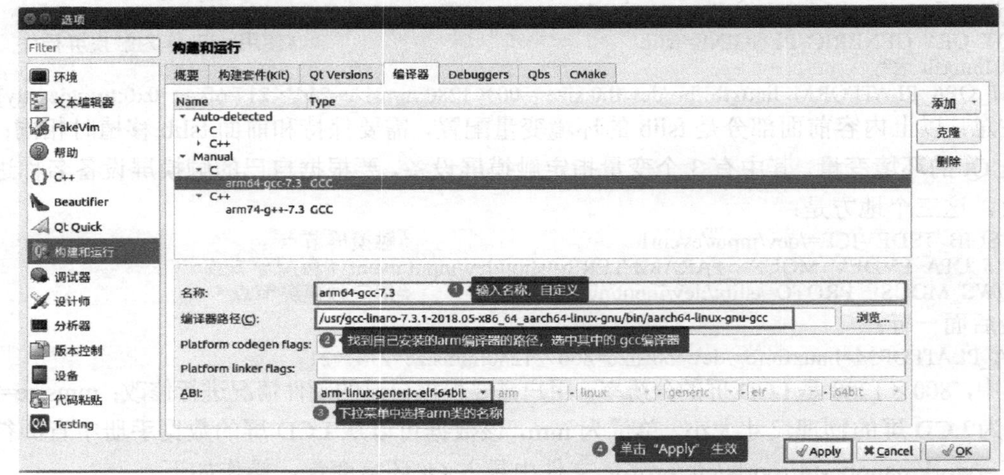

图 11.20 手动添加 ARM 版本 GCC 编译器

在图 11.20 中，编译器的"名称"可以自定义，"编译器路径"是 arm64-gcc 编译器的路径，如果不清楚编译器路径，可以通过命令终端查找，如下所示：

```
lai@lai-machine:~$ which aarch64-linux-gnu-gcc
/usr/gcc-linaro-7.3.1-2018.05-x86_64_aarch64-linux-gnu/bin/aarch64-linux-gnu-gcc
```

然后单击 Apply 按钮即可。使用同样的方法可添加 ARM 版本的 C++编译器，如图 11.21 所示。

（2）添加 ARM 版本 Qt

打开 Qt Creator 软件，依次单击"工具→选项→Kits"，打开"Qt Versions"选项卡，单击"添加"按钮，根据提示选择 ARM 版本的 qmake，如图 11.22 所示。

（3）添加 Qt 套件

单击"构建套件→手动设置"选项，单击"添加"按钮，然后填写文本框中的内容，其中"名称"自定义，"编译器"选择前面添加的编译器，"Qt 版本"选择前面添加的 Qt5.12.0，如图 11.23 所示。

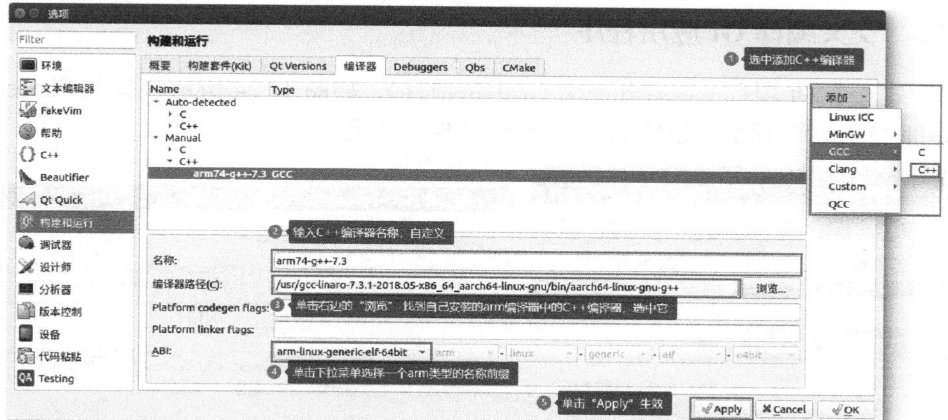

图 11.21　手动添加 ARM 版本 C++编译器

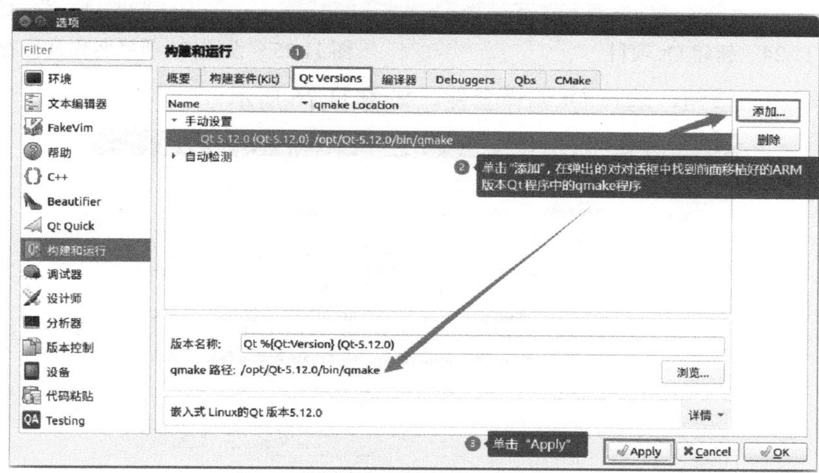

图 11.22　手动添加 ARM 版本 Qt

图 11.23　手动添加 ARM Qt 套件

11.3.2 交叉编译 Qt 应用程序

首先新建一个 Qt 项目（或打开一个 Qt 示例项目），如图 11.24 所示。单击 Choose 按钮，弹出如图 11.25 所示对话框，设置 Qt 项目名称及保存位置。

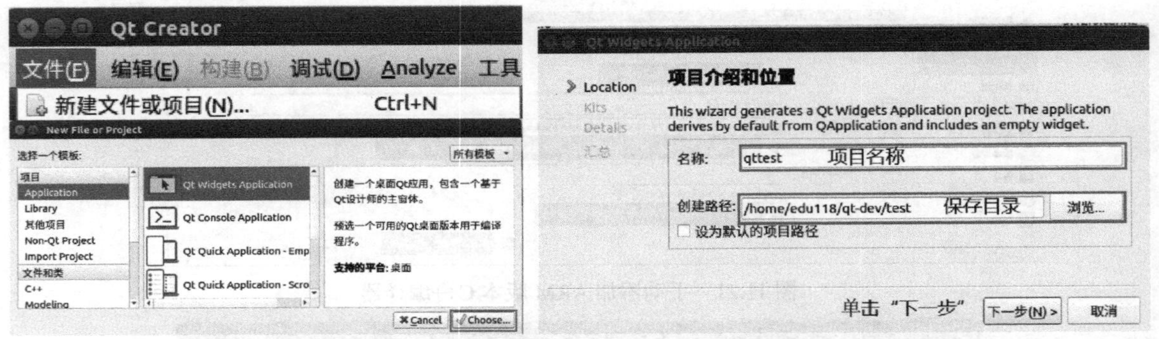

图 11.24 新建 Qt 项目　　　　图 11.25 设置 Qt 项目名称及保存位置

单击“下一步”按钮，选择 Qt 编译套件，如图 11.26 所示。

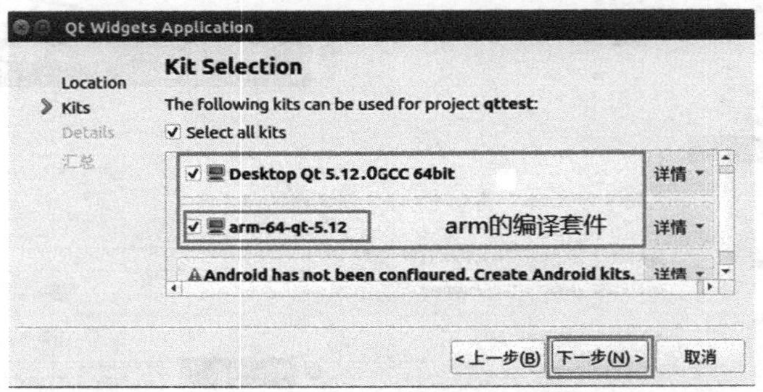

图 11.26 选择 Qt 编译套件

单击“下一步”按钮，选择要创建的源码文件的基本类信息，如图 11.27 所示。

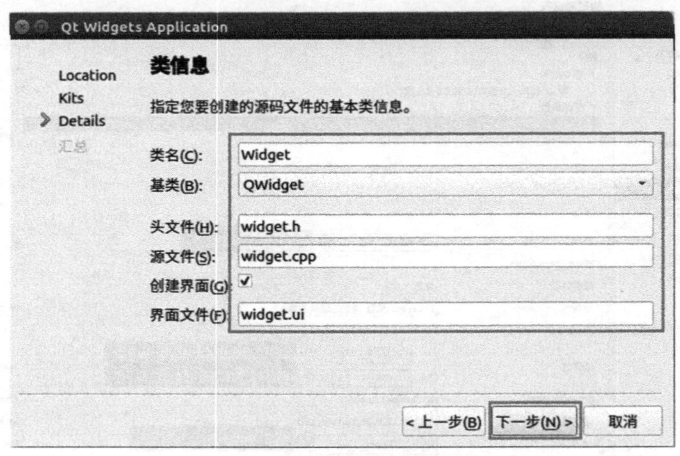

图 11.27 选择基本类信息

单击“下一步”按钮，弹出“项目管理”页面，如图 11.28 所示。单击“完成”按钮，完成 Qt 项目创建。

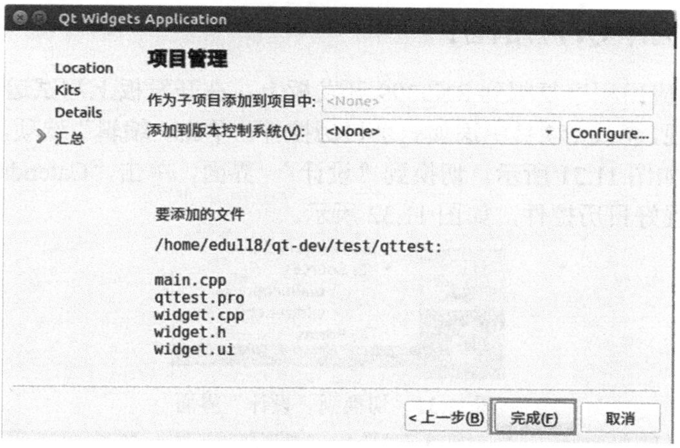

图 11.28　完成 Qt 项目创建

在实际的开发中，可以按照图 11.29 的方式进行切换。但是如果更换了编译套件，则必须重新编译。

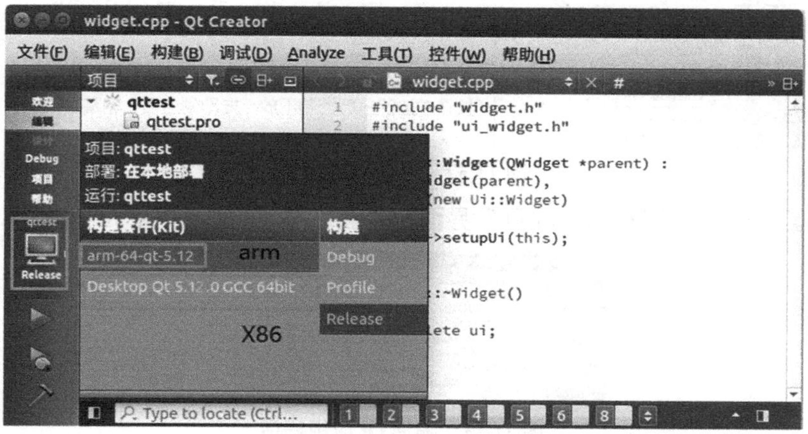

图 11.29　切换 Qt 编译套件

编译后会生成所编译套件对应版本的 Qt 应用程序，上面选择的是 ARM 版本的 Qt 编译套件，默认情况下会在 Qt 项目代码目录的同级目录下生成对应套件的目录，编译好的应用程序就在该目录中，本例中 Qt 项目保存在/home/edu118/qt-dev/test/目录中，项目名称是 qttest，可以看到名为/home/edu118/qt-dev/test/build-qttest-arm_64_qt_5_12-Release 的目录，如图 11.30 所示。

图 11.30　Qt 应用程序所在目录

11.3.3　测试编译 Qt 应用程序

把编译后的 Qt 应用程序复制到 RK3399 开发板上，在开发板上测试运行。

为了测试更直观，在 Qt 项目中添加一个日历控件。单击“编辑”选项，然后双击 Forms 下的 widget.ui 文件，如图 11.31 所示，切换到“设计” 界面，单击“Calendar Widget”选项并拖动到右侧窗口，放置好日历控件，如图 11.32 所示。

图 11.31　切换到“设计”界面

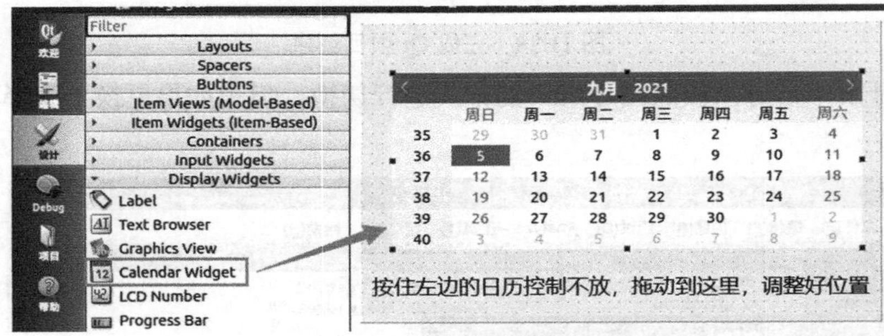

图 11.32　添加日历控件

添加好日历控件后，切换回“项目”界面，重新编译 Qt 应用程序，如图 11.33 所示。

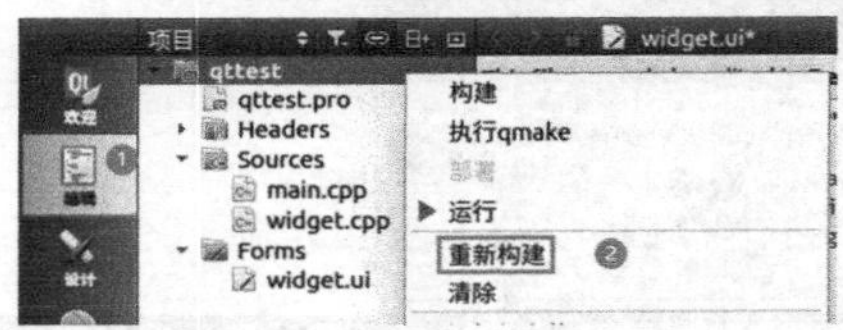

图 11.33　编译 Qt 应用程序

等待编译完成后，可查看编译结果，如图 11.34 所示。

图 11.34　查看编译结果

进入 11.3.2 节的 Qt 应用程序目录：

```
$ cd ~/qt-dev/test/build-qttest-arm_64_qt_5_12-Release
```

复制生成的可执行文件到 Windows 共享目录下：

```
$ cp qttest /mnt/hgfs/rk3399/
```

启动 RK3399 开发板，在串口终端输入用户名和密码登录开发板，使用 rz 命令把 qttest 文件下载到开发板上：

```
[root@edu118 qt-test]#rz -y
rz waiting to receive.
Starting zmodem transfer.   Press Ctrl+C to cancel.
Transferring qttest...
  100%       33 KB       33 KB/sec    00:00:01        1 Errors
```

下载好应用程序到开发板上后，就可以运行 Qt 应用程序了，操作如下：

① 给 Qt 应用程序增加可执行权限：

```
[root@edu118 qt-test]#chmod +x qttest
```

② 启动 Qt 应用程序：

```
[root@edu118 qt-test]# ./qttest
```

这时观察 LCD 屏，可以看到一个全屏的日历界面显示出来，并且触摸 LCD 屏就可以进行操作。

思考题及习题

11.1 配置自己喜欢的 Artistic Style 代码格式风格。

11.2 总结 tslib 库移植时环境变量中关键的环境变量项的含义及如何根据实际硬件情况进行调整。

11.3 学习 Qt Creator 自带的一些例子，并且编译成可执行文件下载到开发板上运行。

参考文献

[1] 宋跃.单片微机原理与接口技术.北京：电子工业出版社，2011.
[2] 丁男，马洪连. 嵌入式系统设计教程.北京：电子工业出版社，2016.
[3] 陈丽蓉，李际炜，于喜龙，等.嵌入式微处理器系统及应用.北京：清华大学出版社，2010.
[4] 邱铁.ARM 嵌入式系统结构与编程.2 版.北京：清华大学出版社，2013.
[5] 苗凤娟.ARM Cortex-A8 体系结构与外设接口实战开发.北京：电子工业出版社，2014.
[6] 马洪连，李大奎，朱明，等.嵌入式系统开发与应用实例.北京：电子工业出版社，2015.
[7] 周中孝，周永福，陈赵云，等. ARM 系统开发与实战.北京：电子工业出版社，2014.
[8] Peter Marwedel.嵌入式系统设计：嵌入式信息物理系统基础.何宗彬，译.2 版.北京：机械工业出版社，2013.
[9] Edward Ashford Lee.嵌入式系统导论：CPS 方法.李仁发，译.北京：机械工业出版社，2012.
[10] Jean J.Labrosse.嵌入式实时操作系 μC/OS-III.北京：北京航空航天大学出版社，2012.
[11] 李令伟，周中孝，黄文涛，等.嵌入式 C 语言实战教程.北京：电子工业出版社，2016.
[12] 周永福，李令伟，邹莉莉，等.嵌入式 Linux 实战教程.北京：电子工业出版社，2015.
[13] 周立功.ARM 嵌入式系统基础教程.北京：北京航空航天大学出版社，2005.
[14] 俞建新，王建，宋健建.嵌入式系统基础教程.北京：机械工业出版社，2008.
[15] 苏东.主流 ARM 嵌入式系统设计技术与实例精解.北京：电子工业出版社，2007.
[16] 李佳.ARM 系列处理器应用技术完全手册.北京：人民邮电出版社，2006.
[17] 王志英.嵌入式系统原理与设计.北京：高等教育出版社，2007.
[18] 桑楠.嵌入式系统原理及应用开发技术.北京：高等教育出版社，2008.
[19] 符意德，陆阳.嵌入式系统原理及接口技术.北京：清华大学出版社，2007.
[20] Joseph Yiu.The Definitive Guide to ARM Cortex-M3 and Cortex-M4 Processors.ARM Ltd., Cambridge, UK，2014.
[21] STM32F4xx 中文参考手册.
[22] Micriμm. μC/OS-III the Real-Time Kernel User's Manual:Micriμm Press，2010.
[23] 王文成，胡应坤.ARM Cortex-M4 嵌入式系统开发与实战.北京：北京航空航天大学出版社，2021.